Food

A Series of Food Science & Technology Textbooks

食品科技系列

普通高等教育“十二五”规划教材

水产品加工与贮藏

第二版

刘红英　主　编
齐凤生　副主编

化学工业出版社
·北京·

本书从水产品加工与贮藏的角度对水产品原料的基本性质以及加工技术做了系统介绍。全书包括绪论、水产品原料学、加工贮藏过程中水产品的品质变化、低温加工贮藏技术、水产品干制加工技术、水产罐头食品、鱼糜制品、藻类加工食品、水产品加工新技术以及化学保鲜技术等主要内容。

本书可作为高等院校食品科学与工程专业的本科生、研究生教学用书，同时也可作为从事水产食品加工生产的科技人员和经营管理工作人员的参考用书。

图书在版编目（CIP）数据

水产品加工与贮藏/刘红英主编．—2版．—北京：化学工业出版社，2012.7（2023.8重印）
普通高等教育"十二五"规划教材
ISBN 978-7-122-14142-2

Ⅰ．水…　Ⅱ．刘…　Ⅲ．①水产品加工-高等学校-教材②水产品-贮藏-高等学校-教材　Ⅳ．S98

中国版本图书馆CIP数据核字（2012）第082758号

责任编辑：赵玉清　　文字编辑：张春娥
责任校对：蒋　宇　　装帧设计：尹琳琳

出版发行：化学工业出版社（北京市东城区青年湖南街13号　邮政编码100011）
印　　装：天津盛通数码科技有限公司
787mm×1092mm　1/16　印张16¼　字数430千字　2023年8月北京第2版第4次印刷

购书咨询：010-64518888　　售后服务：010-64518899
网　　址：http://www.cip.com.cn
凡购买本书，如有缺损质量问题，本社销售中心负责调换。

定　价：49.80元

第一版序

水产品加工的研究对象主要是来源于以海洋为主的各种水生生物资源。海洋特殊的水体环境蕴育了海洋生物的特殊性和多样性，为人类提供了大量的优质食品、保健品、药品及生物材料。对水产资源的合理开发利用，形成了以海洋水产食品为主要目标的水产品加工业。

我国水产资源丰富，种类繁多，其中鱼类 3000 多种、虾蟹类 900 多种、贝类 800 多种、藻类 1000 多种，此外还有各种棘皮动物、腔肠动物、软体动物等。随着现代科学技术的迅速发展，水产品加工技术不断提高，水产品加工业在国民经济中的地位日益提升，已成为海洋经济新的增长点。

水产资源重要的开发价值主要可分为两大类：一类是水产食品。另一类是生物功能制品。水产食品营养丰富、味道鲜美，除了具有优质高蛋白、高度不饱和脂肪酸、丰富的微量元素、膳食纤维等营养和功能成分外，还含有大量的水溶性抽提物，从而构成了水产食品特有的风味模式，成为人们摄取动物性蛋白质的重要来源之一。水产品与畜禽产品相比，蛋白质生物价高且氨基酸组成合理，而脂肪含量较低。随着我国疾病谱的变化，特别是高血压、高血脂、高血糖等疾病发病率的上升，以及人们对水产品的深入了解，水产食品消费量正在日益增加，随着生物技术、分析技术等现代技术的应用，水产食品将逐步向高值化和高质化方向发展。

生物功能制品包括海洋功能性食品、海洋生物功能材料、海洋药物及各种功能制品。由于海洋生物的特点，它已成为研究开发各类生物功能制品的原料。特别值得指出的是，海洋生物中含有的具有独特化学结构及生理功能的天然产物正在不断被发现，为防治严重威胁人类健康的疑难病症带来了希望。

为全面系统了解水产品加工领域的研发进展，借鉴国际先进技术和经验，并应用于我国水产品研究、开发与生产中，在国内水产品加工领域著名专家倡议下，编纂了水产品加工系列丛书。本套丛书的作者都是长期在水产食品加工和海洋生物功能制品一线工作的科研教学人员，有着较深厚的系统理论知识和相关科学研究经验。该丛书包括《水产品化学》、《水产品资源有效利用》、《水产品营养》、《水产品加工与贮藏》和《水产品质量与标准化》五个部分，全面系统地总结了水产品加工利用领域的最新研究成果和进展，对我国水产品基础理论研究、新食源和新药源的开拓、水产食品安全保障将具有重要的参考价值：对提高人们对海洋水产品的整体认识，推动水产品加工科研、开发、教学和管理，提高我国水产品加工业的技术水平，也将具有重要的应用价值和现实意义。

中国工程院院士、
原中国海洋大学校长、
我国海洋药物与食品著名学者

2006 年 6 月 18 日

第二版前言

水产品加工是提高水产品综合效益和附加值的重要途径，优质水产品通过深加工可以有效提高产品品位，低值水产品通过深加工既可以增加营养源又能够提高综合利用率。据中国渔业年鉴统计，2011 年我国水产品总产量已达 5373 万吨。在水产品总量保持缓慢增长的同时，我国的海洋水产品加工产业在加工企业、加工能力及加工产值等方面都保持了较高速度的增长，为改善我国渔业产业结构、延长海洋农业产业链做出了重大贡献。经过 60 多年的发展，我国的海洋水产品加工能力已跃居世界前列，但与发达国家相比仍有较大的差距。随着我国国民经济的发展、科学技术的进步以及国外先进生产设备及加工技术的引进，我国水产品的加工技术、方法和手段已发生了根本性改变，水产加工品的技术含量与经济附加值均有了较大提高。中国加入 WTO 后，水产品加工利用的市场竞争越来越激烈，而产品的科技含量和生产成本将直接决定其市场占有率。

在第一版《水产品加工与贮藏》出版多年的基础上，在吸收、采纳使用单位、教师的意见反馈的同时，作者参阅了近年来国内外有关文献和技术资料，重新修订了《水产品加工与贮藏》，以满足教学、科研和生产的需要。本书从水产品加工与贮藏的角度对水产品原料的基本性质以及加工技术做了系统介绍。全书包括绪论、水产品原料学、加工贮藏过程中水产品的品质变化、低温加工贮藏技术、水产品干制加工技术、水产罐头食品、鱼糜制品、藻类加工食品、水产品加工新技术以及化学保鲜技术等主要内容。

本书由河北农业大学海洋学院和江苏大学编写。具体分工如下：河北农业大学海洋学院刘红英编写第一章绪论、第二章、第三章、第四章第一节；河北农业大学海洋学院齐凤生编写第四章第二～七节、第五章、第七章、第八章、第九章；河北农业大学海洋学院申淑琦编写第六章；江苏大学袁丽编写第十章。河北农业大学海洋学院程秀荣承担了本书部分图表绘制工作，同时承担了本书的文字校对工作。

本书的编写得到了河北农业大学海洋学院领导和诸位同仁的热情帮助，使本书能够顺利完成，在此表示感谢。

由于编者水平有限，书中不当之处还望读者给予批评指正。

刘红英

2012 年 3 月于河北农业大学海洋学院

第一版前言

中国是渔业大国，近几年全国水产品总产量一直在 4500 万吨左右。水产品加工是提高水产品综合效益和附加值的重要途径，优质水产品通过深加工可以有效提高产品品位，低值水产品通过深加工既可以增加营养源又能够提高综合利用率。随着中国国民经济的发展和科学技术的进步以及国外先进生产设备及加工技术的引进，中国水产品加工技术、方法和手段已发生了根本性的改变，水产加工品的技术含量与经济附加值均有了较大的提高。中国加入 WTO 后，水产品加工利用的市场竞争越来越激烈，而产品的科技含量和生产成本将直接决定其市场占有率。作者参阅了近年来国内外有关文献和技术资料，编写了《水产品加工与贮藏》，以满足教学、科研和生产的需要。本书水产食品原料学重点阐述了经济水产品原料分类、水产品与陆生动植物相比的特点、化学组成和物理组成；介绍了水产品加工贮藏过程的物理、化学、生化、色香味的变化；重点讲述了水产品加工技术：水产品低温加工贮藏技术、水产品脱水干制加工技术、水产罐头食品加工技术、鱼糜制品加工技术、特种水产品加工技术、水产品加工新技术、化学保鲜技术。

本书编写分工如下：刘红英编写绪论、第二章、第八章；齐凤生编写第三章、第四章、第六章；张辉编写第一章、第七章；申淑琦编写第五章；张海莲编写第九章。书中部分图表由程秀荣绘制。

在本书的编写过程中，河北农业大学海洋学院的领导和诸位同仁给予了大力的支持和帮助，使本书得以顺利完成，在此表示感谢。由于编者水平有限，书中不妥之处望读者给予批评指正，编者将不胜感激。

编者

2006 年 6 月

目录

第一章 绪 论

学习要求

1. 了解我国水产品加工业现状。
2. 了解我国水产品加工业发展趋势。

第一节 我国水产品加工业现状

据中国渔业年鉴统计，2009 年全国水产品总产量 5116.4 万吨，比上年增加 220.8 万吨，增长 4.51%。在水产品总量保持缓慢增长的同时，我国的海洋水产品加工产业保持了较高速度的增长，包括在水产品加工企业、水产品加工能力及水产品加工产值等方面都保持了较高速度的增长。我国水产品加工产业的快速增长，为改善我国渔业产业结构、延长渔业产业链做出了重大贡献。

水产品加工是提高水产品综合效益和附加值的重要途径，优质水产品通过深加工可以有效提高产品品位，低值水产品通过深加工既可以增加营养源又能够提高综合利用率。我国食物结构改革与发展纲要明确指出，水产品在动物食品中的比重要高于 20%。要达到《九十年代中国食物结构改革与发展纲要》中提出的要求，水产品加工业在提高传统制品质量与安全的同时，还面临着增加水产制品品种及深加工等任务。我国水产品加工目前已形成一大批包括鱼糜制品加工、紫菜加工、烤鳗加工、调味制品加工、罐装和软包装加工、干制品加工、冷冻制品加工和保鲜水产品加工、鱼粉、海藻食品、海藻化工、海鲜保健食品、海洋药物、鱼皮制革及工艺品在内的现代化水产品加工企业，这些企业成为我国水产行业迅速发展以及与国际市场接轨的主要动力和纽带。随着我国渔业产业的长足进展，水产品加工业也取得了突破性的进展，并且由于国际水产品消费市场的拉动，我国水产品加工出口高速发展，加工企业数量快速增加。据统计[1]，2009 年全国各类水产加工企业 9635 家，加工能力达到 2209.2 万吨，水产品加工总量 1477.3 万吨，比上年增长 8.01.%。淡水加工产品 227.9 万吨，海水加工产品 1249.4 万吨。冷冻水产品和冷冻加工水产品仍是最重要的组成部分，产量达到 941.1 万吨，鱼糜制品及干腌制品 22.35 万吨，藻类加工品 9.04. 万吨，罐制品 22.08 万吨，水产饲料 136.4 万吨。

我国水产品加工方式多样，历史悠久，可分为传统工艺与现代工艺两种。传统加工主要指腌制、干制、熏制、糟制及天然发酵等。随着我国国民经济的发展和科学技术的进步以及国外先进生产设备及加工技术的引进，我国水产品加工技术、方法和手段已发生了根本性的改变，水产加工品的技术含量与经济附加值均有了较大的提高。水产加工产品的市场有效需求将伴随居民生活水平的提高和生活节奏的加快而不断扩大，这一点是显而易见的。经过 60 多年的发展，我国的水产品加工能力跃居世界前列，但与世界水产品加工发达国家相比仍有较大的差距。主要表现在以下方面[2]：

(1) 渔业资源日益衰减　渔业资源的特点是资源结构相当脆弱，其产量主要取决于当龄补充群体的数量，而当龄补充群体的数量极易受海洋环境因子及其捕捞活动等的影响，一旦环境因子发生变化就会不利于繁殖、生长，或者由于捕捞的影响而没有足够的产卵亲体产卵，资源就可能出现大幅度的下降。由于资源变化，原有的大宗渔业资源加工利用所建立的产品结构、加工工艺技术和生产流水线要不断随之改变，甚至造成1/3以上的产能浪费和企业的品牌建设及可持续发展。

（2）水产品原料的加工比例较低　水产品原料的利用方式和产品类型多种多样，一般以鲜活、鲜冷、冷冻、热处理、发酵、干制、熏制、盐腌、熟煮、油炸、冰干、成粉或罐装等方式销售。在发达国家，人们消费的水产品以冷冻以及预制或保藏类型为主，冷冻依然是产品主要类型。在我国，主要以鲜活品为主，虽然我国冷冻产品的比重近年来有所上升，但是海洋水产品原料的加工比例还是比较低，且各地区之间极不平衡，山东、辽宁、江苏的加工比例较高，广西、福建、广东的加工率较低。

（3）水产加工品的技术含量低、高附加值产品少　我国的水产品加工以冷冻、冰鲜等初级加工为主，水产品冷冻加工的比例基本保持在60%左右，因此，水产加工品的增值率低。据中国渔业年鉴统计，2009年，全国水产品产值2026.6亿元，增加值为664.1亿元。在国际市场上，我国水产品几乎只能作为原料和半成品出口，售价低、缺乏市场竞争力，大宗水产品生产规模与其精深加工、综合利用程度的不均衡，与我国渔业大国的地位很不相称。2009年我国水产品加工产业的增加值见表1-1。要想进一步发挥水产加工对渔业的拉动作用，必须提高我国水产品的精深加工率，进一步提高水产品的附加值。

表1-1　2009年我国水产品加工产业的增加值[1]

地　区	水产品加工产值/亿元	水产品加工增加值/亿元	工业增加值率/%
全国	2026.6	664.1	32.3
山东	583.9	185.6	31.8
辽宁	189.0	68.9	36.5
浙江	377.2	67.7	18.0
福建	276.1	149.1	54.0
广东	191.9	61.5	32.1
江苏	117.9	29.5	25.0
广西	15.9	7.4	46.6
海南	48.3	13.5	28.0

（4）水产品加工装备机械化、自动化程度低，不能满足海洋水产品加工业的需要　我国在水产品加工技术和加工设施方面自主创新能力不强，水产品加工在低水平徘徊。水产品综合利用和产品附加值低，不能满足日益发展的渔业经济需要，也影响了我国渔业整体效益的提高。我国水产品的大部分加工设备主要依赖于进口，随着科学技术的进步和劳动力成本的不断提高，一些渔业水产强国都十分重视对这一产业的投入和研发，如瑞典的Alfa-Laval、丹麦的Atlas、德国的Hartman、挪威的Myren和日本的Bibun Yanagiya及小野等企业生产的水产加工设备无论在设备的种类、还是在自动化程度上都处于国际领先地位，并在世界主要水产国家得到广泛应用，从20世纪80年代至21世纪初，我国的冷冻鱼糜和鱼糜制品、烤鳗、紫菜和裙带菜等就加工设备和螺旋式速冻机、鱼体分割机、去皮机等设备基本上依赖进口。在我国，水产品加工装备机械化、自动化程度低，不能满足水产品加工业的需要，与发达国家相比，我国的水产品加工总体上还属于劳动密集型产业，机械化水平落后，总体表现为：通用机型多，特殊机械少；结构简单、技术含量低的产品多，高技术含量、高效率的产品少；主机多，辅机少。在产品性能上，主要表现为装备稳定性和可靠性差；生产能力低，能耗高。目前，一些大型企业，部分装备已经能实现仿制，但稳定性差、能耗高，除部分大中型加工企业外，大部分中小企业加工设备简单，仍以手工操作为主。

另外，我国水产品加工企业数量多，但规模小，产值低，龙头企业少，带动能力差，海洋水产品出口市场单一，抵御国际市场风险的能力较弱等问题，也是制约我国水产品加工产业发展的不容忽视的问题。

第二节 水产品加工发展趋势

21世纪的今天，全球经济一体化进程加快，国际贸易与合作日益广泛，科技创新日新月异，人们在生产和生活方面都提出了更高的要求，营养、保健、方便美味、新鲜成为饮食时尚。目前，世界水产品加工业的发展趋势是：①水产品资源的利用率不断提高。②精深加工的高附加值产品发展迅速。③水产品加工装备的机械化和自动化程度越来越高。④水产食品的主要消费形式向即食化和方便化发展。⑤水产品的质量与安全控制技术日臻完善。

加入世界贸易组织（WTO）后，中国的水产加工企业应采用高新技术，对水产品进行深度开发，充分利用水产资源，满足人们的需求，依托科技与市场，提高产品科技含量，加快与国际接轨的进程，开发出多元化水产食品，向深加工发展是我国水产品加工业的发展之路。依靠技术创新，提高产品竞争力，水产品要在现有加工技术基础上，采用新方法、新工艺、新技术，进行技术创新，重点开发具有一定超前性的高技术含量、高附加值的深加工产品，加强水产医疗保健食品、功能食品、方便食品的研究开发和水产废弃物的开发利用。

农业部制定了《全国主要农产品加工业发展规划》，明确今后水产品生产和加工要以大宗产品、低值产品和废弃物的精深加工和综合利用为重点，优化产品结构，推进淡水鱼、贝类、中上层鱼类、藻类加工产业体系的建立。另外，要培植和引导一批具有活力的水产品加工龙头企业，通过加快技术改造，促进适销对路产品的开发，不断提高国内外市场的占有率。

未来我国海洋水产品加工业的主要发展方向为：通过技术进步，开发低值海洋水产品的精深加工，提高其利用率和附加值；加强海水养殖产品的精深加工技术研究与产品开发；开发新型海洋食品资源加工技术；积极发展水产品精深加工企业，进一步拉伸渔业产业链，进一步优化产业结构，大力发展即食海洋食品等方便食品，产品形式向方便化、即食化、营养化、小包装的超市食品方向发展。根据国内外方便食品的发展方向，“十二五”期间，应重点发展[2]：①冷冻调理食品和冷冻小包装方便食品。开发裹粉、油炸等调理食品和切割分块小包装食品。②鱼糜制品。开发新的重组鱼肉、膨化鱼糜、即食鱼糜等新型鱼糜制品。增加鱼糜及鱼糜制品的产量。③水产罐头食品，通过对包装材料、灌装技术、封品技术、杀菌技术等进行技术升级改造，开发小型鱼、低值鱼的罐头食品。④贝类安全加工与即食食品。研究开发我国主要经济贝类的净化技术、重金属脱除技术等安全利用技术体系，在此基础上开发贝类即食方便食品。

在海洋水产品加工方面，要重点研究开发新捕捞对象，加工制成优质鱼粉、鱼片、鱼糜、模拟食品和调味品等。海洋低值水产品的加工要在加大传统水产食品开发力度的基础上，大量开发精制食用鲜鱼浆，进而以鲜鱼浆为原料生产风味鱼丸、鱼卷、鱼饼、鱼香肠、鱼点心等各式方便食品、微波食品，及色香味俱佳的高档人造蟹肉、贝肉、鱼翅、鱼子等合成水产食品，提高低值产品的综合利用率和附加值。

在淡水鱼加工方面，要按照“一保鲜、二保活、三加工”的原则，销售以活、鲜产品为主，在冰鲜和冷冻的条件下，逐步发展分割、切片加工，搞好配送，抓好鱼糜、鱼片以及新型盐干品、熏制品、调味制品的开发，综合加工、开发利用不可食部分，提高附加值。

在贝类加工方面，主要是搞好保活、净化和消毒工作，并进行多样化开发，如贝类调味品、干制品、熏制品和软包装罐头等食品，以及人体和动物钙源食品等。

本章小结

本章主要介绍了我国水产品加工业现状以及存在的主要问题，并介绍了我国未来水产品加工发展的主要趋势。我国未来水产品加工发展主要趋势概括为：一是方便化，二是模拟化，三是保健化，四是美容化，五是鲜活分割化。

思考题

1. 简述我国水产品加工业存在的主要问题。
2. 简述我国水产品加工发展的主要趋势。

参考文献

[1] 农业部渔业局编. 中国渔业年鉴. 北京：中国农业出版社，2010.
[2] 李乃胜，薛长湖等. 中国海洋水产品现代加工技术与质量安全. 北京：化学工业出版社，2010.

第二章 水产食品原料学

学习要求

1. 了解我国主要经济鱼类、贝类、藻类等水产原料的特点。
2. 掌握水产食品原料的化学组成和物理组成。
3. 掌握水产食品原料的特性。

第一节 概 述

中国沿海和内陆水域辽阔，水产资源非常丰富。水产资源是天然水域中具有开发利用价值的经济动植物种类和数量的总称。水产食品原料学是水产品加工贮藏的重要基础。水产食品原料应为生活在海洋和内陆水域中有经济价值和利用前途的水产动植物。水产动物原料以鱼类为主，其次是虾蟹类、头足类、贝类；水产植物原料以藻类为主。要深入广泛地开拓水产品的加工、利用和保藏技术，需要对水产食品原料的形态、组织及物理、化学特性进行深入的研究和探讨。本章主要介绍常见的水产食品原料的若干特点和特性。

一、鱼类资源

我国是一个渔业大国，有渤海、黄海、东海和南海四大海区，海岸线长达 1.8 万多公里，海域总面积约 3540 万平方公里，海洋渔业资源丰富。我国海域地处热带、亚热带和温带三个气候带，水产品种类繁多。仅鱼类就有冷水性鱼类、温水性鱼类、暖水性鱼类、大洋性长距离洄游鱼类以及定居短距离鱼类等。

中国海洋鱼类有 1700 余种，其中经济鱼类约 300 种，最常见而产量较高的约有六七十种。甲壳类近 1000 种，头足类约 90 种。藻类约 2000 种。在中国沿岸和近海海域中，底层和近底层鱼类是最大的渔业资源类群，产量较高的鱼种有带鱼、马面鲀、大黄鱼、小黄鱼等。其次是中上层鱼类，广泛分布于黄海、东海和南海，产量较高的鱼种有太平洋鲱、日本鲭、蓝圆鲹、鳓、银鲳、蓝点马鲛、竹荚鱼等，各海区都有不同程度的潜力可供开发利用。在甲壳类动物中，目前已知的有蟹类 600 余种、虾类 360 余种、磷虾类 42 种，有经济价值并构成捕捞对象的有四五十种，主要为对虾类、虾类和梭子蟹科。其中主要品种有中国对虾、中国毛虾、三疣梭子蟹等。头足类是软体动物中经济价值较高的种类，我国近海约有 90 种，捕捞对象主要是乌贼科、枪乌贼科及柔鱼科。资源种类主要有曼氏无针乌贼、中国枪乌贼、太平洋褶柔鱼、金乌贼等。头足类资源与出现衰退的经济鱼类相比，是一种具有较大潜力、开发前景良好的海洋渔业资源。

中国内陆水域定居繁衍的鱼类，粗略统计有 770 余种，其中不入海的纯淡水鱼 709 种，入海洄游性淡水鱼 64 种。主要经济鱼种 140 余种。由于中国大部分国土位于北温带，所以内陆水域中的鱼类以温水性种类为主，其中鲤科鱼类约占中国淡水鱼的 1/2，鲇科和鳅科合占 1/4，其他各种淡水鱼占 1/4。在中国淡水渔业中，鲢、鳙、青鱼、草鱼、鲤、编等所占比例相当大，其中青鱼、草鱼、鲢、鳙是中国传统的养殖鱼类，被称为“四大家鱼”，它们生长快、适应性强，在湖泊中摄食生长，到江河中生殖，属半洄游性鱼类。在部分地区占比重较大的有：江西的铜鱼，珠江的鲮鱼，黄河的花斑裸鲤，黑龙江的大马哈鱼，乌苏里的白鲑等。也有些鱼类个体虽小，但群体数量大或经济价值高，如长江中下游河湖名产银鱼；产于黑龙江、图们江、鸭绿江的池沼公鱼；产于青海湖的青海湖裸鲤。从国外引进、推广养殖较多的鱼类有非鲫、尼罗非鲫、淡水白鲳、革胡子鲇、加州鲈、云斑鮰等，主要在长江中下游及广东、广西等省区生产。虹鳟、德国镜鲤等在东北、西北等地区养殖。中国内陆水域渔业资源除上述鱼类外，还有虾、蟹、贝类资源。中国所产淡水虾有青虾、白虾、糠虾和米虾等。蟹类中的中华绒螯蟹在淡水渔业中占有重要地位，是中国重要的出口水产品之一。贝类主要有螺、蚌和蚬。

二、藻类资源

经济海藻主要是以大型海藻为主，人类已经利用的约有 100 多种，列入养殖的只有 5 属：海带属、裙带菜属、紫菜属、江蓠属和麒麟菜属。在中国 87 种经济海藻中，有 59 种可食用。中国海带养殖技术及产量位居世界第一，产量占世界的 95%。裙带菜主要分布在浙江嵊岛。中国紫菜的年产量位居世界第二位。江蓠是生产琼胶的主要原料，中国常见的有 10 余种，年产约 4000t（干重）。麒麟菜属于热带、亚热带海藻，中国自然分布于海南省的东沙群岛和西沙群岛以及台湾省海区[1]。

第二节 常见的经济水产原料

一、藻类

1. 海带（海带科）(*Laminaria japonica*)

海带是海带属海藻的总称。海带又称昆布，江白菜。属褐藻门、褐子纲、海带目、海带科。海带的种类很多，全世界约有 50 余种，东亚有 20 余种。海带生长在水温较低的海域中，附生于海底岩礁上，不畏寒冷，生命力极强。中国渤海、黄海、东海沿岸都有分布。辽宁、山东、江苏、浙江、福建及广东北部沿海为主要人工养殖海带产区[2]。

图 2-1 海带

海带的藻体分为叶片、柄和固着器三部分（图 2-1）。藻体叶片似宽带，梢部渐窄，一般长 2～4m、宽 20～30cm。叶边缘较薄软，呈波浪褶，叶基部为短柱状叶柄和固着器相连[3]。新鲜海带叶面通体呈橄榄色和青绿色，干燥后的海带变成深褐色、黑褐色，海带表面附有白色粉状盐渍[2]。

海带质柔味美，是一种经济价值、营养价值很高的特殊藻类，被誉为“海中蔬菜”。海带含有丰富的营养成分，如蛋白质 8.2%、脂肪 0.1%、糖类 56.2%、灰分 12.9%及多种维生素等[4]。与菠菜、油菜相比，除维生素 C 外，其粗蛋白、糖、钙、铁的含量均高出几倍、几十倍。海带是一种含碘量很高的海藻，养殖海带一般含碘 0.3%～0.5%，多者可达 0.7%～1%[4]。海带的特殊意义就在于其含碘量很高，经常吃海带，可有效预防地方性甲状腺肿大。海带还是一种经济价值很高的工业原料，是我国最重要的经济褐藻。利用海带，可以生产高附加值的多种产品，例如可提取褐藻酸、碘、甘露醇等。从海带中提取的有效成分海带岩藻聚糖硫酸酯具有降血糖、降血脂、抗肿瘤、抗 HIV（人免疫缺陷病毒）和增强免疫等功能[5]。

2. 裙带菜（翅藻科）(*Undaria pinnatifida*)

裙带菜又名海芥菜、裙带，隶属于褐藻门、褐子纲、海带目、翅藻科、裙带菜属。裙带菜是北太平洋西部特有的暖温带性海藻。藻体褐色，长1.0～1.5m、宽0.6～1.0m。藻体分为叶片、柄部和固着器三部分，如图2-2所示。固着器发达，分叉状分枝，尖端稍微膨大，基部扁平，中间突起，用于固着藻体；柄部的边缘有狭长的翅状突起，并延伸到叶片；孢子叶肉厚，富含胶质，滑泽有光。我国的裙带菜分为两种类型：北海型和南海型[6]。纬度的变化会大大影响裙带菜形态的变化，生长在高纬度地区的“北海型种”羽状裂片较深，柄部较长；而生活在低纬度地区的“南海型种”羽状裂片较浅，柄部较短，孢子接近中部[7]。鲜裙带菜藻体浓褐色、褐绿色，加工脱水后呈茶褐色、黑褐色。

图2-2 裙带菜

裙带菜在我国辽宁、山东沿海、浙江舟山嵊泗列岛均有分布[2]。裙带菜是一种美味适口、营养丰富的海藻，由于纤维含量多，相对比较硬。裙带菜经真空干燥后，蛋白质含量为7.8%，水分12.3%、脂类3.11%、总糖38.58%、矿物质38.17%。含有19种氨基酸，其中8种为人体必需氨基酸[8,9]。裙带菜富含钙、镁、铁等10余种无机元素。裙带菜所含大量藻胶酸是一种对人体肠道极为有益的天然膳食纤维，它能帮助清除肠道内的毒素，有助于人体的正常生长发育，提高免疫功能[10]。

3. 紫菜（红毛藻科）(*Porphyra*)

紫菜是紫菜属藻类的总称，属红藻门、紫菜目、红毛藻科。紫菜分布于世界各地，种类很多，已发现的紫菜属有70余种。中国紫菜约有10多种，广泛分布于沿海地区，比较重要的有甘紫菜、条斑紫菜、坛紫菜等。中国福建、浙江沿海多养殖坛紫菜，北方则以养殖条斑紫菜为主，如图2-3所示。加工后的紫菜呈深紫色，富光泽。紫菜是蛋白质含量最丰富的海藻之一，通常蛋白质质量分数占紫菜干质量的25%～50%[11,12]。近年来的研究显示，紫菜多糖具有多种生物活性。条斑紫菜多糖具有增强免疫功能、抗衰老、抗凝血、降血脂以及抑制血栓形成等作用[13～16]。坛紫菜多糖的研究也表明坛紫菜多糖具有抗氧化和抗衰老作用[17]。紫菜脂肪的质量分数为藻体干质量的1%～3%。紫菜中不饱和脂肪酸比例较高。二十碳五烯酸(EPA)在福建产坛紫菜中占总脂肪酸含量的24.0%[18]。紫菜中的维生素含量比较丰富，维生素C的含量比橘子高，胡萝卜素和维生素B_1、维生素B_2及维生素E的含量均比鸡蛋、牛肉和蔬菜高。紫菜是天然维生素B_{12}的理想来源。每100g条斑紫菜含51.49μg±1.51μg维生素B_{12}。紫菜中灰分的质量分数为7.8%～26.9%[11]，高于陆地植物及动物产品。紫菜被称为健康食品，可加工成干紫菜、调味紫菜、紫菜酱等产品。

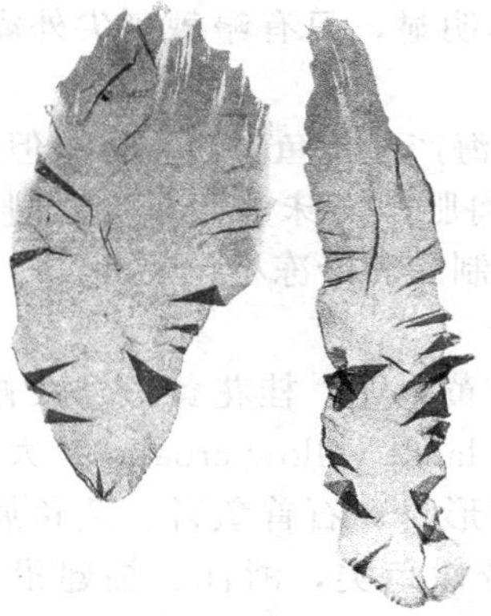

图2-3 条斑紫菜

4. 江蓠（江蓠科）(*Gracilaria verrucosa*)

江蓠在我国北方称龙须菜，闽南称海面线、棕仔须，粤东称蚝菜、海菜和纱尾菜，如图2-4所示。江蓠是大型底栖海藻，广泛分布在全世界的热带、亚热带和温带海区。全世界江蓠约100多种，根据目前鉴定在我国有自然分布的约30种[19～22]，遍及从北到南的广阔海域。

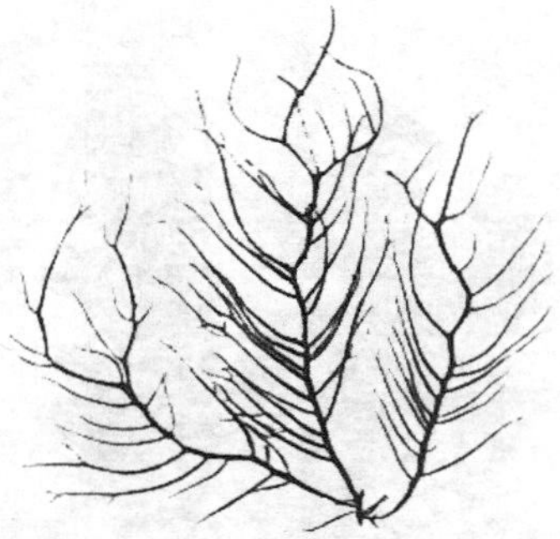

图 2-4 江蓠

江蓠富含大量胶质，江蓠干重的 20%～30%是琼脂[23]，是制造琼胶的重要原料[24～26]。江蓠的主要营养成分及构成比例因江蓠藻种类、生长海域、采集季节以及养殖方式不同而有很大差异；多糖类和粗纤维是构成江蓠藻最主要的成分，占江蓠藻体的 63.10%～75.97%，其中膳食纤维占 80%～90%；蛋白质含量平均为 20.52%，且蛋白质中必需氨基酸含量高；江蓠的粗脂肪占干重的 0.85%～2.50%，脂肪酸主要为多烯不饱和脂肪酸，其中 $C_{20:5}$（二十碳五烯酸，EPA）和 $C_{22:6}$（二十二碳六烯酸，DHA）占总脂肪酸的 50%左右；矿物质和维生素含量丰富，尤其是 Fe、Zn、Cu、Se、I 含量高[27]。因此，江蓠藻是一种高膳食纤维、高蛋白、低脂肪、低热能且富含矿物质和维生素的天然理想的保健食品原料。

二、海洋鱼类

1. 带鱼（带鱼科）(*Trichiurus haumela*)

带鱼又称牙带、白带鱼、刀鱼、鳞刀鱼、柳带、裙带、青棕带、带条鱼等。其英文名为 belt fish。属硬骨鱼纲、鲈形目、带鱼科、带鱼属。带鱼广泛分布于世界各地的温、热带海域。我国沿海均产带鱼，东海、黄海分布最多。带鱼形态特征是：鱼体显著侧扁，延长成带状，尾细长如鞭，如图 2-5 所示。一般体长 60～120cm，体重 200～400g。头窄长而侧扁，前端尖突。两颌牙发达而尖锐。眼大、位较高。体表光滑，鳞退化成表皮银膜，全身呈富有光泽的银白色，背部及背鳍、胸鳍略显青灰色。背鳍长，起点于鳃孔后上角沿背部齐长，臀鳍不明显，只有鳍棘刺尖外露，无腹鳍。

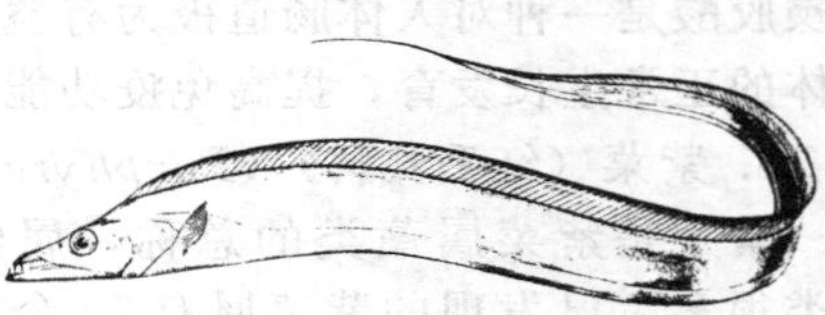

图 2-5 带鱼

带鱼是我国最主要的海产经济鱼类之一。其年产量曾居全国海产经济鱼类之首位。但由于捕捞过度，1980 年以后资源渐趋衰退。带鱼是多脂鱼类，鱼肉肥嫩而味美，深受人们喜爱，经济价值很高。除鲜销外，可加工成罐制品、鱼糜制品、腌制品和冷冻小包装等。

2. 大黄鱼（石首鱼科）(*Pseudosciaena crocea*)

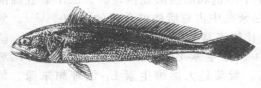

大黄鱼又称黄鱼、大王鱼、大鲜、大黄花鱼、红瓜、金龙、黄金龙、桂花黄鱼、大仲、红口等。英文名为 large yellow croaker。大黄鱼属硬骨鱼纲、鲈形目、石首鱼科、黄鱼属。大黄鱼属于亚热带性鱼类，浙江、福建沿海和广东琼州海峡东部全年均能见到。大黄鱼的形态特征为：体长椭圆形，侧扁。尾柄细长，其长为高的 3 倍多，如图 2-6 所示。头大而侧扁，背侧中央枕骨棘不明显。颏部有 4 个不明显的小孔。背鳍和臀鳍的鳍条基部三分之二以上被小圆鳞，背鳍起点在胸鳍起点的上方。一般成鱼体长 30～40cm。大黄鱼鱼体黄褐色，腹面金黄色。

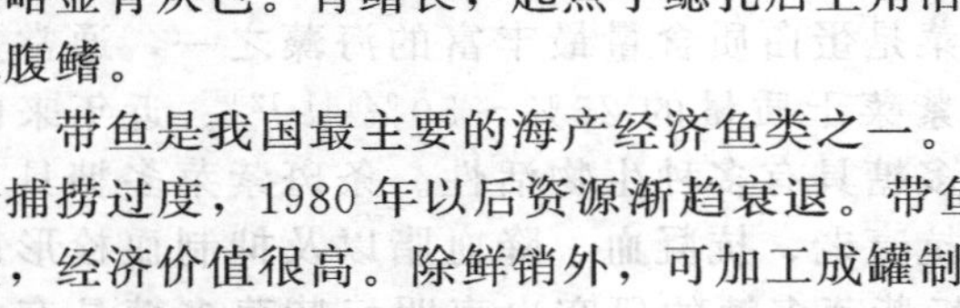

图 2-6 大黄鱼

大黄鱼曾是我国主要海产经济鱼类之一。近年来，由于捕捞过度，该鱼资源衰退，几乎陷于枯竭境地，市场上所见的多为养殖品种。大黄鱼肉质鲜嫩，目前绝大部分为鲜销，还可加工制成风味和特色的水产品。

3. 小黄鱼（石首鱼科）（*Pseudosciaena polyactis*）[2]

小黄鱼又叫黄花鱼、小鲜、大眼、花鱼、小黄瓜、古鱼、黄鳞鱼、小春鱼、金龙、厚鳞仔。英文名为 small yellow croaker。小黄鱼属硬骨鱼纲、鲈形目、石首鱼科、黄鱼属。小黄鱼是温水性底层或近底层鱼类，主要分布在我国渤海、黄海和东海，主要产地在江苏、浙江、福建、山东等省沿海。该鱼资源已趋于枯竭。小黄鱼的形态特征为：小黄鱼外形与大黄鱼极相似，但体形较小，一般体长 16～25cm、体重 200～300g。背侧黄褐色，腹侧金黄色。大小黄鱼的主要区别是：大黄鱼的鳞较小而小黄鱼的鳞片较大而稀少；大黄鱼的尾柄较长而小黄色尾柄较短；大黄鱼臀鳍第二鳍棘等于或大于眼径，而小黄鱼则小于眼径；大黄鱼颏部具 4 个不明显的小孔，小黄鱼具 6 个小孔；大黄鱼的下唇长于上唇，口闭时较圆，小黄鱼上、下唇等长，口闭时较尖，如图 2-7 所示。小黄鱼原为我国主要经济鱼类之一，其肉质鲜嫩、营养丰富，是优质食用鱼。小黄鱼可供鲜食或腌制，也是婴幼儿及病后体虚者的滋补和食疗佳品。但由于个体较小，其利用价值不及大黄鱼。

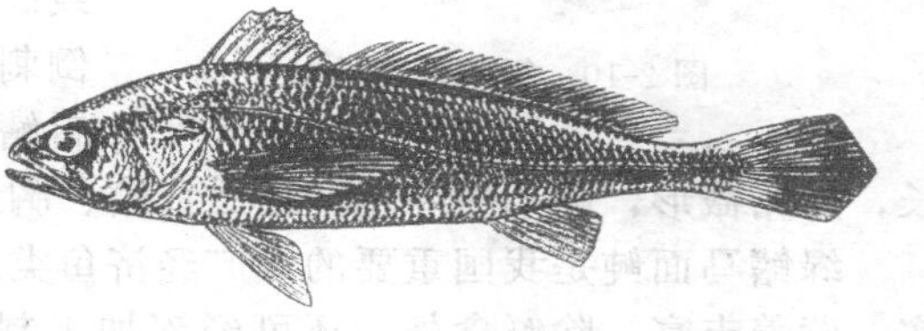

图 2-7 小黄鱼

4. 海鳗（海鳗科）（*Muraenesox cinereus*）[2]

海鳗又名鳗鱼、牙鱼、狼牙鳝、门鳝、长鱼、即勾、勾鱼。其英文名为 daggertooth pike-conger，Sharp-toothed eel，Pike eel。海鳗属硬骨鱼纲、鳗形目、海鳗科、海鳗属。海鳗为暖水性近底层鱼类，也是凶猛肉食性鱼类。海鳗是海产经济鱼类，分布于印度洋和太平洋，我国沿海均产之，主要产于东海。海鳗的形态特征为：海鳗体长近似圆筒状，后部侧扁，如图 2-8 所示。一般体长 35～60cm，体重 1000～2000g。头长而尖，口大，口裂达眼后方。眼大呈卵圆形。全身光滑无鳞。侧线明显，侧线的感觉孔上有白色小点。背部银灰色，个体大的呈暗褐色，腹部近乳白色。背鳍及臀鳍边缘呈黑色。

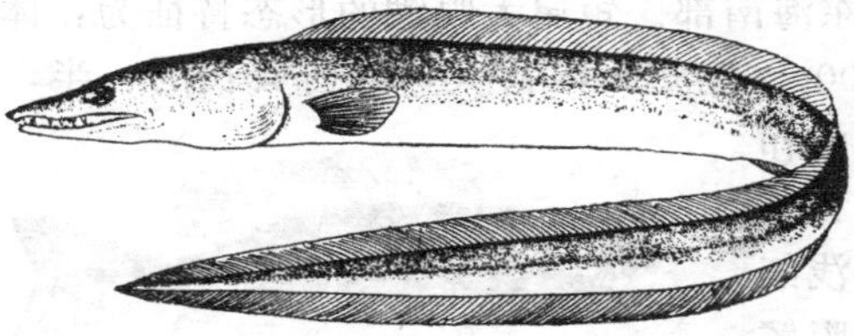

图 2-8 海鳗

海鳗肉质洁白细嫩，味道鲜美，营养丰富，是经济价值很高的鱼类。除鲜销外，其干制品“鳗鲞”及鳗鱼肚为名贵海味。海鳗还可加工制成罐头以及作为鱼丸、鱼香肠的原料，用鳗鱼制作的鱼糜制品不但味美而且富有弹性。海鳗的肝脏可作为生产鱼肝油的原料。

5. 银鲳（鲳科）（*Pampus argenteus*）

银鲳又名平鱼、白鲳、长林、车片鱼、鲳鱼、镜鱼、草鲳、扁鱼等。其英文名为 silvery pomfret。属硬骨鱼纲、鲈形目、鲳科。分布于印度洋和太平洋西部，我国沿海均产之，东海与南海较多。银鲳的形态特征为：体呈卵圆形，侧扁，一般体长 20～30cm，体重 300g 左右。头较小，吻圆钝略突出。口小，稍倾斜，下颌较上颌短，体被小圆鳞，易脱落，侧线完全。体背部呈青灰色，胸、腹部为银白色。无腹鳍，尾鳍深叉形。如图 2-9 所示。

银鲳系名贵的海产食用鱼类之一，每百克肉含蛋白质 15.6g、脂肪 6.6g。肉味鲜美，肉质细嫩且刺少。加工制品有罐头、咸干、糟鱼及鲳鱼鲞。

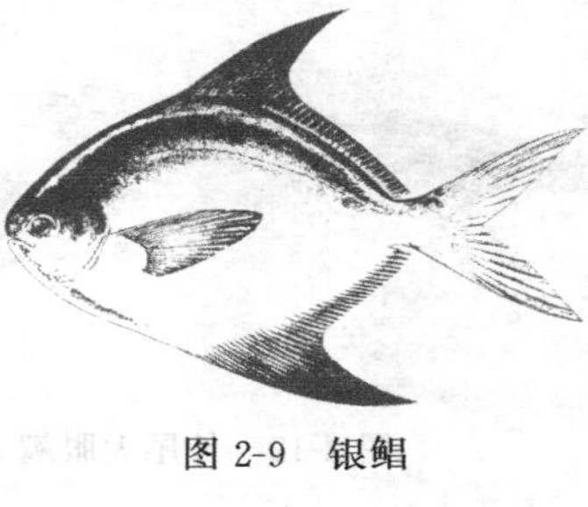

图 2-9 银鲳

6. 绿鳍马面鲀（革鲀科）（*Navodon modestus*）

绿鳍马面鲀又名马面鱼、象皮鱼、面包鱼、扒皮鱼、羊鱼等。其英文名为 bluefin leatherjacket，black scraper，drab leatherjacket。属硬骨鱼纲、鲀形目、革鲀科、马面鲀属。它是暖性中下层鱼类，有季节性洄游习性，分布于太平洋西部，我国主要产于东海、黄海及渤海，东海产量较大。绿鳍马面鲀形态特征为：体较侧扁，呈长椭圆形，如图 2-10 所示。一般体长 10～20cm、体重 40g 左右。头短，口小。眼小、位高、近背缘。鳃孔小，位于眼下方。鳞细小，绒毛状。体呈蓝灰色，无侧线。第一背鳍有 2 个鳍棘，第一鳍棘粗大并有 3 行倒刺；腹鳍退化成一短棘附于腰带骨末端不能活动，臀鳍形状与第二背鳍相似，始于肛门后附近；尾柄长，尾鳍截形，鳍条墨绿色。第二背鳍、胸鳍和臀鳍均为绿色，故而得名。

图 2-10　绿鳍马面鲀

绿鳍马面鲀是我国重要的海产经济鱼类之一，其年产量仅次于带鱼。绿鳍马面鲀肉质结实，营养丰富，除鲜食外，还可经深加工制成美味烤鱼片畅销国内外，是出口的水产品之一。绿鳍马面鲀也可加工成罐头食品、软罐头和鱼糜制品。鱼肝占体重的 4%～10%，含油率较高且出油率高，可作为鱼肝油制品的油脂来源之一。

7. 大眼鲷类（Priacanthidae）

大眼鲷类是大眼鲷科鱼类的总称，属硬骨鱼纲、鲈形目，是暖水性中小型近底层经济鱼类，我国产于南海、台湾海峡及东海。我国现有的大眼鲷鱼类中，具有经济价值的有短尾大眼鲷和长尾大眼鲷两种。

短尾大眼鲷又名大目、大眼。英文名为 bull’s eye perch。分布于印度洋和太平洋。通常栖息于砂泥底质海域。在我国主要产于南海及东海南部。短尾大眼鲷的形态特征为：体为长椭圆形，侧扁，一般体长 20cm、体重 100～200g。吻短，眼甚大，约占头长的一半，故得名大眼鲷。口大而倾斜上翘。体被细小而粗糙的栉鳞，鳞片坚固不易脱落。侧线位高与背缘平行。背鳍与臀鳍均长而大；胸鳍较短；尾鳍浅叉形；全身浅红色，腹部色浅，尾鳍边缘深红色，背鳍、臀鳍及腹鳍鳍膜间均有黄色斑点，如图 2-11 所示。短尾大眼鲷生长快、产量大，其肉质坚实，销价较低，以鲜食为主。

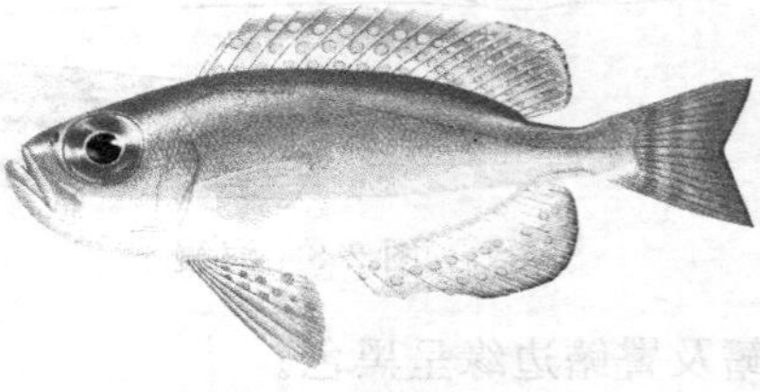
图 2-11　短尾大眼鲷

长尾大眼鲷又名大眼、大目连、大目。长尾大眼鲷分布于印度洋和太平洋。在我国只产于南海，全年均产之。长尾大眼鲷的形态特征是：一般体长 12～16cm，体重 50～75g。其特征与短尾大眼鲷相似，主要区别是：长尾大眼鲷尾鳍呈新月形，上下叶鳍条向后延长成丝状，上叶长于下叶；另一区别是背鳍鳍条部末端较短尾大眼鲷尖细。头体两侧及各鳍均为暗红色，腹部较浅，腹鳍长而大，鳍膜间有褐色斑点，背鳍及臀鳍的鳍膜间无黄色斑点。如图 2-12 所示。

8. 鳕鱼类（Gadiformes）[28]

鳕鱼类是鳕形目鱼的总称，属硬骨鱼纲。鳕鱼多为生活在海洋底层和深海中下层的冷水性鱼类，广泛分布于世界的各大洋。鳕鱼种类繁多，其中太平洋鳕和狭鳕最为有名。

图 2-12　长尾大眼鲷

狭鳕英文名 alaska pollack。隶属于鳕形目，鳕科，狭鳕属。狭鳕是底层鱼类中产量居首的鱼种。广泛分布于朝鲜海域、北海道周围、鄂霍次克海、白令海、阿拉斯加以及加利福尼亚以北美洲沿海。俄罗斯、美国、日本是主要生产国。狭鳕在我国黄海东部有产。狭鳕肉色与太平洋鳕相比，略带黑。狭鳕肉主要作为冷冻鱼糜、活鱼糜制品的原料，也可加工成冷冻鱼片或咸干制品。

太平洋鳕又名大头鳕，英文名 pacific cod。太平洋鳕隶属于鳕形目，鳕科，鳕属。太平洋鳕是冷水性底层鱼类，分布于太平洋北部沿岸海域，我国主要产于黄海和东海北部。太平洋鳕的形态特征是：体长，稍侧扁，尾部向后渐细。头大，下颌较上颌短，背部褐色或灰褐色，腹部白色，散有许多褐色斑点。侧线色浅，连续分布于体侧，自鳃孔上角起平直后伸，至第二背鳍起点处迅速下弯至体中缝线处，再平缓伸入尾柄，如图 2-13 所示。太平洋鳕是重要的经济鱼类，鱼肉白色，脂肪含量低，是代表性的白色肉鱼类。冬季味佳，除鲜销外，还可加工成鱼片、鱼糜制品、干制品、咸鱼、罐头制品等。

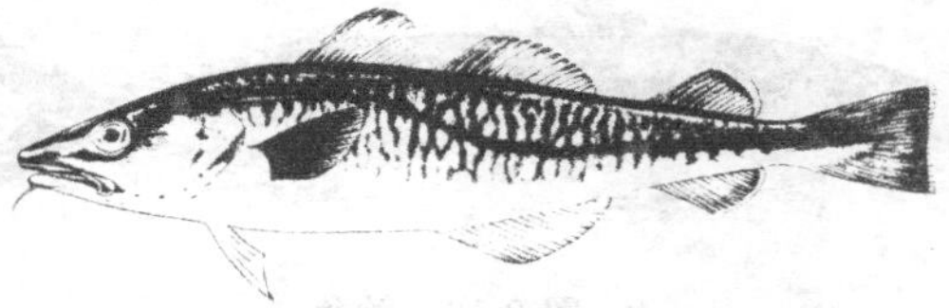

图 2-13　太平洋鳕

9. 鳓鱼（鲱科）(*Ilisha elongata*)

鳓鱼又名鲙鱼、白鳞鱼、白力鱼、曹白鱼、春鱼、鲞鱼、网扁、火鳞鱼、鳞子鱼。鳓鱼的英文名为 chinese herring。属硬骨鱼纲、鲱形目、鲱科、鳓属。暖水性中上层经济鱼类。分布于印度洋和太平洋西部。我国渤海、黄海、东海、南海均产之，其中以东海产量最多。鳓鱼的形态特征为：鱼体侧扁，背窄，一般体长 25～40cm，体重 250～500g。头部背面通常有两条低的纵行隆起脊。眼大、凸起而明亮，口向上翘。体无侧线，鳞片薄而圆，腹部有锯齿状的棱鳞，头及体背灰褐色，体侧呈银白色。背鳍短小，始于臀鳍前上方，腹鳍甚小，臀鳍较长，其基底长约为背鳍基底长的 3 倍，尾鳍深叉像燕尾形，如图 2-14 所示。鳓鱼是我国重要的海产经济鱼类。鳓鱼肉质鲜嫩肥美，口味香醇。除鲜食外，加工制成的咸鳓鱼或鳓鱼鲞均为名特水产品。如广东的“曹白鱼鲞”和浙江的“酒糟鲞”都久负盛名。少数也加工成罐头远销国内外。

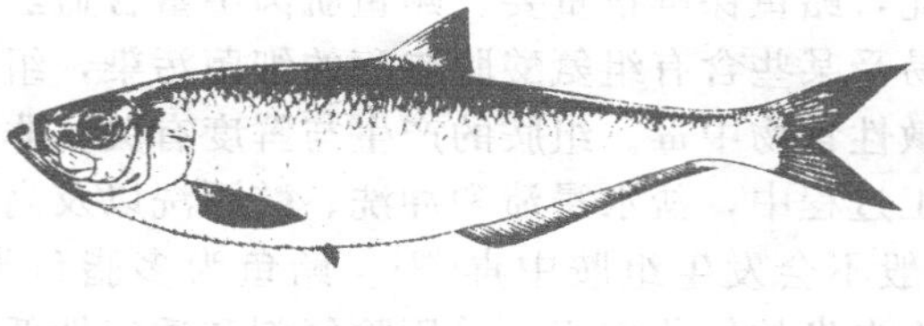

图 2-14　鳓鱼

10. 鲀类（Tetraodontidae）

鲀类是鲀科鱼类的总称，以东方鲀属为典型代表，俗称河豚，属硬骨鱼纲、鲀形目。广泛分布于各大洋的温带、亚热带和热带海区。我国沿海常见的有红鳍东方鲀（图 2-15）、暗纹东方鲀、星点东方鲀、条文东方鲀、虫文东方鲀、铅点东方鲀、紫色东方鲀等。我国南海、东海、黄海、渤海及鸭绿江、辽河、长江、钱塘江、珠江等各大河流都有产出。我国沿海鲀类资源丰富，年产可达数万吨。其形态特征是：体粗大呈亚圆筒形，一般体长 15～35cm、体重 150～350g。头部宽或侧扁。体表光滑无鳞或有小刺。体表有艳丽的花纹，因品种的不同而花纹的色泽、形状各异。河鲀有尾柄。背鳍和臀鳍相似并且相对；胸鳍宽短；无腹鳍；尾鳍弧形或浅凹状。背部一般呈茶褐色或黑褐色，腹部白色。河豚肉味鲜美，除少数种类完全无毒外，多数种类的内脏含有剧毒的河豚毒素（tetrodotoxin），人误食后会中毒，甚至死亡。由于河豚的毒素含量因种类、部位而异，即使同一种类也会因性别、季节和地理环境而变化，含毒情况复杂。河豚必须经专人严格的去毒处理，方可食用或加工，整鱼不得上市销售。我国有关部门规定未经处理的鲜河豚及其制品严禁在市场出售；去除毒素的河豚可加工成腌制品、熟食品和罐头

图 2-15　红鳍东方鲀

等。在日本，河豚鱼肉由受过严格训练、考试合格的厨师加工成生鱼片，为价格昂贵的高档食品。

11. 鲐鱼（鲭科）(*Pneumatophorus japonicus*)

鲐鱼又名鲐巴鱼、青花鱼、油胴鱼、鲭鱼、花池鱼、花巴、花鳀、青占、花鲱、巴浪。鲐鱼的英文名为 japanese chub macherel，pacific mackerel。鲐鱼属硬骨鱼纲、鲈形目、鲭科。鲐鱼为暖水性外海中上层深海鱼类，分布于太平洋西部，我国沿海一带均有分布。鲐鱼的形态特征是：鱼体粗壮微扁，呈典型的纺锤形，如图 2-16 所示。一般体长 20～40cm、体重 150～400g。头大、前端细尖似圆锥形，眼大位高，口大，上下颌等长。体背呈青黑色或深蓝色，体两侧胸鳍水平线以上有不规则的深蓝色虫蚀纹。腹部呈银白色而略带黄色。背鳍 2 个，相距较远，第一背鳍鳍棘 9～10 根，第二背鳍和臀鳍相对，其后方上下各有 5 个小鳍；尾鳍深叉形，基部两侧有两个隆起脊；胸鳍浅黑色，臀鳍浅粉红色，其他各鳍为淡黄色。

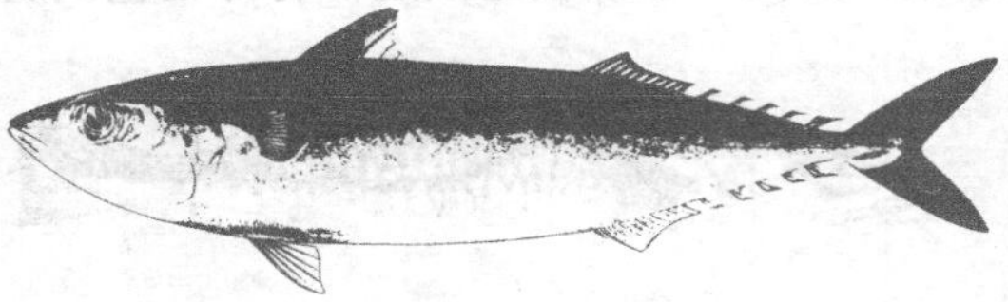

图 2-16　鲐鱼

鲐鱼具有很高的经济价值，产量较高。鱼肉结实，肉味可口，除鲜食外，还是主要的水产加工对象之一。加工产品有腌制品和罐头，其肝可提炼鱼肝油。鱼肉每百克含蛋白质 21.4g、脂肪 7.4g。鲐鱼体内酶活性强，体内糖原分解迅速，组织易软化，尤其当气温高时，分解更快，极易出现骨肉分离的现象。因此，鲐鱼保鲜很重要。鲐鱼肌肉中富含血红蛋白，肌肉为红色。肌肉中含有多量的组氨酸，易受某些含有组氨酸脱羧酶的细菌污染，组氨酸会被分解而产生有毒的组胺，使食者发生过敏性食物中毒。组胺的产生与鲜度有关，非常新鲜的鲐鱼，一般不会产生较多的组胺。在加工过程中，盐水浸渍和冲洗、酸漂洗以及高温杀菌等都会去除活泼组胺，因此鲐鱼加工品一般不会发生组胺中毒[29]。鲐鱼为多脂鱼类，且不饱和脂肪酸含量高，暴露在空气中容易发生自发的氧化作用，采用除氧剂和透气性低的包装材料，能有效地抑制脂肪氧化。

12. 鲱鱼（鲱科）(*Clupea harengus pallasi*)

鲱鱼又名青条鱼、青鱼、红线、海青鱼。鲱鱼的英文名为 pacific herring。鲱鱼属硬骨鱼纲、鲱形目，是世界上重要的中上层经济鱼类，分布于西北太平洋。我国只产于黄海和渤海。鲱鱼的形态特征是：鱼体延长而侧扁，一般体长 25～35cm，体重 20～80g。眼有脂膜，口小而斜，体被薄圆鳞，鳞片较大，排列稀疏，容易脱落。腹部钝圆，无侧线。腹缘有弱小棱鳞。背鳍始于腹鳍的前方，尾鳍深叉形，如图 2-17 所示。背侧为蓝黑色，腹部为银白色。

图 2-17　鲱鱼

鲱鱼产量大，肉质肥嫩，脂肪含量高。除鲜销外，鱼肉还可制成鱼糜、罐头、熏制品、干制品、鱼油等。此外，鲱鱼的鱼卵大，富含营养，是我国重要的出口水产品之一。值得注意的是，鲱鱼腹部脂肪多，纤维质少，容易破肚，造成内脏外溢，经营者在运销过程中需特别小心操作。

13. 蓝点马鲛（鲭科）(*Scomberomorus niphonius*)

蓝点马鲛又名鲅鱼、条燕、板鲅、竹鲛、尖头马加、马鲛、青箭、燕鱼。蓝点马鲛的英文名称为 japanese spanish mackerel。蓝点马鲛属硬骨鱼纲、鲈形目、鲭科、马鲛属，为暖温性上层经济鱼类，分布于北太平洋西部。我国产于东海、黄海和渤海近海海域。鲅鱼现在是黄海、渤海产量最高的经济鱼类。蓝点马鲛的形态特征是：体长而侧扁，呈纺锤形，一般体长为 25～50cm、体重 300～1000g。尾柄细，每侧有 3 个隆起脊，中央脊长而且最高。口大，稍倾斜。体被细小圆鳞，侧线呈不规则的波浪状。鲅鱼体背部呈蓝黑色，体侧中央布满蓝色斑点，腹部呈银灰色，带蓝点的鲅鱼为北方海域独有，南方的鲅鱼少有蓝点。背鳍 2 个，第一背鳍长，有 19～20 个鳍棘，第二背鳍较短，背鳍和臀鳍之后各有 8～9 个小鳍；胸鳍、腹鳍短小无硬棘；尾鳍大、深叉形。如图 2-18 所示。

图 2-18 蓝点马鲛

鲅鱼每百克肉约含蛋白质19g、脂肪 2.5g。鲅鱼肉多刺少，味道鲜美，营养丰富，而且肉质坚实紧密。除鲜食外，也可加工制作罐头、咸干品和熏鱼。鲅鱼鱼肝含维生素 A、维生素 D 较高，是提炼鱼肝油的原料，是我国北方地区生产鱼肝油制品的主要原料之一。

14. 大眼金枪鱼[30]（*Thunnus obesus*）

大眼金枪鱼是金枪鱼类中仅次于蓝鳍金枪鱼的大型鱼种。属硬骨鱼纲、鲈形目、金枪鱼属。为暖水大洋性中上层鱼类，广泛分布于热带、亚热带海域。我国分布于南海和东海。大眼金枪鱼的形态特征是：体为纺锤形，较高，被细小圆鳞，胸部鳞片较大，形成胸甲。有两个背鳍。第二个背鳍和臀鳍后方各有 8～9 个分离小鳍。体长约 1.5～2.0m，体重大的在 100kg 以上，一般为 80kg 以下。体背蓝青色，侧面及腹面银白色。肉粉红色，略柔软。鱼体呈灰色，肥满，尾短，头和眼明显较大，如图 2-19 所示。

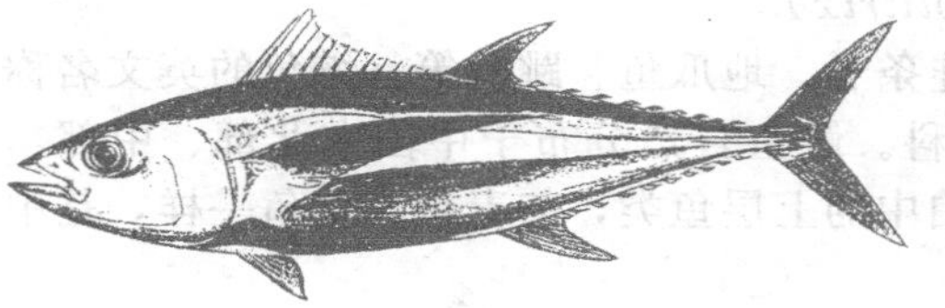

图 2-19 大眼金枪鱼

大眼金枪鱼的产量近几年年均超过 30 万吨以上[31]。金枪鱼具有很高的营养价值，与一般鱼类和肉类相比，金枪鱼具有低脂肪、低热量和高蛋白的特点，而且其 DHA、EPA 和其他不饱和脂肪酸的含量要高很多。金枪鱼类肉味鲜美，有海中鸡肉之称。可加工成罐头制品、生鱼片等。

三、淡水鱼类

目前，我国淡水养殖的鱼类约有 30 余种。其中普遍养殖的主要种类有传统养殖的“四大家鱼”（即青鱼、草鱼、鲢鱼和鳙鱼）、鲤鱼、鲫鱼、团头鲂等，现分别将主要的淡水养殖鱼类做简要介绍。

1. 青鱼（鲤科）（*Mylopharyngodon piceus*）

青鱼又称青鲩、螺蛳青、黑鲩、青根鱼、乌青鱼、黑鲲、青棒、纲青等。青鱼的英文名为 black carp。属硬骨鱼纲、鲤形目、鲤科、青鱼属 。青鱼是生活在中国江河湖泊的底层鱼类，原产于长江、珠江水系，现在全国各地均有养殖，但南方养殖较多，北方养殖很少。青鱼的形态特征是：体较延长，呈圆筒形，腹部圆而无角质棱，尾部稍侧扁，如图 2-20 所示。头较尖，头顶宽平，口端位，呈弧形，上颌稍长于下颌，眼位于头侧正中。侧线在腹鳍上方一段微弯，后延伸至尾柄的正中。背鳍短，没有硬刺，胸鳍不达腹鳍，腹鳍不达臀鳍，尾鳍叉形。鳞大

图 2-20 青鱼

而圆。体色及各鳍青黑，腹部灰白。青鱼经济价值高，其肉嫩味美，肉厚刺少，富含脂肪，除鲜食外，也可加工成熏制品、糟醉品和罐头食品等。

2. 草鱼（鲤科）(*Ctenopharyngodon idellus*)

草鱼又名白鲩、草棒、鲩鱼、草鲩、草根鱼、草包鱼、厚鱼、草鲲等。草鱼的英文名称为 grass carp。属硬骨鱼纲、鲤形目、鲤科、草鱼属。草鱼通常栖息于水体的中下层或靠岸水草多的地方，是比较典型的草食性鱼类。草鱼的形态特征是：体较长，近似圆柱形，腹面无角质棱，如图 2-21 所示。尾部侧扁，头顶宽平，口圆钝，上颌稍长于下颌，侧线微弯，后延至尾柄正中轴，尾鳍叉形。体色黄褐，背方及头部的颜色较深，腹部灰白。鳞大而圆，后缘灰褐。胸鳍和腹鳍灰黄色，其余各鳍为淡灰色。

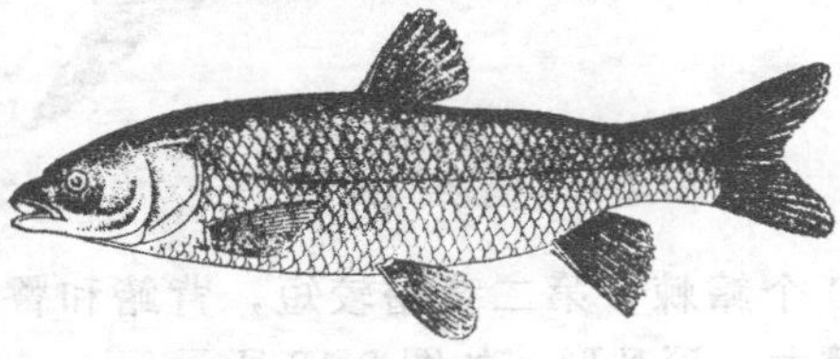

图 2-21 草鱼

草鱼是比较大型的鱼类，适宜上市的食用商品草鱼规格以 1.5～2kg 为佳。草鱼具有丰富的营养价值，每百克草鱼含蛋白质 17.9g、脂肪 4.3g，并含有多种维生素。草鱼肉厚、刺少、味鲜美，肉质白嫩、韧性好、出肉率高。草鱼的加工与青鱼相似。

3. 鲢鱼（鲤科）(*Hypophthalmichthys molitrix*)

鲢鱼又称白鲢、鲢子、白胖头、竹叶鲢、连条子、地瓜鱼、跳鲢等。鲢鱼的英文名称为 silver carp。属硬骨鱼纲、鲤形目、鲤科、鲢亚科。鲢鱼自然分布于中国东北部、中部、东南部以及南部地区江河中。鲢是生活在江河湖泊中的上层鱼类，与青鱼、草鱼一样，是中国的主要养殖鱼类之一。目前全国各地都有养殖，是淡水养殖的优良品种。鲢鱼的形态特征是：鲢的体形侧扁，稍高。头较大，约为体长的 1/4，如图 2-22 所示。口宽大，下颌稍向上突出，吻钝圆并且较短。眼睛小，位于头侧中轴之下。腹部狭窄隆起似刀刃，自胸部直至肛门，称为腹棱。鲢鱼是完全腹棱。鳞细小并且较密，侧线明显下弯，胸鳍末端可伸达或略高于腹鳍基部。尾鳍深叉形，体背部为灰色，腹部银白色，各鳍均为灰白色。鲢鱼主要以鲜食为主，也可加工成罐头制品、熏制品或咸干制品。

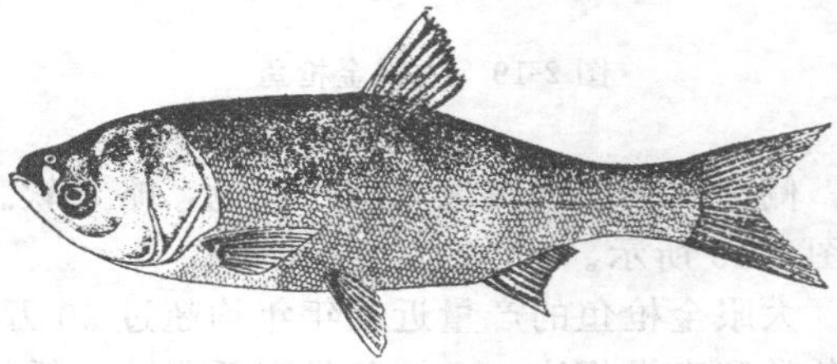

图 2-22 鲢鱼

4. 鳙鱼（鲤科）(*Aristichthys nobilis*)

鳙鱼又名胖头鱼、花鲢、大头鱼、包公鱼、黑胖头、黄鲢、黑鲢、红鲢、麻鲢等。英文名为 bighead carp。属硬骨鱼纲、鲤形目、鲤科、鲢亚科。鳙鱼分布在中国的中部、东部和南部地区的江河中，但长江三峡以上和黑龙江流域则没有鳙的自然分布。鳙鱼很多习性与鲢鱼相似，栖息于江河湖泊的中上层，活动力没有鲢鱼强。鳙鱼是优良的淡水经济鱼类之一，目前全国各地均有养殖。鳙鱼、青鱼、草鱼和鲢鱼一起合称为中国的四大家鱼。鳙鱼的形态特征是：外形似鲢，体侧扁，较高。头特别大，头长约为体长的 1/3。头比鲢鱼大。如图 2-23所示。眼睛较小，在头侧中轴下方。口大端位，吻宽而圆，下颌向上微翘。鳞细小而密。侧线弧形下弯。腹部自腹鳍至肛门有棱，为不完全腹棱。胸鳍末端超过腹鳍基部。体背面及侧面上部微黑，两侧有许多不规则的黑色斑点，腹部呈银白色，各鳍均为淡灰色。鳙鱼营养丰富，肉质肥嫩，特别是鳙鱼头，大而肥美，是深受大众喜

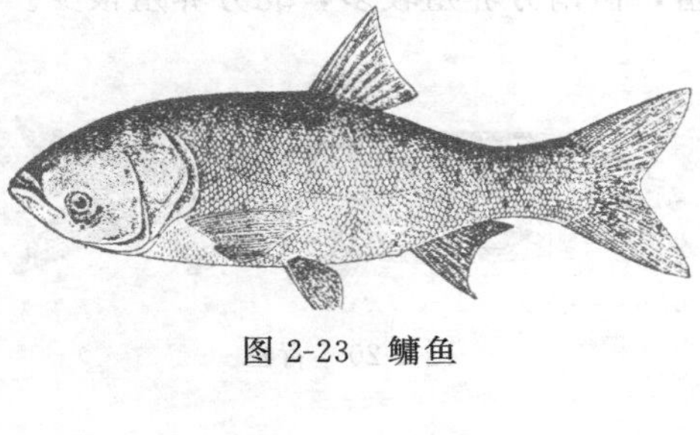

图 2-23 鳙鱼

爱的佳肴。鳙鱼以鲜食为主，也可加工成罐头、熏制品或咸干品。

5. 鲫鱼（鲤科）（*Carassius auratus*）

鲫鱼又名鲫瓜子、鲋鱼、鲫拐子、朝鱼、刀子鱼、鲫壳子、喜头等。鲫鱼的英文名为crucian。属硬骨鱼纲、鲤形目、鲤科、鲤亚科。鲫鱼为中国广泛分布的杂食性底栖鱼类，生活于江河、湖泊、沟渠、池塘的下层水底。它们的适应性强，对水温和盐度、溶解氧、pH 值、水体肥度等适应能力比其他鱼类强。鲫鱼的形态特征是：一般体长 15～20cm。体侧扁而高，体较厚，腹部圆。如图 2-24 所示。头短小，吻钝，口位于头的前端，眼侧位。背鳍长，外缘较平直。背鳍、臀鳍第 3 根硬刺较强，后缘有锯齿。胸鳍末端可达腹鳍起点。尾鳍深叉形。侧线微弯且完全，鳞大。一般体背面灰黑色，腹面银灰色，各鳍条灰白色。因生长水域不同，体色深浅有差异。鲫鱼为我国重要食用鱼类之一，具有很高的营养价值，每百克肉含蛋白质 13g、脂肪 11g，并含有大量的钙、磷、铁等矿物质。鲫鱼一般以鲜食为主，肉质细嫩，肉味甜美，可煮汤，也可红烧。

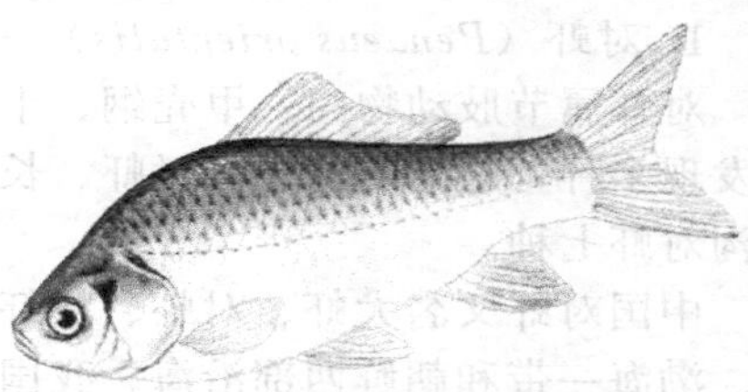

图 2-24　鲫鱼

6. 鲤鱼（鲤科）（*Cyprinus carpio*）

鲤鱼又名鲤拐子、鲤子等。英文名为 common carp。属硬骨鱼纲、鲤形目、鲤科、鲤亚科。鲤鱼是中国分布最广、养殖历史最悠久的淡水经济鱼类。除西部高原水域外，广大的江河、湖泊、池塘、沟渠中都有分布。在世界上的分布遍及欧、亚、美三大洲。鲤鱼是典型的杂食性底层鱼类，受惊后多潜入水底，浑水摸鱼是对鲤鱼这一特点的形象描述。鲤鱼是目前网箱和精养鱼池的主养品种。鲤鱼觅食能力强，对饵料的要求低。生长速度不如鲢鱼、鳙鱼、草鱼，但明显快于鲫鱼。鲤鱼对水质要求不高，适应性强，能在水质恶劣的环境中生存，生命力强，是淡水鱼中总产量最高的一种鱼。黄河鲤鱼是中国四大名鱼之一。鲤鱼的形态特征是：体形侧扁，腹部圆，如图 2-25 所示。背部在背鳍前稍隆起。口下位或亚下位，呈马蹄形。鳞片较大。口角有须两对。侧线明显，微弯。雄鱼尾鳍多呈橘红色。背鳍和臀鳍都生有硬刺，背鳍长，臀鳍短。尾鳍深叉形。体背面黑褐色或带黄色，侧面金黄色，腹部白色。鲤鱼的营养价值很高，特别是含有极为丰富的蛋白质、脂肪、多种维生素。鲤鱼可鲜食，也可制成鱼干。

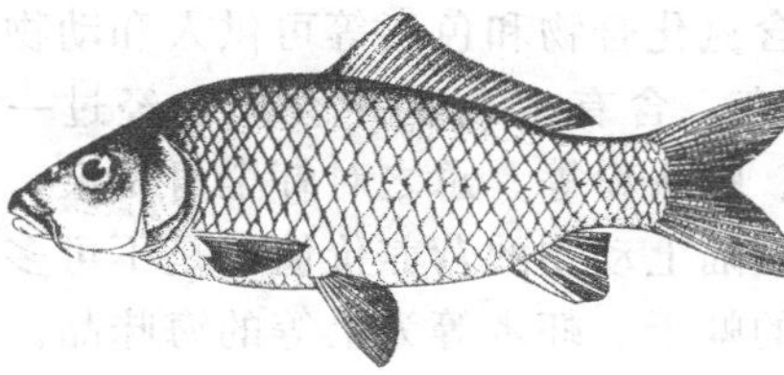

图 2-25　鲤鱼

7. 团头鲂（鲤科）（*Megalobrama amblycephala*）

团头鲂又名武昌鱼。其英文名称为 blunt snout bream。团头鲂属硬骨鱼纲、鲤形目、鲤科、鳊亚科。团头鲂原为中国长江中游湖泊中的一种较大型的经济鱼类。其自然分布不广，天然产量不高，现已驯化成为淡水养殖的一个重要鱼种。近年已被移植到各地天然水域中，以江苏南部、上海郊区养殖较多。团头鲂的形态特征是：团头鲂体高侧扁，体形轮廓呈长菱形。如图 2-26 所示。体长为体高的 2.0～2.3 倍。头尖口小，口端位、钝圆，下颌曲度小。背鳍硬刺短，胸鳍较短。腹面自腹鳍基到肛间有明显的腹棱。体鳞较细密。体侧每个鳞片基部灰黑，边缘黑色素稀少。体色青灰或深褐色，体背部略带黄铜色泽，各鳍青灰色，两侧下部灰白，体侧具有纵走的灰白色条纹。团头鲂是一种以植物性饲料为主

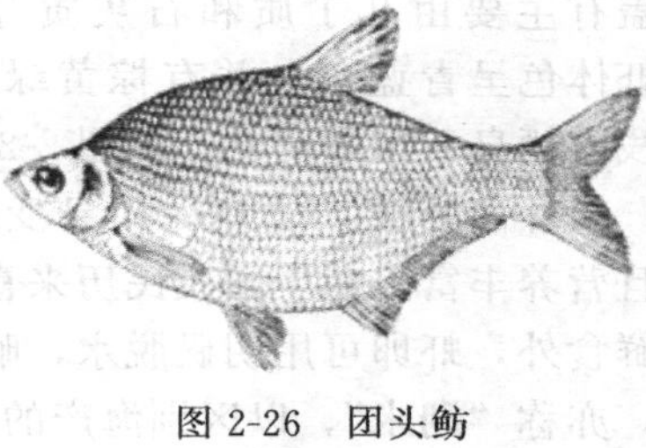

图 2-26　团头鲂

的杂食性优质鱼类，是一种名贵的经济上等食用鱼类。其肉质细嫩、味道鲜美，深受消费者青睐。食用团头鲂的规格为250～400g，一般以鲜食为主。

四、虾类

1. 对虾（*Penaeus orientalis*）

对虾属节肢动物门、甲壳纲、十足目、游泳亚目、对虾科、对虾属。对虾在中国近海已经发现多种，常见的有中国对虾、长毛对虾、墨吉对虾、日本对虾、宽沟对虾、斑节对虾和短沟对虾七种。

中国对虾又名大虾、对虾、黄虾（雄）、青虾（雌虾）、明虾等。中国对虾主要分布于黄海、渤海一带和朝鲜西部沿海，我国的辽宁、河北、山东、天津沿海是对虾的重要产地。中国对虾个体肥大，甲壳薄、光滑透明，对盐度和温度的适应范围较宽，生长快，是我国目前养殖最广泛的品种。其形态学特征是：对虾体长而侧扁，略呈梭状，对虾雌雄异体，雌体长18～24cm，呈青白色，故又称青虾。雄体长13～17cm，体色略呈棕黄，故又称黄虾。通常雌虾个体大于雄虾。对虾的身体分为胸部和腹部两部分，由20个体节组成，即头部5节、胸部8节和腹部7节。19对附肢为头部5对、胸部8对和腹部6对。除尾节外，各节均有附肢一对。头胸部较粗短。腹部较细长，每节甲壳由关节膜连接，可以自由伸屈。如图2-27所示。

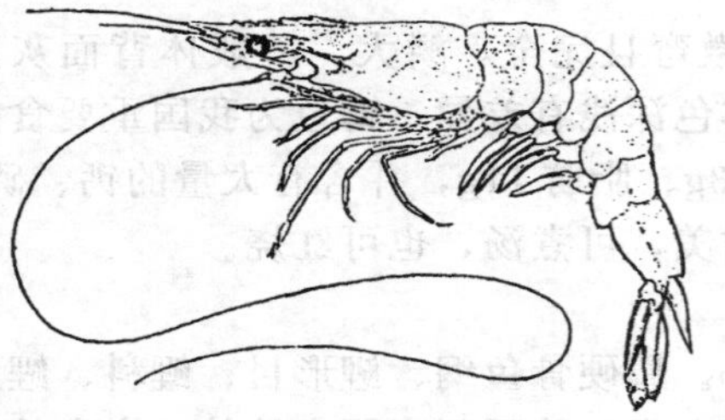
图2-27 中国对虾

中国对虾肉质细嫩，味道鲜美，蛋白质含量高，而脂肪含量极低，含有大量微量元素和人体必需的氨基酸，是一种营养价值较高的动物性食品。中国对虾加工后的剩余物虾头、甲壳等含有多种有用成分，其中的蛋白质、脂类、可溶性含氮化合物和色素等可供人和动物食用，也可作为食品添加剂和调味剂。对虾头经采肉后的壳，含有17%的甲壳质，经过一系列的处理，可制成可溶性的甲壳素。虾头还可做虾头酱、虾头粉等。总之对虾全身是宝，利用价值高，在蛋白质含量、质量及消化率等方面都不次于陆上动物的营养价值，是不可多得的高蛋白、低脂肪、高营养的食品。中国对虾加工制成的虾干、虾米等为上等的海味品。中国对虾是我国水产品出口的主要品种。

2. 沼虾（长臂虾科）（*Macrobrachium nipponense*）

沼虾是沼虾属的总称，又名河虾、青虾。隶属于节肢动物门、甲壳纲、十足目、长臂虾科。沼虾属广泛分布于日本、东南亚和中国南北各地的淡水江河湖泊中，也常出现于低盐度的河口或淡水水域。中国已知沼虾20多种，其中以日本沼虾最为常见。其形体特征是：沼虾分头胸部和腹部两部分。整个体形呈长筒状，头胸部较粗大。5对步足中前2对呈钳状，第2对粗壮，雄性特别粗大，通常超过体长。全身覆盖有主要由几丁质和石灰质等组成的甲壳。青虾体色呈青蓝色，并有棕黄绿色斑纹，体色深浅随栖息环境而变化。如图2-28所示。

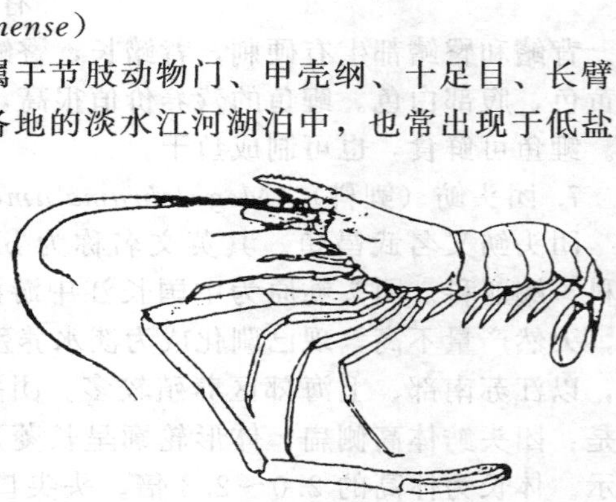
图2-28 日本沼虾

沼虾肉味美，烹熟后周身变红，色泽好看并且营养丰富，是中国人民历来喜爱的风味水产品，也是中国自产的较大的淡水虾类品种。除鲜食外，虾卵可用明矾脱水，晒干后销售，或用于制作虾子酱油。虾子晒干后去壳后为虾米，亦称“湖米”，以区别海产的虾米。

五、蟹类

1. 三疣梭子蟹（蝤蛑科）(*Portunus trituberculatus*)[32]

梭子蟹在动物分类上属于节肢动物门、甲壳纲、十足目、梭子蟹科。梭子蟹是一群温带、热带能游泳的经济蟹类。广泛分布于太平洋、大西洋和印度洋。中国沿海均有分布，群体数量以东海最多，南海次之，黄海、渤海最少。中国沿海梭子蟹约有18种，其中体型大、食用价值、经济价值较高的是三疣梭子蟹。

三疣梭子蟹又名梭子蟹、枪蟹、海螃蟹、海蟹等。英文名称为swimming crab。三疣梭子蟹的形态特征是：全身分为头胸部、腹部和附肢。如图2-29所示。梭子蟹头胸甲的前缘左右两侧各有9枚锯齿，最后一齿最为长大，横向两侧方突出，使头胸甲中部宽大，两侧尖细，形似织布用的梭子，胸甲上的颗粒细小，无花白云纹，有三个疣状突，一个在胃区，两个在心区，故名三疣梭子蟹。梭子蟹头胸甲表面有横行的颗粒棱线或成群的颗粒。甲面分区明显，额缘具有4枚小齿。复眼1对，具柄。步足5对，第一对大而坚硬，称螯足，螯足发达，长节呈棱柱形，内缘具钝齿，第五对步足平扁如桨，称游泳足，有较强的游泳能力。所以梭子蟹被列为底栖游泳动物。腹部扁平（俗称蟹脐），雄蟹腹部呈三角形，雌蟹呈圆形。雄蟹背面茶绿色，雌蟹紫色，腹面均为灰白色。

图2-29　三疣梭子蟹

梭子蟹属大型海产经济蟹类。蟹肉多，脂膏肥满，味鲜美，营养丰富。每百克蟹肉含蛋白质14g、脂肪2.6g。鲜食以蒸食为主，还可加工成冻蟹肉块、冻蟹肉等冷冻小包装产品，也可加工成烤蟹、炝蟹、蟹酱、蟹肉罐头等食品。蟹卵经漂洗晒干即成为“蟹子”，是海味品中之上品。三疣梭子蟹是我国重要的出口畅销品之一，除了活蟹出口，沿海各省生产的梭子蟹罐头和冻蟹，在美国、法国、德国、澳大利亚、新加坡等国家及亚太市场也非常走俏。

2. 中华绒螯蟹（方蟹科）(*Eriocheir sinensis*)

中华绒螯蟹又名河蟹、螃蟹、毛蟹、清水蟹，英文名称为chinese mitten crab。中华绒螯蟹属甲壳纲，十足目，方蟹科，绒螯蟹属。中华绒螯蟹是我国一种重要的洄游性水产经济动物，在淡水捕捞业中占有相当重要的地位，广泛分布于我国南北沿海各地湖泊，以江苏阳澄湖所产最著名。中华绒螯蟹的形态特征是：身体分头胸部和腹部两部分，附有步足5对。如图2-30所示。头胸部的背面为头胸甲所包盖，头胸甲墨绿色，呈方圆形，俯视近六边形，后半部宽于前半部，中央隆起，表面凹凸不平，共有6条突起为脊，额及肝区凹陷，其前缘和左右前侧缘共有12个棘齿。额部两侧有一对带柄的复眼。头胸甲的腹面，除前端为头胸甲所包裹外，大部分被腹甲所包被，腹甲分节，周围密生绒毛。腹部为灰白色。腹部紧贴在头胸部的下面，一般称为蟹脐，周围有绒毛，共分7节。雌蟹的腹部为圆形，俗称“团脐”，雄蟹腹部呈三角形，俗称“尖脐”。第一对步足呈棱柱形，末端似钳，为螯足，强大并密生绒毛；第四、五对步足呈扁圆形，末端尖锐如针刺。成熟的雄性中华绒螯蟹螯足壮大，掌部绒毛浓密，并由此得名。

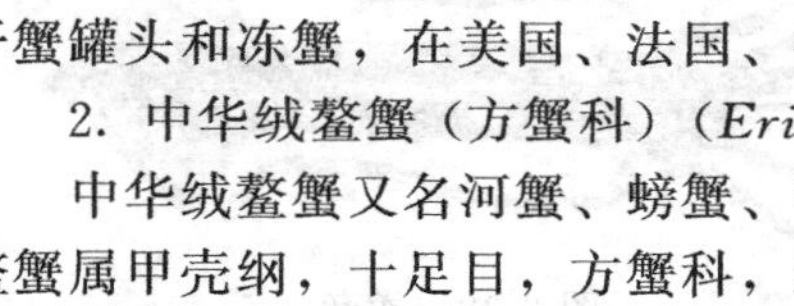

图2-30　中华绒螯蟹

中华绒螯蟹的体重一般为100～200g，可食部分约占1/3。肉味鲜美，营养丰富，每百克含蛋白质 14g、脂肪 5.9g。中华绒螯蟹尤以肝脏和生殖腺最肥。此蟹只可食活蟹，因死蟹体内的蛋白质分解后，会产生蟹毒碱。中华绒螯蟹是我国重要的出口创汇水产品。

六、头足类

1. 乌贼类（Sepiidae）

乌贼类是乌贼科的总称。属头足纲，乌贼目。乌贼也称墨鱼，其实它不是鱼，因为它没有脊椎骨，是一种软体动物，只不过它的贝壳已经退化，变成白色的内骨骼。中国沿海盛产墨鱼，特别是浙江、福建沿海更是著名产区。中国主要捕捞乌贼类有东海的曼氏无针乌贼、黄海和渤海的金乌贼。金乌贼又名墨鱼、乌鱼、乌贼、海螵蛸、斗鱼、目鱼、大乌子。英文名称为 cuttlefish。如图 2-31 所示。中国沿海均有分布。金乌贼的形态特征是：胴体呈卵圆形，左右对称。长度约为宽度的 1.5 倍。一般胴体长 10～15cm。背腹略扁平，侧缘绕以狭鳍，不愈合。头部前端、口的周围生有 5 对腕。4 对较短，每个腕上长有 4 个吸盘；1 对触腕稍超过胴长，其吸盘仅在顶端，小而密。眼睛发达。金乌贼体色黄褐色，胴体上有棕紫色与白色细斑相间，雄体胴背有波状条纹，在阳光下呈金黄色光泽。体内有墨囊，内贮有褐色的液体，当受到外界刺激时，它就放以墨汁，把周围海水“染黑”，自己趁机逃之夭夭。

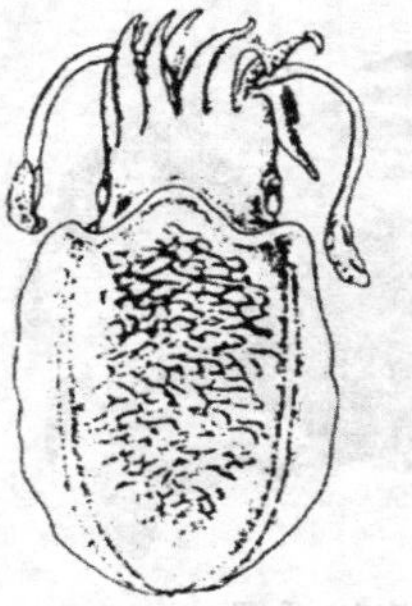

图 2-31　金乌贼

金乌贼的可食部分约占总体的 92%。其肉洁白如玉，具有鲜、嫩、脆的特点，且营养丰富。乌贼可鲜食，也可制成干品、熏制品和罐头。金乌贼制成的淡干品称为墨鱼干或北鲞；由曼氏无针乌贼制成的淡干品，俗称螟蛹鲞或南鲞，都是有名的海味。爆炒墨鱼花是脍炙人口的美味佳肴。

2. 柔鱼类（Ommastrephes）

柔鱼类是柔鱼科的总称，属头足纲、枪形目。它是重要的海洋经济头足类，广泛分布于太平洋、大西洋、印度洋各海区。柔鱼的种类很多，已开发利用的主要有太平洋褶柔鱼、茎柔鱼等。柔鱼体稍长，左右对称，分为头、足和胴部。如图 2-32 所示。头部两侧眼较大，眼眶外不具膜，头部和口周围有 10 只腕，其中 4 对较短，腕上有 2 行吸盘，吸盘角质环具齿；另一对腕较长，为触腕，顶部为触腕穗，穗上有 4～8 行吸盘。胴部圆周形，狭长，胴体长可超过 40cm。肉鳍短，分裂胴部两侧后端，并相合成横菱形。柔鱼皮下有发光组织，太平洋褶柔鱼无发光组织。柔鱼除鲜食外，因其肉质较硬，经过干制、熏制或冷冻发酵加工可得美味产品。

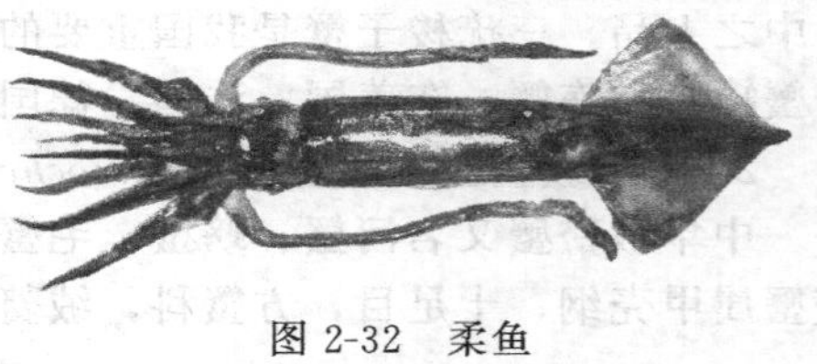

图 2-32　柔鱼

七、贝类[33]

贝类的种类很多，分为海产贝类和淡水贝类。海产贝类主要有牡蛎、贻贝、扇贝、蚶、蛤、香螺、蛏等，淡水产的贝类主要有螺、蚌和蚬等。

1. 牡蛎（Ostreidae）

牡蛎的名称各地不同，闽、粤称蚝或蚵，江浙称蛎黄，山东以北称蛎子或海蛎子。牡蛎属软体动物门、瓣鳃纲、翼形亚纲、珍珠贝目、牡蛎科。英文名称为 oyster。牡蛎是一种经济价值较高的贝类，是世界性分布种类，目前已发现 100 多种。牡蛎在中国沿海分布很广，约有 20 种，常见的有近江牡蛎（如图 2-33 所示）、褶牡蛎（如图 2-34 所示）、太平洋牡蛎（长牡蛎）、密鳞牡蛎、大连弯牡蛎等。这些牡蛎已经成为养殖的主要品种。牡蛎为翼形类，两壳不等，左壳大，右壳小，壳行不规则，表壳粗糙，具鳞片、棘刺等。绞合部无齿，或具结节状小齿。单柱类，两孔型，无水管，内韧带。由于种类不同，形态各异。牡蛎是一种经济价值较高的贝类，肉味鲜美，营养丰富。干肉含有蛋白质45%～57%、脂肪7%～11%、肝糖19%～38%，此外，还含有丰富的维生素A、维生素B_1、维生素B_2、维生素D和维生素E等。牡蛎含碘量比牛奶或蛋黄高200倍。牡蛎鲜汤素有海中牛奶之称，浓缩后称“蚝油”。牡蛎可鲜食或制成干品“蚝豉”，也可加工成罐头。

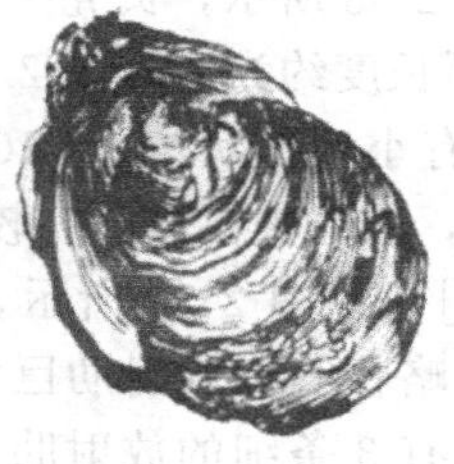
图 2-33　近江牡蛎

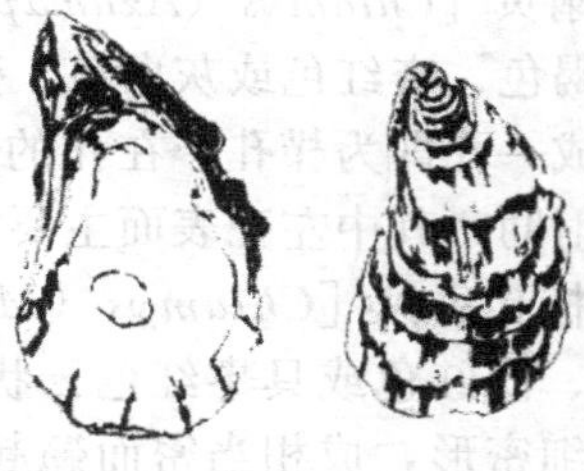
图 2-34　褶牡蛎

2. 贻贝（Mytilidae）[33]

贻贝是重要的海产贝类，英文名称为mussel。我国主要的经济品种有紫贻贝、翡翠贻贝、厚壳贻贝。紫贻贝主要产地在辽宁、山东沿海；厚壳贻贝产于辽宁、山东、浙江、福建；翡翠贻贝主要产于广东和福建。

(1) 贻贝　紫贻贝俗称海红，又名壳菜，其干制品叫“淡菜”。紫贻贝隶属于软体动物门、瓣鳃纲、翼形亚纲、贻贝目、贻贝科。紫贻贝的形态特征是：壳呈楔形，前端尖细（图2-35）。壳顶近壳的最前端，壳长不及高度的2倍。壳腹圆直，背缘呈弧形，后缘圆而高。壳皮发达，壳表黑褐色或紫褐色，生长纹细而明显。壳内面灰白色而边缘部分为蓝色。绞合部较长，绞合齿不发达。韧带深褐色与绞合部等长。外套膜两孔型。外套痕及闭壳肌明显。

(2) 翡翠贻贝　贝壳较大，长度约为高度的2倍，壳顶喙状，位于贝壳的最前段（图2-36）。腹缘直或略弯。壳顶端具有隆起肋。壳表翠绿色，前半部常呈绿褐色。绞合齿左壳2个，右壳1个。无前闭壳肌痕，后闭壳肌很大，位于壳后端背缘。

(3) 厚壳贻贝　贝壳大，长度为高度的2倍、为宽度的3倍左右（图2-37）。壳呈楔形，壳质厚，壳顶位于贝壳的最前端，稍向腹面弯曲，常磨损呈白色。贝壳表面由壳顶向后腹部分极凸，形成一个隆起面。左右两壳的腹面部分突出形成一个棱状面。壳皮厚，黑褐色，边缘向内卷曲成一镶边。壳内面紫褐色或灰白色，具珍珠光泽。壳顶具2个小齿。前闭壳肌痕明显，位于壳顶后方。

图 2-35　紫贻贝

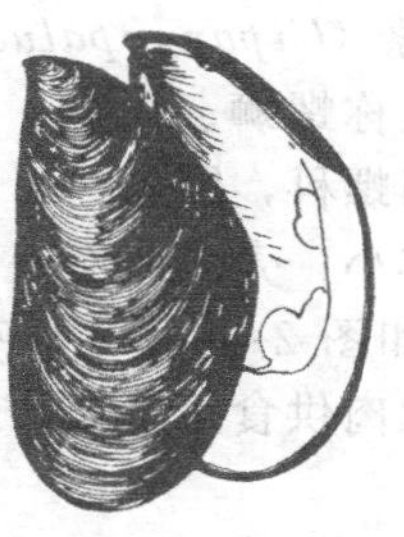
图 2-36　翡翠贻贝

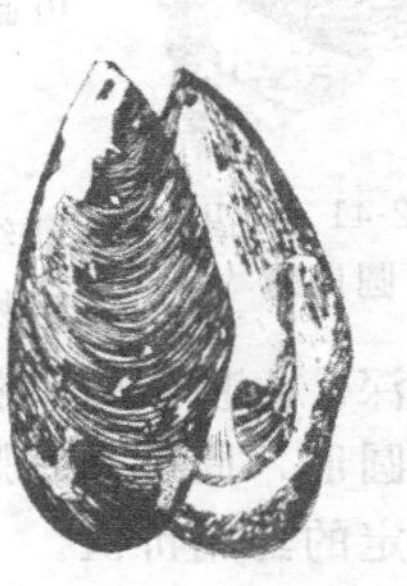
图 2-37　厚壳贻贝

贻贝营养丰富，其营养成分有三个特点：①氨基酸种类多，含量高，约占干蛋白的7%以上，含有8种必需氨基酸；②不饱和脂肪酸含量很高，约占鲜品的0.92%；③B族维生素十分丰富。贻贝的营养价值仅次于鸡蛋，比一般鱼、虾肉都高，因此贻贝有“海中鸡蛋”

之称。贻贝肉味鲜美，是珍贵的海产食品。除鲜食外，也可加工成干制品淡菜及各种类型的罐头。

3. 扇贝[33]

扇贝科（Pectinidae）动物隶属于软体动物门、瓣鳃纲、翼兴亚纲、珍珠贝目。英文名称为 scallop。世界上扇贝的近缘种达 300 种，在我国约有 30 余种，其中栉孔扇贝产于辽宁、山东沿海；华贵栉孔扇贝产于广东、广西沿海。

（1）栉孔扇贝［*Chlamys*（*Azumapecten*）*farreri*］ 如图 2-38 所示，贝壳一般为紫色或淡褐色，间有黄褐色、杏红色或灰白色，壳高略大于壳长。前耳长度约为后耳的 2 倍。前耳腹面有一凹陷，形成一孔即为栉孔，在孔的腹面右壳上端边缘生有小型栉状齿 6～10 枚。具足丝。贝壳表面有放射肋，其中左壳表面主要放射肋约 10 条，具棘，右壳主要放射肋较多。

（2）华贵栉孔扇贝［*Chlamys*（*Mimachlamys*）*nobilis*］ 如图 2-39 所示，贝壳呈淡紫褐色、黄褐色、淡红色或具枣红色云状斑纹。壳高与壳长约略相等。放射肋巨大，约 23 条。同心生长轮脉细密形，成相当密而翘起的小鳞片。两肋间夹有 3 条细的放射肋，肋间距小于肋宽。具足丝孔。

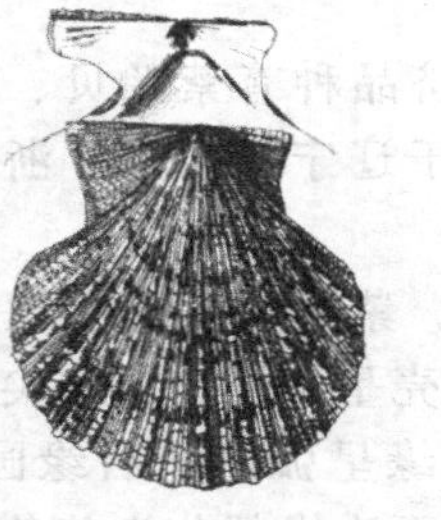

图 2-38 栉孔扇贝

图 2-39 华贵栉孔扇贝

图 2-40 海湾扇贝

（3）海湾扇贝（*Argopectens irradias*） 海湾扇贝原产于美国东海岸。1982 年引进我国，开展人工养殖，具有适应能力强、生长快、养殖周期短、产量高的特点。主要集中产于山东、辽宁、河北。贝壳中等大小，近圆形，如图 2-40 所示 。放射肋 20 条左右，肋较宽而高起，肋上无刺，生长纹较明显。无足丝。壳顶位于背侧中央，前壳耳大，后壳耳小。

扇贝的闭壳肌肥大、鲜嫩，含有丰富的营养物质，为国内外人们所喜爱的高级佳肴。扇贝闭壳肌加工后的干制品称之“干贝”。它是珍贵的海产八珍之一。扇贝除了鲜食和加工成干贝外，也可制成冻肉柱、扇贝罐头等。

图 2-41 中国圆田螺

4. 中国圆田螺（*Cipangopaludina chinensis*）

中国圆田螺又称螺蛳、田螺、香螺。英文名称为 river snail。属腹足纲，节鳃目，田螺科，圆田螺属。中国各淡水水域均有分布。中国圆田螺贝壳大、个体小，壳质薄而坚，陀螺形，约有 6～7 螺层，壳面凸，缝合线深。壳顶尖锐，体螺层膨大，如图 2-41 所示。壳表光滑，无肋，黄褐色或绿褐色。壳口卵圆形，周边具有黑色框边。田螺肉供食用，肉味鲜美，风味独特，营养丰富，螺肉还具有一定的药用价值。

第三节 水产食品原料的特性

水产品加工是以水产动植物为原料，采用各种机械、物理、化学、微生物学的方法，进行食品加工的生产技术过程。因此，水产食品原料的特性在水产品加工中是不容忽视的重要问题。现将水产食品原料的特性分述如下。

一、渔获量的不稳定性

水产品原料的不稳定供应是水产食品加工生产的特点，与农业和畜牧业相比较，渔获量受外来因素影响更大。渔业资源数量变动的三种情况：一是捕捞过度导致传统的经济鱼类资源的衰退；二是周期性的鱼类资源变化；三是外界环境造成的变动，如自然环境中的风力、海流、赤潮、水温、季节、气象等，当环境条件适于它生长时，它便大量生长繁殖，否则将衰退。所以水产品加工业受外界因素的影响很大，难以保证一年中稳定的供应，从而使水产食品的加工生产具有很强的季节性。

随着我国渔业产量的不断增长，经济鱼类等资源也在发生变化。相比较而言，海产经济鱼类资源的变化大于淡水鱼类。由于近年来海洋捕捞力量增加过快，同时加上海洋环境条件的变化等诸多因素的综合影响，渔业资源急剧下降。由于过度捕捞，大黄鱼、小黄鱼、带鱼、墨鱼这四种海洋水产资源都严重衰退。鲳鱼等其他主要经济鱼类资源的衰退也十分明显。一些个体较小的低值鱼如鲐鱼、沙丁鱼和鳀鱼，迅速繁衍生息，产量大幅上升。随着我国远洋渔业的发展，柔鱼和金枪鱼的渔获量正逐年增加。

二、水产食品原料种类和组成成分的易变性

1. 种类的多样性

我国水产资源丰富，水产食品原料品种多、分布广。渔获物的种类远比农、畜产品多。水产加工原料主要是指具有一定经济价值和可供利用的生活于海洋和内陆水域的生物种类，包括海洋和内陆水域的鱼类、甲壳动物、软体动物、棘皮动物、肛肠动物、两栖动物、爬行动物和藻类等。由此可见，水产加工原料覆盖的范围非常广，不仅有动物，而且有植物，无论是在体积还是形状上都千差万别，这就是水产加工原料的种类多样性。

2. 组成成分的易变性

由于水产加工原料多，其化学组成和理化性质常受到栖息环境、种类、性别、大小、季节和产卵等因素的影响而发生变化。水产品营养成分是由水分、蛋白质、脂肪、无机盐、维生素和糖类等组成。鱼肉中的蛋白质和无机盐含量的变化并不大，而水分和脂肪含量的变化是较大的，而且脂肪含量的变化通常与水分含量成反比的关系[34]。

鱼贝肉的一般组成呈明显的种特异性。除个别鱼外，鱼肉蛋白质含量一般在20%。水产动物中脂肪含量的多少与种类、年龄、季节及摄食饵料等的状况不同而有差异。海洋洄游性中上层鱼类如金枪鱼、鲱、鲐、沙丁鱼等脂肪含量大多高于鲆、鳕、鲽、鲷、黄鱼等底层鱼类。前者一般称为脂肪性鱼类，其脂肪含量通常在10%～15%，高时可达20%～30%；后者称为少脂肪鱼类，脂肪含量多在5%以下，鲆、鳕、鲽脂肪含量在0.5%左右[35]。

鱼贝肉的一般组成，即使是同一种类，也因渔场、季节、鱼龄等有显著变化。鱼体的部位不同，脂肪含量也不同。金枪鱼的脂肉（含脂质较多的腹肉）超过20%，但金枪鱼的红色肉部分的脂肪含量仅为1.4%[36]，部位差异幅度极大。一般年龄大、体重大的鱼类，其肌肉总脂肪的含量高于年龄、体重小的鱼。暗色肉的脂肪含量高于普通肉的含脂量。

鱼类中洄游性多脂鱼类脂肪含量的季节性变化最大。拟沙丁鱼脂肪含量的周年变化如图2-42所示。温度高、饵料多的季节，鱼体生长快时，体内脂肪含量高。鱼体成分随季节有很大的变化，因此一年中鱼类有一个味道最佳的时期。洄游鱼类在索饵洄游时，鱼体肥度增加，肌肉中脂肪含量增加，鱼肉味道鲜美。鱼体脂肪含量在产卵后迅速降低，风味亦随之变差。贝类中牡蛎的蛋白质和糖原含量亦随季节变化，冬季含量最多时，味

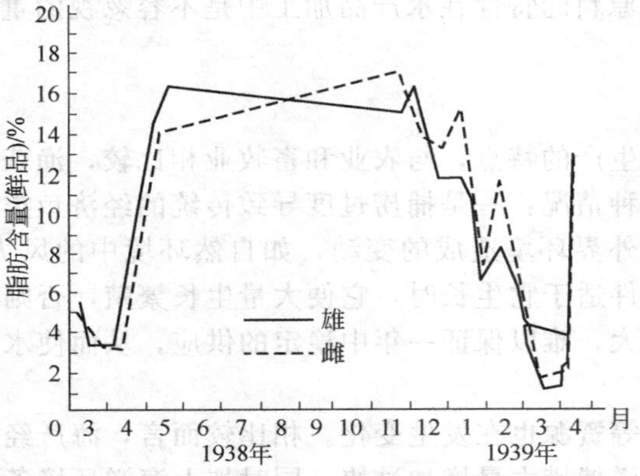

图 2-42 拟沙丁鱼脂肪含量的周年变化[35]

最鲜美。

水产动物肌肉中所含的无机盐，可因动物种类、季节和其他情况不同而异。甲壳类及海参类钙含量较多，海产鱼类含铁量比淡水鱼类多，而且红色肉比白色肉含铁量高。牡蛎肉含铜量多达 30mg/kg，而鱼肉仅有 1～5mg/kg[34]。

三、水产品的营养性与功能性

从氨基酸组成、蛋白质的生物效价来看，鱼贝类蛋白质的营养价值并不逊于鸡蛋、肉类等优质蛋白质。第一限制性氨基酸多为含硫氨基酸，这一点也与鸡蛋、肉类等相似。海带中的第一限制性氨基酸是赖氨酸，这一点与陆生植物大米、小麦的也相似。生理活性物质是指对生命现象具有影响的微量或少量物质。人们在水产食品原料中发现并提取了许多生理活性物质，例如，海洋生物多糖种类繁多，其中许多表现出明显的生理活性。在海洋活性物质研究中，活性多糖的研究是一个重要方面，目前的研究工作多集中在大型海藻类多糖及棘皮动物和贝类动物多糖方面，例如卡拉胶、褐藻胶、琼脂、甲壳质、氨基多糖等。甲壳素是虾蟹类等外壳的重要成分，据推测每年甲壳素的生物合成量超过 10 亿吨[37]，是一种巨大的可再生资源。EPA（eicosapentaenoic acid，二十碳五烯酸）、DHA（docosahexaenoic acid，二十二碳六烯酸）对人类的健康有着极为重要的生理保健功能。众所周知，EPA、DHA 主要来自海洋动物中的油脂，特别是鱼油中含量较高。EPA、DHA 的主要生理功能为：①预防心血管疾病；②健脑和预防老年性痴呆；③预防免疫系统疾病；④保护视力；⑤预防癌症。研究表明，DHA 可能对神经系统的作用更强一些，而 EPA 对心血管的作用较为明显[37]。牛磺酸（taurine）是生物体中的一种含硫氨基酸，对维持人体正常生理功能有着重要作用，在海洋贝类和鱼类中含量丰富。由于水产食品原料中含有各种各样的生物活性物质，因此就赋予了水产食品的营养性和功能性具有鲜明的特色。同时，水产品中还含有许多未知的有效成分等待人们去研究开发。

四、水产品的易腐败性

水产品中海藻属于易保鲜的品种，而对于鱼贝类来说则特别容易腐败变质。原因如下。

① 鱼体在消化系统、体表、鳃丝等处都黏附着细菌，并且细菌种类繁多。鱼体死后，这些细菌开始向纵深渗透，鱼类在微生物的作用下，鱼体中的蛋白质、氨基酸及其他含氮物质被分解为氨、三甲胺、吲哚、硫化氢、组胺等低级产物，使鱼体产生具有腐败特征的臭味，这个过程就是细菌腐败，也是鱼类腐败的直接原因。

② 鱼体内含有活力很强的酶，如内脏中的蛋白质分解酶、脂肪分解酶，肌肉中的 ATP（腺苷三磷酸）分解酶等。一般来说，鱼贝类的蛋白质比较不稳定和易于变性。在各种蛋白分解酶的作用下，蛋白质分解，游离氨基酸增加，氨基酸和低分子的氮化合物为细菌的生长繁殖创造了条件，加速了鱼体腐败的进程。

③ 鱼贝类的脂质由于含有大量 EPA、DHA 等高度不饱和脂肪酸而易于变质，产生酸败，双键被氧化生成的过氧化物及其分解物加快了蛋白质变性和氨基酸的劣化。鱼贝类的蛋白质和脂质极不稳定，因为鱼贝类是生息于水界的变温动物，是生态环境所注定的固有特性。

④ 温度对腐败有促进作用，一般鱼贝类栖息的环境温度较低，当它们被捕获后往往被

放置在温度稍高的环境中，因此酶促反应大大提高，加快了腐败。

⑤ 鱼贝类相对于畜肉来说，个体小，组织疏松，表皮保护能力弱，水分含量高，因此造成了腐败速度的加快。

水产品加工原料的这些特点决定了其加工产品的多样性、加工过程的复杂性和保鲜手段的重要性。对水产品而言，没有有效的保鲜措施，就加工不出优质的产品。因此保鲜是水产品加工中最重要的一个环节，有效的保鲜措施可避免鱼贝类捕获后腐败变质的发生。

第四节 水产食品原料的化学和物理组成

一、鱼类肌肉结构

鱼贝类是人类的重要食物来源之一。作为食物原料，习惯上将鱼贝类分为可食部分与不可食部分。肌肉是可食部分，鱼头、皮、内脏、骨等皆为不可食部分。一般来说，肌肉在鱼类中占体重的40%～50%；无脊椎动物中，如头足类则占70%～80%；在双壳类中则只占20%～30%。鱼肌肉的横切面如图2-43所示。

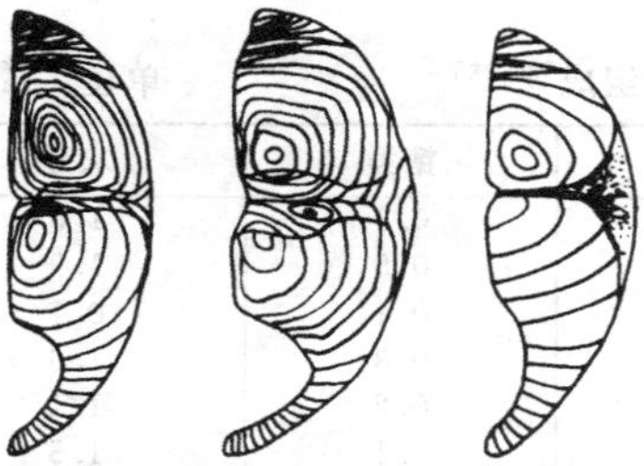

图2-43 鱼体中部的横断面

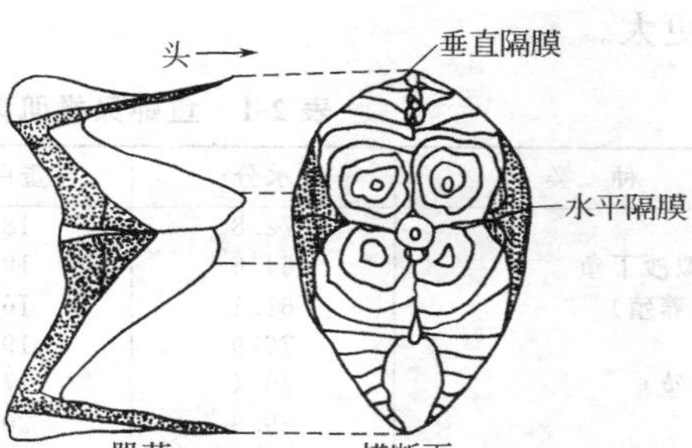

图2-44 鲭鱼肌肉的结构（阴影部分表示暗色肉）

鱼肉由普通肉和暗色肉组成。其肌肉属横纹肌的骨骼肌，鱼的肌肉附着在脊椎骨的两侧，从其横断面来看，呈同心圆排列。与哺乳动物的横纹肌结构相似。鱼类的肌肉是由肌纤维组成，肌纤维多数为肌原纤维。每一条肌肉纤维就是一个细胞，外部由肌膜包裹，内部的肌原纤维间隙则充满了肌浆，鱼类纤维的长度从几毫米至十几毫米，直径50～60μm，比陆生动物的短而粗。鱼类运动主要靠这部分肌肉。暗色肌是鱼类特有的肌肉组织，暗色肉也称红色肉或血合肉，其色素中有81%～99%的肌红蛋白和少量的血红蛋白。暗色肉存在于体侧线的表面及背侧部和腹部之间（图2-44），暗色肉的肌纤维稍细。

鱼体暗色肉的多少因鱼种而异，与鱼类的运动有很大关系。一般活动性强的中上层鱼类，如鲱、鲐、沙丁鱼和鲣、金枪鱼等的暗色肉多，由鱼体侧线下沿水平隔膜两侧的外部伸向脊骨的周围。分布在外侧的称为表层暗色肉，靠近脊骨的称为深层暗色肉。活动性不强的底层鱼类的暗色肉少，并限于为数不多的表层暗色肉，如鳕、鲽、鲷、鲤等。在运动性强的洄游性鱼类，如鲣、金枪鱼等的普通肉中，也含有相当多的肌红蛋白和细胞色素等色素蛋白质，因此也带有不同程度的红色，一般称为红色肉，有时把这种鱼类称为红色肉鱼类。而把带有浅色普通肉或白色肉的鱼类称为白色肉鱼类。暗色肉中含有丰富的脂肪、维生素和活力很强的酶类，它是具有特殊功能的组织部分。在食用价值和加工贮藏性能方面，暗色肉低于白色肉。在保鲜过程中，暗色肉比普通白色肉变质快，这是由于它含有较多的糖原及脂肪分解酶所导致的。

鱼类以外的水产无脊椎动物中，虾、蟹等同样为横纹肌。扇贝的闭壳肌是横纹肌，而乌贼的外套膜、牡蛎的半透明闭壳肌则主要是由斜纹肌所组成。斜纹肌的肌原纤维和横纹肌同样存在着明带和暗带，不同的是在肌纤维整体上的明暗带呈现一定的角度倾斜。软体类动物的肌肉组织不同于底栖类贝类的肌肉组织，也与鱼类肌肉有所不同。软体动物的肌纤维可分为横纹肌、斜纹肌、螺旋平滑肌和副肌球平滑肌。

二、水产食品原料的一般化学组成和特点

鱼虾贝类肌肉的化学组成是水产品加工中必须考虑的重要工艺性质之一，它不仅关系到其食用价值和利用价值，而且还涉及加工贮藏的工艺条件和成品的产量和质量等问题。鱼类、甲壳类、软体动物肌肉及其他可食部分富含蛋白质，并含有脂肪、多种维生素和无机盐，含少量的碳水化合物。常见鱼虾贝类肌肉或可食部分的化学组成见表 2-1，从表中可知肌肉的含水量为 60%～85%左右。一般鱼肉粗蛋白含量约为 16%～22%，虾、蟹类与鱼类大致相同，贝类的含量较低，为 7%～15%。灰分 1%～2%。脂质含量较水分、蛋白质、灰分三种成分的变动幅度大，有的种类在 1%以下，有的在 20%以上，因种类而异。鱼虾贝类肌肉的化学组成常随着种类、个体大小、部位、性别、成长度、季节、栖息水域、饵料和鲜度等多种因素而发生变化，表 2-1 只能看做是各种类一般组成的一个大体范围。不同品种有时会有相当大的差异。陆上动物肉的一般组成也会因种种因素而产生变动，但鱼贝肉的变动幅度更大。

表 2-1　鱼虾贝类肌肉或可食部分的化学组成[36,38]　　单位：%

种　类	水分	蛋白质	脂质	糖类	灰分
鲹	72.8	18.7	6.9	0.1	1.3
远东拟沙丁鱼	64.6	19.2	13.8	0.5	1.9
鳗鲡(养殖)	61.1	16.4	21.3	0.1	0.1
鲽	76.9	19.0	2.2	0.3	1.6
鲤(养殖)	75.4	17.3	6.0	0.2	1.1
鲑	69.3	20.7	8.4	0.1	1.5
鲭(鲐)鱼	62.5	19.8	16.5	0.1	1.1
鲨(大青鲨)	77.2	18.9	2.3	0.1	1.5
蓝点马鲛	68.6	20.1	9.7	0.1	1.5
鲷(黑鲷)	75.7	21.2	1.7	+	1.4
鳕鱼	82.7	15.7	0.4	+	1.2
虹鳟(养殖)	70.2	20.0	8.2	0.1	1.5
鲱	65.3	16.0	17.0	0.1	1.6
海鳗	65.9	19.5	12.7	0.1	1.8
比目鱼	74.5	21.2	2.3	0.5	1.5
带鱼	73.3	17.7	4.9	3.1	1.0
鲈鱼	77.5	18.6	2.4	0	1.5
鲤鱼	76.7	17.6	4.1	0.5	1.1
鲫鱼	78.0	18.2	2.5	0.1	1.2
鲻鱼	72.0	22.0	4.7	0.1	1.2
金枪鱼(黄鳍金枪鱼)	73.7	24.3	0.5	0.1	1.4
鳟	71.0	22.0	5.3	0.1	1.5
魁蚶	78.0	15.7	0.5	3.5	2.3
蛤子	86.8	8.3	1.0	1.2	2.7
鲍	83.9	13.0	0.4	0.6	2.1
牡蛎(养殖)	81.9	9.7	1.8	5.0	1.6
蚬	87.5	6.8	1.1	2.7	1.9
蛤蜊	84.4	11.8	0.6	1.0	2.2
文蛤	84.2	10.4	0.9	1.9	2.6
扇贝	81.2	13.8	1.2	1.8	2.0
乌贼	81.8	15.6	1.0	0.1	1.5
对虾	76.5	18.6	0.8	2.8	1.3
河虾	78.1	16.4	2.4	0	2.9
三疣梭子蟹	78.0	18.9	0.9	0.1	2.1
海参(鲜)	77.1	16.5	0.2	0.9	3.7

注："+"表示微量。

几种常见藻类的化学组成列于表2-2。藻类化学组成一般而言水分含量在82%～85%，粗蛋白含量在8%～24%，粗脂肪含量小于1%，碳水化合物的含量在30%～60%，矿物质的含量在12%～30%。藻类化学组成往往随着海藻的种类、生长环境、季节变化、个体大小和部位以及环境因子（如生长基质、温度、光照、盐度、海流、潮汐等条件）不同而有显著的变化。藻类化学组成的特点是脂肪含量极低，而碳水化合物和矿物质的含量相对较高。

表2-2 几种常见藻类的化学组成（干重）[39~41] 单位：%

藻类名称	粗蛋白质	粗脂质	碳水化合物	矿物质
海带	8.2	0.1	57	12.9
紫菜	24.5	0.9	31	30.3
裙带菜	11.26	0.32	37.81	18.93
羊栖菜	15.38	0.69	46.01	30.31
江蓠(广东)	19.50	0.12	60.92	12.99
石花菜(青岛)	19.85	0.49	56.57	16.17

1. 水分

水是水产品原料中最重要的成分之一，水产品的种类不同，含水量也有差别。多数鱼、贝类肉的水分含量约在60%～85%范围之内，比禽、畜肉水分含量的平均值高。鱼、贝类肉的水分含量偶尔也有超出这一范围的。海蜇（95%以上）和海参（91.6%）是众所周知的水分含量较多的水产动物。从表2-1中可以看出，水分和脂质含量之间存在相逆的相关关系，含脂质较多的鱼贝类水分含量较少，两种成分之和大约在80%左右。

生物体内的水按其存在状态可以分为自由水和结合水，两者的比例约为4∶1。自由水具有水的全部性质，自由水作为溶剂可运输营养和代谢产物，可在体内自由流动，参与维持电解质平衡和调节渗透压。自由水在干燥时易蒸发，在冷冻时易冻结。微生物可以利用自由水生长繁殖，各种化学反应也可以在其中进行，因此自由水的含量直接关系着水产品的贮藏期和腐败进程。结合水仅占总水量的15%～25%[41]。结合水通过与蛋白质、淀粉、纤维素、果胶物质中的氨基、羧基、羟基、亚氨基、巯基等形成氢键。结合水的水蒸气压比纯水低得多，一般在−40℃以上不能结冰，这个性质具有重要的实际意义，水产品原料在较低的温度下贮藏，能较好地保持质量。结合水不能作为溶剂，也不能被微生物所利用。因此水产品原料的含水量和水在其中的存在形式，直接影响到原料的加工工艺和贮藏性能。

2. 蛋白质

(1) 鱼贝类肌肉的粗蛋白含量　在做一般成分分析时，蛋白质含量通常以包括非蛋白氮（也称浸出物氮）的总氮量乘以蛋白质换算系数（水产品常使用6.25）算出，严格地应称其为粗蛋白质。大部分鱼贝类的蛋白质含量在16%～22%范围内，与脂质相比，种类间的变动较小。但水分在80%以上、含糖量较多的软体动物也有蛋白质含量在10%左右的。蛋白质含量是根据总氮量计算的，所以纯蛋白质要比粗蛋白质数值低，特别是富含非蛋白氮的种类，其误差较大。表2-3列出部分水产品的粗蛋白质和纯蛋白质含量，供参考。

(2) 鱼贝类蛋白质的组成　蛋白质是组成鱼贝类肌肉的主要成分，按形态、溶解度、存在位置分类，鱼贝类肌肉蛋白质的组成可由表2-4表示。鱼肉的蛋白质组成与哺乳动物的横纹肌接近，只是各部分的比例有所不同，如畜肉中肌基质蛋白含量约为15%，而鱼肉的只有10%，这是鱼肉口感比畜肉鲜嫩的原因之一。

表 2-3 鱼、贝类肌肉的粗蛋白质与纯蛋白质含量 单位：%

种 类	全氮量	粗蛋白质	蛋白态氮	纯蛋白质
鲣	4.04	25.3	3.29	20.6
鲤	2.84	17.5	2.54	15.9
狭鱼	3.03	18.9	2.64	16.5
海鳗	3.44	21.5	3.12	19.5
白斑星鲨	3.38	21.1	2.27	14.2
沙丁鱼	3.38	21.1	2.98	18.6
真鲷	3.51	21.9	3.14	19.6
文蛤	1.44	9.0	1.17	7.3
三疣梭子蟹	2.75	17.2	1.95	12.2
日本对虾	3.72	23.3	2.80	17.5

注：1. 文蛤为可食部分；2. 纯蛋白质＝蛋白态氮×6.25；3. 以上数据为新鲜肉所占的百分含量。

表 2-4 鱼贝类肌肉蛋白质的分类[38]

分 类	溶解度	存在位置	代表物
肌浆蛋白 20%～50%	水溶性	肌细胞间或肌原纤维间	糖酵解酶 肌酸激酶 小清蛋白 肌红蛋白
肌原蛋白 50%～70%	盐溶性	肌原纤维	肌球蛋白 肌动蛋白 原肌球蛋白 肌钙蛋白
肌基质蛋白	不溶性	肌隔膜 肌细胞膜 血管等结缔组织	胶原蛋白

按蛋白质对溶剂的溶解性不同，可分为水溶性蛋白质（肌浆）、盐溶性蛋白质（肌原纤维）、碱溶性蛋白质、水不溶性蛋白质（基质），如表 2-5 所示。表 2-5 中列出了几种海水、淡水鱼类各种蛋白质组成比例，从盐溶性蛋白质的量来看，底栖性海水鱼类最高，淡水鱼类次之，海水中上层鱼类的沙丁鱼、鲐含量最低。几种淡水鱼的盐溶性蛋白质含量相近，为60%左右（鳗鲡例外）。中上层鱼类的盐溶性蛋白质含量，普通肉中占 60%左右，血合肉中的含量较低，仅占 40%左右。

表 2-5 几种海水、淡水鱼类的蛋白质组成[42] 单位：%

鱼 种	粗蛋白	非蛋白氮	水溶性蛋白	盐溶性蛋白	碱溶性蛋白	基质蛋白
鲢	18.29	6.6	15.4	60.8	9.6	2.9
鳙	18.55	10.2	15	60.1	4.5	3.8
鳊	18.25	11.9	17.6	60.5	5.3	3.5
鲫	18.08	8.1	25.5	61.4	4.1	4.2
鲤	14.40		32.4	74.2	4.4	4.0
兔			28	52	4	16
远东拟沙丁鱼(普通肉)			34	62	2	4
沙丁鱼(血合肉)			46	44	7	7
鲐(普通肉)			38	60	1	1
鲐(血合肉)			50	42	4	3
鲽	14.39		19.5	74.2	5.4	7.0
狭鳕			21	70	6	3

① 肌原纤维蛋白。用高浓度的中性盐（离子强度 0.5～0.6）提取研碎的鱼肉，经 12000g 的离心力离心后得到盐溶性蛋白，也称肌原纤维蛋白。肌原纤维蛋白占肌肉总蛋白质的 60%～75%。肌原纤维蛋白由肌动蛋白和肌球蛋白为主体组成，是支撑肌肉运动的结构蛋白质，其中，由肌球蛋白为主构成肌原纤维的粗丝，由肌动蛋白为主构成肌原纤维的细丝。肌动蛋白和肌球蛋白是收缩蛋白。肌原纤维蛋白除了肌动蛋白和肌球蛋白之外，还存在有对肌肉的收缩、弛缓进行调解的原肌球蛋白、肌钙蛋白、辅肌动蛋白。这些蛋白称为调节蛋白质。在鱿鱼、乌贼、虾、蟹类等无脊椎动物的肌肉中，还含有副肌球蛋白，如在乌贼的肌原纤维中含 10%～15%，在扇贝的横纹肌中含 3%，在牡蛎的横纹肌中含 19%[43]。

肌原纤维蛋白是水产品加工中主要的研究对象。与陆产动物相比，鱼种之间肌原纤维的温度稳定性有很大差异，热带鱼较稳定，寒带鱼不稳定，二者相差数十倍，在鱼糜加工时应特别防止肌原纤维蛋白的变性。几种鱼类肌原纤维蛋白的温度稳定性见表 2-6，表中的数字越大，表明蛋白质越不稳定。

表 2-6　几种鱼类肌原纤维蛋白的温度稳定性比较[43]

鱼　种	不稳定性(变性速率常数)	
	35℃	40℃
罗非鱼	1	7～13
鲈鱼	2	22
鲤鱼	2～3	25～27
黄鳍金枪鱼	4	39～40
鲷	7～9	111
虹鳟	17～19	—
鲐鱼	18	—
黄盖鲽	19	—
大头鳕	160	—

注：变性速率常数的单位为 $10\times10^{-5}s^{-1}$。

② 肌球蛋白。在鱼类肌肉蛋白质中，肌原纤维蛋白占肌肉总蛋白质的 60%～75%，而肌球蛋白在肌原纤维蛋白中占 40%～50%，它构成了肌原纤维中的粗丝，每一根粗丝约由 300 个分子的肌球蛋白组成，其结构如图 2-45 所示。肌球蛋白由双头的球状部分的片段（S_1）和纤维状的杆部（rod）组成，长可达 150nm，是相对分子质量约为 50 万的大分子。头部 S_1 长 20nm、宽 9nm 左右，呈椭圆形。

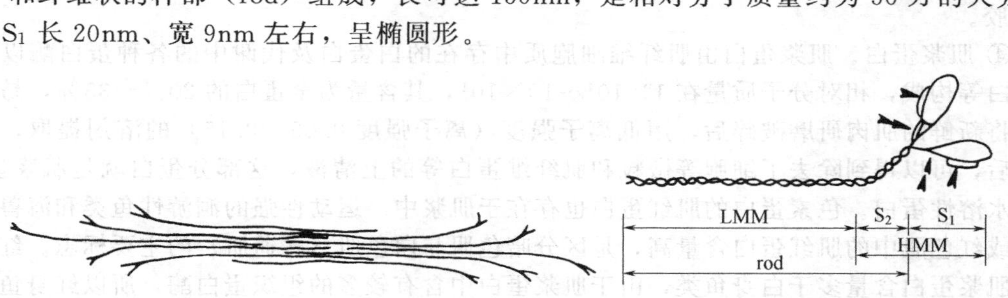

图 2-45　粗丝及肌球蛋白分子的模式图[36]

S_1—片段；S_2—片段；LMM—L-酶解肌球蛋白；HMM—H-酶解肌球蛋白；
➢—碱轻链；➤➤—DTNB 轻链

肌球蛋白有 3 个重要的性质：a. 具有 ATP 酶的作用，可以将 ATP 分解成 ADP；b. 与肌动蛋白组成的细丝（图 2-46）相结合；c. 在生理条件下形成丝。肌球蛋白分子的尾部具

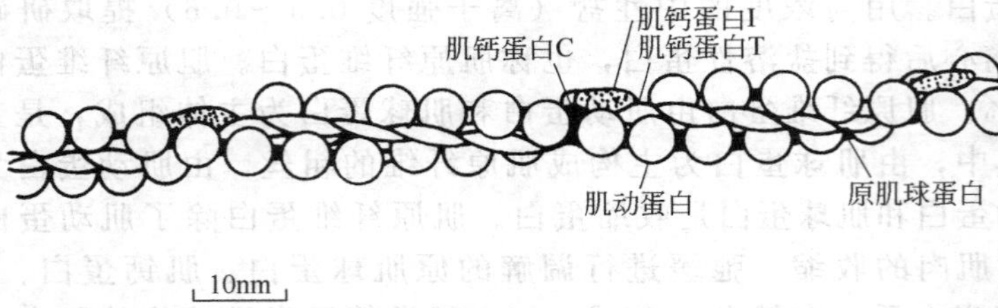

图 2-46 细丝的分子模型[36]

有丝形成能力，头部具有与ATP酶及肌动蛋白结合的能力。

肌球蛋白的基本结构和生物化学功能与兔的肌球蛋白相同，氨基酸组成和物理化学性质也几乎相同。与陆产动物相比较，鱼肉肌球蛋白的最大特征是非常不稳定，易受外界因素的影响而发生变性，并导致加工产品品质的下降。如果以Ca-ATP酶失活速度为指标，其稳定性与鱼类的栖息水温有显著的关系。一般来说，肌球蛋白变性从小到大的排列顺序为鲸、罗非鱼、鲤、狭鳕。罗非鱼适于在温水中栖息，而狭鳕一般栖息在纬度较高的海域内，所以在保鲜和加工狭鳕时应严格控制温度于10℃以下，否则极易变性。肌球蛋白的重要生物活性之一，是它具有分解ATP的酶活性，是一种盐溶性蛋白。当鱼肉蛋白质在冷藏、加热过程中发生变性时，会导致ATP酶活性的降低或消失。同时，肌球蛋白在盐类溶液中的溶解度降低。这两种性质是用于判定肌肉蛋白质变性的重要指标。

③ 肌动蛋白。肌动蛋白是形成细丝的主要蛋白，占肌原纤维蛋白质的20%左右。肌动蛋白呈球状（G-肌动蛋白），相对分子质量约为4.2万，由单一的多肽链组成。每1mol肌动蛋白含有1mol 3-甲基组氨酸，并与1mol的ATP及Ca^{2+}结合。G-肌动蛋白在生理盐水环境下聚合，形成右旋双螺旋结构，变成纤维状F-肌动蛋白。该反应是可逆的，脱盐后，F-肌动蛋白可再恢复为G-肌动蛋白。肌球蛋白和肌动蛋白在ATP的存在下形成肌动球蛋白，它能提高肌球蛋白的Mg^{2+}-ATP酶活力。在天然生理条件下，天然肌动球蛋白的收缩和松弛受Ca^{2+}浓度和调节蛋白的影响而产生张弛。当鱼体死后，ATP越来越少，最后分解完全时使肌动蛋白和肌球蛋白之间也产生结合，这种结合会引起鱼体死后的僵硬。在鱼糜制品加工过程中加入2.5%～3%的食盐进行擂溃的作用，主要是利用氯化钠溶液从被擂溃破坏的肌原纤维细胞溶解出肌动球蛋白，使之形成弹性凝胶。

④ 肌浆蛋白。肌浆蛋白由肌纤维细胞质中存在的白蛋白及代谢中的各种蛋白酶以及色素蛋白等构成，相对分子质量在1×10^4～10×10^4，其含量为全蛋白的20%～35%，易溶于水。将新鲜的肌肉研磨破碎后，用低离子强度（离子强度0.05～0.15）的溶剂提取，高速离心后，可以得到除去了细胞等微粒和肌纤维蛋白等的上清液，这部分蛋白就是肌浆蛋白，或称水溶性蛋白。色素蛋白的肌红蛋白也存在于肌浆中。运动性强的洄游性鱼类和海兽等暗色肌或红色肌中的肌红蛋白含量高，是区分暗色肌与白色肌（普通肌）的主要标志。红身鱼类的肌浆蛋白含量多于白身鱼类，由于肌浆蛋白中含有较多的组织蛋白酶，所以红身鱼类死亡后组织的分解和腐败变质的速度大于白身鱼类。在低温贮藏和加热处理中，肌浆蛋白较肌原纤维蛋白稳定，热稳定较高。不易受外界因素的影响而变性，但其存在对鱼糜制品凝胶强度的形成不利，因而在加工鱼糜制品时，一般采用漂洗的方法予以除去。含肌浆蛋白少的鱼肉在煮熟时易于解体，含量多则煮熟后易变硬。

⑤ 肌基质蛋白。肌基质蛋白是由胶原蛋白、弹性硬蛋白及连接蛋白构成的结缔组织蛋白，它们存在于肌纤维细胞的间隙内，构成了肌纤维外围的肌内膜。胶原蛋白和弹性硬蛋白

都不溶于水和盐类溶液，在一般鱼肉结缔组织中的含量，胶原高于弹性硬蛋白4～5倍。肌基质蛋白在鱼、贝类肉中仅占百分之几。与畜肉相比，鱼肉含肌原纤维蛋白多，而含肌基质蛋白很少，所以肉质较松软。这也是水产品原料蛋白质构成的一个特点之一。在鱼类中软骨鱼类的肌基质蛋白含量（10%）多于硬骨鱼（2%～5%）。

胶原是生物中重要的结构蛋白质之一，存在于鱼贝的皮、骨、鳞、腱、膘等处，占总蛋白的15%～45%。水产食品中含胶原蛋白较多的品种是鱼翅、鱼肚、鱼皮、鱼骨等。胶原是由原胶原分子组成的纤维状物质，当胶原纤维在水中加热至70℃以上温度时，构成原胶原分子的3条多肽链之间的交链结构被破坏，而成为溶解于水的明胶。肉类的加热或鳞皮等熬胶的过程中，胶原被溶出的同时，肌肉结缔组织被破坏，使肌肉组织变成软烂和易于咀嚼。

3. 鱼贝类的脂质

脂质是指用乙醚等有机溶剂从动植物组织中抽出的物质。脂质主要有甘油三酯、蜡、固醇酯、烃类、磷脂、糖脂等。脂质在体内是一种贮能物质，在营养过剩时积蓄在皮下或内脏器官中；营养缺乏时，被当作能源消耗。鱼贝类总脂质的变化幅度比陆生动物的变化要大，变化幅度最大的是甘油酯。鱼贝类的脂质是一般成分中变动最大的。种类之间的变动在0.2%～64%，含量最低的种类与含量最高的种类之间实际差别达320倍之多。并且即使是同一种类，也因年龄大小、生理状态、营养条件、季节变动等而有很大变动。海产动物的脂质在低温下具有流动性，并富含多不饱和脂肪酸和非甘油三酯，同陆上动物的脂质有较大的差异。

鱼类可根据肌肉中脂质含量的多少而大致分为多脂鱼和低脂鱼。一般来讲，红色肉鱼含有很多肌肉色素——肌红蛋白，多为洄游性鱼，肌肉的脂质含量高。白色肉鱼多为底栖鱼，同红色肉鱼相比肌红蛋白含量低，肌肉脂质含量在1%以下。

（1）甘油酯　甘油酯是由甘油与脂肪酸结合的脂类，包括甘油一酯、甘油二酯、甘油三酯，严格地说，依次应叫单脂酰甘油、二脂酰甘油、三脂酰甘油。鱼贝类的中性脂质大都为甘油三酯，甘油二酯和甘油一酯一般含量不高。鱼体中的脂质根据其分布方式和功能可以分为贮藏脂质和组织脂质两大类。贮藏脂质主要是由甘油三酯组成的中性脂肪，贮存于体内用于维持生物体正常生理活动所需要的能量，甘油三酯是蓄积脂肪的主要成分，它不仅与生物的营养状况有关，还受到季节、性别、年龄、地域等因素的影响；组织脂质主要由磷脂及固醇组成，是维持生命不可缺少的成分，其含量稳定，几乎不随鱼种、季节等因素的变化而变化。鳕鱼肌肉中的含脂量还不到1%，几乎认为全是组织脂质。因此，鱼种之间脂质含量的差异，主要是由贮藏脂质含量的差异所致。鱼体内脂质和水分含量之间是一个相对稳定的数值，而且水分与脂质呈负相关关系，远东拟沙丁鱼肌肉脂肪含量和水分的关系如图2-47所示。

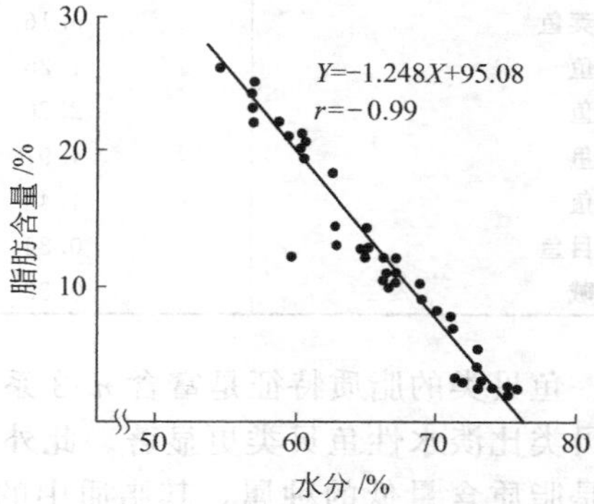

图2-47　远东拟沙丁鱼肌肉脂肪含量和水分的关系

r—相关系数

鱼贝类中的脂肪酸大都是C_{14}～C_{20}的脂肪酸。大致可分为饱和脂肪酸、单烯酸、多烯酸。一般将具有两个以上双键的脂肪酸称作多不饱和脂肪酸（polyunsaturated fatty acid，PUFA）。鱼贝类脂质中不饱和脂肪酸含量比畜肉高，且不同种类之间在数量及性质上的差异较大。水生动物与陆生动物脂肪酸组成的比较见表2-7。鱼体内高度不饱和脂肪酸的含量见表2-8。

表 2-7 水生动物与陆生动物脂肪酸组成的比较[36] 单位：%

脂肪酸	黄鱼	带鱼	鳕鱼	鳀鱼	鲤鱼	猪
$C_{14:0}$	2.7	5.3	2.9	—	1.8	1.5
$C_{14:1}$	—	0.2	—	0.9	0.1	—
$C_{15:0}$	0.6	0.5	—	—	0.2	微
$C_{16:0}$	27.3	29.4	11.0	27.7	19.8	23.1
$C_{16:1}$	13.2	8.1	8.5	5.0	8.4	2.5
$C_{17:0}$	0.6	0.7	—	2.1	0.2	微
$C_{18:0}$	6.7	7.9	5.3	7.1	4.8	11.3
$C_{18:1}$	24.3	27.6	28.7	20.2	36.0	42.9
$C_{18:2}$	1.6	1.4	5.3	0.4	14.2	10.3
$C_{18:3}$	3.6	1.8	38.4	3.3	3.9	0.9
$C_{19:0}$	0.1	微	—	—	—	0.1
$C_{20:0}$	0.8	0.3	—	—	0.8	0.3
$C_{20:1}$	0.3	0.3	—	—	—	0.2
$C_{20:2}$	0.1	微	—	—	—	0.2
$C_{20:4}$	1.8	0.8	—	—	0.5	0.2
$C_{20:5}$	2.7	1.9	—	22.1	1.1	微
$C_{22:0}$	0.2	微	—	—	0.2	微
$C_{22:1}$	—	0.6	—	—	1.0	微
$C_{22:6}$	5.1	5.3	—	1.3	0.2	—

表 2-8 鱼体内高度不饱和脂肪酸的含量[44]

种 类	脂肪酸总量/g	EPA 含量/mg	DHA 含量/mg
金枪鱼	20.12	1972	2877
鰤鱼	12.48	893	1784
鲐鱼	13.49	1214	1781
秋刀鱼	13.19	844	1398
鳝鱼	19.03	742	1332
沙丁鱼	10.62	1381	1136
虹鳟鱼	6.34	247	983
鲑鱼	6.31	492	820
竹荚鱼	5.16	408	748
鲣鱼	1.25	78	310
鲷鱼	2.70	157	297
鲤鱼	4.97	159	288
鲽鱼	1.42	210	202
比目鱼	0.84	108	176
乌贼	0.39	56	152

鱼贝类的脂质特征是富含 n-3 系的多不饱和脂肪酸（PUFA），而且这种倾向是海水性鱼贝类比淡水性鱼贝类更显著。此外，磷脂中的 n-3 PUFA 的含有率比中性脂质高。因此，越是脂质含量低的种属，其脂质中的 n-3 PUFA 的比例越高。DHA 和 EPA 等都属于 n-3 PUFA。由表 2-7、表 2-8 可以看出，海水鱼贝类的脂肪酸种类很多，并且海水鱼含有丰富的 DHA 和 EPA，而淡水鱼和其他陆生动植物含量很少或几乎不含有这两种成分。淡水鱼的脂肪酸组成介于哺乳动物与海产之间。

同一种鱼，养殖品的风味往往略逊于天然成长的，这可能与喂养的饲料有关。如香鱼的脂肪酸组成，天然鱼 14：0、16：1、18：4 的含量高，而养殖鱼则 16：0、18：1、18：2、22：6 的含量高。天然的和养殖的真鲷及斑节对虾的脂肪酸组成情况是：真鲷中的 22：6ω3

养殖的稍多一点，无明显差别；而斑节对虾中的 22∶6ω3、18∶2ω6 含量，养殖的明显高于天然的。扇贝的底栖天然生长者和人工悬垂养殖者，其中性脂肪酸含量人工悬垂养殖者含 14∶0、16∶0、16∶1 量多，而底栖天然生长者则含 20∶5、22∶6。

(2) 磷脂　磷脂可大致分为甘油磷脂和鞘磷脂。磷脂是一种组织脂肪，主要作为细胞膜的构成成分，也存在于脑、内脏、生殖腺等器官内。磷脂质的组成，不因动物种类而有大的变动。鱼贝类存在的磷脂质也同其他动物一样，有磷脂酰胆碱（PC）、磷脂酰乙醇胺（PE）、磷脂酰丝氨酸（PS）、磷脂酰肌醇（PI）以及鞘磷脂（SM）等。

磷脂在鱼贝类体内含量占 0.3%～0.6%，占总脂质的 30%，而中性脂的变动范围是 1%～10%，相对来说磷脂占体重的变化不大。鱼贝类肌肉磷脂质的 75%以上是 PC 和 PE。PC 的 1 位多为 16∶0、18∶1 等饱和脂肪酸和单烯酸；2 位往往结合 20∶5、22∶6 等 *n*-3PUFA。磷脂在鱼贝类贮藏过程中极易被破坏。高不饱和脂肪本来就容易被氧化，而磷脂比中性脂含有更多的双键，所以更加容易被氧化，氧化后的脂肪就产生了小分子化合物，造成鱼贝类外观颜色和气味的变化。磷脂在贮藏过程中还容易被磷脂酶水解，生成磷脂酸、甘油二酯、乙酰胆碱等成分，造成营养的损失。

(3) 其他脂质化合物　固醇类化合物在鱼贝类体内含量不高，主要是胆固醇、麦角固醇。表 2-9 列出了几种水产品的胆固醇含量[38]。

表 2-9　几种水产品的胆固醇含量　　单位：mg/100g

名　称	胆固醇含量	名　称	胆固醇含量
鲅鱼	75	蛤蜊	55～110
鲳鱼	77	螺	150～200
带鱼	76	乌贼	268
鲫鱼	130	对虾	193
鲤鱼	84	海蟹	125

某些鱼类和甲壳类，以脂肪酸和高级醇形成的蜡酯（WE）来取代甘油三酯（TG）作为主要的贮藏脂质。在海洋的中层和深层，生物密度稀薄，生物饵料的供给不安定，生活在那种环境下的桡虫类、南极磷虾类、糠虾类、十足类等甲壳类和矢虫类、乌贼种属的体组织中存在着大量的脂及 WE。但是，生活在饵料供给充足的温带、热带表层、深海的底层、淡水水域的动物、浮游生物及甲壳类，几乎不含 WE。一般而言，生息于表层的鱼类热能贮存形式多为 TG，而中层及深层鱼类的 TG 含量低，由 WE 取代 TG 成为主要的贮存脂质[35]。

4. 鱼贝类中的糖类

鱼贝类中最常见的糖类是糖原。和高等动物一样，鱼贝类的糖原贮存于肌肉或肝脏，是能量的重要来源。其含量和脂肪一样因鱼种生长阶段、营养状态、饵料组成等不同而异。鱼类肌肉糖原的含量与鱼的致死方式密切相关。鱼被活杀时，其含量为 0.3%～1.0%，这与哺乳动物肌肉中的含量几乎相同。金枪鱼等洄游性的红色肉鱼，比比目鱼等底栖性白色肉鱼糖原含量高。贝类特别是双壳贝的主要能源贮藏形式是糖原，因此其含量往往比鱼类高 10 倍，而且贝类糖原的代谢产物也和鱼类不同，其代谢产物为琥珀酸。贝类的糖原含量有显著的季节性变化，一般贝类的糖原含量在产卵期最少，产卵后急剧增加[35]。

除了糖原之外，鱼贝类中含量较多的多糖类还有黏多糖。黏多糖在生物体内一般与蛋白质结合，以蛋白多糖的形式存在，作为动物的细胞外间质成分广泛分布于软骨、皮、结缔组织等处，同组织的支撑和柔软性有关。

5. 鱼贝类的维生素

鱼贝类的可食部分含有多种人体营养所需的维生素，包括脂溶性维生素 A、维生素 D、维生素E和水溶性维生素B族和C族等。鱼贝类的维生素含量不仅随种类而异，而且还随其年龄、渔场、营养状况、季节和部位而变化。无论是脂溶性维生素，还是水溶性维生素，其在水产动物中的分布都有一定的规律。按部位来分，肝脏中最多，皮肤中次之，肌肉中最少；按种类来分，则红身鱼类中多于白身鱼类，多脂鱼类中多于少脂鱼类。维生素在鱼贝类肌肉中的含量与陆生动物相比较，并无特别之处。但在鱼贝类的肝脏中，维生素A的含量极高，如每克鳕鱼肝油中维生素A的含量为3240～12930μg，每克鲨鱼肝中含维生素A 2190～9330μg，是鱼肌肉中的几十倍，甚至几百倍。值得一提的是鳗鲡、巴目鳗、银鳕的肌肉中含有较多的维生素A。维生素D主要存在于鱼类肝油中，但软骨鱼类肝脏中含量少，肌肉中含脂量多的中上层鱼类（一般为红色肉鱼），如远东拟沙丁鱼、鲣、鲐等的含量在3IU/g以上，高于含脂量少的低脂鱼类，如大马哈鱼、虹鳟、马鲛、鲱、鲻、鲈等，一般在1IU/g。常见水产品肌肉中维生素含量见表2-10。

表2-10 常见水产品肌肉中维生素含量[38]

种类	维生素A含量/(μg/100g)	维生素B_1含量/(μg/100g)	维生素B_2含量/(μg/100g)	尼克酸含量/(μg/100g)	维生素E含量/(μg/100g)
鲅鱼	19	0.03	0.04	2.1	0.71
带鱼	29	0.02	0.06	2.8	0.82
真鲷	12	0.02	0.10	3.5	1.08
鲽	117	0.03	0.04	1.5	2.35
鲤鱼	25	0.04	0.09	2.3	5.56
海参	39	0.04	0.13	1.3	—
蛤蜊	微量	0.01	0.14	1.4	3.54
牡蛎	27	0.02	0.05	3.6	6.73
乌贼	35	0.01	0.04	2.0	10.54

6. 无机物

将食品在550℃加热，除去有机物后，剩下的就是灰分，即通常所说的无机物。无机物中主要是磷、钠、铁、钾、钙等。除少数种类外，鱼贝类的灰分在1%～2%，大体上呈一定值，变动较小。在鱼类的褐色肉中含铁量多，它是肌肉色素肌红蛋白的由来。从表2-11中所列数据可以看出，多数鱼贝类肉中的钙和硒含量高于畜产动物肉。此外，锰、镁、锌、铜、碘等微量营养成分在鱼贝类肉中的含量都高于畜产动物肉。尤其是海带、紫菜等藻类中碘的含量要比畜禽类动物高出50倍左右。其他元素虽有差异，但并不显著。

表2-11 鱼、虾、贝、藻、猪肉等中的无机元素比较[38] 单位：mg/100g

种类	Na	K	Ca	Mg	Fe	Mn	Zn	Cu	P	Se含量/(μg/100g)
黄鱼	120.3	260	53	39	0.7	0.02	0.58	0.04	174	42.57
带鱼	150.1	280	28	43	1.2	0.17	0.70	0.08	191	36.57
鲽鱼	150.4	264	107	32	0.4	0.11	0.92	0.06	135	29.45
鲅鱼	74.2	370	35	50	0.8	0.03	1.39	0.37	130	51.81
对虾	133.6	217	35	37	1.0	0.08	1.14	0.50	253	19.10
蛤蜊	492.3	123	177	108	22.0	1.03	2.69	0.16	166	87.10
牡蛎	462.1	200	131	65	7.1	0.85	9.39	8.13	115	86.64
乌贼	126.8	201	11	21	0.3	0.04	1.27	0.22	99	37.97
海带	8.6	246	46	25	0.9	0.07	0.16	—	22	9.54
猪肉	59.4	204	6	16	1.6	0.08	2.06	0.06	162	11.97
鸡蛋	125.7	121	44	11	2.3	0.04	1.01	0.07	182	14.98

值得注意的是，鱼贝类体内往往含有较多的重金属元素，其原因有二：一是鱼贝类生活

的环境中，重金属元素浓度过高；二是由于鱼贝类具有富集某些元素的生理特性，汞、镉、铅等重金属常会通过食物链在鱼贝类体内进行天然的浓缩积累，其浓度有随着成长或年龄增长而增多的趋势。鲨鱼、金枪鱼、鲣鱼类肌肉中的重金属含量高于其他鱼种，但其含量仍在食用安全范围之内。一般来说，远洋洄游性鱼类含汞浓度高，这是由鱼种的特性决定的。鱼贝类体内的砷比海水、淡水中所含的砷高出上百倍，比目鱼、甲壳类动物中砷的含量更高。

7. 浸出物成分

将鱼贝类组织切碎后，用热水或适当的除蛋白剂（如乙醇、三氯乙酸、过氯酸等）处理，过滤或离心后，将沉淀除去，得到的液体中含有各种物质，广义上称这些物质为提取物成分，也可称为萃取物、浸出物或抽提物，但一般不包括脂肪、色素、无机质等成分。

鱼肉的浸出物占其干重的2%～5%，软体动物和节足动物的较多，约占6%。浸出物中含有多种成分，除去水溶性蛋白质、多糖、色素、维生素、无机盐等成分后，剩余的游离氨基酸、肽、有机碱、核苷酸及其关联化合物、糖原、有机酸等总称为浸出物成分。可以将鱼贝类的提取物成分分为两大类：一类为含氮成分，又称为非蛋白氮的成分；另一类为非含氮成分，前者含量远高于后者。浸出物中的成分大都与鱼体内 pH 调节、渗透压等代谢有关，从食品学角度来看，它们是一些营养物质、呈味物质、生理活性物质等，对水产品的色、香、味等有着直接或间接的影响。相对而言，浸出物含量高的水产品比浸出物低的风味好。

(1) 游离氨基酸　游离氨基酸是鱼贝类提取物中最主要的含氮成分。水产动物肌肉蛋白质的氨基酸组成因种类而异，但基本上保持一个定值，而游离氨基酸的组成却不同，除了构成蛋白质的全部氨基酸外，常常出现一些特殊的氨基酸。在鱼类的游离氨基酸组成中，表现出显著种类差异特性的氨基酸有组氨酸、牛磺酸、甘氨酸、丙氨酸、谷氨酸、脯氨酸、精氨酸、赖氨酸等，其中组氨酸和牛磺酸最为特殊。

鱼类特别是属于红色肉鱼的鲣、金枪鱼等含有丰富的组氨酸，高达7～8mg/g。而真鲷、鲆鱼等白色肉鱼只有0.1mg/g。鲐、鳀等部分红色肉鱼以及竹荚鱼、鰤鱼等中间肉色鱼类含组氨酸2～7.5mg/g，在典型的红色肉鱼和白色肉鱼之间。鲤鱼、香鱼等淡水鱼比海水鱼的白色肉鱼稍高。高含量的组氨酸同呈味相关，但也是引起组胺中毒的一个原因。组氨酸在细菌的作用下，脱羧基生成组胺造成食物中毒。甲壳类肌肉中的游离氨基酸组成与鱼肉相比，其甘氨酸、精氨酸、脯氨酸、牛磺酸的含量较多，尤其在斑节虾中，每100g肌肉中含有1g以上的甘氨酸。

牛磺酸是分子中含有磺酸基的特殊氨基酸，在鱼贝类中常被检出，在无脊椎动物各组织以及鱼类的血合肉、内脏中含量较高。牛磺酸不是构成蛋白质的必需氨基酸，它在鱼贝类的生理机能中主要起着调节渗透压的作用，牛磺酸对人体也有一定的保健作用。海产的虾、蟹、贝、墨鱼、章鱼肌肉中含有较多的牛磺酸。

(2) 低聚肽　鱼贝类中含有的寡肽已知的只有极少数。性质比较特殊的有谷胱甘肽、肌肽、鹅肌肽等。肽也是一种呈味物质，具有提高鲜度和浓度的作用。贝类中肽含量较少。红身鱼类含有多量的鹅肌肽，有的也含有肌肽；白身鱼类中的肌肽、鹅肌肽含量很低（鳗鲡除外）；鲨、鳐类含鹅肌肽多。谷胱甘肽是三肽，在生物体内的氧化还原过程中起重要作用，此外，因其含有谷氨酸残基，故呈一定的鲜味。由β-丙氨酸与组氨酸或甲基组氨酸构成的是肌肽、鹅肌肽，它们的分布具有特异性，因动物种类的不同而大量含有其中的一种或两种，由于肌肽、鹅肌肽均含有咪唑基团，所以这些物质又往往被称作咪唑化合物。

谷胱甘肽、肌肽、鹅肌肽的结构式如下。

谷胱甘肽：

$$\underset{\displaystyle\text{COOH}}{\underset{|}{\text{H}_2\text{NCH}}}\text{CH}_2\text{CH}_2\text{CONH}\underset{\displaystyle\text{CH}_2\text{SH}}{\underset{|}{\text{CH}}}\text{CONHCH}_2\text{COOH}$$

肌肽：

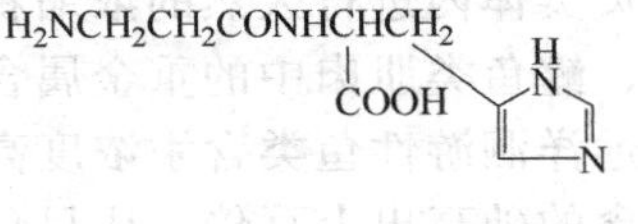

鹅肌肽：

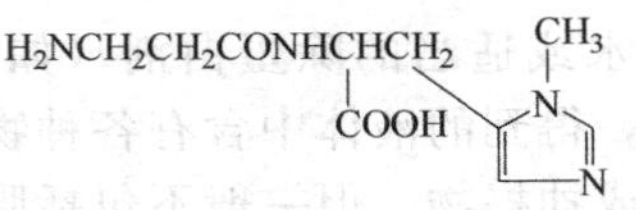

(3) 核苷酸及其关联化合物　核苷酸是由嘌呤碱基、嘧啶碱基、尼克酰胺等与核糖核酸组成的一类化合物。核苷酸是研究鱼贝类鲜度的一个重要化合物。在鱼贝类肌肉中主要含腺嘌呤核苷酸，肌肉中含有4～9μmol/g。核苷酸的分解产物——核苷、碱基等统称为核苷酸关联化合物。鱼贝类肉中含量较高的核苷酸及其关联化合物有腺苷三磷酸（ATP）、腺苷-磷酸（AMP）、肌苷-磷酸（IMP）、次黄嘌呤核苷（肌苷，HxR）及次黄嘌呤（Hx）。ATP同能量的贮藏和释放有关，在静止状态下肌肉中的核苷酸大部分以ATP的形式存在，但在机体激烈运动时ATP分解，放出能量。正常鱼死亡后，ATP迅速分解至IMP，而随后的IMP分解速度则较为缓慢。分解途径中产生的IMP是具有极其鲜味的呈味物质，其鲜度比味精还要高数倍。ATP的分解速度因鱼贝类种类、死前运动量、保鲜条件等有所差异。鱼死后ATP分解途径如下：

ATP →(Pi) ADP →(Pi) AMP →(NH_3) IMP →(Pi) HxR →(D-核糖) Hx

软体动物核苷酸代谢途径同鱼类有所不同。软体动物死后，一般积蓄AMP，再经脱磷酸生成腺嘌呤核苷（AdR）后分解成HxR和Hx。即：

ATP →(Pi) ADP →(Pi) AMP →(Pi) AdR →(NH_3) HxR →(D-核糖) Hx

以往的研究认为鱿鱼、乌贼、贝类等软体动物中不含AMP脱氨酶，因此不能生成IMP，但最近在赤贝、鱿鱼、牡蛎等一部分软体动物中也发现有IMP的生成。因此，可以推断这些动物的肌肉也存在着和鱼肉肌肉相同的ATP分解途径。虾、蟹类进行的是和鱼类相同的ATP分解途径，但也有经AdR分解的。

(4) 氧化三甲胺　氧化三甲胺（TMAO）广泛分布于海产动物组织中，是一种渗透压调节物质。在鱼类中，白色肉鱼类的含量比红色肉鱼类多，特别是在鳕类中含量较多，鲨鱼等板鳃类鱼含量更多，达1.0%～1.5%。氧化三甲胺是海水鱼肌肉中的一种特殊化合物，在淡水鱼类中几乎检测不出，即使存在，含量也极微。乌贼类富含TMAO，虾、蟹中含量也稍多，在贝类中，有像扇贝闭壳肌那样含有大量TMAO的种类，也有像蝾螺、牡蛎、盘鲍那样几乎不含TMAO的种类。TMAO具有一种特殊的海产鲜甜味，与尿素一起起着维持渗透压的作用。

在鱼贝类死后，TMAO被细菌的TMAO还原酶还原生成三甲胺（TMA），使鱼贝类带有鱼腥味。在某些鱼种的暗色肉中也含有TMAO还原酶，与普通肉相比，暗色肉易带鱼腥味。鳕鱼中，在酶的作用下，TMAO发生分解，生成二甲胺（DMA），产生特殊的臭气。

$$(CH_3)_3NO \longrightarrow (CH_3)_3N + 1/2\ O_2$$

$$(CH_3)_3NO \longrightarrow (CH_3)_2NH + HCHO$$

TMAO　　二甲胺　　甲醛

在高温加热鱼肉时也会发生与之相同的反应。板鳃鱼类即使在鲜度很好的条件下，也因含有大量的 TMAO 和尿素而极易生成挥发性含氮成分，所以不适宜用挥发性盐基氮(TVBN) 法测定这些鱼类的鲜度。另外，用 TMAO 含量高的金枪鱼为原料制造罐头时，易发生使肉色变蓝绿色的所谓绿色肉。

(5) 尿素 尿素是哺乳类动物尿的主要成分，在鱼贝类组织中或多或少均有检出。一般在硬骨鱼和无脊柱动物的组织中的含量低于 0.15mg/g，但在海产的板鳃类（软骨鱼类）所有的组织中均含有大量的尿素。海产的板鳃鱼类中，尿素除通过肝脏循环之外，有部分是通过嘌呤循环所合成的尿素，大部分由肾脏的尿细管再吸收而分布于体内，其数量在肌肉中 1kg 可达 14～21g。体内的这种尿素与 TMAO 一道起着调节渗透压的作用。鱼体死后，尿素由细菌的脲酶分解而形成氨。所以板鳃鱼类随着鲜度的下降而生成大量氨和由 TMAO 所生成的 TMA 一起，使鱼体带有强烈的氨臭味。

(6) 糖 鱼贝类提取物成分中的糖有游离糖和磷酸糖。游离糖中最主要的成分是葡萄糖，在鱼类生存时，它也存在于肌肉中。鱼贝类死后在淀粉酶的作用下由糖原分解生成。活鱼肌肉中不存在游离核糖，但鱼体死后由 ATP 代谢产物次黄嘌呤中游离生成，含量不高。游离糖中还检出微量的阿拉伯糖、半乳糖、果糖、肌醇等。

磷酸糖是糖原或葡萄糖经糖酵解途径和磷酸戊糖循环的一类生成物。经糖酵解途径生成的磷酸糖有葡萄糖-1-磷酸（G-1-P)、葡萄糖-6-磷酸（G-1-P)、果糖-6-磷酸（F-1-P)、果糖-1,6-二磷酸（FDP）以及 FDP 的裂解生成物。在磷酸戊糖循环中，存在着由 G-1-P 氧化脱羧基生成的五碳糖，以及由 G-1-P 同甘油醛-3-磷酸通过非氧化反应生成的四碳糖、五碳糖、六碳糖及七碳糖磷酸，其中含量较高的是 G-6-P、F-6-P、FDP 和核糖-5-磷酸。

(7) 有机酸 鱼贝类肌肉中检出的有机酸有醋酸、丙酸、丙酮酸、乳酸、延胡索酸、苹果酸、琥珀酸、柠檬酸、草酸等。其中主要的成分是丙酮酸、乳酸和琥珀酸。丙酮酸和乳酸主要由糖酵解反应生成。在金枪鱼、鲣一类洄游性的红色肉鱼类中，糖原含量可高达 1%左右，捕获后鱼肉中的乳酸含量由 6～7g/kg 增至 12g/kg。相比之下，运动不活泼的底层鱼类，糖原含量低，乳酸含量也仅在 2～3g/kg。乳酸的生成因捕捞时的运动量（致死方法)、放置条件等而有显著差异。在无脊椎动物中，有机酸的种类和分布因动物种类而异。虾、蟹类通常乳酸含量比较高，可达底层鱼类水平，虾、蟹类的肌肉中大约含有 10g/kg 左右的琥珀酸。贝类富含琥珀酸，也是源于含量丰富的糖原。琥珀酸在贝类的呈味上十分重要。

本章小结

本章主要介绍了我国主要的藻类、经济鱼类、虾蟹类、头足类以及贝类等常见的水产经济动植物的形态特征和营养成分。

水产食品原料的特性包括渔获量的不稳定性、水产食品原料种类和组成成分的易变性、水产品的营养性与功能性以及水产品的易腐败性。水产品加工原料的这些特点决定了其加工产品的多样性、加工过程的复杂性和保鲜手段的重要性。对水产品而言，没有有效的保鲜措施，就加工不出优质的产品。因此保鲜是水产品加工中最重要的一个环节，有效的保鲜措施可避免鱼贝类捕获后腐败变质的发生。

鱼贝类是人类的重要食物来源之一。作为食物原料，习惯上将鱼贝类分为可食部分与不可食部分。肌肉是所谓的可食部分，鱼头、皮、内脏、骨等皆为不可食部分。一般来说，肌肉在鱼类中占体重的40%～50%；无脊椎动物中，如头足类则占 70%～80%；在双壳类中则只占 20%～30%。鱼肉由普通肉和暗色肉组成，其肌肉属横纹肌的骨骼肌。鱼体暗色肉的多少因鱼种而异，与鱼类的运动有很大关系。一般活动性强的中上层鱼类暗色肉多，由鱼体侧线下沿水平隔膜两侧的外部伸向脊肉的周围。暗色肉中含有丰富的脂肪、维生素和活力很强的酶类，它是具有特殊功能的组织部分。在食用价值和加工贮藏性能方面，暗色肉低于白色肉。在保鲜过程中，暗色肉比普通白色肉变质快，这是因为它含有较多的糖原及脂肪分解酶所导致的。

虾蟹类肌肉同样为横纹肌，扇贝的闭壳肌是横纹肌，而乌贼的外套膜、牡蛎的半透明闭壳肌则主要是由斜纹肌所组成，软体类动物的肌肉组织不同于底栖类贝类的肌肉组织，也与鱼类肌肉有所不同，软体动物的肌纤维可分为横纹肌、斜纹肌、螺旋平滑肌和副肌球平滑肌。

水产食品原料的一般化学组成包括水分、蛋白质、脂质、糖类、维生素、无机盐和浸出物等。鱼、虾、贝类肌肉的化学组成常随着种类、个体大小、部位、性别、成长度、季节、栖息水域、饵料和鲜度等多种因素而发生变化。

思考题

1. 水产品原料的含水量和水在其中的存在形式有哪些特点？
2. 概述鱼贝类肌肉的粗蛋白含量特点。
3. 概述鱼贝类蛋白质的组成特点。
4. 简述肌球蛋白的基本结构特点及重要性质。
5. 水产食品原料的特性有哪些？
6. 简述鱼类肌肉结构特点。
7. 简述水产食品原料的一般化学组成和特点。

参考文献

[1] 毕列爵. 藻类的经济价值. 生物学通报，2001，39 (7)：14-15.
[2] 中国水产杂志社编. 中国经济水产品原色图集. 上海：上海科学技术出版社，2001.
[3] 姚祖榕编著. 东海地区经济水产品原色图集. 北京：海洋出版社，2003.
[4] 李里特主编. 食品原料学. 北京：中国农业出版社，2001.
[5] 薛长湖，陈磊等. 岩藻聚糖硫酸酯体外抗氧化特性的研究. 海洋大学学报，2002，30 (4)：583-588.
[6] 金骏，林美娇. 海藻利用与加工. 北京：科学出版社，1993.
[7] 韩晓弟，王刚. 裙带菜的植物学特性及利用. 特种经济动植物，2003，9：30-31.
[8] 苏秀榕，李太武，丁明进. 裙带菜孢子叶营养成分分析. 营养学报，1994，16 (2)：236-238.
[9] 范晓，韩丽君，郑乃余. 我国常见食用海藻的营养成分分析. 中国海洋药物杂志，1993，4：32-38.
[10] 付小梅，高淑清，孙侠. 裙带菜的生理药理作用研究进展. 癌变·畸变·突变，2004，16 (4)：254-256.
[11] Fleurence J. Seaweed proteins：biochemical，nutritional aspects and potential uses. Trends in Food Technol，1999，10：25-28.
[12] Noda H. Health benefits and nutritional proterties of nori . J Appl Phycol，1993，5：255-258.
[13] 周慧萍，陈琼华. 紫菜多糖抗衰老作用的实验研究. 中国药科大学学报，1989，20：231-234.
[14] 周慧萍，陈琼华. 紫菜多糖的抗凝血和降血脂作用. 中国药科大学学报，1990，21：358-360.
[15] Yashizawa Y，Enomoto A，Todoh H，et al. Activation of marine macrophages by polysaccharide fraction from marine alga (*Porphyra yezoensis*). Biosci Biotech Biochem，1993，57：1862-1866.
[16] Yashizawa Y，Ametani A，Tsunehiro J，et al. Stimulation activity of the polysaccharide fraction from a marine alge (*Porphyra yezoensis*)：Structure-function relationships and improved solubility . Biosci Biotech Biochem，1995，59：1933-1937.
[17] Zhang Q，Yu P，Li Z，et al . Antioxidant activities of sulfated polysaccharide fraction from (*Porphyra haitanensis*). J Appl Phycol，2003，15：305-310.
[18] 张全斌，赵婷婷，綦慧敏等. 紫菜的营养价值研究概况. 海洋科学，2005，29 (2)：69-72.

[19]　许忠能，林小涛. 江蓠的资源与利用. 中草药，2001，32 (7)：456.
[20]　夏邦美，张峻甫编. 中国海藻　第二卷　红藻门. 北京：科学出版社，1999：723-772.
[21]　曾呈奎，王素娟，刘思俭等. 海藻栽培学. 上海：科技出版社，1985：225-250.
[22]　刘思俭. 我国江蓠的种类和人工栽培. 湛江海洋大学学报，2001，21 (3)：71-79.
[23]　刘思俭. 江蓠养殖. 北京：农业出版社，1988.
[24]　Core G L，hanisak M D. Production and properties of native from Gracilaria tikvahiae. Botany Marine，1986，29：359.
[25]　赵谋明. 江蓠琼胶加工中碱处理的作用及作用机理. 食品科学，1991，11：14.
[26]　曾呈奎，王素娟，刘思俭等. 海藻栽培学. 上海：科学出版社，1984：225.
[27]　赵谋明，刘通讯，吴晖，彭志英. 江蓠藻的营养学评价. 营养学报，1997，19 (1)：64-70.
[28]　高天翔，张肖荣，王丹等. 几种鳕鱼的生物学初步研究. 海洋湖沼通报，2003：35-42.
[29]　张林楠. 鲐鱼加工新产品的研制和生产. 食品科学，1998，19 (5)：58-59.
[30]　蒋国平. 国际鲔类资源现况. 国际渔业资讯，2002，116：57-66.
[31]　刘群，任一平，王艳君等. 大眼金枪鱼的资源现状. 海洋湖沼通报，2003，2：74-78.
[32]　谢忠明主编. 海水经济蟹类养殖技术. 北京：中国农业出版社，2002.
[33]　王如才. 海水贝类养殖学. 青岛：青岛海洋大学出版社，1993.
[34]　赵洪根，黄慕让. 水产品检验. 天津：天津科学技术出版社，1986：51-54.
[35]　沈月新. 水产食品学. 北京：中国农业出版社，2000.
[36]　鸿巢章二，桥本周久编. 水产利用化学. 郭晓风，邹胜祥译. 北京：中国农业出版社，1994.
[37]　夏延斌主编. 食品化学. 北京：中国轻工业出版社，2001.
[38]　林洪，张瑾，熊正河编. 水产品保鲜技术. 北京：中国轻工业出版社，2001.
[39]　赵焕登. 海藻养殖生物学. 青岛：青岛海洋大学出版社，1993.
[40]　戴志远，洪泳平，张燕平等. 羊栖菜的营养成分分析与评价. 水产学报，2002，26 (4)：382-384.
[41]　汪之和. 水产品加工与利用. 北京：化学工业出版社，2003.
[42]　丁玉庭，骆肇尧，季家驹. 我国鲢、鳙、鳊、鲫鱼肉的蛋白质组成及其冷藏稳定性的比较研究. 中国水产学会第四次全国会员代表大会论文集，1988：356-362.
[43]　杨慧芳，刘铁玲主编. 畜禽水产品加工与保鲜. 北京：中国农业出版社，2002.
[44]　铃木平光著. 吃鱼健脑. 叶桂蓉译. 北京：中国农业出版社，1991.

第三章　加工贮藏过程中的品质变化

学习要求

1. 掌握加工贮藏过程中鱼类肌肉硬度的变化、干耗、冰晶长大、水产食品的热物理性质变化。

2. 掌握水产品加工贮藏过程中蛋白质的变性、脂肪的氧化和水解等化学与生物化学变化。掌握影响蛋白质变性的主要因素。

3. 了解水产品加工贮藏过程中色香味的变化。

第一节　加工贮藏过程中的物理变化

一、鱼类肌肉硬度的变化

1. 冷冻引起鱼贝类肌肉硬度的变化

鱼贝类在保鲜和加工时其肉质会发生物理方面的变化，简单地说就是鱼肉硬度发生了变化。鱼肉冷却到 0℃左右，不会有太大的变化。温度进一步下降，肌肉中的水分开始冻结，肉质变硬。鱼肉在冻结温度以下保鲜，其肉中的水分逐渐冻结成冰晶，如果缓慢冻结，细胞外生成量少个大的冰晶。在继续下去的冻藏过程中，小个体冰晶不断溶解或升华，数量减少，大粒冰晶则长为更大的冰晶，这些冰晶不断膨胀破坏肌肉组织细胞，加剧了冻结过程中蛋白质的变性，使得肉质硬化。同一种鱼因肉的鲜度不同，其冰点也不同。一般鲜度高的冰点偏低，这是由于鲜肉比鲜度下降的肉中结合水的比例高，自由水中溶质浓度高的缘故。水冻结成冰以后，体积增加约 8.7%。鱼冻结体积的变化可能带来组织的损伤，其损伤程度依冰结晶的大小、数量和分布而不同[1]。

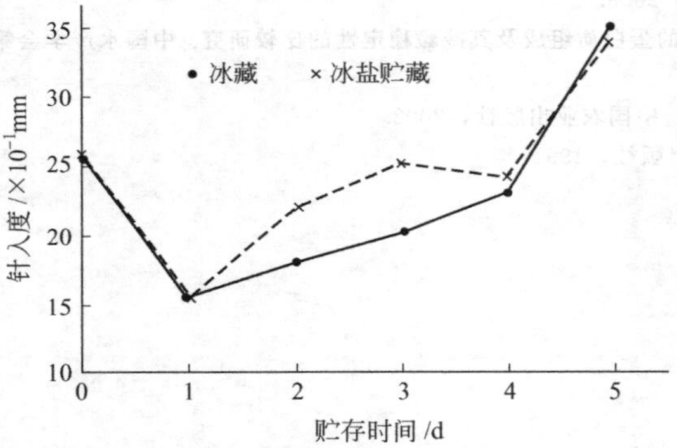

图 3-1　冰藏及冰盐条件下团头鲂的肌肉硬度变化

沈月新等[1]利用针入法曾对冰藏及冰盐条件下团头鲂的肌肉硬度变化做了测定，如图 3-1 所示。

鱼死后肌肉的硬度，随僵硬的进程，逐渐增加（压入深度或针入深度变小），达到顶点后，呈逐渐减小的趋势。硬度的减小，也即鱼肉逐渐软化。鱼肉在冷却贮藏过程中，发生明显软化的现象，是与畜肉的一大区别。鱼肉硬度的变化，一般认为与僵硬、解僵有对应关系，鱼体达到最大僵硬时，鱼肉变得最硬，以后随解僵而逐渐变软。

2. 加热引起鱼贝类肌肉硬度的变化

加热是食品加工的重要手段，鱼肉经过加热后，质构会发生明显的变化。鱼贝肉在蒸煮时，当肉温达到 35～40℃时，透明的肉质变成白浊色的肉；继续加热到 50～60℃以上时，组织收缩，重量减少，含水量下降，硬度增加。鱼贝肉在加热时的重量减少，因加热温度、时间、鱼种、鱼体大小、鲜度等不同而不同。一般45℃左右是鱼贝类重量减少的第一阶段，65℃附近是重量急剧减少的第二阶段。一般硬骨鱼肉在100℃蒸煮10min，重量减少15%～25%；墨鱼和鲍鱼等重量减少可达35%～40%[2]。鱼体大、鲜度好的减重较少。图3-2为鲹的蒸煮温度和硬度的关系。黄鳍金枪鱼和蝾螺肉硬度受温度影响的变化如图3-3、图3-4所示。一般鱼肉加热，从50℃左右开始硬度逐渐增加，鱼贝肉受热后并不会持续变硬，超过时限就会软化，因为构成肌基质的胶原蛋白在水中60℃下长时间加热时，会部分地溶解成明胶。加热时硬度变化随鱼种而不同，鲣、金枪鱼较硬；鲽和鳕不太硬；墨鱼和章鱼加热前很柔软，加热后的硬度明显增大。煮熟肉的硬度和水分含量有密切关系，鲣在生肉时含水分量就较少，而墨鱼在加热时会强烈脱水。

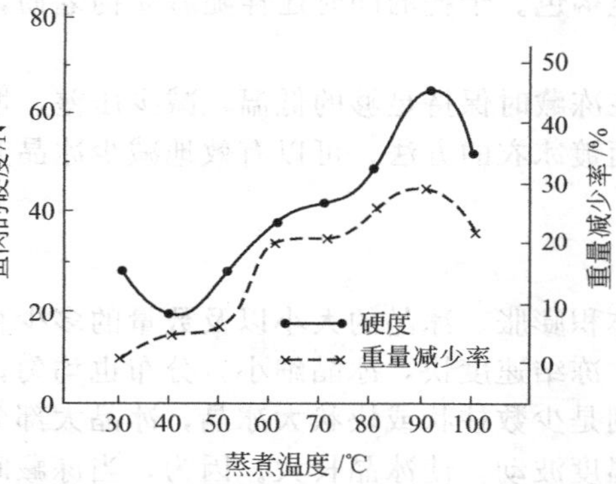

图3-2　鲹的蒸煮温度和硬度的关系[2]

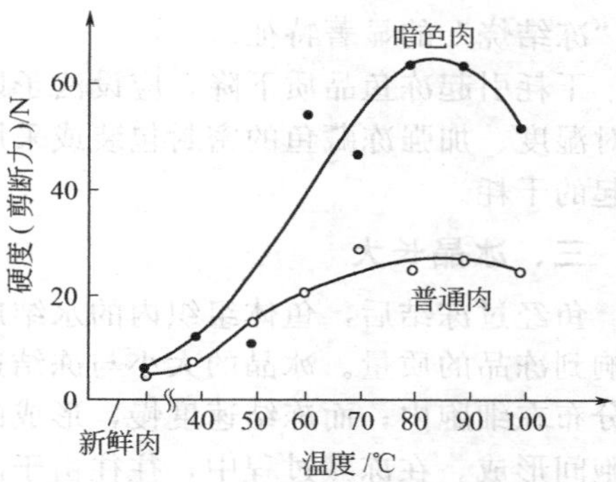

图3-3　黄鳍金枪鱼肉硬度受温度影响的变化[3]

3. 盐渍引起鱼贝类肌肉硬度的变化

鱼肉盐渍时，食盐渗入肌肉的同时，肉的水分和重量发生变化，同时肉质变硬。腌制过程中，肌肉组织大量脱水，一部分肌浆蛋白失去了水溶性，肌肉组织网络结构发生变化，使鱼体肌肉组织收缩并变得坚韧。食盐渗入鱼肉的速度和最高渗入量，受食盐浓度、温度、盐渍方法、食盐的纯度、原料鱼的性质等影响。原料鱼脂肪含量高，皮下脂肪层厚，明显妨碍盐分的渗入；鲜度也影响盐分渗入；鱼体有无表皮，在盐渍初期，同样影响食盐的渗入。干腌时，鱼肉中水分减少，用盐量多，脱水量也多；湿腌时，脱水因所用食盐水的浓度、温度而变化，而且盐渍过程中并非单一脱水的倾向。

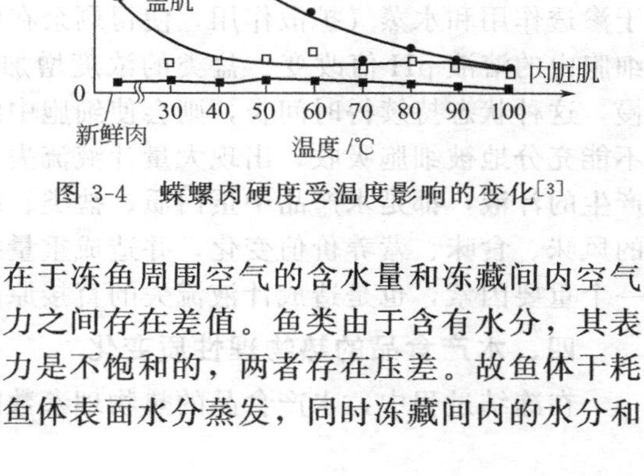

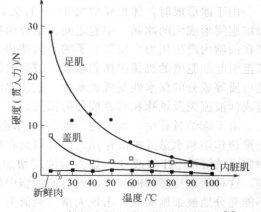

图3-4　蝾螺肉硬度受温度影响的变化[3]

二、干耗

干耗是由于水分的散失而造成鱼体重量的损失，这是冻鱼在冻藏中最常见的变化。冻结食品冻藏过程中因温度的变化造成水蒸气压差，出现冰结晶的升华作用而引起表面出现干燥，质量减少，称为干耗。冻鱼产生干耗的原因在于冻鱼周围空气的含水量和冻藏间内空气的含水量之间存在着差值，也即它们的水蒸气压力之间存在差值。鱼类由于含有水分，其表面的水蒸气压力处于饱和，而空气中的水蒸气压力是不饱和的，两者存在压差。故鱼体干耗量大小决定于此压差的大小。水蒸气压力差引起鱼体表面水分蒸发，同时冻藏间内的水分和空气吸收从鱼体蒸发出来的水蒸气。这样，水蒸气的压力差引起了水蒸气的外部扩散。在扩散过程中，鱼体表面水分以及鱼体内部的水分将由液态转化为气态。鱼体表面的水分蒸发，又造成鱼体内部水分浓度下降，促使鱼体中心的水分向表面转移，再通过表面蒸发出去。水分以液态或气态在鱼体内部的转移，叫内部扩散。水分从鱼体表面蒸发出去的叫外部扩散。失水的鱼出现表面干燥现象。

在冻藏过程中干耗也是肉质纤维化、硬化和品质劣化的主要原因[3]。干耗不仅仅是一个物理变化过程。开始冰晶仅在冻品表面发生升华，随着时间的延长，逐渐向里发展，使内部深处的冰晶也发生升华。升华后的地方成为微细空穴，组织变成了海绵状，这样就大大增加了冻品与空气的接触面积，促进了脂肪的氧化，造成了鱼体表面形状变坏，颜色改变，失去了原有的风味，营养价值发生劣化。干耗严重时，冷冻鱼表面会形成白垩色干燥且皱缩的外观，情况特别严重时，白色鱼片会变成黄色甚至褐色。干耗的同时还伴随着质构老韧，这是“冻结烧”的显著特征。

干耗引起冻鱼品质下降，应设法予以控制，在冻藏时保持足够的低温、减少压差、增大相对湿度、加强冻藏鱼的密封包装或采用鱼体表面镀冰衣的方法，可以有效地减少冰晶升华引起的干耗。

三、冰晶长大

鱼经过冻结后，鱼体组织内的水结成了冰，体积膨胀。冰晶的大小以及数量的多少直接影响到冻品的质量。冰晶的大小与冻结速度有关，冻结速度快，冰晶细小，分布也均匀，主要分布在细胞内；而冻结速度慢，形成的冰结晶则是少数柱状或块状大冰晶，冰晶大部分在细胞间形成。在冻藏过程中，往往由于冻藏间的温度波动，使冰晶长大。因为，当冻藏间温度升高时，鱼体组织中的冰晶部分融化，融化形成的水就附在未融化的冰晶体表面或留在冰晶体之间，当温度下降时，则附在未融化冰晶体表面的这部分水分自然原地冻结，这就使冰晶长大。冻藏时间越长，温度波动次数越多，反复融解冻结的次数也就越多，促使小冰晶越来越多地长成大冰晶。另外，大小不同的冰晶体周围的水蒸气气压也不同，小冰晶体的相对表面积大，其周围的水蒸气压力总是比大冰晶体的大，压力促使水分从小冰晶向大冰晶转移，这也是组织中发生冰晶长大的原因。

由于冰形成时，体积要增大9%～10%，这样细胞之间的排列就会受到机械损伤，尤其当细胞间形成大的冰晶，细胞之间的结合面拉开，这样，细胞受挤压产生变形。由于冻结膨胀在细胞内产生压力，使得分子的空间结构歪斜，且冰晶所产生的单位面积上的压力很大，以至引起细胞壁的机械损伤和破裂。破裂的细胞在解冻时已不能恢复到原状，最终使食品中蛋白质等成分的保水性变成脱水性，致使冰结晶融化成水也不能被吸收，而向外流出液滴，造成汁液流失及风味和营养成分的损失。

由于冻结过程中，细胞内、外的水-冰饱和蒸气压差，使得细胞外的游离水先冻结，由于渗透作用和水蒸气扩散作用，使得剩余在细胞内的水溶液被脱水和浓缩。这样，就使剩下细胞内的溶液pH值改变、盐类的浓度增加，使胶质状态成为不稳定状态，如果冻结速度慢，这种状态持续得时间长，则会使细胞中的蛋白质产生冷冻变性，使水产品在解冻时水分不能充分地被细胞吸收，出现大量汁液流失。无论是细胞破裂流出的汁液，还是蛋白质冻结产生的汁液，都是水产品中蛋白质、盐类、维生素等的水溶性成分，液滴流出就会使水产品的风味、食味、营养价值变化，并造成重量损失。因此，冰结晶的大小是影响水产品质量的一个重要因素，也是造成汁液流失的直接原因[4]。

四、水产食品的热物理性质变化

在冻结过程中，水产食品的热物理参数随着品温的不同而发生显著变化。如水产食品的比热容、导热系数、导温系数等参数值在冻结前后发生明显的变化，随着温度的降低，其比热容减小，导热系数、导温系数增大。这些物理参数的变化，表明水产食品在冻结状态下的热传递能力增大，有利于品温快速降低，缩短冻结时间，减少产品重量和质量方面的损失。发生变化的主要原因是水产食品中含有大量的水分，一般为60%～85%，水产食品中其他固形物的热物理性质随品温的变化比较小，因而从水产食品整体上看在冻结过程中热物理性质在发生改变[5]。

第二节 加工贮藏过程中的化学与生化变化

一、蛋白质的变性

1. 蛋白质的冷冻变性

水产品的贮藏方法很多，目前国内外都是以冷冻为主，冷冻贮藏在低温条件下，既能保持高质量的产品品质，又不会使水产品受到污染，因而得到了广泛应用。然而水产品在冻结过程中存在不同程度的物理变化、组织变化和化学变化，致使冻结水产品的风味下降。

鱼肌肉蛋白质的生化特性是影响其食用质量和保鲜加工特性的极为重要的因素，因此，长期以来，人们对海淡水鱼类蛋白质在冻藏过程中的生化特性变化和鱼肌肉蛋白质冻结变性机理进行了大量系统深入的研究。所谓蛋白质的变性是指其立体结构发生改变和生理机能丧失，该反应大多为不可逆。虽然有关蛋白质冻结变性的机理尚未完全明白，但是，大量的研究结果得到了3个变性学说，即结合水的分离学说、冰和蛋白质亲和水的相互作用学说和细胞液的浓缩学说[6,7]。

此外，大量研究表明鱼肌肉蛋白质在冻藏过程中的变性与新鲜度、冻藏温度、pH值、脂肪氧化、氧化三甲胺还原产生的二甲胺和甲醛等因素密切相关[8～10]。其中，冻藏温度是最重要的影响因素，冻藏温度越低（从冰点至－35℃范围内），鱼肌肉蛋白质越稳定，冻结变性速度越慢。因为，在冷藏时鱼肉还进行着一系列的化学及酶的反应。这些反应与温度有关，又与蛋白质的变性有关，通常温度越低，各种反应的速度越慢。因此低温可以减缓蛋白质变性。鱼肉冻结后，蛋白质自由水同时结冰，使蛋白质的立体结构发生变化而造成变性。此外还受冰晶对细胞组织的破坏作用影响，冰晶大量生成，使未结冰的体液中盐类浓度升高，也会引起蛋白质构象的改变。洄游性鱼类（鲐鱼、旗鱼等）比深海底栖性鱼类（鳕、狭鳕）耐冻性差，有关这一问题尚没有一致的解释。不过，从鱼类肌肉的肌原纤维及其主要构成物肌球蛋白和肌动蛋白的稳定性来看，各鱼种之间的差异很大，这与鱼类所处环境的水温有很强的相关性。实验表明，鲜度差的鱼比鲜度好的鱼在贮藏中变性迅速[2]，狭鳕的鲜度和冷冻贮藏中的蛋白质变性如图3-5所示。

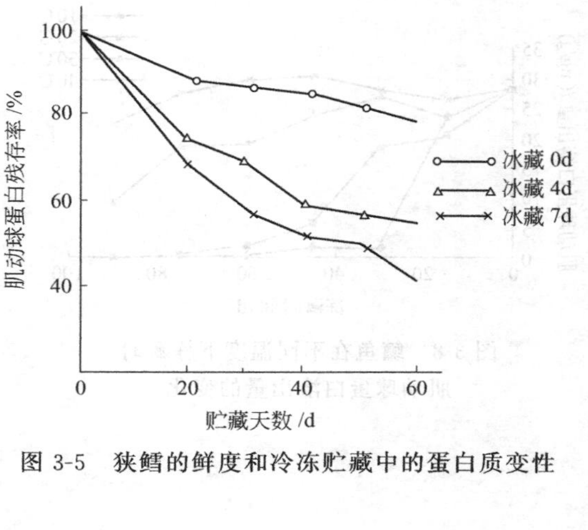

图 3-5 狭鳕的鲜度和冷冻贮藏中的蛋白质变性

肌原纤维蛋白是鱼贝类肌肉中蛋白质的主体，肌原纤维蛋白比其他蛋白质更易变性。冷冻鱼肉贮藏时，以肌球蛋白类的不溶性变化为主要特征。衡量变性程度的指标有物理的、化学的、生物的，具体来说常有ATP酶活性、溶解度、ATP感度、巯基数、疏水性、超沉淀等。

（1）肌动球蛋白盐溶性变化 曾名勇

等[11～13]研究了鲫鱼、鲈鱼、鳙鱼肌肉蛋白质生化特性在冻藏过程中的变化。鲫鱼、鲈鱼、鳙鱼等肌原纤维蛋白在－10℃、－20℃、－30℃和－40℃下冻藏时的变性情况如图3-6～图3-8所示。在不同温度下冻藏时，鲫鱼、鲈鱼、鳙鱼肌动球蛋白的盐溶性均呈下降趋势。冻藏温度越低，变性越缓慢。鱼肉在冻结贮藏中，冻结期延长，冻结温度升高，肌动球蛋白的溶出量就降低。鱼肉肌动球蛋白的冻结变性，可以认为是由于冻结而造成组织破坏的同时，蛋白质结合水的结冰与脱离导致肌动球蛋白分子相互间形成非共价键，因而成为不溶解状态的结果。一般认为在冻藏过程中肌动球蛋白溶出量的下降是由于蛋白质结合水结晶，导致上述非共价键形成，进而形成超大分子的不溶解的凝集体所致。另外，肌原纤维蛋白变性后，会产生一种在高离子强度下不能溶出但在碱液中可以溶出的蛋白质，即碱溶性蛋白质，也会导致肌动球蛋白在冻藏过程中溶出量的下降。鲫鱼、鲈鱼、鳙鱼在冻藏过程中肌动球蛋白溶出量的下降是由于巯基氧化形成二硫键所致[11～13]。Sompongse等[14]也认为巯基氧化形成的二硫键会导致肌球蛋白重链的聚合，从而降低其盐溶性。对虾[15]在冷冻贮藏过程中肌动球蛋白溶出量也呈下降的趋势。

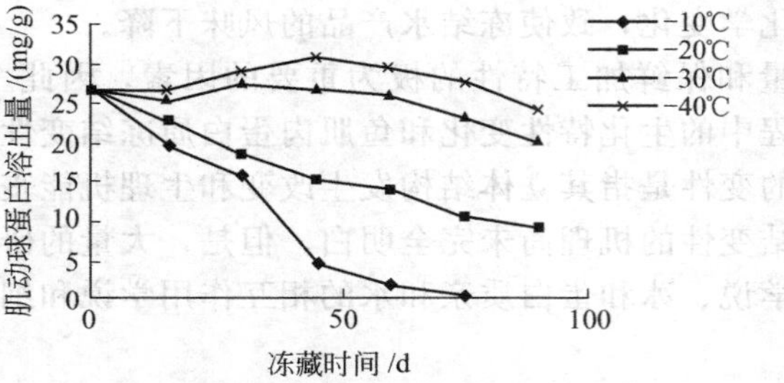

图3-6 不同冻藏温度下鲫鱼肌动球蛋白盐溶性的变化[12]

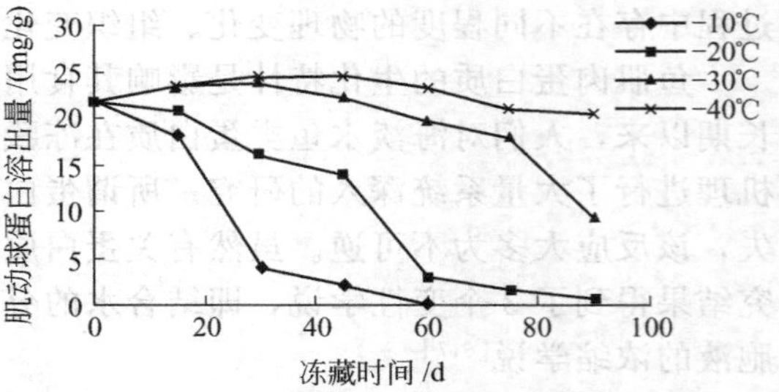

图3-7 不同冻藏温度下鲈鱼肌动球蛋白溶出量的变化[11]

(2) 冻藏过程中ATPase活性的变化　ATPase活性反映肌原纤维蛋白的变性状况，通常作为鱼肉蛋白质变性指标[16～18]。Ca^{2+}-ATPase、Mg^{2+}-ATPase活性值可以直接反映鱼

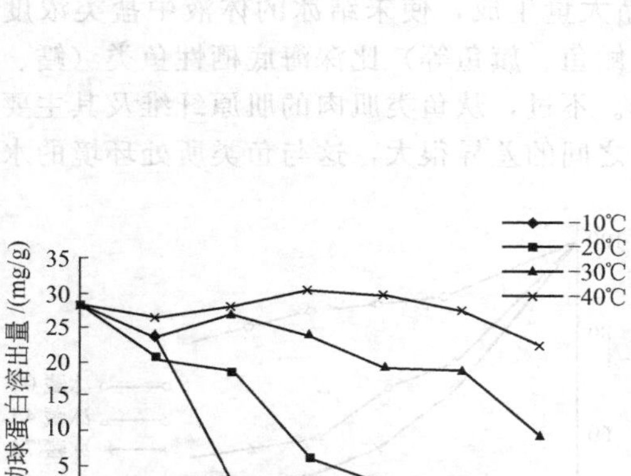

图3-8 鳙鱼在不同温度下冻藏时肌动球蛋白溶出量的变化

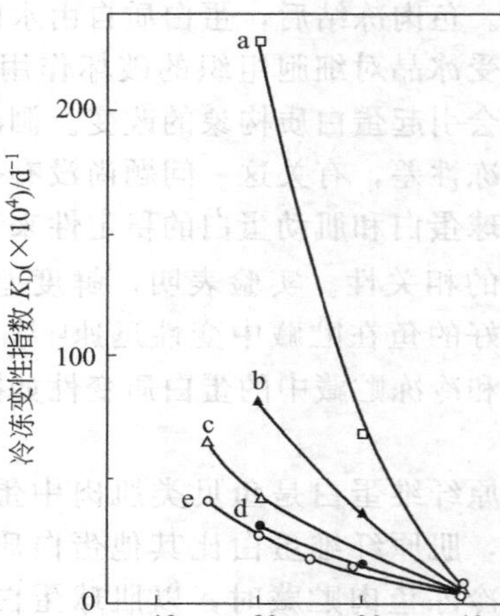

图3-9 鱼肉糜低温冻藏Ca^{2+}-ATP酶活性变化速度

a—突吻鳕之一种；b—狭鳕；c—白鲭；d—远东拟沙丁鱼；e—鲐

体本身的生化变化及由此引起的鱼肉质量变化。冷冻变性指数用 Ca^{2+}-ATP 酶活性的变化，即 K_D 值表示。K_D 可以用下式表示：

$$K_D=(\ln C_0-\ln C_t)/t \tag{3-1}$$

式中，C_0 表示变性前的活性值；C_t 表示经 t 时间变性后的活性值；t 表示变性时间。

鱼肉糜在－40～－15℃条件下冻结贮藏 6 个月，Ca^{2+}-ATP 酶活性变化速度如图 3-9 所示，在－30℃以下无明显差异，而－15℃时因鱼种的不同，变性速度大大不同。

几种淡水鱼在－18℃冻藏 2 个月的过程中，Ca^{2+}-ATPase、Mg^{2+}-ATPase 活性的变化见表 3-1。鲈鱼、鲫鱼在－10℃下冻藏时 ATPase 活性的变化如图 3-10 和图 3-11 所示。在冻藏过程中，淡水鱼的 Ca^{2+}-ATPase、Mg^{2+}-ATPase 活性逐渐下降，肌原纤维蛋白和肌球蛋白发生了变化。变性的速度与鱼的种类和个体大小有关，同时，也与环境的温度、pH 等密切相关。

表 3-1 几种淡水鱼在－18℃冻藏过程中 ATPase 活性的变化[19]

鱼 种	罗非鱼		鳙鱼		鲢鱼	
	0 天/%	六个月/%	0 天/%	六个月/%	0 天/%	六个月/%
Ca^{2+}-ATPase 活性	100	61.7	100	59.7	100	53.7
Mg^{2+}-ATPase 活性	100	70.0	100	59.4	100	33.7

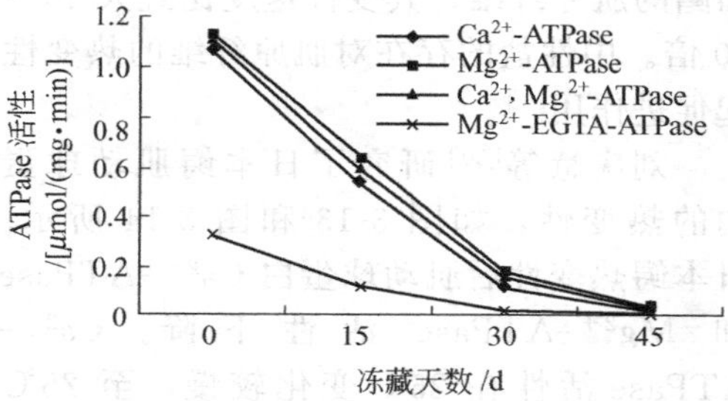

图 3-10 鲈鱼在－10℃下冻藏时 ATPase 活性的变化[12]

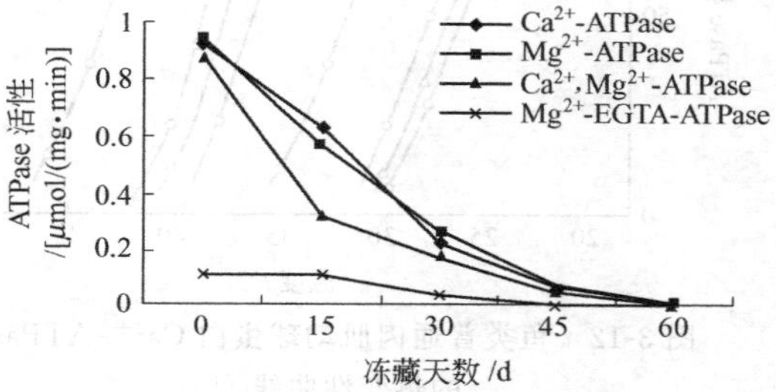

图 3-11 鲫鱼在－10℃下冻藏过程中 ATPase 活性的变化[11]

表 3-2 列出日本鲟肌动球蛋白 ATPase 活性随冷藏时间及温度的变化。由表可见，ATPase 活性随冷藏时间延长而明显下降，冷藏温度越低，ATPase 活性下降越慢。

表 3-2 日本鲟肌动球蛋白 ATPase 活性随冷藏时间及温度的变化[20]

贮藏温度/℃	贮藏时间/周								
	0	1	2	3	4	5	6	7	8
－18	0.413 (100.0)	0.353 (85.47)	0.334 (80.87)	0.250 (60.53)	0.210 (50.85)	0.203 (49.15)	0.197 (47.70)	0.176 (42.62)	0.154 (37.29)
－30	0.143 (100.0)	0.405 (98.06)	0.376 (91.04)	0.352 (85.23)	0.344 (83.29)	0.341 (82.57)	0.312 (75.74)	0.276 (66.83)	0.245 (59.32)

注：括号内数字为肌动球蛋白 ATPase 活性与初始条件下活性之比的百分数。

引起冻藏过程中鱼肉肌动球蛋白质 ATPase 活性下降的原因众说纷纭。有研究者[21]认为是由于冰晶的机械作用引起的；也有很多研究者认为是由 pH 值下降引起的[22,23]；还有许多学者[24,25]认为，由于巯基氧化形成二硫键导致的分子聚合是 ATPase 活性下降的主要原因。

2. 蛋白质的加热变性

鱼类肌肉蛋白质的加热变性和畜肉相似，但比畜肉的稳定性差，和畜肉一样发生汁液分离、体积收缩、胶原蛋白水解成明胶等。加热时由于蛋白质的巯基暴露，在海产鱼类中会使氧化三甲胺还原成三甲胺，同时，含硫氨基酸分解会产生硫化氢。

蛋白质受热后，分子运动加剧，其空间构象也发生位移，造成ATPase失去活性，热变性时表示活性的指数一般直接用ATPase活性[26]。当加热时，维持蛋白质空间构象的氢键、疏水键等遭到破坏而断开，使肽链上氨基酸残基侧链上的键进行随机结合，往往造成原来在分子外部的亲水基团转到了分子内部，同时疏水性基团转移到了分子表面，原来作为酶的活性中心的部位也发生了位置上的变迁或消失。鱼类等可溶性胶原在某一温度下加热，将失去胶原分子特有的三重螺旋结构，变成无规则状态，旋光度和黏度急剧变化，生成明胶。鱼类胶原蛋白的变性温度因动物种类而异。栖息温度越低的鱼类，变性温度越低[7]。

鱼类普通肉肌动球蛋白的热变性速度，以其 Ca^{2+}-ATPase 活性为指标进行测定，如图3-12所示，越是栖息在低温的鱼种其肌动球蛋白发生变性的温度越低。

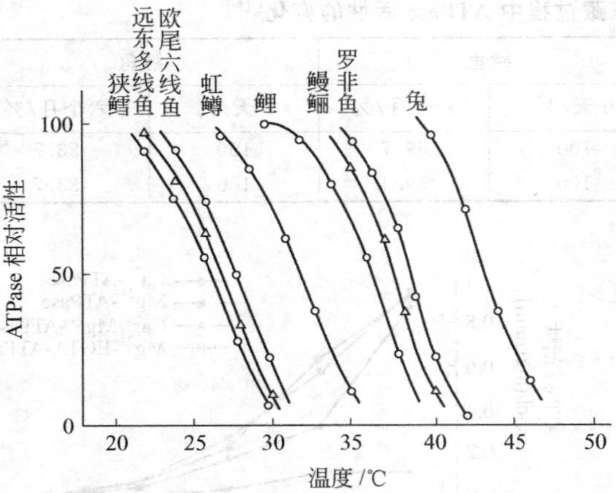

图 3-12　鱼类普通肉肌动球蛋白 Ca^{2+}-ATPase 的热变性曲线[7]

以对热处理时间呈一级反应的 Ca^{2+}-ATPase 失活速度为指标，所得到的肌原纤维本身的变性速度，即使是比较稳定的鲤的肌原纤维，也要比兔的大6～7倍，而鳕的肌原纤维，其变性速度比鲤大40～80倍。中性盐的存在对肌原纤维的热变性起促进作用[7]。

刘庆慧等[20]研究了日本鲟肌动球蛋白的热变性，如图3-13和图3-14所示。日本鲟热变性后肌动球蛋白 Ca^{2+}-ATPase 和 Mg^{2+}-ATPase 活性下降。Ca^{2+}-ATPase 活性在25℃变化较慢，至25℃后，活性迅速下降，Ca^{2+}-ATPase活性有明显转折，50℃以后，活性趋于零。这与草虾在25℃有一转折点相类似[27]，而与中国对虾在35℃有一拐点不同[28]。而 Mg^{2+}-ATPase 活性在40℃之前，呈直线下降，无明显拐点，至50℃以后，活性渐趋于零。新井健一[29]选用了生活于不同水温的鱼类和陆生动物作原料，发现低温水域的鱼类肌肉 Ca^{2+}-ATPase 活性在30℃基本失活[29,30]，海鳗的在40℃时才失活，且都没有明显拐点。而日本鲟在45℃以后，逐渐失活。

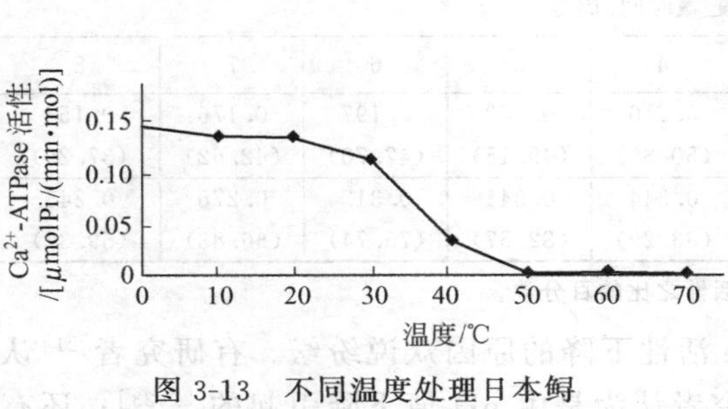

图 3-13　不同温度处理日本鲟 Ca^{2+}-ATPase 活性变化[20]

图中的 Pi 表示磷酸

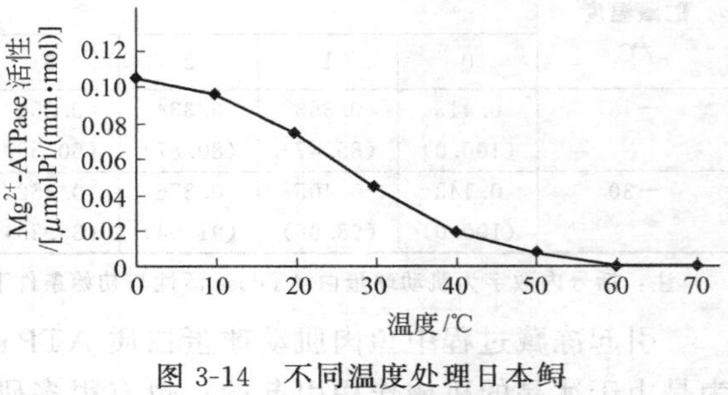

图 3-14　不同温度处理日本鲟 Mg^{2+}-ATPase 活性变化[20]

中国对虾在不同温度下肌动球蛋白的 ATPase 活性如图 3-15 所示[31]。由图可知，在

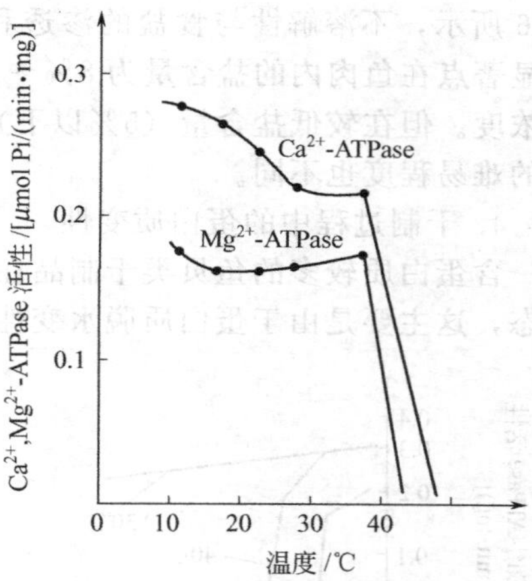

图 3-15　中国对虾在不同温度下肌动球蛋白 ATPase 活性

25℃之前，Ca^{2+}-ATPase 活性趋势是逐渐降低，25～35℃活性变化平稳，但在 35℃达到一较高值之后活性显著降低，形成一个明显的转折点，45℃之后活性渐趋于零。这与大多数鱼类的结果不同。Kariya[30]对章鱼做出的曲线是从较低处上升到最高点 40℃，而后急剧下降，这说明了鱼类、甲壳类以及头足类动物蛋白的差异性。图 3-15 还表明，Mg^{2+}-ATPase 活性曲线变化与 Ca^{2+}-ATPase 的基本一致，只是它在 40℃时几乎完全失活，要比 Ca^{2+}-ATPase 的早约 5min。一般 Ca^{2+} 激活 ATPase 活性，Mg^{2+} 只有在低离子强度下才能激活 ATPase[31]。比较图 3-13、图 3-14 和图 3-15，肌动球蛋白在同一温度下 Ca^{2+}-ATPase 活性比 Mg^{2+}-ATPase 活性高，说明在实验条件下 Mg^{2+} 确实激活能力比 Ca^{2+} 弱，这与中国对虾肌动球蛋白热变性后 Ca^{2+}-ATPase 活性比 Mg^{2+}-ATPase 活性高相一致[27]。

3. 蛋白质在盐渍时的变性

鱼肉蛋白质在盐渍中的变性是指在增高温度和盐分的情况下，使蛋白质分子的结构排列起了变化，导致其不溶。构成肌原纤维的蛋白质变性程度最大，一般是在鱼肉中的盐分含量达到 7%～8%时，则蛋白质呈现出所谓的盐析变性效果。关于食盐浓度对变性的影响，研究结果报告并不太一致，可能与盐渍方法、试样形态、原料种类等的差别有关。

咸鱼与鲜鱼的肉质相差较大，特别是高盐渍鱼变得较硬。这种变化与来自于组织的收缩以及蛋白质的变性有关。盐渍后肌肉中的主要蛋白质肌球蛋白失去溶解性和酶的活性，如图

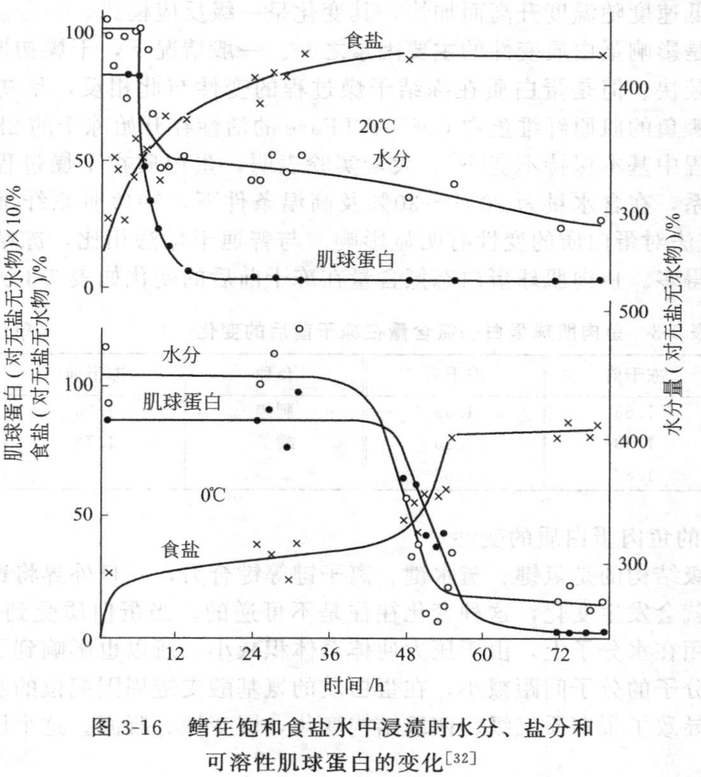

图 3-16　鳕在饱和食盐水中浸渍时水分、盐分和可溶性肌球蛋白的变化[32]

3-16 所示，不溶解性与食盐的渗透和脱水程度有关。在脱水显著点，迅速产生不溶化，脱水显著点在鱼肉内的盐含量为 8%～10%。盐渍鱼肉蛋白质变性的直接原因是鱼肉内产生的盐浓度。但在较低盐含量（5%以下）盐渍时也曾发现产生激烈的不溶解现象，鱼种不同变性的难易程度也不同。

4. 干制过程中的蛋白质变性

含蛋白质较多的鱼贝类干制品在复水后，其外观、含水量及硬度等均不能回到新鲜时的状态，这主要是由于蛋白质脱水变性而导致的。蛋白质在干燥过程中的变性机理包含两个方面，其一是热变性，即在热的作用下，维持蛋白质空间结构稳定的氢键、二硫键等被破坏，改变了蛋白质分子的空间结构而导致变性；其二是由于脱水作用使组织中溶液的盐浓度增大，蛋白质因盐析作用而变性。另外，氨基酸在干燥中的损失也有两种机制。一种是通过与脂肪自动氧化的产物反应而损失氨基酸；另一种则通过参与美拉德反应而损失掉氨基酸[33]。

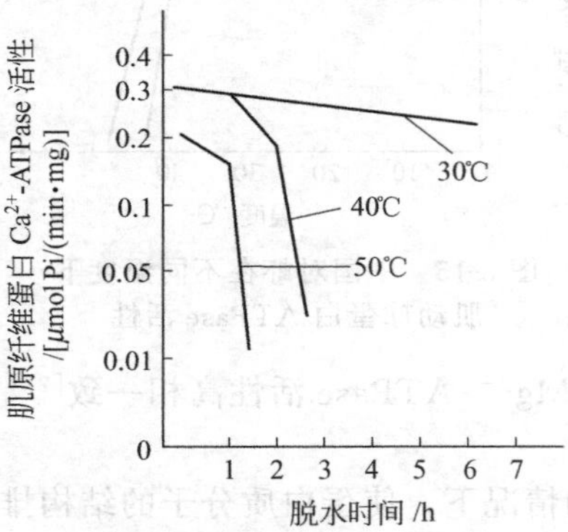

图 3-17 盐干绿鳕肌原纤维蛋白的变性与干燥温度的关系

蛋白质在干燥过程中的变化程度主要取决于干燥温度、时间、水分活度、pH 值、脂肪含量及干燥方法等因素。干燥温度对蛋白质在干制过程中的变化起着重要作用。一般情况下，干燥温度越高，蛋白质变性速度越快。以盐干绿鳕的肌原纤维蛋白质在不同干燥温度下的变性为例，如图 3-17 所示[33]。从图中可以看出，当含盐量为 0.14mol/L 的绿鳕在 30℃下热风干燥时，肌原纤维蛋白 Ca^{2+}-ATPase 的活性仅有轻微的降低，而在 40℃及 50℃下干燥时，肌原纤维蛋白 Ca^{2+}-ATPase 的活性则迅速降低，其降低速度随温度升高而加快，其变化呈一级反应模式。

干燥时间也是影响蛋白质变性的主要因素之一。一般情况下，干燥初期蛋白质的变性速度较慢，而后期较快。但是蛋白质在冻结干燥过程的变性与此相反，呈初期快后期慢的模式，比如，冻干鲤鱼的肌原纤维蛋白 Ca^{2+}-ATPase 的活性在开始冻干的 2h 内迅速下降，而在随后的冻干过程中基本保持不变[33]。大量实验表明，蛋白质在干燥过程中的变化与含水量之间有密切关系，在含水量为 20%～30%及高温条件下，鲈鱼肌原纤维蛋白将发生急剧变性[33]。干燥方法对蛋白质的变性有明显影响。与普通干燥法相比，冻结干燥法引起的蛋白质变性要轻微得多。鱼肉肌球蛋白态氮含量在冻干前后的变化如表 3-3 所示。

表 3-3 鱼肉肌球蛋白态氮含量在冻干前后的变化[33]　　单位：g/100g 肌肉

鱼种	冻干前	冻干后	鱼种	冻干前	冻干后
真鲷	1.66	1.39	刺鲹	1.96	2.07
鲤	1.38	1.26	鲭	1.78	2.20
幼鲈	1.87	1.83			

5. 高压引起的鱼肉蛋白质的变性

维持这种高级结构的是氢键、疏水键、离子键等键合力，一旦外界将这些键破坏，则蛋白质的立体构象就会发生变化，这种变化往往是不可逆的。当蛋白质受到外部巨大压力时，这种压力首先作用在水分子上，由于压力使体系体积减小，所以也影响到了氢键、疏水键和离子键。由于水分子的分子间距减小，在蛋白质的氨基酸支链周围配位的水分子的位置就发生了变化，从而导致了蛋白质三级、四级结构变化，即变性、凝固。这个压力过程中共价键未受到影响。

用超高压处理鱼肉，由于蛋白质体积缩小，形成立体结构的各种键切断或重新形成，结果产生了蛋白质变性。鲤肌肉在200MPa以下加压处理，其外观与未加压样品几乎没有差别；在200MPa以上加压处理，鱼肉色泽变白，呈不透明状。其主要原因是鱼肉蛋白质在超高压下发生变性[34]。当压力不大时蛋白质的变性是短暂的、可逆的，一旦释压后则恢复到未变性状态；而压力太大时，此种变性为永久性而不可逆的变性。绝大多数酶也是蛋白质，高压处理水产品时的压力和升压速率对酶的活力有直接的影响。例如，对水产品甲壳类动物高压处理时，会使其中的蛋白酶、酪氨酸酶等失活，减缓了酶促褐变及降解反应。

6. 辐照引起的蛋白质变性

蛋白质经射线照射后，其二硫键、氢键、盐键和醚键等断裂，从而引起蛋白质二级结构和三级结构发生变化，即蛋白质发生变性。如果辐照强度再大些，还会引起蛋白质的一级结构的变化。原因是辐照会引起—SH的氧化以及氨基酸的脱氨基、脱羧基和其他反应。

7. 水分活度对蛋白质变性的影响

因为水能使蛋白质分子中可氧化的基团充分暴露，水中溶解氧的量也会增加，所以，水分活度的增加会加速蛋白质的氧化，使维持蛋白质空间结构的某些副键受到破坏，导致蛋白质变性。据测定，当水分含量达4%时，蛋白质的变性仍能缓慢进行，若水分含量在2%以下，则不能发生变性。

二、脂肪的变化

鱼贝类在贮藏过程中的脂肪劣化有氧化和水解两种。脂肪的水解和氧化与鱼的品质有直接关系，这些反应变化包括两方面的因素：一种是纯粹的化学反应；另一种是酶的作用。水解反应在－14～－10℃温度条件下可以抑制，在低温贮藏时，脂质的氧化可以有所抑制，但某些水解酶在低温下仍然有一定的活性，也可引起脂质的水解和品质劣化。

1. 脂肪的氧化

脂肪是由甘油和脂肪酸等组成，脂肪酸中的双键特别容易与空气中的氧结合而被氧化，而海产品比淡水产品和陆生动植物脂肪酸的双键含量更高，即不饱和度更高，所以就特别容易氧化。脂质氧化后，鱼贝类会产生不愉快的刺激性臭味、涩味和酸味等。油脂在氧化过程中会产生低分子的脂肪酸、羰基化合物（醛）、醇等，这些产物往往带有异味，所以这个过程也称为酸败。多脂鱼类的干制品、熏制品、盐藏品、冷冻品等在长期贮藏时，随着脂质的氧化，内部也强烈褐变，引起油烧。水产加工食品的油烧是由于不饱和脂质的氧化而生成的各种羰基化合物与氨、三甲胺、各种氨基酸、蛋白质等含氮化合物相互作用而引起的。鱼油仅仅因氧化还不会发生变色，但氧化了的鱼油与鱼肉中的胺、氨、血红素化合物、碱式金属氧化物、碱等组分中的任何一种作用时，就会发生严重的褐变。这种褐变最终引起鱼贝类腹部、鳃部等含脂较多的部位变成黄色或橙红色，肉质同时也被着色，通常称这种变化为油烧。有关具体的反应机理，在各研究者之间尚有不同意见。

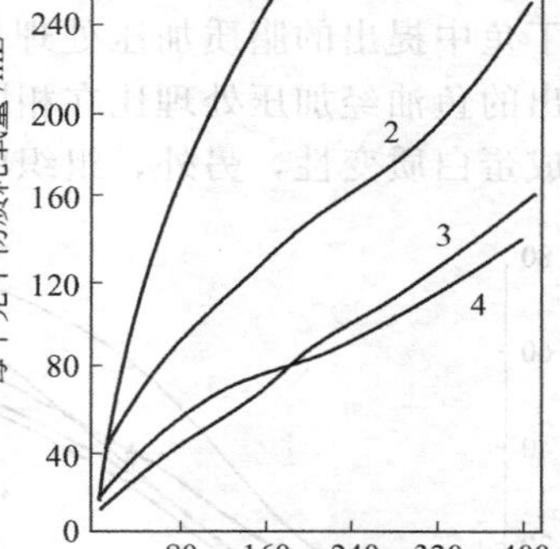

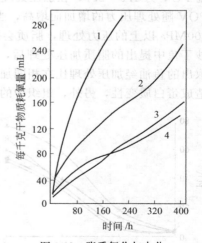

图3-18 脂质氧化与水分活度的关系[33]

1—水分活度0.75；2—水分活度0；3—水分活度0.51；3—水分活度0.2

实验证明，－25℃仍不能完全防止脂肪氧化，氧化反应需降低到－40℃以下才能抑制减缓。海鲱含有高度不饱和脂肪酸，长期保藏十分困难。在温度－18℃的冷库中，这种冻鲱鱼只能保藏1～2个月，超过此期限就会嗅到脂肪氧化的味道[7]。

脂质氧化作用与水分活度的关系如图 3-18 所示，从图中得知，以单分子吸附水所对应的水分活度为分界点，当食品的水分活度小于该值时，氧化速度随水分活度的降低而增大；当食品的水分活度大于该值时，氧化速度随水分活度的降低而减小；当食品的水分活度等于该值时，则氧化速度最慢。脂质氧化还具有以下特点，即在水分活度小于单分子吸附水的区域内，脂质的氧化表现为过氧化物价的增加，也即为自动氧化作用；而在水分活度大于单分子吸附水的区域内，脂质的氧化表现为酸价的增加，也即为脂质的水解。

一般地说，食品中脂质的氧化速度在水分极度缺少的场合最快，真空冻结干燥水产品由于水分含量少，而且肉质呈多孔质，表面积很大，所以脂质的氧化特别快。干制品越是干燥，脂质越易氧化，加上盐干品的食盐也能促进脂质氧化，因此更加容易油烧。虽然干制品的水分活度较低，脂酶及脂肪氧化酶的活性受到抑制，但是由于缺乏水分的保护作用，因而极易发生脂质的自动氧化作用，导致干制品的变质。

迄今为止，人们已对干制品脂质的氧化进行过大量的研究。结果表明，脂质的氧化速度受到干制品的种类、温度、相对湿度、脂质的不饱和程度、氧的分压、紫外线、金属离子、血红素等多种因素的影响。一般情况下，含脂量越高且不饱和程度越高，贮藏温度越高，氧分压越高，与紫外线接触以及存在铜、铁等金属离子和血红素，将促进脂质的氧化。另外，特别需要注意的是相对湿度的影响。Martine 等人研究了 37℃下贮藏的冻干大马哈鱼的脂质氧化与相对湿度之间的关系后指出，低于单分子层吸附水的相对湿度将促使脂质氧化快速进行，而较高的相对湿度将对脂质起一定的保护作用，如图 3-19 所示[33]。当然，相对湿度对脂质氧化的影响还与温度、氧气分压等因素有关，并非一成不变。

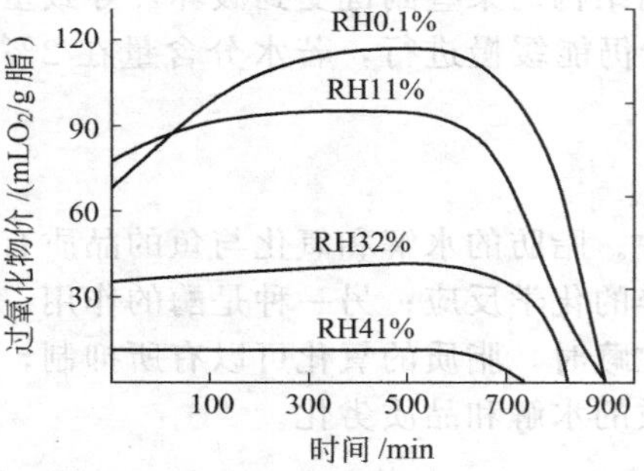

图 3-19　冻干大马哈鱼贮藏中的脂质氧化与相对湿度的关系（37℃）

高压对脂质的氧化有一定的影响，图 3-20 显示了加压处理前后沙丁鱼碎肉在 5℃贮藏中过氧化物价（POV）随时间的变化情况。加压前 POV 为 1.9～2.7，在加压处理后，没有显著的上升。但当贮藏于 5℃时，沙丁鱼碎肉的 POV 随处理压力的增加而增高，当压力高于 200MPa 时，POV 值高于对照组。这意味着经 200MPa 以上的压力处理，脂质会发生氧化。图 3-21 是沙丁鱼油在贮藏中的 POV 变化，从沙丁鱼中提出的脂质加压处理后，贮藏于 5℃，其 POV 值数日后没有变化。由此推断，提取出的鱼油经加压处理比在相同加压条件下存在于体内的油氧化程度轻。这可能是由于加压造成蛋白质变性，另外，组织中的其他成分和变性蛋白质共同促进了脂质氧化[3]。

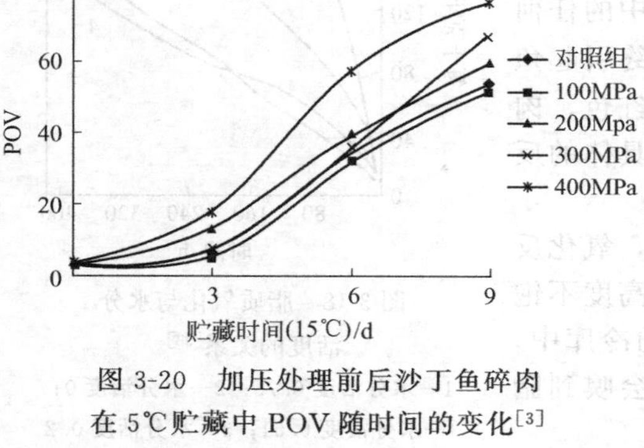

图 3-20　加压处理前后沙丁鱼碎肉在 5℃贮藏中 POV 随时间的变化[3]

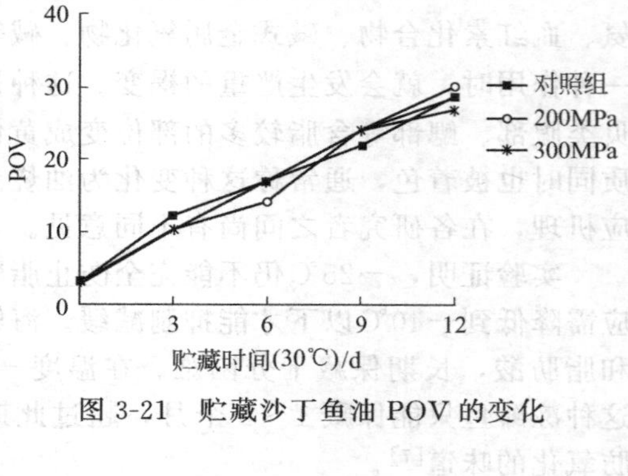

图 3-21　贮藏沙丁鱼油 POV 的变化

辐照脂类的主要作用是在脂肪酸长链中 C—C 键处断裂而产生正烷类化合物，又由于次级反应化合物进一步转化为正烯类，在有氧存在时，由于烷自由基的反应而形成过氧化物及氢过氧化物，此反应与常规脂类的自动氧化过程相似，最后导致醛、酮等化合物的生成。但其羰基化合物的数量比正烷类及正烯类要少。食品经辐照后产生的异味对食品的感官品质有很大影响。例如鱼脂质在辐照时由于高度不饱和脂肪酸的氧化而产生异味。放射线照射促进了脂质的自动氧化过程，若照射前后有氧存在，氧化过程会进一步加剧，其结果促进了自由基的生成及 H_2O_2 和抗氧化物质的分解。

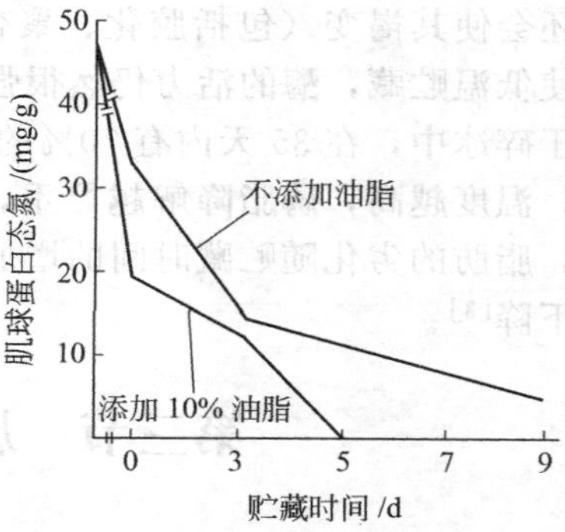

图 3-22　冻干竹荚鱼的蛋白质变性与含脂量的关系

脂质的氧化不仅会影响干制品的色泽、风味，而且还会促进蛋白质的变性。关于脂质与蛋白质变性之间的关系，人们已经进行过较多的研究。通常认为脂质对蛋白质的稳定有一定的保护作用，但脂质氧化的产物将促进蛋白质的变性。丰水等人对冻干竹荚鱼的脂质氧化与蛋白质变性之间的关系进行了研究，结果如图 3-22 所示。从图中可以发现，添加 10％的油脂后将使蛋白质的变性速度明显加快，贮存 5 天后不存在肌球蛋白态氮。而未添加油脂的竹荚鱼肌肉中尚余 1％左右的肌球蛋白态氮。

2. 脂肪的水解

鱼贝类的肌肉和内脏器官中含有脂肪水解酶和磷脂水解酶，在贮藏过程中这些酶会对脂质发生作用，引起脂质的水解。低脂鱼主要是以磷脂为主的水解，而多脂鱼多是以甘油三酯为主的水解。脂质水解后造成鱼贝类品质降低，水解产生不稳定的游离脂肪酸能够促进蛋白质的变性。而鱼类的脂肪酸多为不饱和脂肪酸，多脂鱼如鲱、鲭等含不饱和脂肪酸更多，因此很容易氧化，氧化部位是在双键处。氧化反应使键中的双键分开后变成醛、酮等，这些第二级氧化产物与鱼体的蛋白质等成分发生反应，从而影响它的风味，使弹性降低，进一步作

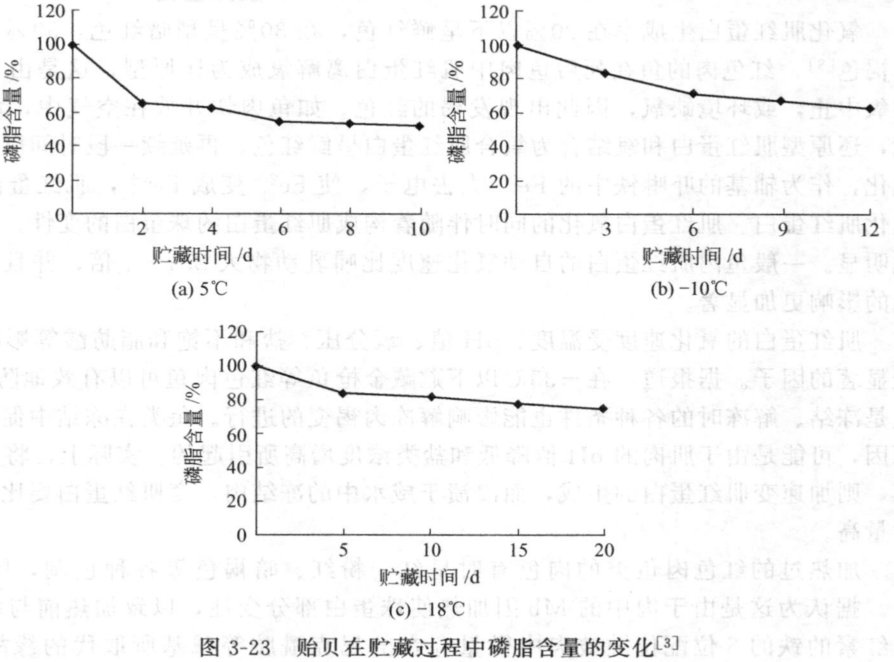

图 3-23　贻贝在贮藏过程中磷脂含量的变化[3]

用还会使其褐变（包括胶化、聚合等），而产生有毒物质，使水产品的色香味及营养劣化。即使低温贮藏，酶的活力仍然很强，脂肪分解酶在－20℃下仍能引起脂肪分解。将鳕鱼肉贮藏于碎冰中，在35天内有70%的磷脂水解。贻贝在贮藏过程中磷脂含量的变化如图3-23所示，温度越高，磷脂降解越严重，说明酶的活力越强。另外，鱼贝类在干藏和盐藏的过程中，脂肪的劣化随贮藏时间的增加而严重，游离脂肪酸和过氧化值上升，甘油三酯和磷脂含量下降[3]。

第三节　加工贮藏过程中色香味的变化

一、颜色的变化

水产品在加工贮藏过程中常发生颜色的变化。如鱼、虾、贝类一经冻结，其色泽有明显的变化，冻藏一段时间以后将更严重。这是由于这些水产品中存在肌肉色素、血液色素和表皮色素。变色的原因除上述自然色泽的分解（如红色肉鱼的褪色）外，还产生新的变色物质（如虾类的黑变、白色肉鱼的褐变等）。与许多食品一样，鱼贝肉在冷藏、干燥、加热过程中也很容易产生褐变。鱼、虾、贝类变色反应的机制是复杂的，不仅仅是一种单一的反应机制，分述如下。

1. 肌肉色素及血液色素的变色

（1）红色肉鱼的褐变　一般鱼肉色素的主体成分为肌红蛋白，其中还含有少量的血红蛋白，它们二者的化学性质极类似，以含量较多的肌红蛋白为代表加以说明。新鲜的红色肉鱼，肉色鲜红，在常温或低温下贮藏时会逐渐变成褐色。如金枪鱼肉在－20℃冻藏2个月以上，肉色从红色变成褐色。这种现象的发生是鱼肉色素中肌红蛋白（myoglobin，Mb）氧化产生氧化肌红蛋白（metmyoglobin，MetMb）的结果，即肌红蛋白的血红素中的Fe^{2+}被氧化成Fe^{3+}，产生褐色的正铁肌红蛋白。金枪鱼肉褐变的程度可用氧化肌红蛋白生成率来表示：

$$\text{氧化肌红蛋白生成率}(100\%)=\frac{\text{氧化肌红蛋白}}{\text{肌红蛋白}}\times 100 \tag{3-2}$$

氧化肌红蛋白生成率在20%以下呈鲜红色，在30%呈稍暗红色，50%呈褐红色，70%呈褐色[8]。红色肉的鱼在死后鱼肉中肌红蛋白离解氧成为还原型，这是由于鱼死后肌肉中供氧中止，或环境缺氧，因此出现发褐的红色。如鱼肉切开放在空气中，切断面可以补充氧，还原型肌红蛋白和氧结合为氧合肌红蛋白呈鲜红色。再延续一段时间以后，它就会自动氧化，作为辅基的卟啉铁中的Fe^{2+}失去电子，使Fe^{2+}变成Fe^{3+}，肌红蛋白成为暗褐色的氧化肌红蛋白。肌红蛋白氧化的同时伴随着构成肌红蛋白的珠蛋白的变性。鱼肉比畜肉的变化明显。一般鱼肉肌红蛋白的自动氧化速度比哺乳动物大2.4～4倍，并且在pH下降时受到的影响更加显著。

肌红蛋白的氧化速度受温度、pH值、氧分压、盐和不饱和脂肪酸等影响，其中温度是最显著的因子。据报道，在－35℃以下贮藏金枪鱼等红色肉鱼可以有效地防止此类褐变[3]。但是冻结、解冻时的各种条件也能影响解冻肉褐变的进行。鱼类在冻结中促进血红素变化的原因，可能是由于肌肉的pH值降低和盐类浓度增高所引起的。实际上，将食盐擦于鲜肉表面，则加速变肌红蛋白的生成，而浸渍于咸水中的冻结肉，变肌红蛋白要比在空气中冻结的含量高。

加热过的红色肉鱼类的肉色有时呈红、粉红、暗褐色等各种色调，因原料的种类而异。据认为这是由于肉中的Mb因加热使珠蛋白部分变性，以致加热前与水分子结合着的血红素的铁的6位配位键被肉中微量存在的尼克酰胺等碱基所取代的缘故。此时所生成色素的铁是Ⅱ价，称为红色的血色原（hemochrome），Ⅲ价的称为褐色的高铁血色原（hemichrome）[7]。

（2）鱼肉绿变 有些鱼肉在冷冻贮存过程中出现绿色，如冷冻旗鱼（sword fish）肉，这种变色常在皮下部位出现，稍带异臭。据研究指出[3,5]，这是因为鲜度下降后，微生物繁殖产生了硫化氢，在氯的存在下，与鱼肉中的肌红蛋白（Mb）和血红蛋白（Hb）产生了绿色的硫肌红蛋白和血红蛋白，造成鱼肉绿变。反应式如下：

$$Mb+O_2 \longrightarrow MbO_2$$

$$MbO_2+H_2S \longrightarrow Mb+H_2O_2+S$$

$$Mb+H_2S+H_2O_2 \longrightarrow MbS+2H_2O$$

蒸煮的罐藏金枪鱼肉本来呈粉红色，但有时产生淡绿色到灰绿色的变色，这种变色和氧化三甲胺（TMAO）有关。肌红蛋白、TMAO和半胱氨酸在厌氧下加热形成类似胆绿蛋白的绿色色素。据研究，冬季渔获的金枪鱼尾肉的TMAO含量和蒸煮后鱼体的绿肉具有相关性，相关系数为0.71。金枪鱼肉内TMAO的含量越高，蒸煮后越容易变绿。TMAO-N含量在7～8mg/100g以下的鱼体，蒸煮后肉色正常；含量在13mg/100g以上的鱼体，大多有绿色肉。鱼肉一旦出现绿变，就已经失去了商品价值，因此要控制好鲜度，防止鱼肉绿变。

牡蛎、蛤子等贝类罐头的肉质部分有时会变为绿色。据认为其原因是饵料浮游生物中的叶绿素分解物——脱镁叶绿素和脱镁叶绿酸等积蓄于中肠腺，在加热杀菌时浸入肉中，与铜结合，生成浓绿色的铜脱镁叶绿素和铜脱镁叶绿酸。有关这种绿变牡蛎罐头有无毒性问题，尚未充分探讨[7]。

（3）蟹肉罐头的蓝变 蟹肉的蓝变通常在罐头制造加热处理过程中产生，呈淡蓝色至黑蓝色。蟹肉罐头中使用的某些部位的肉（如肩肉和近关节的棒肉两端或血管部分）会发现有浓蓝色斑点，它是由含铜的血蓝蛋白形成的。老蟹、大蟹和鲜度低下的蟹肉容易变蓝。

（4）类胡萝卜素的褪色 鲑、鳟等鱼在冷冻、盐藏、罐头制造过程中颜色会慢慢变浅，原因是以虾青素为主的红色类胡萝卜素的异构化及氧化。鲷类等红色鱼在冰藏中表皮褪色也属于这种原因。由于类胡萝卜素具有多个共轭双键，所以易于发生异构化和氧化。因此引起最大吸收带的波长向短波侧移动和吸光值下降。添加抗氧化剂可以防止盐藏大马哈鱼褪色，说明氧化与褪色有关。

类胡萝卜素为脂溶性色素，能透过组织中的油脂，渗透到其他不含此色素的组织。鲱、鲭等多脂鱼，与鱼皮相接部分的肌肉在冷冻贮藏中也会产生黄变现象。据认为这是因为本来存在于鱼皮中的黄色类胡萝卜素溶解于肉中脂质，在贮藏中逐渐向肌肉扩散的缘故。罐装牡蛎的黄变也是类似的现象，牡蛎水煮罐头在室温下长期贮存，因牡蛎肝脏中含有类胡萝卜素，能转移到肌肉中，导致原来白色的肉部分变为橙黄色。冷冻虾在脂肪多的爪肉部分引起黄变，这种现象是油脂形成的氧化物，能把类胡萝卜素氧化而生成黄色物质，也可能产生美拉德反应[35]。

2. 酶促褐变和非酶褐变

（1）酶促褐变——虾的黑变 虾类死亡后，其体内发生了一系列变化，在外观上的主要表现为从新鲜时的正常青色逐渐失去光泽而变为红色甚至黑色。这就是虾类在冷冻加工及贮藏中的黑变。黑变出现的部位主要是在虾的头、胸、足、关节、尾处。虾的黑变使其商品价值降低。这种现象与苹果、马铃薯的切口在空气中容易发生褐变的现象本质上是相同的。其原因主要是空气中的氧在氧化酶（酚酶、酚氧化酶）的催化作用下使虾体内的酪氨酸氧化并进一步聚合而产生黑色素，使虾体局部变黑，即酶促褐变。这种酚酶是潜在性的。虾蟹类在冰藏或冷冻贮藏中发生的黑变是酶促褐变。

黑变的大小、深浅与虾体的新鲜度密切相关，因为新鲜虾酚酶无活性，速冻后包好冰衣一般不会黑变。氧化酶在虾的血液中活性最高，头部、触角和肠胃等处也存在。因此在加工过程中为了防止冻虾黑变，采取去头、内脏以及洗去血液等方法后冻结。在冻藏过程中有的采用真空包装来进行贮藏，另外，用水溶性抗氧化剂溶液浸渍后冻结，再用此溶液包冰衣后贮藏，可取得较好的防黑变效果。

(2) 非酶褐变——美拉德反应引起的褐变　存在于鱼肉中的色素不仅本身会变色，而且有时在贮藏加工过程中还会生成着色物质而使鱼贝肉变色。造成这类变色的原因是美拉德(Maillard) 反应和油烧 (rusting) 等非酶褐变。

美拉德反应是糖与蛋白质的反应，也是氨基与羰基的反应，所以只要食品中同时存在着蛋白质和糖就会有此反应。如冷冻鳕鱼肉的褐变，是由于鱼死后肉中核酸系物质反应生成核糖，然后与氨化合物反应产生褐变。冷冻扇贝柱的黄色变化、鲣鱼罐头的橙色肉等都是美拉德反应的变色。

一般冻鱼在－30℃以下冻藏是能够防止美拉德反应的，同时鱼的鲜度对核酸系的褐变有很大的影响，冻鱼在 pH6.5 以下贮藏可减少褐变出现。要防止美拉德反应很难，因为它受温度、水分活度、pH 及脂质氧化等因素的影响。贮藏温度越高，非酶褐变速度越快；中等水分活度时非酶褐变速度较快，过高或过低的水分活度均不利于非酶褐变；在 pH 为中性或酸性时，非酶褐变将受到抑制，而偏碱性的 pH 有利于非酶褐变。脂质氧化程度较大时，由于产生的羰基化合物较多，非酶褐变速度较快。冷冻鱼在冻藏中发生变色，是化学反应，冻藏温度越低，化学反应速度就会越慢。目前国际上冷冻鱼类的冻藏温度多在－29℃以下，这就延缓或防止了冻鱼的变色。另外，添加一些无机盐（亚硫酸氢钠等）可以阻断和减弱美拉德反应。

鱼在熏制过程中，鱼的棕褐色变也是美拉德反应的结果，它是由原料的蛋白质或其他含氮物的氨基与羰基化合物发生羰氨反应，其中的羰基化合物是在木材熏烟过程中形成的，烟熏过程的氧化反应也能使色泽加深[7]。

与美拉德反应一起，在鱼贝肉非酶褐变中起重要作用的还有油烧。油烧是脂质在贮藏、加工中被氧化而成羰基化合物，再与含氮化合物反应产生红褐色变色现象。关于油脂氧化引发的红褐色，前面已经做了介绍。

3. 软体动物的颜色变化

新鲜的鱿鱼、乌贼等软体动物的体表上分布着均匀的色泽，随着贮藏期的增加和新鲜度的降低，体表逐渐变成了白色。原因是新鲜时的色素细胞松弛，黑褐色斑点均匀分布在体表面。贮藏过程中鲜度下降，色素细胞收缩，此时体表变成白色，随着鲜度继续降低，当 pH 达到 6.5 以上时，色素细胞中的眼色素溶出细胞并扩散，使肉中褐色斑点消失，造成体表颜色发白。所以根据颜色的变化可以判断软体动物的鲜度。

4. 由重金属离子引起的变色

铁、铜离子会促进脂肪和类胡萝卜素的氧化，并活化酚酶和催化美拉德反应。除间接参加的反应外，自身也能直接形成各种着色体，引起食品变色。罐藏虾、蟹、墨鱼等罐壁硫化腐蚀变黑就是比较突出的实例。新鲜蟹的青色，是由于虾黄素和蛋白质相结合而产生的。加热后蛋白质变性，虾黄素被氧化成虾红素，而变成红色。同时，含硫的氨基酸受热后，能生成硫化氢，它与锡、铁反应，分别生成硫化锡和硫化铁，使罐头内壁出现黑色的硫斑。贝类含有胱氨酸、半胱氨酸等含硫氨基酸，它们分解产生的含硫化合物与罐中存在的金属离子化合，形成黑色的金属硫化物。鱼类罐头的黑变，主要是含硫氨基酸与铁产生硫化铁而引起的。

水产罐头变色，大多发生在肉与罐壁接触的部分，有时通过液汁扩散至罐肉全体。但蟹肉罐头即使将肉用硫酸纸包装，并使用 C-釉质罐有时也会产生黑变，这表明这种色变不仅与罐材的铁离子有关，同时与肉中的铜离子等也有关系。一般使用鲜度低下的原料时易发生此种黑变。这是由于低鲜度蟹肉的 pH 呈碱性，促进了硫化氢的产生[7]。

5. 微生物引起的变色

很多微生物能产生色素，盐藏鱼的变红即是微生物所引起的。盐渍鱼或咸干鱼的表面会产生红色的黏性物质，使咸鱼发红。产红细菌主要有两种嗜盐菌：八叠球菌属其中之一种 *Sarcina littoralis* 和假单胞菌属其另一种 *Pseudomonas salinaria*。它们都分解蛋白质，而后者则主要使咸鱼产生令人讨厌的气味。低温低湿对防止发红有效，也可在盐渍用盐中添加醋酸和苯甲酸。盐渍鱼的表面产生褐色斑点，即褐变，这是一种嗜盐性霉菌（*Sporendonema epizoum*），孢子生长在鱼体表面，其网状根进入鱼肉内层。这种霉菌适于在食盐浓度10%～15%、相对湿度75%、温度为25℃的环境中繁殖[1]。

在食盐浓度20%以上的实验培养基中发育的嗜盐细菌多数能产生色素。嗜盐细菌的繁殖能使腌鱼变色，降低其商品价值。防止嗜盐细菌引起的变色，使用防腐剂（如山梨酸等）是有效的。嗜盐细菌对淡水抵抗能力弱，使用充足的淡水洗涤极为有效。嗜盐细菌红变色素的生成适宜温度为45～48℃，在25℃要产生同样的红变，需要3倍的时间。

6. 干制品的颜色变化

鱼贝类的干制品中，表面往往会析出一些白色的粉末，这些是具有一定营养性或一定生理活性的物质。干鱿鱼和干鲍鱼表面的白斑主要成分是牛磺酸，这是一种具有降血压等多种功能的含硫氨基酸，此外，还含有甜菜碱、谷氨酸钠、组氨酸等成分。干海带、干裙带菜等表面的白色粉末主要是甘露醇，也是一种重要的生理活性物质。

二、气味的变化

气味是指人的嗅觉器官接受物质刺激的一种心理现象。气味与口味、色泽、质构、口感一起，是左右食品品质的重要因素。鱼贝类的气味可以大致区分为生鲜品的气味和调理、加工品的气味。鱼贝类生鲜品的气味从捕获之后一直到腐败为止，随着鲜度的降低而逐渐发生变化。鱼贝类的调理、加工品的气味则因调理和加工方法的不同，各自的气味也不一样。每种水产品的风味因新鲜程度和加工条件的不同而丰富多彩。

新鲜的鱼和鲜度下降或长期贮藏的鱼的气味有着很大的区别。新鲜的鱼有很浓的海腥味，但当鲜度下降后，就产生了腐败的胺臭味。胺类化合物是臭味的主要成分。氨、二甲胺（DMA）、三甲胺（TMA）是代表成分。AMP在酶的作用下生成肌苷酸IMP，同时产生氨；游离氨基酸和蛋白质肽链上的氨基酸残基通过脱氨酶的作用也会产生氨。鱼贝类中含有的氧化三甲胺（TMAO）在微生物酶的作用下生成三甲胺、二甲胺。反应式如下：

$$\underset{\text{TMAO}}{(CH_3)_3NO} + \underset{\text{氢供与体}}{BH_2} \longrightarrow \underset{\text{TMA}}{(CH_3)_3N} + B + H_2O$$

$$\underset{\text{TMAO}}{(CH_3)_3NO} \longrightarrow \underset{\text{DMA}}{(CH_3)_2NH} + \underset{\text{甲醛}}{HCHO}$$

TMA生成量的多少取决于鱼体新鲜时的TMAO的含量，TMA阈值低，是生鲜臭和腐败臭的主要成分；DMA与TMA一起，在加热鱼肉时也由TMAO热分解生成[7]。其热分解率因鱼种而异，暗色肉鱼类明显比白色肉鱼类高。在同一鱼种中，暗色肉中的TMAO则比普通肉中的容易被分解，这是因为血红蛋白和肌红蛋白等血红素蛋白质有分解促进作用。加热后暗色肉中的腥臭味较强就是由于这种原因。卵磷脂中的胆碱也能分解出三甲胺。除此之外，还能从鱼贝类肉中检出甲胺、丙胺、异丙胺、丁胺、异丁胺、二乙胺等直链胺和哌啶、吡啶、吲哚等环状胺。鱼贝类腐败后，能产生大量的硫化氢，细菌酶还能将含硫氨基酸分解为其他的含硫呈味化合物，如甲硫醇、二甲基硫等。这些含硫化合物与臭气有很大关系。

与新鲜鱼相比，冷冻鱼的嗅感成分中羰基化合物和脂肪酸含量有所增加，其他成分与鲜鱼基本相同，干鱼那种清香霉味主要是由丙醛、异戊醛、丁酸、异戊酸产生，这些物质也是通过鱼的脂肪发生自动氧化而产生的。

熟鱼和新鲜鱼比较，挥发酸、含氮化合物和羰基化合物的含量都有所增加，并产生熟鱼的诱人香气。熟鱼的香气形成途径与其他畜禽肉相似，主要是通过美拉德反应、氨基酸降解、脂肪酸的热氧化降解以及硫胺素的热解等反应生成，各种加工方法不同，香气成分和含量都有差别，形成了各种制品的香气特征。

烤鱼和熏鱼的香气与烹调鱼有差别，如果不加任何调味品烘烤鲜鱼，主要是鱼皮及部分脂肪、肌肉在加热条件下发生的非酶褐变，其香气成分较贫乏；若在鱼体表面涂上调味料后再烘烤，来自调味料中的乙醇、酱油、糖也参与了受热反应，羰基化合物和其他风味物质含量明显增加，风味较浓。香味物质是具有挥发性的，水产品在烟熏过程中由于加热挥发出迷人的香气。据分析这类化合物的主要组分是醛、酮、内酯、呋喃、吡嗪和一些含硫化合物。它们的前体是水溶性抽出物中的氨基酸、肽、核酸、糖类和脂类等，在加热过程中与熏烟反应而产生一系列的香味物质。

低分子的有机酸具有较强烈的刺激性气味，如甲酸、乙酸、丙酸、丁酸等。但酸对气味的影响往往与胺类有关。pH 低于 6 时胺不易挥发，pH 高时酸不易挥发。

从鲜度低下的鱼贝肉及调理、加工品中检出的羰基化合物，主要是 5 个碳以下的醛、酮，这些羰基化合物由不饱和脂肪酸的氧化分解生成，美拉德反应也能生成醛酮化合物。脂质，特别是不饱和脂肪酸与加热鱼肉的臭气产生有重要关系。

本章小结

水产品在加工贮藏过程中的物理变化主要包括：鱼类肌肉硬度的变化、干耗、冰晶长大。另外，在冻结过程中，水产食品的热物理参数随着品温的不同而发生显著变化。如水产食品的比热容、导热系数、导温系数等参数值在冻结前后发生明显的变化，随着温度的降低，其比热容减小，导热系数、导温系数增大。

水产品在加工贮藏过程中的化学变化主要包括：

① 蛋白质的变性。主要包括冷冻引起的变性、蛋白质的加热变性、盐渍时的变性、干制过程中的蛋白质变性、高压引起的鱼肉蛋白质的变性、辐照引起的蛋白质变性以及水分活度对蛋白质变性的影响等。

② 脂肪的变化。鱼贝类在贮藏过程中的脂肪劣化有氧化和水解两种。脂肪的水解和氧化与鱼的品质有直接关系，这些反应变化包括两方面的因素：一种是纯粹的化学反应；另一种是酶的作用。

③ 水产品在加工贮藏过程中色香味的变化。一是颜色的变化，是由于水产品中存在着肌肉色素、血液色素和表皮色素，变色的原因除了在加工贮藏过程中自然色泽的分解外还会产生新的变色物质（如虾类的黑变，白色鱼肉的褐变等）。二是气味的变化。

思考题

1. 简述引起鱼类肌肉硬度变化的主要因素。
2. 解释干耗、冰晶长大的概念。
3. 简述引起水产品蛋白质变性的主要因素。
4. 简述引起水产品颜色变化的主要因素。

参考文献

[1] 沈月薪主编．水产食品学．北京：中国农业出版社，2000.

[2] 赵晋府主编．食品工艺学．北京：中国轻工业出版社，1999.
[3] 林洪，张瑾，熊正河．水产品保鲜技术．北京：中国轻工业出版社，2000.
[4] 刘铭．不同冻结速度对食品质量的影响．食品与机械，1994，4：26-27.
[5] 冯志哲．水产品冷冻工艺学．北京：中国农业出版社，1996.
[6] 严伯奋．有关淡水鱼在冷藏过程中鱼肉蛋白质的冷冻变性及其防止的探讨．杭州食品科技，1993，28：30-31.
[7] 鸿巢章二，桥本周天编［日］. 水产利用化学．郭晓峰，邹胜祥译．北京：中国农业出版社，1997.
[8] Suvanich V，Jahncke M L，Marshall D L. Changes in selected chemical quality characteristics of channel catfish frame mince during chill and frozen storage . J of Food Sci，2000，65（1）：24-29 .
[9] Lian P Z，Lee C M，Hufnagel L. Phisicochemical properties of frozen Red Hake mince as affected by cryoprotective ingredients. J of Food Sci，2000，65（7）：1117-1123.
[10] Fukuda Y，Kakehata K I，Arai K I. Denaturation of myobrillar protein in deep-seafish by freezing and storage. Bull Jap Soc Sci Fish，1981，47（5）：663-672.
[11] 曾名勇，黄海，李八方．鲫鱼（*Carassiusauratus*）肌原纤维蛋白生化特性在冻藏过程中的变化．青岛海洋大学学报，2003，33（2）：192-198.
[12] 曾名勇，黄海，李八方．不同冻藏温度对鲈鱼肌肉蛋白质生化特性的影响．青岛海洋大学学报，2003，33（4）：525-530.
[13] 曾名勇，黄海，李八方．鳙肌肉蛋白质生化特性在冻藏过程中的变化．水产学报，2003，27（5）：480-485.
[14] Sompongse W，Itoh Y，Obatake A. Effect of cryoprotectants and a reducing reagent on the stability of actomyos in during ice storage . Fisheries Science，1996，62（1）：73-79.
[15] 林洪，姜凤英，KhalidJamil，李兆杰，陈修白．对虾冷藏过程中肌肉蛋白特性的变化比较．青岛海洋大学学报，1998，28（4）：552-554.
[16] 福田裕，柞木田善治，新井健一．マサバの鲜度ガ肌原纤维タンク质の冷冻变性に及ほす影响．日本水产学会志，1984，50（5）：845-852.
[17] 福田裕，柞木田善治，川村满等．冻结ぉよび贮藏によるマサパ筋原纤维タンパケ质の变性．日本水产学会志，1982，48（11）：1627-1632.
[18] 福田裕，挂端甲一，新井健一．冻结および贮藏による深海性鱼类の肌原纤维たんぱく质の变性．日本水产学会志，1981，47（5）：663-672.
[19] 吴成业，叶玫，王勤，张农，陈冰．几种淡水鱼在冻藏过程中鲜度变化研究．淡水渔业，1994，24（1）：16-18.
[20] 刘庆慧，孙耀，王采理．日本鲟肌动球蛋白热变性和冷冻变性．上海水产大学学报，1999，8（2）：137-141.
[21] Harano S. Effect of freezing and storage on the enzmy activities. Refrigeration（Japanese），1968，43：14-16.
[22] Lian P Z，Lee C M，Hufnagel L. Phisicochemical properties of frozen Red Hake mince as affected by cryoprotective ingredients. J of Food Sci ，2000，65（7）：1117-1123.
[23] Okada T，Ohta F，Inoue N，et al. Denaturation of carp myosin B in KCl solution during frozen storage . Bull Jap Soc Sci Fish ，1985，51（11）：1887-1892.
[24] Jiang S T，Hwang D C，Chen C S. Effect of storage temperature on the formation of disulfides and denaturation of milkfish actomyosin. J of Food Sci，1988，53（5）：1333-1335.
[25] Hamada I，Tsuji K，Nakayama J，et al. Oxidative denaturation of actomyosin. Bull Jap Soc Sci Fish，1977，43：1105-1108.
[26] 伊藤雅章等．コイシオンBの冻结变性におよぼす冻结时间の影响．日本水产学会志，1990，56（2）：307-314.
[27] Jiang S T，Hwang B S，Moody M W，et al. Thermostability and freeze denaturation of grass prawn muscle proteins. J Agric Food Chem，1991，39：1998-2001.
[28] 林洪，王长峰，李兆杰等．中国对虾肌动球蛋白变性后 ATPase 活性的研究．青岛海洋大学学报，1996，26（4）：475-480.
[29] 新井健一等．各种鱼类筋肉アケトシオシンATPaseの温度安定性について. 日本水产学会志，1973，39（10）：1077-1085.
[30] Kariya Yutaka，et al. Protein Commonents and Ultrastructure of the Arm and Mautle Musdes of Octopus. 日本水产学会志，1986，52（1）：131-138.
[31] 万建荣，红玉箐，奚印慈（编译）．水产食品化学分析手册．上海：上海科技出版社，1993：154-172.
[32] Duerr J D，Dyer W J. J Fish Res Bd Can，1944，8：325-331.
[33] 马长伟，曾名勇主编．食品工艺学导论．北京：中国农业大学出版社，2002.
[34] 沈月薪，缪松，周孝康．超高压对草鱼肌肉超微结构与质构特性的影响．水产学报，1996，20（4）：343-347.
[35] 黄梅丽，姜汝焘，姜小梅．食品色香味化学．北京：轻工业出版社，1984.

第四章　低温加工贮藏技术

学习要求

1. 掌握鱼死后的变化和腐败变质的原因。
2. 掌握低温保藏水产品的基本原理。
3. 了解鱼的冷却及微冻保鲜。
4. 掌握气调保鲜水产品的基本原理。
5. 掌握冻结温度曲线、冻结速度与结晶分布情况。
6. 了解食品冻结装置。
7. 掌握食品冻藏时的变化、冻结食品的T.T.T概念及T.T.T的计算方法。

鱼贝类的特性是鲜度容易下降，腐败变质迅速。要想保持鲜度或减缓腐败速度，可以采用各种措施。目前实际应用于水产品的保鲜技术已有低温保鲜、高压保鲜、辐照保鲜、气调保鲜、生物保鲜等。在这些保鲜方法中，以低温保鲜应用得最广泛，研究得最为深入。根据低温保鲜的目的和温度的不同又可以分为冷藏保鲜和冷冻保鲜。

第一节　鱼贝类的死后变化

鱼贝类在死亡的同时，其肌肉也会发生一些变化，这种变化与活着时不同。在其生存时，氧能得以充分的补充，处于有氧状态，新陈代谢过程中有分解也有合成。鱼体死亡后，氧的供应停止，鱼体处于无氧状态。鱼贝类死后，体内的各种酶仍具有活力，一些新陈代谢还在进行，但代谢途径与存活时有所不同。鱼体死后的肌肉变化过程可分为初期生化变化和僵硬、解僵和自溶、细菌腐败三个阶段。表4-1就是鱼贝类死后变化的基本情况。与陆产动物相比，水产动物在死后易腐败变质，为了延缓其死后变化速度，生产出优质的水产品，就必须了解鱼贝类死后变化的规律。

表4-1　从不同角度看待鱼体死后的变化情况[1]

视觉和触觉	活鱼	刚死的鱼	僵硬开始	完全僵硬	解僵	软化	腐败
K值(鲜度指标)	非常新鲜(ATP存在)			新鲜(ATP消失)			
味觉和嗅觉	非常新鲜(可生吃)		新鲜(可生吃)		开始腐败		腐败味
生物化学		自身酶分解					
微生物学					外源性微生物对鱼体分解		

一、鱼贝类死后早期的生化变化

鱼贝类死后，体内糖原被分解成乳酸，在软体动物中被分解成章鱼碱和乳酸，与此同时腺苷三磷酸（ATP）被其内源性酶分解成相关化合物，直至最后分解成次黄嘌呤。

1. 糖的代谢

在鱼贝类的肌肉中，糖原作为能量的贮存形式而存在，在鱼体的能量代谢中发挥着重要作用。鱼体死后，在停止呼吸与断氧条件下，肌肉中糖原酵解生成乳酸，与此同时，ATP发生分解：ATP（腺苷三磷酸）→ADP（腺苷二磷酸）→AMP（腺苷一磷酸）→IMP（肌苷酸）→HxR（次黄嘌呤核苷）→Hx（次黄嘌呤）。

在肌肉中含量比ATP高数倍的CrP（磷酸肌酸），在肌酸激酶的催化作用下，可将由ATP分解产生的ADP重新再生成ATP。有关反应如下：

$$\mathrm{ATP}+\mathrm{H_2O}\longrightarrow \mathrm{ADP}+\mathrm{Pi}(\text{磷酸})$$

$$\mathrm{ADP}+\mathrm{CrP}\xrightleftharpoons{\text{肌酸激酶}}\mathrm{ATP}+\mathrm{Cr}(\text{肌酸})$$

同时还发生如下反应：

$$2\mathrm{ADP}\xrightleftharpoons{\text{腺苷酸激酶}}\mathrm{ATP}+\mathrm{AMP}$$

鱼贝类在刚捕获和保鲜过程中，发生生化反应最多的是无氧代谢。鱼类糖酵解途径如图4-1所示。在糖酵解的过程中，1mol的葡萄糖能产生2mol ATP。通过这样的补给机制，鱼类即使死亡，在短时间内其肌肉中ATP含量仍能维持不变。然而随着磷酸肌酸和糖原的消失，肌肉中ATP含量逐渐下降，肌肉开始变硬。

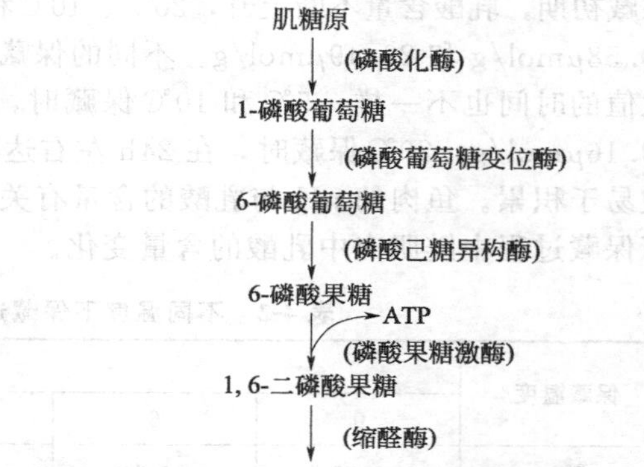

图4-1　鱼类糖酵解途径[1]

虾、蟹、贝类等无脊椎水产动物，其肌肉中不存在高能磷酸化合物的磷酸肌酸，由磷酸精氨酸代替，当死后进行糖原酵解时，与脊椎动物肌肉中的磷酸肌酸一样被分解，但最终产物为丙酮酸[2]。

一般活体鱼贝类肌肉的pH为7.2～7.4，鱼贝类死后，保藏初期鱼肉的pH值会逐渐下降，这是由于糖原酵解产生乳酸，ATP和磷酸肌酸等物质分解产生磷酸等酸性物质。pH的下降程度与肌肉中糖原的含量有关。畜肉的糖原含量为1%左右，死后最低pH为5.4～5.5；洄游性的红色肉鱼类糖原含量较高，为0.4%～1.0%，最低pH达5.6～6.0；底栖性的白色肉鱼类糖原含量较低，为0.4%左右，最低pH在6.0～6.4[2]。

在软体动物中，尤其是贝类，体内蓄积有大量的糖原，占肌肉重的1%～8%。贝类的糖原含量随季节而改变，汛期时较高。甲壳类动物的车虾糖原含量为63mg/100g，蟹为124mg/100g[1]。鱼贝类糖原含量因种类不同有着很大的差别。

邓德文等[3]研究了鲢鱼肌肉在保藏中的生化变化，即杀鲢肌肉的糖原含量在8.2μmol/g（葡萄糖换算）左右，保藏中糖原分解的速度很快，死后3h左右大部分已分解，6h后就难以检出，不同保藏温度之间糖原分解的差异较小。死前经过挣扎的鱼体，糖原含量会显著下降，可降至0.75μmol/g，如图4-2所示。因此鱼捕获后防止鱼的挣扎对维持糖原含量有积

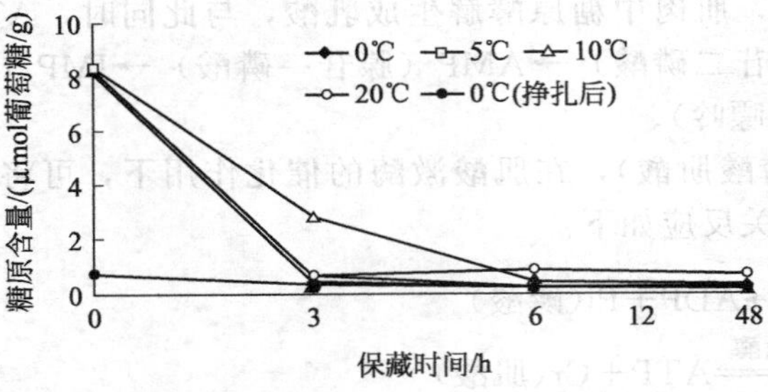

图 4-2 鲢鱼肉在不同温度下保藏时糖原含量的变化

极作用。

乳酸含量变化与鱼种、保藏时间和鱼体死前状态有关。在洄游性的红色肉鱼类中乳酸含量较高，而底栖性白色肉鱼类中较低。挣扎至死的鱼要比即杀死的鱼的乳酸含量高。疲劳的鱼体内乳酸含量高。养殖鱼与天然鱼相比较，以真鲷为例，养殖的含乳酸更高些，这是因为养殖鱼糖原含量高的原因。鱼体的大小也对乳酸有影响，对鲤鱼来说，鱼体越大，乳酸的含量越高。邓德文等[3]研究了鲢鱼体内乳酸的变化，即杀鲢乳酸含量平均在 9.85μmol/g 左右。保藏初期，乳酸含量不断上升，20℃、10℃和 5℃保藏 12h，相应的乳酸含量为 41.19 μmol/g、20.58μmol/g 和 29.49μmol/g。不同的保藏温度，乳酸含量达到的最大值亦不同，且达到最大值的时间也不一样，5℃和 10℃保藏时，在 72h 后达到最大值，分别为 71.52μmol/g 和 49.16μmol/g；20℃保藏时，在 24h 左右达到最大值 43.69μmol/g。研究表明低温保藏时乳酸易于积累。鱼肉的 pH 与乳酸的含量有关，乳酸能引起 pH 的下降。表 4-2 列出不同温度下保藏过程中鲢肌肉中乳酸的含量变化。

表 4-2 不同温度下保藏过程中鲢肌肉中乳酸的含量变化 单位：μmol/g

保藏温度	保藏时间/h					
	0	6	12	24	48	72
5℃	9.85	24.51	29.49	35.55	53.09	71.52
10℃	9.85	13.51	20.58	31.87	43.17	49.16
20℃	9.85	23.75	41.19	43.69	37.45	

2. ATP 及其相关化合物的代谢

鱼贝类在存活时，是靠氧化体内各种有机化合物来补充能量的，同一种类动物肌肉中 ATP 含量几乎是一定的。鱼贝类在死后，由于氧的来源中断，ATP 就由磷酸肌酸、磷酸精氨酸以及酵解作用来补充。当这些物质耗尽时，ATP 就会开始急剧下降，分解后生成 ADP、AMP、IMP。邓德文[3]研究了鲢鱼在保藏中的鲜度变化，新鲜鲢即杀后，测得 ATP 含量在 3～4μmol/g。在保藏初期 ATP 含量有轻微的上升，然后下降；IMP 含量在保藏中有一个中间积累过程，并可达到较高的含量（>4μmol/g）；鲢肌肉在 5℃、10℃、20℃不同温度下保藏时 ATP、IMP 含量的变化如图 4-3、图 4-4 所示。

在保藏过程中，ATP 不是立刻下降，而是有一个短期上升过程，Watabe[4]对日本鲤研究也得出类似结果。保藏的初期，ATP 的含量维持在 3μmol/g 左右，这一值维持时间的长短与保藏温度有关。保藏初期鱼体肌肉的 ATP 维持一定含量的原因，通常认为是鱼体死后糖原和磷酸肌酸的降解，释放出的能量补充给 ADP，使之重新生成 ATP，从而抵消了由于自身降解而造成 ATP 含量的下降，当糖原和磷酸肌酸含量很低后，ATP 含量也就开始下降[4]。

IMP 是 ATP 降解的中间产物，也是重要的鲜味物质。鲜活鲢即杀后 IMP 的含量在 2μmol/g 以内。鱼在即杀后经过一小段时间再食用，要比活鱼更鲜美，如果保鲜时间再长一些，温度再高些，则 IMP 就分解成肌苷和次黄嘌呤。从 IMP 含量下降趋势看，保藏温度越高 IMP 分解越快。低温冷藏有利于鲢滋味的保持。

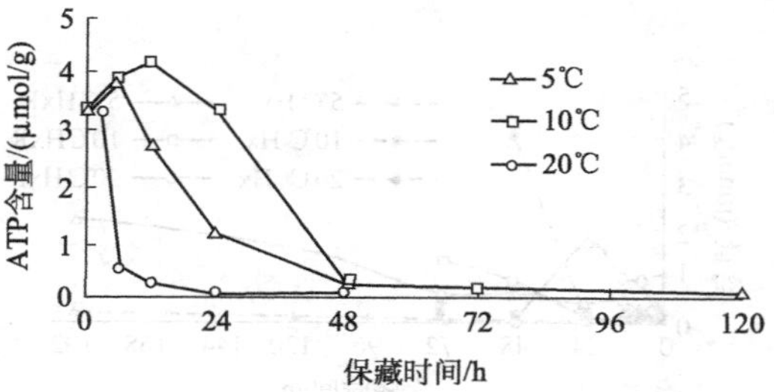

图 4-3 鲢肌肉在不同温度下保藏时 ATP 含量的变化

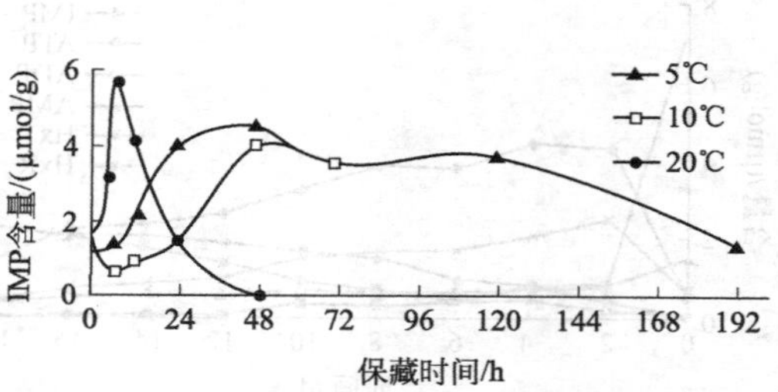

图 4-4 鲢肌肉在不同温度下保藏时 IMP 含量的变化

鳕鱼立即杀死后，贮藏于 0℃，此时的 ATP 以及相关化合物的变化情况如图 4-5 所示。ATP 及 ADP 经过 3 天时间几乎完全消失，肌苷酸和肌苷的含量急剧增加，并被蓄积，随后再分解减少，与此同时次黄嘌呤又急剧增加。

与普通肉相比，红色肉的 ATP 及其相关化合物中，ATP 含量较低，普通肉在低温下能长期贮存肌苷酸，而红色肉则因肌苷酸磷酸酶活力高而被迅速分解成次黄嘌呤。

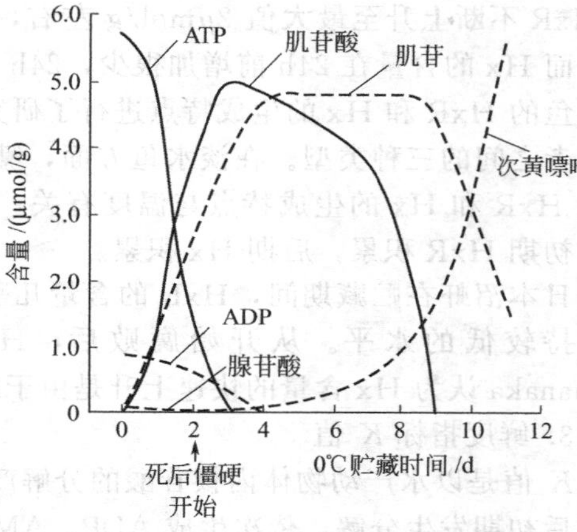

图 4-5 鳕鱼 0℃贮藏中 ATP 及其关联化合物的变化情况[1]

虾蟹等甲壳类动物肌肉中 ATP 分解路径与鱼肉的相同。车虾在 0℃贮藏中 ATP 以及相关化合物的变化情况如图 4-6 所示。随着 ATP 的分解，积累了腺苷基团与肌苷酸，9 天后次黄嘌呤急剧增加。戚晓玉[5]研究了日本沼虾冰藏期间 ATP 及其降解产物含量的变化，如图 4-7 所示。

冰藏中虾肌肉中的 ATP 含量迅速下降，刚死时 ATP 含量为 7.18μmol/g，贮藏至第 2 天时含量仅为 0.84μmol/g，此后 ATP 的含量缓慢下降，至 12 天时消失。在低温下鲽鱼[6]和日本对虾的 ATP 含量也快速下降[7]。ATP 的快速降解与高活性的 ATP 酶有关。Watabe[8]等认为，这种现象的发生是由于在较低的贮藏温度下肌浆网状结构的钙吸收能力下降，肌原纤维内钙浓度增加，钙离子激活肌原纤维 Mg^{2+}-ATP 酶，加速 ATP 的降解。

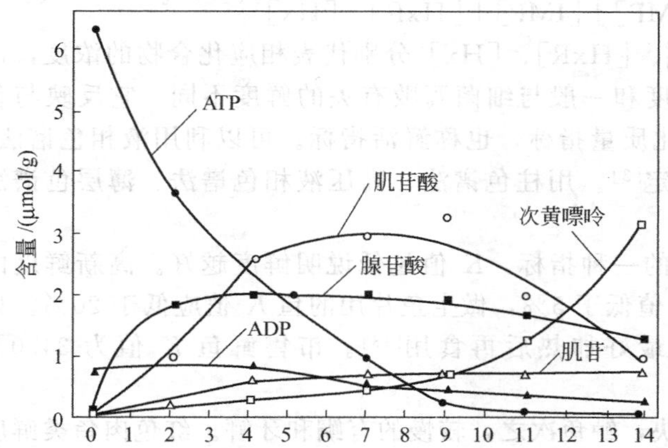

图 4-6 车虾在 0℃贮藏中 ATP 以及相关化合物的变化情况[1]

从图 4-7 中可以看到，虾肌肉内 ADP 的含量随着贮藏时间的延长逐渐下降，与 ATP 的下降趋势类似。在 ATP 和 ADP 的降解期间，AMP 和 IMP 却有一个积累过程，与日本对虾的变化趋势相似[7]。

HxR 和 Hx 是 ATP 分解的最终积累物质，不同的鱼积累的物质亦不同。鲢鱼在不同温度下 HxR 和 Hx 的含量如图 4-8 所示。5℃和 10℃保

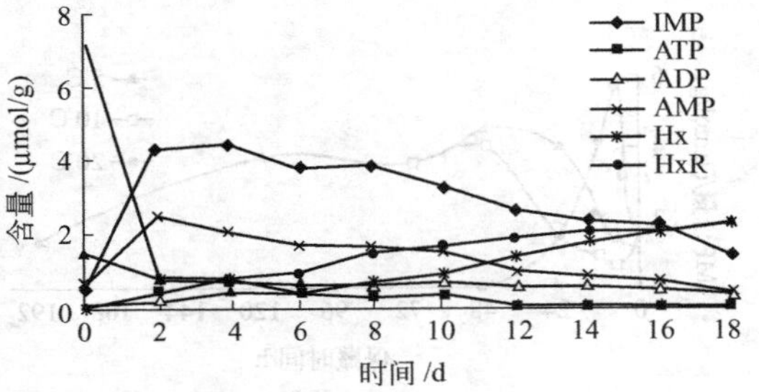

图 4-7 冰藏期间日本沼虾 ATP 及其降解物含量的变化

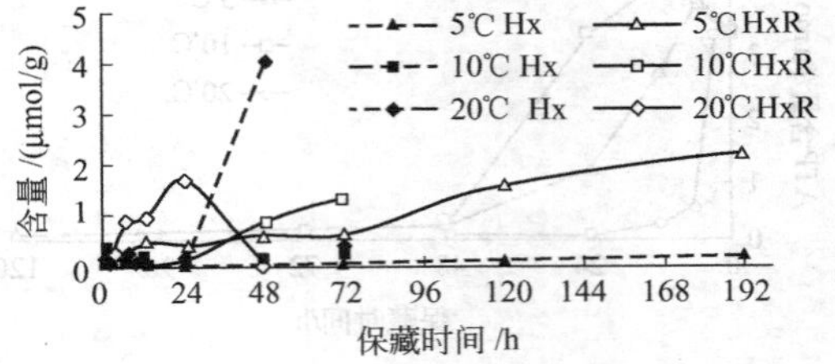

图 4-8 鲢肌肉在不同温度下保藏时的 HxR 和 Hx 变化

藏时 HxR 的含量随保藏时间的延长而上升，Hx 的含量几乎没有增加；20℃保藏时 24h 以前 HxR 不断上升至最大值 2μmol/g 左右，24h 以后 HxR 的含量很快减少，48h 后难以检出，而 Hx 的含量在 24h 前增加很少，24h 后迅速增加。日本的江平重男等[9]曾对日本各类海水鱼的 HxR 和 Hx 的生成特点进行了研究，将海水鱼分为 HxR 积累型、Hx 积累型和介于两者之间的三种类型。在淡水鱼方面，鳙在 0℃保藏时，HxR 积累，Hx 的生成很少[10]。鲢鱼 HxR 和 Hx 的生成特点与温度有关，在较低温度时为 HxR 积累型，在较高温度时前期、初期 HxR 积累，后期 Hx 积累。

日本沼虾在贮藏期间，HxR 的含量几乎呈线性上升。Hx 的含量在感官可接受的阶段之内保持较低的水平。从开始腐败后，Hx 含量的上升速度显著加快。Matsumoto 和 Yamanaka 认为 Hx 含量的快速上升是由于虾体内微生物生长的结果。

3. 鲜度指标 *K* 值

K 值是以水产动物体内核苷酸的分解产物作为测定其鲜度的指标。鱼类肌肉中 ATP 在鱼死后初期发生分解，依次生成 ADP、AMP、IMP、HxR（次黄嘌呤核苷）、Hx（次黄嘌呤）。即：

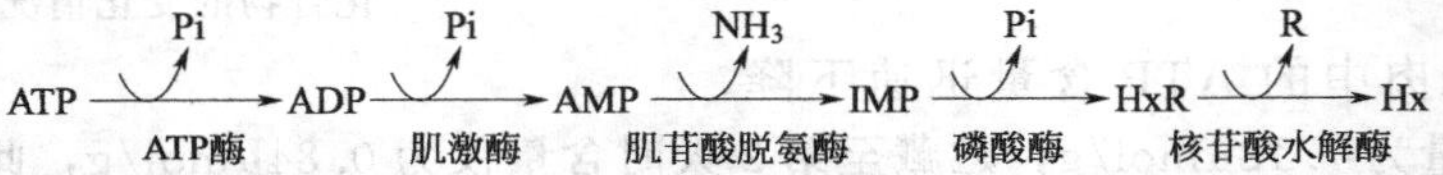

测定 ATP 的最终分解产物（次黄嘌呤核苷和次黄嘌呤）所占的 ATP 关联物的百分数即为鲜度指标 *K* 值。可用下式表示：

$$K=\frac{[\mathrm{HxR}]+[\mathrm{Hx}]}{[\mathrm{ATP}]+[\mathrm{ADP}]+[\mathrm{AMP}]+[\mathrm{IMP}]+[\mathrm{HxR}]+[\mathrm{Hx}]}\times 100\% \tag{4-1}$$

[ATP]、[ADP]、[AMP]、[IMP]、[HxR]、[Hx] 分别代表相应化合物的浓度，以 μmol/g 湿重表示[11]。*K* 值所代表的鲜度和一般与细菌腐败有关的鲜度不同，它反映与鱼体初期鲜度变化以及品质风味有关的生化质量指标，也称鲜活指标。可以利用液相色谱法、柱色谱法及薄层色谱法或鲜度试纸法测定[2]。用柱色谱法、高压液相色谱法、薄层色谱法测定三者的结果误差在 10%左右[1]。

K 值可作为评价鲜鱼与解冻鱼鲜度的一种指标，*K* 值越低说明鲜度越好。高新鲜度的肉 *K* 值低于 20%[12]。即杀死的鱼其 *K* 值低于 5%，做生鱼片用的鱼 *K* 值应低于 20%。如果一条鱼的 *K* 值在 20%～60%之间，最好加热后再食用[13]。市售鲜鱼 *K* 值为 34.0%±2.7%[14]。

白色肉鱼类中鳕、鲽鲜度下降得较快，鲈鱼次之，较慢的有鲷和牙鲆。红色肉鱼类鲜度降幅不大，即使在冰中贮藏 6 天，*K* 值只有 20%。鳕、鲣、鲷及甲壳类在冰中贮藏时 *K* 值的变化如图 4-9 所示[1]。

吴成业等[15]研究了几种淡水鱼在冻藏过程中鲜度的变化。鲢、鳙、罗非鱼在－18℃冻藏期间的 K 值的变化，如图 4-10 所示。随着冻藏时间的增长，K 值逐渐升高。在冻藏的前两个月，K 值上升幅度较快，K 值均已达到新鲜品质指标（$K=20\%\sim40\%$）的临界线。冻藏 6 个月，K 值达到 40%～60%。罗非鱼表现良好的耐冻性，白鲢最差。

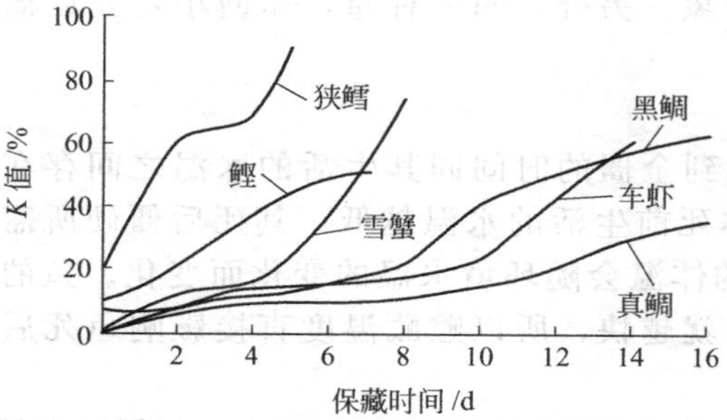

图 4-9 鳕、鲣、鲷及甲壳类在冰中贮藏时 K 值的变化

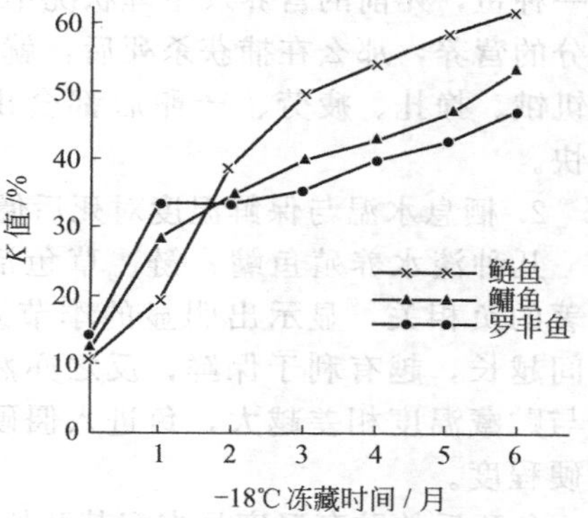

图 4-10 鲢、鳙、罗非鱼在－18℃冻藏中 K 值的变化

K 值作为一种鲜度指标，本质上是反映鱼体经过某个时间的贮藏后与鲜活状态的差异。由于淡水鱼的核苷酸类化合物的分解速度极快[16,17]，且分解速度因鱼种不同而有明显的差异[18,19]，使得统一的 K 值标准难以准确地反映实际情况，因而不宜单独用作淡水鱼的鲜度指标[20]。

二、死后僵硬

鱼死后，鱼体由柔软变为僵硬，这种现象称为僵硬。刚死的鱼体，肌肉柔软而富有弹性。放置一段时间后，肌肉收缩变硬，失去伸展性或弹性。如用手指压，指印不易凹下；手握鱼头，鱼尾不会下弯；口紧闭，鳃盖紧合，整个躯体挺直，鱼体进入僵硬阶段。当僵硬进入最盛期时，不仅肌肉收缩剧烈，而且持水性下降。鱼贝类肌肉死后僵硬一般发生在死后数分钟至数小时，其持续时间为数小时至数十小时。鱼死后僵硬持续时间比哺乳动物短，主要是因为鱼贝类结缔组织少、组织柔软、水分含量高、微生物数量多的缘故。

死后僵硬是鱼类死后的早期变化，僵硬的发生与一系列复杂的生理、生化反应相关联，主要是鱼死后 ATP 的消失，使鱼体保持在高分子纤维肌动球蛋白的状态。随着鱼心脏活动的停止和脑对身体控制的终止，身体的供氧中断，使体内出现无氧状态，此时在鱼肌肉组织中出现糖酵解，糖原减少，而产生乳酸。乳酸的产生使肌肉组织的 pH 下降，磷酸肌酸随之逐步消失而不再重新合成，当磷酸肌酸丧失 60%之后，ATP 开始分解，也不能再合成。ATP 减少到某种程度时则鱼发生僵硬，至 ATP 消耗完了时僵硬结束。

处在死后僵硬期的鱼是新鲜的，一般是死后僵硬期结束时，才开始腐败的一系列变化。因此，如果渔获后能推迟僵硬的发生、延长僵硬的时间并使僵硬强度大，对于产品的保鲜是十分重要的。持续僵硬时间就是从开始僵硬持续到最硬的时候之间的时间，僵硬期结束后的逐渐软化就是解僵。从鱼体死后到开始僵硬的时间以及到僵硬期结束的时间，与很多因素有关。决定僵硬速度的是鱼肉中 ATP 浓度降低速度。鱼在致死前的生理状态、致死条件、死后处理条件不同，ATP 浓度降低速度也不相同，因此鱼僵硬的程度和速度也不同，分述如下。

1. 鱼的种类及生理条件的影响

不同鱼种之间有很大的差异，这是因为化学组成不同造成的。鳕鱼科的牙鳕死后很快进入僵硬状态，死后1h完全变硬。拖网捕获的大头鳕冰藏后，一般要经过2～8h进入僵硬，沙丁鱼、鲐、鲣等都能很快进入僵硬阶段。养殖鱼中的鰤进入僵硬最快，真鲷次之，牙鲆最慢[1]。另外，如鲐鱼等生命力很强、活动旺盛的鱼类，会在死后很短的时间内进入僵硬期。同一种鱼，死前的营养及生理状况不同，僵硬期长短有所不同。鱼在捕获前，如果未能获得充分的营养，那么在捕获杀死后，就会立即开始变硬，这是因为肌肉中贮存的能量较少。鱼类饥饿、挣扎、疲劳、产卵后都会出现这种现象。另外，同一种鱼，体型小者死后僵硬较快。

2. 栖息水温与保鲜温度对死后僵硬的影响

几种淡水养殖鱼鳙、鲢、草鱼活杀死后达到全僵的时间同其生活的水温之间存在着显著的负相关，显示出明显的季节差异。鱼体死前生活的水温越低，其死后僵硬所需的时间越长，越有利于保鲜；反之亦然[21]。鱼的体温会随环境水温的变化而变化。鱼的体温与贮藏温度相差越大，鱼进入僵硬期的速度就越快，所以贮藏温度直接影响鱼死后的僵硬程度。

鱼死后的贮存温度是支配其开始僵硬时间及持续僵硬时间的最重要因素。保鲜温度低且迅速，可使渔获物保持新鲜。通常在较低温度下，僵硬出现得较迟，僵硬期也相应延长。鱼体在僵硬前进行速冻比僵硬后再速冻更能使僵硬持续的时间延长，有利于保鲜期的延长[22]。因此要保持渔获物的新鲜就应迅速将鱼体冷却、降温。一般在夏季，僵硬期维持在数小时以内；在冬季或冰藏的条件下，则可维持数日。

陈舜胜[23]等研究了冰藏鲢的僵硬指数的变化，鲢冰藏12h后，其僵硬指数可达到80%；1天后达到全僵，僵硬速度较快，如图4-11所示；冰藏2天后鱼体开始解僵，但解僵趋势比较平缓；冰藏6天后鱼体基本解僵，7天后完全解僵。

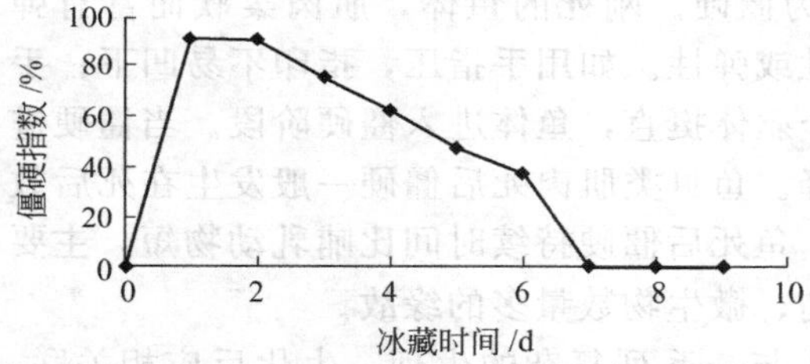

图4-11　鲢冰藏期间僵硬指数的变化

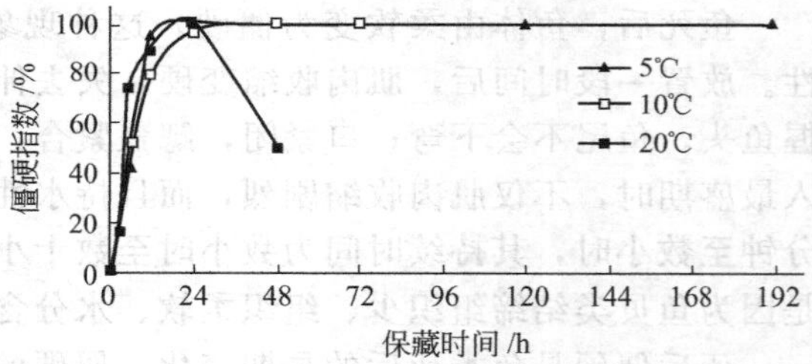

图4-12　鲢在不同温度下保藏时僵硬指数的变化[24]

邓德文[24]等研究了鲢在保藏中的鲜度变化，结果表明，20℃保藏时僵硬产生快，解僵也快，10℃保藏可以推迟僵硬的到来，5℃保藏可以显著延长僵硬期；鲢在不同温度下保藏时僵硬指数的变化如图4-12所示，不同温度下保藏时达到初僵和全僵的时间如表4-3所示。鱼类死后僵硬速度、ATP浓度降低速度与贮藏温度的关系见表4-4。0℃贮藏促进死后僵硬进行的原因，可能是0℃条件下肌浆网对Ca^{2+}的吸收能力很低，从肌浆网漏出的Ca^{2+}激活了肌动球蛋白Mg^{2+}-ATPase的缘故[2]。

表4-3　鲢在不同温度下保藏时达到初僵和全僵的时间[24]

项目	保藏温度/℃		
	5	10	20
初僵时间/h	1	1.5	1
全僵时间/h	5	8	6

表 4-4 鱼类死后僵硬速度、ATP 浓度降低速度与贮藏温度的关系[25]

贮藏温度/℃		开始僵硬时间/h 完全僵硬时间/h	ATP 消失时间(1μmol/g 以下)/h
真鲷	0	4～16	16
	10	8～48	48
牙鲆	0	6～27	30
	10	15～51	54
幼鲕	0	2～9	11
	10	2～24	＞24
日本鲉	0	10～20	24
	10	13～40	48
石鲷	0	0～13	17
	10	4～20	＞24

3. 致死方法的影响

鱼体入网后经过长时间挣扎后才起网较刚刚入网就起网，会很快地进入僵硬期。这就是说，鱼在死前挣扎疲劳的程度越强烈，死后僵硬得越快，僵硬期越短。对死后的鱼体进行强烈粗糙的翻弄处理操作，能加速其僵硬。因此，鱼体捕获后应予以立即致死或低温冷藏处理，以降低挣扎和能量消耗而带来的不利因素，延长僵硬期的到来。捕获后的鱼随即杀死，僵硬现象出现较晚；窒息死去的鱼，僵硬出现较早。曾有人对一种鲨鱼进行试验，结果是：在水中慢慢死去，放置在 3℃下经 1h 开始僵硬；捕获后随即杀死，在同样温度下经 10h 开始僵硬[20]。

杨宏旭[10]研究了鳙鱼经不同方法致死后保藏在 0℃僵硬指数（RI）的变化。活杀、挣扎死和半死三种不同致死方法对鳙死后达到初僵、全僵和解僵时对 ATP、乳酸、IMP、*K* 值变化的影响（0℃）见表 4-5。活杀鳙达到初僵和全僵的时间，分别为 6h 和 27h，而挣扎死的分别为 1h 和 3h，半死的分别为 1.5h 和 6h。活杀鱼达到初僵和全僵的时间明显长于挣扎和半死鱼的 6 倍和 4 倍，而挣扎死与半死之间有差别，但不大。活杀、挣扎死和半死达到解僵的时间分别为 53h、45h 和 39h，3 种致死方法之间达到解僵的时间不存在类似达到初僵、全僵的那种有规律性的差别，这与刘承初[21] 1994 年测定的结果一致。

表 4-5 不同致死方法对鳙死后达到初僵、全僵和解僵时对 ATP、乳酸、IMP、*K* 值变化的影响（0℃）

鱼体死后变化	活 杀	挣 扎	半 死
达到初僵时间/h	6	1	1.5
ATP/(μmol/g)	2.7	0.5	1.8
乳酸/(μmol/g)	13.6	23.3	11.9
IMP/(μmol/g)	0.9	4.0	1.9
HxR+Hx/(μmol/g)	0.2	0.7	0.2
K 值/%	5.5	12.0	5.2
达到全僵时间/h	21	3	6
ATP/(μmol/g)	0.6	0.3	1.5
乳酸/(μmol/g)	21.5	26.3	13.2
IMP/(μmol/g)	3.8	4.6	2.4
HxR+Hx/(μmol/g)	0.7	1.0	0.4
K 值/%	53	45	39
达到解僵时间/h	10.5	17.5	7.0
ATP/(μmol/g)	0	0	0
乳酸/(μmol/g)	26.5	28.0	20.0
IMP/(μmol/g)	2.9	4.1	3.2
HxR+Hx/(μmol/g)	1.5	2.1	1.2
K 值/%	19.0	38.0	27.5

4. 其他因素的影响

肌肉的 pH 的变化与死后僵硬有关。随着 pH 的下降，往往使肌原纤维蛋白质发生变性，也间接影响到肌肉的僵硬。刘承初[21]曾研究了几种淡水鱼死后僵硬的季节变化，鱼体死后达到僵硬的时间为冬长夏短，显示出明显的季节差异。此外，假如在鱼体僵硬前，沿其脊骨剖下两侧的肉片，由于其肌肉可自由收缩，导致鱼片在开始僵硬时缩短，褐色肉将收缩至原长度的 52%，普通肉将收缩至原长度的 15%[25]。假如在僵硬之前将鱼煮熟，其组织咬口会非常软且成糊状；而在僵硬中煮熟时，则组织坚韧；如在僵硬结束后煮熟，则肉质变得紧密、多汁而有弹性。

三、自溶与腐败

1. 解僵和自溶

鱼体死后进入僵硬期，达到最大程度僵硬后，其僵硬又缓慢地解除，肌肉重新变得柔软，称为解僵。僵硬现象解除后，由于各种酶的作用使鱼肉蛋白质逐渐分解，鱼体变软的现象称为自溶，也称自己消化。因此自溶作用是指鱼体自行分解（溶解）的过程。肌肉的软化与活体肌肉的松弛不同，鱼贝类的肌肉在伴随着解僵软化时，会发生迅速的生物化学变化和物理变化，一般认为其与肌肉中组织蛋白酶类对蛋白质分解的自溶作用有关。组织蛋白酶主要有酸性肽链内切酶和中性肽链内切酶。鱼类存活时，鱼体肌肉中的组织酶类常相互制约或受到抑制，而鱼死亡后这种抑制作用随之消失。鱼体经僵硬阶段后，pH 一般为 5.0～5.5，而肌肉中的组织蛋白酶类的最适 pH 在 5 左右，催化了肌肉蛋白质的水解，生成更多的小分子物质，进而为腐败微生物的发育生长创造了良好的条件。参加鱼类死后蛋白质分解作用的酶类中，除了自溶酶类外，还有可能来自消化道的胃蛋白酶、胰蛋白酶等消化酶类，以及细菌繁殖过程产生的胞外酶的作用。因此，由酶类导致的自溶作用引起蛋白质的分解不同于纯蛋白质由特定蛋白酶分解的情况。鱼类死后的解僵和自溶阶段，在各种蛋白分解酶的作用下，一方面造成肌原纤维中 Z 线脆弱、断裂，组织中胶原分子结构改变、结缔组织发生变化，胶原纤维变得脆弱，使肌肉组织变软和解僵；另一方面也使肌肉中的蛋白质分解产物和游离氨基酸增加。

经过僵硬阶段的鱼体，由于组织中的水解酶（特别是蛋白酶）的作用，使蛋白质逐渐分解为氨基酸以及较多的简单碱性物质，所以鱼体在开始时由于乳酸和磷酸的积聚而成酸性，但随后又转为中性。鱼体进入自溶阶段，肌肉组织逐渐变软，失去固有弹性。应该指出，自溶作用的本身不是腐败分解，因为自溶作用并非无限制地进行，在使部分蛋白质分解成氨基酸和可溶性含氮物后即达平衡状态，不易分解到最终产物。但由于鱼肉组织中蛋白质越来越多地变成氨基酸之类物质，为腐败微生物的繁殖提供了有利条件，从而加速腐败过程。鱼体的自溶主要是鱼肉蛋白质被分解。解僵和自溶会给鱼体鲜度质量带来各种感官和风味上的变化，同时其分解产物氨基酸和低分子的含氮化合物为细菌的生长繁殖创造了有利条件，加速了鱼体的解僵自溶过程，成为由良好鲜度逐步过渡到细菌腐败的中间阶段。

自溶作用的快慢同鱼的种类、保藏温度、盐类和鱼体组织的 pH 值有关，其中温度是主要的。因为在一般气温中，温度越高，水解酶的活性越强，自溶作用就越快。在低温保藏中，酶的活性受到抑制，从而使自溶作用变得缓慢甚至完全停止。在适宜温度范围内，温度每升高 10℃，分解速度可增加几倍，这种情况与一般化学反应中的范特-霍夫规则是一致的。通常以其速率的温度系数 Q_{10} 表示。

$$Q_{10}=\frac{K_{(T+10)}}{K_T} \tag{4-2}$$

式中，Q_{10} 表示自溶作用的温度系数；K_T 表示在 T℃时自溶作用的速率；$K_{(T+10)}$ 表示在（T+10)℃时自溶作用的速率。

Q_{10}在一定温度范围内可以近似地看成常数。鱼肉自溶作用的温度系数在较大的温度范围内是有差别的。表 4-6 列出几种鱼类在一定温度范围内的自溶作用的温度系数。

表 4-6 不同温度下几种鱼类自溶作用的温度系数和最适温度[26]

鱼种类	温度范围/℃	温度系数(Q_{10})	最适温度/℃
鲐鱼	19.1～28.4	7.8	45
	28.4～45.3	2.8	
鲆鱼	18.2～28.5	8.4	45
	28.5～44.9	3.0	
鲤鱼	9.7～14.5	5.4	27
	14.5～26.1	3.1	
鲫鱼	9.7～14.4	7.0	23
	14.4～21.6	4.2	
白斑星鲨	11.3～24.7	1.6	40
	24.7～41.7	1.3	

从表 4-6 中可以看出，几种在较高适温范围内的温度系数在 2～3 之间，淡水鱼与海水鱼相比较更容易腐败，因为淡水鱼的自溶适温较接近室温，为 23～30℃，而海水鱼的为 40～50℃。Q_{10}变化的环境温度如在常温及其以下的温度范围，则自溶作用速度在很大程度上受温度所左右。鱼贝类用低温保存不仅仅是为了抑制细菌的发育，而且对于推迟自溶作用的进度也是极其重要的，但必须指出，自溶酶在冻结状态下仍未完全失活。对鱼进行冻结贮藏，可极大地减缓鱼肉的自溶作用，至于温度降低到何种程度才能停止自溶作用还不清楚。据报道，鱼类在高于－20℃的温度保持冻结状态时，鱼肉中酶引起的自溶作用仍不会停止，而且解冻后自溶作用仍很快进行[22]。

不同鱼种由于生活栖息的环境不一样以及自溶酶的最适温度也不一样，因而自溶作用的速度不同。冷血动物所含酶类的活性大于温血动物，其自溶速度大于后者；远洋洄游中、上层鱼类因含有较多活性强的酶类，其自溶速度大于底层鱼类。

pH 值对自溶作用也有影响。鱼体死后 pH 值的变化，一般来说，活体肌肉的 pH 为 6.8～7.2，底栖性白身鱼类由于糖原含量较低（0.2%～0.4%），死后鱼肉的最低 pH 在 6.0～6.4 之间；而洄游性的红身鱼类由于糖原含量较高（0.4%～1.0%），其死后最低 pH 可降至 5.6～6.0[21]。鱼类在开始僵硬时的 pH 值最低，至僵硬后期，pH 值已有所提高，使自溶酶的活性被激活，随着自溶过程的进行，会产生大量的碱性物质，导致 pH 值进一步上升，此时，进入细菌生长繁殖的最适 pH 值，从而进一步加速自溶作用。

盐类对自溶作用也有影响，添加食盐能抑制自溶作用。如向鱼肉悬浊液中加入 2%的食盐，则自溶作用速度可减小到 1/2；添加 10%者，可减少到 1/3；添加到 20%者可减少到 1/4。在饱和食盐溶液中，自溶作用只能缓慢进行，但食盐不能使自溶作用完全停止[21]。

2. 腐败

鱼贝类死后发生僵硬，随后又解僵，与此同时微生物开始增加，腐败逐渐加快。到僵硬期将要结束时，微生物的分解开始活跃起来，不久随着自溶作用，水产品原有的形态和色泽发生劣化，并产生异味，有时还会产生有毒物质，这一过程称为腐败。

随着自溶作用的进行，黏着在鱼体上的细菌已开始利用体表的黏液和肌肉组织内的含氮化合物等营养物质而生长繁殖，至自溶作用的后期，pH 值进一步上升，达到 6.5～7.5，细菌在最适 pH 条件下生长繁殖加快，并进一步使蛋白质、脂肪等成分分解，使鱼肉腐败变质。所以，腐败和自溶作用之间并无十分明确的分界线。

鱼类经捕获致死后，不再具有抵抗微生物侵入的能力，微生物经不同的途径侵入鱼组织。鱼在保存时，由于肠内蛋白酶作用于肠壁，微生物极易从肠内透出，浸入腹腔的肌肉中。鱼体分泌的黏液是由黏多糖、游离氨基酸、氧化三甲胺、嘧啶衍生物等物质组成的，这些物质构成了微生物的良好培养基，因此微生物可从表皮的黏液侵入鱼组织。最容易受到细菌侵入的是鱼鳃。鱼常常是窒息而死，鳃部会充血。由于血液充于鳃，给微生物迅速繁殖创造了有利环境。微生物还常常从捕鱼、鱼的保存运输等过程中所造成的机械伤口侵入鱼肉组织。在侵入鱼体的微生物中，经常有各种腐败性的微生物。这些腐败微生物在侵入处和鱼体内繁殖分解，其结果是使鱼体组织的蛋白质、氨基酸以及其他一些含氮物分解。

严格地说，鱼体微生物的繁殖分解实际上从死后即缓慢开始，是与死后僵硬和自溶同时进行的。但是，僵硬和自溶阶段，鱼体微生物的繁殖和含氮物的分解缓慢，微生物数量增加不多，特别是僵硬阶段更是如此。在自溶后期，分解产物逐渐增多，微生物繁殖加快，到一定程度即进入腐败阶段。

腐败阶段的主要特征是鱼体的肌肉与骨骼之间易于分离，并且产生腐败臭等异味和有毒物质。腐败产物的出现是鱼、贝类自身酶和微生物共同作用的结果，其反应过程是极为复杂的。具有代表性的腐败产物主要是氨和胺类。氨的产生主要来源于尿素的分解和氨基酸的脱羧反应。而胺类则主要是氨基酸在细菌脱羧酶作用下产生的相应产物，如精氨酸产生腐胺、赖氨酸产生尸胺、组氨酸产生组胺、色氨酸产生色胺、酪氨酸产生酪胺。酪氨酸经脱氨基、氧化剂脱羧作用最后生成苯酚，也可以先脱羧基生成酪胺后再经氧化等作用转变成甲苯酚及苯酚。色氨酸在细菌脱羧酶的作用下，先生成色胺，色胺再分解成甲基吲哚或吲哚。色氨酸也可先经脱氨基作用再经氧化及直接脱羧基作用，最后生成甲基吲哚，此物有恶臭。含硫氨基酸在细菌酶类作用下，经脱氨基、脱羧作用可以生成硫化物，主要是硫化氢和硫醇。此外，含有较多氧化三甲胺（TMAO）的海产鱼贝类在死后，经组织还原酶和细菌还原酶的作用，形成三甲胺（TMA）。各类腐败产物除了上述之外，还有由糖酵解和氨基酸分解产生的一些酸类。腐败过程中，当上述腐败产物积累到一定程度，鱼体即产生具有腐败特征的臭味，同时鱼体的 pH 也增加，从中性变成碱性。因此，鱼在腐败后即完全失去食用价值。

鱼体的腐败、变质速率受很多因素的影响，如鱼的种类、季节温度、机械损伤、不清洁的贮放环境等。从根本上来说，鱼体附着的最初细菌数以及贮藏的温度对鱼类的腐败速率的影响最大，鱼肉的 pH 对腐败速率也有影响，现将几种影响鱼贝类腐败速率的主要因素分述如下。

(1) 贮存温度　温度对腐败速率有较大的影响。因为温度对腐败阶段中酶的活性和微生物的生长影响很大。在 0～25℃的温度范围内，温度对微生物生长繁殖的影响大于酶活性的影响，即微生物的活性相对地更重要些。随着温度的下降，对微生物的抑制能力明显大于酶活性的失活，许多细菌在低于10℃的温度下是不能繁殖的，当温度下降至 0℃时，甚至嗜冷菌的繁殖也很缓慢。

采用低温贮存是延长鱼贝类货架期的最有效的方式，不同温度下的货架寿命可以用腐败的相对速率（RRS）来表示，其定义如下：

$$\text{在温度 } T \text{ 时腐败的相对速度(RRS)} = \frac{\text{在 0℃时保持的时间}}{\text{在温度 } T \text{ 保持的时间}} \tag{4-3}$$

(2) 鱼种及其内在因素的影响　不同鱼种腐败速率不一样，一般大鱼比小鱼腐败缓慢；圆筒形鱼种比扁平形鱼种易腐败；含脂量高的鱼种比含脂量低的鱼种易腐败；鱼体死后肌肉 pH 值高者比低者易于腐败；洄游性鱼类比底栖类鱼类易于腐败。一些栖息在热带的鱼在同样条件下冰藏其货架寿命比温带鱼要长，这可能与细菌菌落的组成和生理学上的差异、组织蛋白酶的最适 pH 值的不同以及鱼肌肉化学成分上的差别有密切的关系[22]。影响各种冰藏鱼腐败速率的内在因素见表 4-7。

表 4-7　影响各种冰藏鱼腐败速率的内在因素

影响腐败速率的因素	相对的腐败速率	
	快	慢
鱼的大小	小鱼	大鱼
死后的 pH	高 pH	低 pH
脂肪含量	多脂鱼类	低脂鱼类
皮的性质	薄皮	厚皮

第二节　水产品低温保鲜的基本原理

引起水产品腐烂变质的主要原因是微生物作用和酶的作用，以及氧化、水解等化学反应的结果。而作用的强弱均与温度紧密相关。一般来讲，温度降低均使作用减弱，从而达到阻止或延缓食品腐烂变质的速度。

一、温度对微生物的作用

水产品冷冻冷藏中主要涉及的微生物有细菌（bacteria）、霉菌（moulds）和酵母菌（yeasts），它们是能够生长繁殖的活体，因此需要营养和适宜的生长环境。由于微生物能分泌出各种酶类物质，使水产品中的蛋白质、脂肪等营养成分迅速分解，并产生三甲胺、四氢化吡咯、硫化氢、氨等难闻的气味和有毒物质，使其失去食用价值[27]。

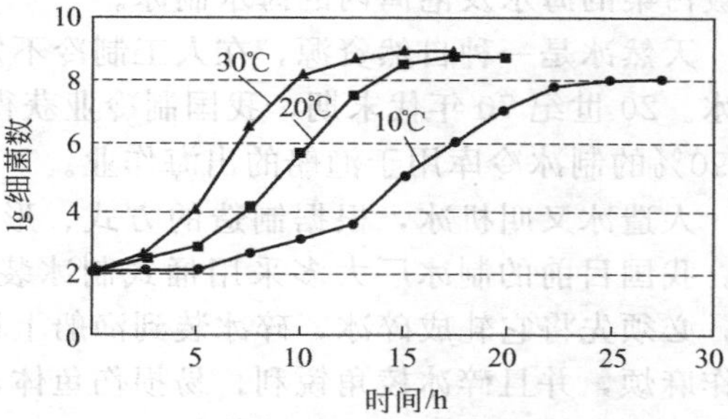

图 4-13　温度对微生物繁殖数量的影响

根据微生物对温度的耐受程度，将其划分为四类[28]，即嗜冷菌、适冷菌、嗜温菌和嗜热菌。温度对微生物的生长繁殖影响很大。温度越低，它们的生长与繁殖速率也越慢（图 4-13）[4]。当处在它们的最低生长温度时，其新陈代谢活动已减弱到极低程度，并出现部分休眠状态。

二、温度对酶活性的影响

酶是有生命机体组织内的一种特殊蛋白质，负有生物催化剂的使命，食品中的许多反应都是在酶的催化下进行的，这些酶有些是食品中固有的，有些是微生物生长繁殖时分泌出来的。

温度对酶活性（enzyme activity，即催化能力）影响最大，40～50℃时，酶的催化作用最强。随着温度的升高或降低，酶的活性均下降。在一定温度范围内（0～40℃），酶的活性随温度的升高而增大（大多数酶活性化学反应的 Q_{10} 值为 2～3）。一般最大反应速度所对应的温度均不超过 60℃。当温度高于 60℃时，绝大多数酶的活性急剧下降。过热后酶失活是由于酶蛋白发生变性的结果。而温度降低时，酶的活性也逐渐减弱。但低温并不能破坏酶的活性，只能降低酶活性化学反应的速度，酶仍然会继续进行着缓慢活动，在长期冷藏中，酶的作用仍可使食品变质。当食品解冻后，随着温度的升高，仍保持活性的酶将重新活跃起来，加速食品的变质。

基质浓度和酶浓度对催化反应速度影响也很大。例如，在食品冻结时，当温度降至−5～−1℃时，有时会呈现其催化反应速度比高温时快的现象，其原因是在这个温度区间，食品中的水分有 80%变成了冰，而未冻结溶液的基质浓度和酶浓度都相应增加的结果[29]。

因此，快速通过这个冰晶带不但能减少冰晶对食品的机械损伤，同时也能减少酶对食品的催化作用。

另外，在低温的条件下，油脂氧化等非酶变化也随温度下降而减慢。因此水产品在低温下保藏，可使水产品贮藏较长时间。

第三节 冷藏保鲜技术

一、冰藏保鲜

冰藏保鲜广泛应用于水产品的保鲜中。它是以冰为介质，将鱼贝类的温度降低至接近冰的融点，并在该温度下进行保藏。用冰降温，冷却容量大，对人体无毒害，价格便宜，便于携带，且融化的水可洗去鱼体表面的污物，使鱼体表面湿润、有光泽，避免了使用其他方法常会发生的干燥现象。

用来冷却鱼类等水产品的冰有淡水冰和海水冰两种，淡水冰又有透明冰和不透明冰之分。透明冰轧碎后，接触空气面小，不透明冰则反之。海水冰的特点是没有固定的融点，在贮藏过程中会很快地析出盐水而变成淡水冰，用来贮藏虾时降温快，可防止变质。但不准使用被污染的海水及港湾内的海水制冰。

天然冰是一种自然资源，在人工制冷不发达的年代里，人们建造天然冰库来贮存采集天然冰。20 世纪 70 年代末期，我国制冷业获得了比较大的进展，沿海建立起了占全国冷冻能力 90%的制冰冷库用于渔船的出海作业。

人造冰又叫机冰，根据制造的方式、形状等又可分为块冰、板冰、管冰、片冰和雪冰等。我国目前的制冰厂大多采用桶式制冰装置，生产不透明的块冰。用块冰来冷却鱼贝类前，必须先将它轧成碎冰，碎冰装到渔船上以后，很容易凝结成块，使用时还需重新敲碎，操作麻烦，并且碎冰棱角锐利，易损伤鱼体，与鱼体接触不良。因此渔业发达的国家都趋向于用片冰、管冰、板冰、粒冰等。

冰藏保鲜的鱼类应是死后僵硬前或僵硬中的新鲜品，必须在低温、清洁的环境中，迅速、细心地操作，即 3C（chilling，clean，care）原则[6]。具体做法是：先在容器的底部撒上碎冰，称为垫冰；在容器壁上垒起冰，称为堆冰；把小型鱼整条放入，紧密地排列在冰层上，鱼背向下或向上，并略倾斜；在鱼层上均匀地撒上一层冰，称为添冰；然后一层鱼一层冰，在最上部撒一层较厚的碎冰，称为盖冰，可参见图 4-14。容器的底部要开孔，让融水流出。金枪鱼之类的大型鱼类冰藏时，要除去鳃和内脏，并在该处装碎冰，称为抱冰，参见图 4-14。冰粒要细小，冰量要充足，层冰层鱼、薄冰薄鱼。因为鱼体是靠与冰接触，冰融解吸热而得到冷却的，如果加冰装箱时鱼层很厚，就会大大延长鱼体冷却所需的时间。从实验数据可知[3]，当冰只加在鱼箱最上部的鱼体上面时，7.5cm 厚的鱼层从 10℃冷却到 1℃所需的时间是 2.5cm 厚鱼层的 9 倍，冷却时间相差很大[7]。

冰藏保鲜的用冰量通常包括两个方面：一是鱼体冷却到接近 0℃所需的耗冷量；二是冰

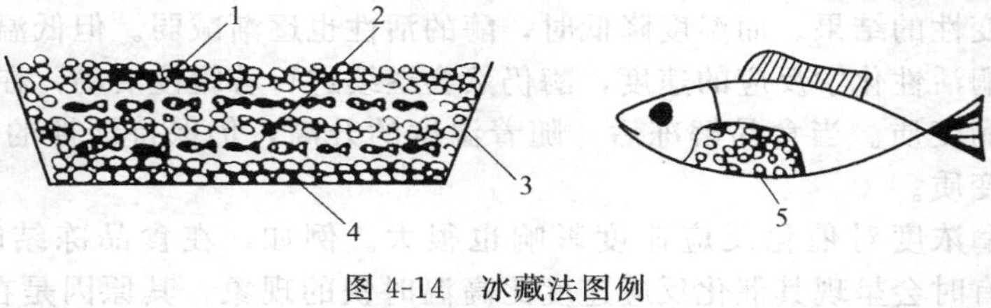

图 4-14 冰藏法图例

1—盖冰；2—添冰；3—堆冰；4—垫冰；5—抱冰

藏过程中维持低温所需的耗冷量。冰藏过程中维持鱼体低温所需的用冰量，取决于外界气温的高低、车船有无降温设备、装载容器的隔热程度、贮藏运输时间的长短等各种因素。

冰藏保鲜是世界上历史最长的传统保鲜方法，因冰藏鱼最接近于鲜活水产品的生物特性，故至今仍是世界范围广泛采用的一种保鲜方法。保鲜期因鱼种而异，通常为 3～5 天，一般不超过一周。图 4-15 为日本沼虾在冰藏期间 K 值和 TVBN 含量的变化情况[30]。从图中可以看出，在贮藏的 6 天内沼虾具有较高的新鲜度，6 天后至 18 天内沼虾呈现出腐败味，鲜度明显下降。

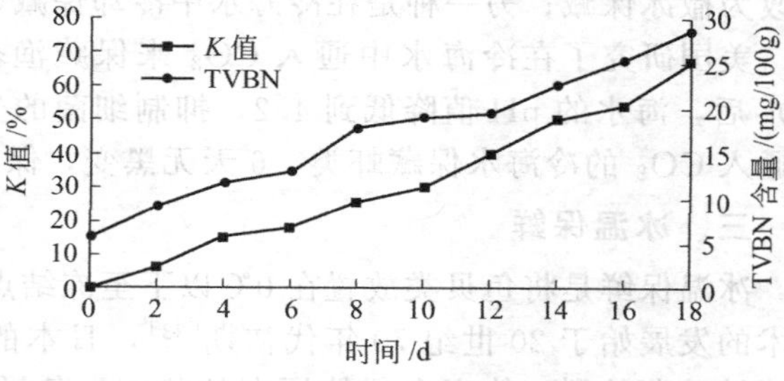

图 4-15　日本沼虾在冰藏期间 K 值和挥发性盐基氮（TVBN）含量的变化

二、冷海水保鲜

冷海水保鲜是将渔获物浸渍在温度为－1～0℃的冷却海水中，从而达到贮藏保鲜的目的。冷海水因获得冷源的不同，可分为冰制冷海水（CSW）和机制冷海水（RSW）两种。

渔船上的冷海水保鲜装置通常由制冷机组、海水冷却器、鱼舱、海水循环管路、水泵等组成，参见图 4-16。冷海水鱼舱要求隔热、水密封以及耐腐蚀、不沾污、易清洗等。为了防止外界热量的传入，鱼舱的四周、上下均需隔热。

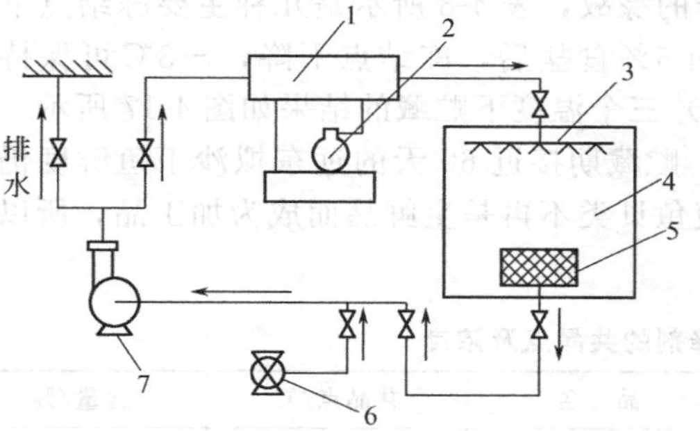

图 4-16　冷海水保鲜装置示意图

1—海水冷却器；2—制冷机组；3—喷水管；4—鱼舱；5—过滤网；6—船底阀；7—循环水泵

渔船用冷海水保鲜装置采用制冷机和碎冰相结合的供冷方式较为适宜。因为冰有较大的融解潜热，借助它可快速冷却刚入舱的渔获物；而在鱼舱的保冷阶段，每天用较小量的冷量即可补偿外界传入鱼舱的热量，可选用小型制冷机组，从而减小了渔船动力和安装面积。

具体的操作方法是将渔获物装入隔热舱内，同时加冰和盐，加冰是为了降低温度到0℃左右，所用量与冰藏保鲜时一样。同时还要加冰重 3%的食盐以使冰点下降。待满舱时，注入海水，这时还要启动制冷装置进一步降温和保温，最终使温度保持在－1～0℃。生产时渔获物与海水的比例为 7：3。

这种方法特别适合于品种单一、渔获量高度集中的围网捕获的中、上层鱼类，这些鱼大多数是红色肉鱼，活动能力强，入舱后剧烈挣扎，很难做到层冰层鱼，加之中、上层洄游性鱼类血液多，组织酶活性强，胃容物充满易腐败的饵料，如果不立即将其冷却降温，会造成鲜度迅速下降。

冷海水保鲜的最大优点是冷却速度快，操作简单迅速，如再配以吸鱼泵操作，则可大大降低装卸劳动强度，渔获物新鲜度好。冷却海水保鲜的保鲜期因鱼种而异，一般为 10～14 天，比冰藏保鲜约延长 5 天左右。

冷海水保鲜的缺点是鱼体在冷海水中浸泡，因渗盐吸水使鱼体膨胀，鱼肉略带咸味，表面稍有变色，以及由于船身的摇晃会使鱼体损伤或脱鳞；血水多时海水产生泡沫造成污染，鱼体鲜度下降速度比同温度的冰藏鱼快；加上冷海水保鲜装置需要一定的设备，船舱的制作要求高等原因，在一定程度上影响了冷海水保鲜技术的推广和应用。

为了克服上述缺点，在国外一般有两种方法：一种是把鱼体温度冷却至0℃左右，取出后改为撒冰保藏；另一种是在冷海水中冷却保藏，但保藏时间为3～5天，或者更短。

美国研究了在冷海水中通入CO_2来保藏渔获物已取得一定的成效。当冷海水中通入CO_2后，海水的pH值降低到4.2，抑制细菌的生长，延长渔获物的保鲜期[31,2]。据报道，用通入CO_2的冷海水保藏虾类，6天无黑变，保持了原有的色泽和风味。

三、冰温保鲜

冰温保鲜是将鱼贝类放置在0℃以下至冻结点之间的温度带进行保藏的方法。现代冰温技术的发展始于20世纪70年代初期[32]，日本的山根博士发现0℃以下、冰点以上这一温度区域贮藏的梨，能完全保持原有的状态、色泽和味道[33]。山根博士通过实验研究证实，冰温贮藏松叶蟹150天全部存活，且贮藏效果优于冷藏和冷冻[34～36]。

在冰温带内贮藏水产品，使其处于活体状态（即未死亡的休眠状态），降低其新陈代谢速度，可以长时间保存其原有的色、香、味和口感。同时冰温贮藏可有效抑制微生物的生长繁殖[15]，抑制食品内部的脂质氧化、非酶褐变等化学反应。冰温贮藏与冷藏相比，冰温的贮藏性是冷藏的1.4倍[39]。长期贮藏则与冻藏保持同等水平[37～39]。

由于冰温保鲜的食品其水分是不冻结的，因此能利用的温度区间很小，温度管理的要求极其严格，使其应用受到限制。为了扩大鱼贝类冰温保鲜的区域，可采用降低冻结点的方法。降低食品的冻结点通常可采用脱水或添加可与水结合的盐类、糖、蛋白质、酒精等物质，来减少可冻结的自由水。曾有人测定过腌制的大马哈鱼子的冻结点为－26℃，这是因为加盐脱水，并因含有较多脂肪而引起冻结点下降的缘故，表4-8所示是几种主要冻结点下降剂的共晶点及浓度。以远东拟沙丁鱼为例，添加5%食盐后，冻结点下降，－3℃可保持冰温保鲜。在5℃、－3℃（冰温）、－20℃（冻结）三个温度下贮藏的结果如图4-17所示。冰温（－3℃）贮藏比5℃贮藏保鲜时间明显延长，贮藏期接近60天的远东拟沙丁鱼鲜度仍保持良好。但是人为地降低冻结点的操作，往往使鱼贝类不再是生鲜品而成为加工品，所以冻结点下降法是一种面向加工品的保鲜方法[2]。

表4-8 主要冻结点下降剂的共晶点及浓度

品 名	共晶点/℃	含量/%	品 名	共晶点/℃	含量/%
食盐	－21.2	23.1	甘油	44	67
氯化镁	－33.6	20.6	丙二醇	－60	60
氯化钙	－55	29.9	蔗糖	－13.9	62.4

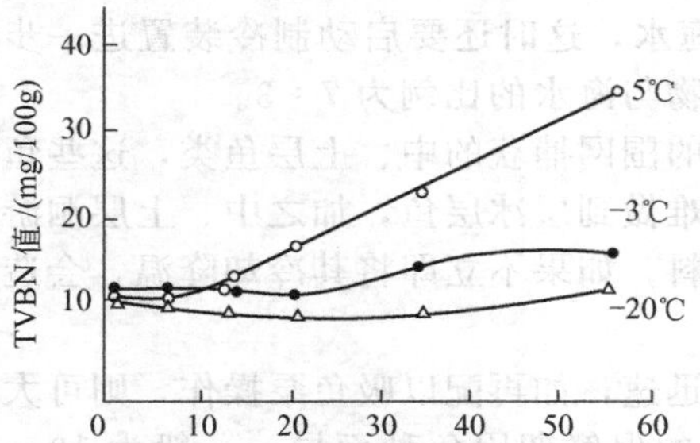

图4-17 添加5%食盐的远东拟沙丁鱼在不同温度贮藏时TVBN值的变化

冰点调节剂的使用，可降低食品的冰点，从而拓宽冰温区域，便于冰温的控制。一般鱼肉的冰点在－2～－0.6℃之间。在其中添加适量的食盐、蔗糖、多聚磷酸盐等冰点调节剂，可使冰点适当降低[34,38]。

沈月新[2]等曾在双鹿BC-145D单门冰箱的玻璃盘中做过鳊鱼的冰温保鲜试验。鳊鱼的冻结点为－0.7～－0.6℃，玻璃盘中空气温度为－0.35℃，可达到冰温贮藏，鳊鱼保持一级鲜度期限为3～4天，二级鲜度期限为6～8天。同样的原料鱼，放在双鹿BC-145双门冰箱中，冷藏室温度为3.4℃，鳊鱼保持一级鲜度期限为2天，二级鲜度期限为4～5天。因此冰温贮藏使鳊鱼的保鲜期明显延长。

冰温作为水产品保鲜的最适温度带，在国外已得到较普遍的应用，我国对于冰温技术的研究刚刚起步。因此，学习和借鉴国外成功的经验和研究成果，尽快研究冰温保鲜技术工艺，研制开发相应的设备，积极推广应用，对我国水产鲜品品质的提高，具有十分重要的意义。

四、微冻保鲜

微冻保鲜是将水产品的温度降至略低于其细胞质液的冻结点，并在该温度下（－3℃左右）进行保藏的一种保鲜方法。微冻（partial freezing）又名超冷却（super chilling）或轻度冷冻（light freezing）。

长期以来，人们普遍认为食品包括水产品在进行冻结时应快速通过－5～－1℃这个最大冰晶生成带，否则会因缓慢冻结而影响水产品的质量，所以将微冻作为保鲜方法的研究与应用受到了限制[40～42]。由微冻引起的蛋白质变性问题，各国观点不同。联邦德国的联邦食品防腐研究中心的W. 巴特曼认为，贮藏温度略低于冻结点，就会因蛋白质冷冻变性而使肌肉组织破坏，汁液流失量增加。但日本东海区水产研究所的内山均认为－3℃鱼肉蛋白质不易变性。因为鱼肉中主要的盐类是氯化钾，氯化钾与水的共晶点在－11℃附近，参见图4-18[2]。鱼体降温时，结冰量是沿着图 4-18 中的 AE 线增加，当温度降至－11℃时，鱼类肌肉中非冻结水的盐浓度高达 3mol/L 以上，其结果是鱼肉中的肌球蛋白被抽提出来，相互之间缔合而发生变性。因此，在 AE 线的上部（例如－5℃）要比－10℃以下的温度蛋白质变性减轻，－3℃离开共晶点较远，故鱼肉蛋白质的变性是轻微的，与－10℃以下的温度相比，蛋白质的变性减轻[43～47]。关于这个问题至今尚有争议。

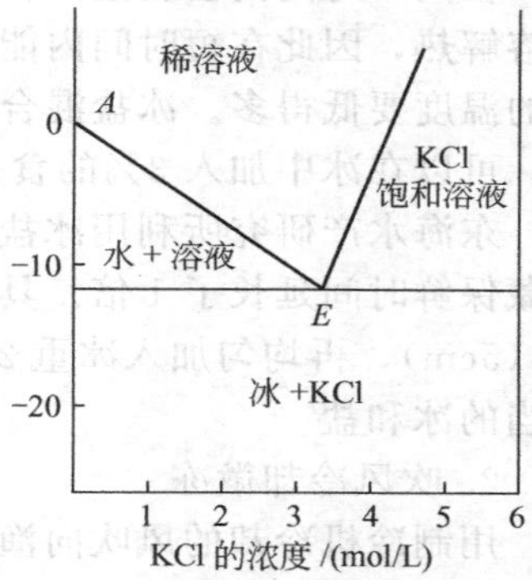

图 4-18 氯化钾-水体系的状态图与共晶

自 20 世纪 60 年代，特别是 70 年代以来，世界各国纷纷研究和使用微冻技术保鲜渔获物。1965 年加拿大汤姆里逊将鲑放在－3.8℃和－1.7℃的冷海水中进行保鲜期的研究，取得了较好的效果，并发表了报告，引起了各国保鲜专家的重视[48～50]；日本已于 20 世纪 70 年代后期对鲤鱼、虹鳟等淡水鱼，沙丁鱼、秋刀鱼等海水鱼以及海胆等加工制品，贮存于－3℃来进行微冻保鲜[51～53]。日本水产品保鲜专家内山均极力提倡微冻保鲜。我国也于 1978 年开始生产性试验，都取得了良好的效果；对鲈鱼、沙丁鱼、石斑鱼、罗非鱼、鲫鱼等的微冻保鲜已有一些研究[54～59]。

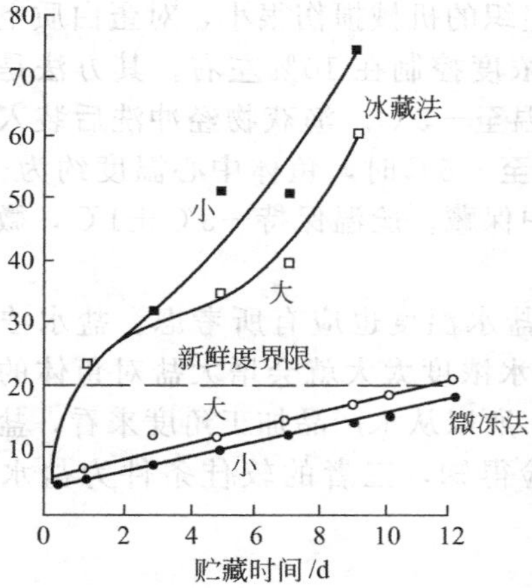

图 4-19 虹鳟鱼在冰藏及－3℃微冻保藏中的 K 值变化（内山均）

小—体重约 150g；大—体重约 1kg

鱼类的微冻温度因鱼的种类、微冻的方法而略有不同。从各国对不同鱼种、采用不同的微冻方法来看，鱼类的微冻温度大多为－3～－2℃。

根据对不同鱼类进行微冻保鲜试验的结果表明，微冻能使鱼类的保鲜期得到显著的延长，大致为 20～27 天，约比冰藏保鲜延长 1.5～2 倍。据内山均研究报道，虹鳟鱼是一种鲜度极易下降的淡水鱼，用冰藏保鲜仅 1 天，鱼肉鲜度指标 K 值就超过生鱼片的鲜度界限值 20%，如图 4-19 所示。

沈月新[54]等对刚捕获的罗非鱼进行微冻保鲜，

也得到了相似的结果，冰藏保鲜 3 天，K 值超过 20%，微冻保鲜 8 天才超过此值。

曾名勇[37]等对鲈鱼在－3℃微冻条件下进行观察，鲈鱼保鲜期达 30 天以上，在 30 天时 K 值上升到 22.33%，TVBN 值为 0.1566mg/g，远未达到二级鲜度指标上限。鲫鱼在微冻保鲜过程中的质量变化表明：微冻可以有效地抑制其细菌总数的增长，并维持其较低的 TVBN 和 K 值[58]。

鱼类微冻保鲜方法归纳起来大致有以下三种类型。

1. 加冰或冰盐微冻

冰盐混合物是一种最常见的简易制冷剂，它们在短时间内能吸收大量的热量，从而使渔获物降温。冰和盐都是对水产品无毒无害的物品，价格低，使用安全方便。冰盐混合在一起时，在同一时间内会发生两种吸热现象：一种是冰的融化吸收融化热，另一种是盐的溶解吸收溶解热，因此在短时间内能吸收大量的热，从而使冰盐混合物的温度迅速下降，它比单纯冰的温度要低得多。冰盐混合物的温度取决于加入盐多少。要使渔获物达到－3℃的微冻温度，可以在冰中加入 3%的食盐。

东海水产研究所利用冰盐混合物微冻梭子蟹效果良好，保藏期可达 12 天左右，比一般冰藏保鲜时间延长了 1 倍。具体方法是底层铺一层 10cm 厚的冰，上面一层梭子蟹加一层碎冰（5cm），再均匀加入冰重 2%～3%的盐，最上层多加些冰和盐。根据实际情况每日补充适当的冰和盐。

2. 吹风冷却微冻

用制冷机冷却的风吹向渔获物，使鱼体表面的温度达到－3℃，此时鱼体内部温度一般在－2～－1℃，然后在－3℃的舱温中保藏，保藏时间最长的可达 20 天。其缺点是鱼体表面容易干燥，另外还需制冷机。

前苏联采用的微冻方法是：将鱼放入吹风式速冻装置中，吹风冷却的时间与空气温度、鱼体大小和品种有关，当鱼体表面微冻层达 5～10mm 厚时即可停止冷却。此时，表面微冻层的温度为－5～－3℃，鱼体深厚处的温度为－1～0℃，尚未形成冰晶。然后将微冻鱼装箱，置于室温为－3～－2℃的冷藏室中微冻保藏。根据鱼的种类不同，保藏期大致为 20～27 天。微冻鱼在陆上运输时，也同样装箱不加冰，用温度为－3～－2℃的机械冷藏车运输。

3. 低温盐水微冻

低温盐水微冻与空气微冻相比具有冷却速度快的优点，这样不仅有利于鱼体的鲜度保持，而且鱼体内形成的冰结晶小且分布均匀，对肌肉组织的机械损伤很小，对蛋白质空间结构的破坏也小。通常使用的温度为－5～－3℃。盐的浓度控制在 10%左右。其方法是：在船舱内预制浓度为 10%～12%的盐水，用制冷装置降温至－5℃。渔获物经冲洗后装入放在盐水舱内的网袋中进行微冻，当盐水温度回升后又降至－5℃时，鱼体中心温度约为－3～－2℃，此时微冻完毕。将微冻鱼移入－3℃保温鱼舱中保藏。舱温保持－3℃±1℃，微冻鱼的保藏期达 20 天以上。

控制盐水浓度是此技术的关键所在，浸泡时间、盐水温度也应有所考虑。盐水浓度很大，在－5℃不会结成冰，利于传热冷却。但是如果盐水浓度太大就会增大盐对鱼体的渗透压，使鱼偏咸，并且一些盐溶性肌球蛋白质也会析出。所以从水产品加工角度来看，盐的浓度越低越好，而且浸泡冷却时间也不能过长。从经验得知，三者的较佳条件为盐水浓度 10%、盐水冷却温度－5℃、浸泡时间 3～4h[1,2,31]。

第四节 气调保鲜技术

气调包装有着悠久的历史，19 世纪末期，植物生理学家已认识到，减少果实周围空气中的氧气浓度能延缓其新陈代谢作用。1928年这一发现第一次应用于商业中。从20世纪50年代起，气调贮藏保鲜技术在欧美发达国家得到迅速发展和广泛应用，主要应用于生鲜和熟肉制品、果蔬、新鲜水产品、鲜制意大利面制品、咖啡、茶及焙烤食品等的贮藏与保鲜。我国在20世纪90年代开始进行食品MAP技术的研究和应用，并取得较快发展，但商业应用仍然不多，在国内市场上目前的MAP产品仅限于新鲜猪肉、新鲜蔬菜和熟肉等，其他食品的MAP技术还没有实现市场应用[60]。在发达国家，气调包装技术在水产品保鲜中的应用比较普遍，包括不同鱼种的鱼片和鱼块、虾类、贝类等。但在我国，水产品气调保鲜包装在商业上的应用还处于研究和起步阶段。随着消费者对新鲜和无化学保鲜剂的方便即食水产食品需求的增加，迫切需要采用新型保藏技术以解决传统冷却冷藏保鲜货架期短的缺陷，气调包装，尤其是气调包装与其他保鲜技术组合正成为新的研究热点，是一种非常有发展潜力的新型保鲜技术。

一、气调保鲜包装原理

气调保鲜是一种通过调节和控制食品所处环境中的气体组成而达到保鲜目的的方法。气调保鲜包装（MAP）的基本原理是在适宜的低温下，改变贮藏库或包装内空气的组成，降低氧气的含量，增加二氧化碳的含量，从而减弱鲜活品的呼吸强度，抑制微生物的生长繁殖，降低食品中化学反应的速度，达到延长保鲜期和提高保鲜效果的目的。

气调包装中常用的气体由二氧化碳（CO_2）、氧气（O_2）、氮气（N_2）中的2种或3种气体混合组成。

1. 二氧化碳

空气中CO_2的正常含量为0.03%，低浓度CO_2能促进许多微生物的繁殖，但高浓度CO_2却能阻碍大多数需氧菌、霉菌等微生物的繁殖，延长微生物生长的滞迟期和降低微生物在对数生长期的生长速率[61]，因而对食品具有防霉和防腐作用，但对厌氧菌没有抑制作用。研究表明，混合气体中CO_2浓度超过25%就可抑制水产品中微生物的活性，有利于保持水产品的品质[62]，在实际应用中，因CO_2易通过包装材料逸出和被水产品中水分和脂肪吸收，所以混合气体中CO_2浓度一般超过了50%，但过高的CO_2浓度会导致包装塌落，而且对制品的品质会带来负面影响，如过量液汁损失、造成制品色泽和质构的变化以及产生金属味和酸腐味等不良气味和滋味[62,63]。CO_2溶解于食品后与水结合生成弱酸。由于食品物料或微生物体内的pH值降低，形成的酸性条件对微生物生长有抑制作用，同时CO_2对油脂及碳水化合物等有较强的吸附作用而保护食品减少氧化，有利于食品贮藏[64]。

2. 氧气

O_2在空气中约占21%，是生物体赖以生存不可缺少的气体。在水产品气调包装中，O_2能够抑制厌氧菌生长，减少鲜鱼中三甲胺氧化物（trimethylamin oxide，TMAO）还原为三甲胺（TMA），但O_2的存在却有利于需氧微生物的生长和酶促反应的加快，引起高脂鱼类脂肪的氧化酸败。研究表明，隔绝O_2能有效地减缓牡蛎蛋白质的变性及分解、pH值的变化、游离氨基酸的生成和分解以及挥发性盐基氮含量的增加，延长牡蛎的贮藏期[65]。用除氧剂将氧气除尽的空气包装比单纯的空气包装能减少康氏马鲛冷藏期间生物胺（组胺、腐胺和尸胺）的产生，能将其货架期从12天延长至20天[66]。无O_2气调包装能够更好地维持北方长额虾的色泽，防止其脂肪氧化酸败并保持韧性，延长货架期[67]。水产品的无O_2气调包装使需氧微生物的生长受到了抑制，但却产生了促进厌氧微生物生长的危险，如肉毒梭菌。

3. 氮气

N_2在空气中约占78%，作为一种理想惰性气体一般不与食品发生化学作用，在气调包装中多用作填充气体，尤其对高浓度CO_2包装的生鲜肉及鱼制品，具有防止由于CO_2气体溶解于肌肉组织而导致包装塌落的作用。同时用于置换包装袋内的空气和 O_2 等，以防止高脂鱼、贝类脂肪的氧化酸败和抑制需氧微生物的生长繁殖。

二、影响水产品气调保鲜的因素

在水产品气调保鲜技术中，储藏温度、原料新鲜度、加工工艺、包装气体的组成及配比、包装容器中气体的体积与物料质量比（V/W）以及包装材料等都对水产品的货架期有很大影响。

1. 温度

储藏温度是影响水产品气调保鲜效果的最关键因素，直接影响水产品的货架期。

低温与气调保鲜结合具有良好的保鲜效果，在低温下微生物和酶的作用都受到抑制，同时低温下 CO_2 的溶解性提高，使食品 pH 值下降，因此 CO_2 在低温下的抑菌效果高于常温。Tan 等研究了 20% CO_2 对荧光假单胞菌生长的影响，30℃时抑制效果为 10%～20%，在 5℃下抑制效果达 80%[68]；气调保鲜鲱鱼，其菌落总数在 10℃下储藏 4 天左右达到 10^6CFU/g，而在 4℃下储藏 11 天左右才达到该数量[69]；Bøknæs 等[70]研究了气调保鲜（40%CO_2：40% N_2：20% O_2，$V:W=2:1$）的鳕鱼在不同温度下的货架期，在－20℃下贮藏 12 个月后鳕品质仍没有明显变化，在 2℃下其货架期只有 14 天，而且不同的温度处理和温度的变化波动都对其品质有较大影响。

2. 气体组成

气调包装保鲜水产品的货架期与混合气体组成有密切关系，不同水产品应采用不同的混合气体组成。气体的组成不仅影响水产品化学品质，还影响水产品中微生物的变化。Lannelongue 等[71]报道低浓度的 CO_2 对鱼虾就有明显的保鲜效果，且浓度越高效果越好，同时 Stammen 等[72]研究结果显示，气调包装中 CO_2 浓度至少保持在 25%以上，才能有效抑制水产品中微生物的生长。气调包装的鲭鱼在（2±0.5)℃、70%CO_2：30%N_2 气体条件下和空气包装下对应货架期分别是 20～21 天和 11 天[73]。高浓度 CO_2 包装能有效抑制鱼丸中细菌的生长速度、降低挥发性盐基氮的含量，延长鱼丸的保鲜期[74]。CO_2 浓度大于等于 50%的气调包装可使新鲜青鱼块在冷藏条件下（2～4℃）的货架期从空气包装的 6 天延长至 12 天，并保持产品的良好质量[75]，这可能因为 CO_2 含量的提高抑制了需氧菌和嗜冷菌数量的增加[76,77]，同时 CO_2 的存在和增加可能降低了相关微生物的增长速率，在 0℃下 20%或 60%浓度的 CO_2 能使腐败希瓦菌的最大增长速率降低 40%[78]，随着 CO_2 浓度的增加，单增李斯特菌的对数生长期延长，最大生长速率也降低[79]。但高 CO_2 的气调包装会导致物料 pH 值降低而增加包装物的汁液流失量，降低 CO_2 的浓度包装物的汁液流失率就会降低，研究表明，当 CO_2 的浓度由 70%降低到 50%时，MAP 鲈的汁液流失率降低了 50%[80]。

在气调包装中加入一定量的 O_2 能更好地延长水产品的货架期，在进行有氧气调包装保鲜的研究中，O_2 的比例差异较大，尽管高氧气调包装容易导致水产品中不饱和脂肪酸的变质，但仍有较多研究结果表明高氧气调包装的某些水产品有更好的品质。气调包装带鱼的适宜气体配比为：60% CO_2：30% N_2：10% O_2，O_2 的存在虽会加快脂肪的氧化，但却抑制了厌氧菌的繁殖生长，同时减少了氧化三甲胺分解生成三甲胺，总的效果优于无氧包装[81]。Hovda 等[82]对气调包装大比目鱼进行的研究发现，50%CO_2：50%O_2 的高氧条件（4℃下货架期 23 天）优于 50%CO_2：50% N_2（20 天货架期）和空气包装（10 天货架期）的气体条件。Emborg 等[83]对金枪鱼的研究发现：60% CO_2：40% N_2 气体组成下 MAP 金枪鱼中组胺的含量在 1.7℃下储藏 24 天后达到 5000mg/kg 以上，而在 40% CO_2：60%O_2 的条件下其组胺的含量在 1℃下储藏 28 天仍未检测到。López-Caballero 等[84]研究了 60%CO_2：15%O_2：25%N_2 和 40%CO_2：60%O_2 等不同气体组合的无须鳕，结果表明，40%CO_2：

60%O_2 对腐败希瓦菌的抑制最强，腐胺和组胺的含量均最低，空气包装组保存15天时就有强烈的腐败气味，保存3周后空气包装中的腐败希瓦菌（10^9CFU/mL）和TMA（45mg TMA-N/100mL）含量均最高。

3. 气体体积和包装物质量比

由于包装材料的透气性和CO_2的溶解性等原因，应使充入包装容器的气体体积大于包装物料的体积，这样既可保证气调保鲜的效果，又能防止包装袋的瘪陷。通常气体的体积为食品质量的2～3倍是比较理想的[85]。对草鱼段气调包装的研究，得出其适宜的气体配比为$CO_2$50%：$N_2$40%：$O_2$10%，气体体积与草鱼段质量之比为2：1或3：1时有较好的储藏效果[86]。

4. 原料被污染程度

气调包装的效果与食品包装前的污染程度有重要关系。包装前物料被腐败微生物污染的程度越低，气调包装食品的货架期越长。气调包装北方长额虾的初始微生物数量增加10～100倍时，腐败微生物的种类和数量就会迅速增加，其货架期会明显缩短[87]；同样，鳕鱼的新鲜度对气调包装鳕鱼片的品质有明显影响，只有新鲜的鳕鱼才可以生产出高品质的气调保鲜鳕鱼片[88]。因此在气调包装水产品的加工中，应尽量减少水产品在高温、有微生物污染等不良环境下的暴露时间，减少气调包装前的微生物数量、脂肪氧化等品质劣变。

5. 包装材料

气调包装材料的透气性对气调保鲜效果有较大影响，它决定着包装袋内气体比例是否稳定或平衡。同种或不同的包装材料对于不同气体的阻隔率都不同，还受到环境温度和湿度的影响。阻隔性优良的包装材料不仅可以防止气调包装内各气体的溢出，还可以防止外界气体的进入。张敏[89]对不同阻隔率MAP包装材料的研究表明，它们在气调包装（50%O_2：50%CO_2）下的保鲜效果依次为：高阻隔性材料（BOPP/AL/PET/CP复合膜）>良阻隔性包装材料（BOPP/PA/CP复合膜）>中阻隔性包装材料（PET/CP复合膜）>低阻隔性材料（BOPP/CPP复合膜）。

6. 其他因素

气调包装与酸浸、盐渍、烟熏、保鲜剂和抑菌剂等结合使用都可以更好地延长水产品的货架期[90,91]，这将是气调保鲜技术发展的主要趋势。如醋酸盐（0.5%或1%）结合50%CO_2：50%N_2包装的鳕鱼在4℃下25天内其中希瓦菌的生长完全被抑制[92]。这可能是由于CO_2形成的酸性条件抑制了腐败希瓦菌生长，并减缓TMAO被还原为TMA的反应，延长了鳕鱼的货架期。烟熏鲑鱼在真空包装下货架期为4周，而在60%CO_2：40%N_2和Nisin结合条件下能够将其货架期延长至5～6周[93]。Kontominas等研究了薄荷精油、百里香精油和氧吸收剂对MAP水产品货架期的延长作用，研究表明它们均能延长水产品的货架期[94,95]。

三、气调包装对水产品品质的影响

用气调包装保鲜水产品能够保持鱼肉的颜色，鱼肉在新鲜的时候都是鲜亮的红色或白色，当暴露在空气中后，颜色会越来越暗，最后呈紫黑色，这种颜色的变化与微生物引发的腐败无关，而是鱼肉内部固有的肌红蛋白结构中心的铁离子从二价被氧化成了三价，变成了甲基肌红蛋白，致使肉的颜色令人不悦。用氮气可以对鲕、鲣、金枪鱼等红色鱼的血合肉进行固色，原因是它能抑制红色鱼肌肉色素肌红蛋白的氧化。气调包装能防止脂肪氧化，抑制微生物生长繁殖，延长保鲜时间。同时气调包装还能控制甲壳类黑斑点的产生，也能减少鲭亚目的鱼类在储藏中组胺的形成。气调包装对牙鳕、鲭、鲑鱼片的气味和可接受性没有影响，但对其颜色、弹性、汁液流失、挥发性盐基氮等有一定的影响[96]，如高压力 CO_2 气调包装的水产品能导致酸味和碳酸味的产生[97]。多数 MAP 水产品都有汁液流失的问题，通过保水剂的处理和降低 CO_2 浓度可降低其汁液流失率，但尚不确定其原因是不是气体的大量溶解和 pH 值的降低。有人研究了挪威龙虾肌肉中游离氨基酸含量，在混合气体 CO_2：O_2：N_2 的组成分别是 60：15：25 和 40：40：20 下储藏期间，苏氨酸、缬氨酸、赖氨酸和精氨酸的含量有明显下降，富含 CO_2 包装下的样品的这种变化比富含 O_2 包装的样品更大；鸟氨酸和色氨酸的含量在储藏期间有明显的升高[98]，这可能对其风味和鲜味有影响。

目前，对 MAP 水产品中的腐败微生物研究较多，但对其中的致病菌的研究相对较少，然而忽略气调包装水产品中致病菌的生长情况，可能导致水产品虽然有较好的感官特性，但食用时却不安全。肉毒梭状芽孢杆菌、单增李斯特菌、耶尔森菌、亲水气单胞菌等致病菌可以在低温气调包装水产品中生长，它们都对 MAP 产品的安全性造成潜在威胁[99]，这也是研究气调包装保鲜水产品需要关注的内容。

第五节　水产品冷冻保鲜技术

鱼虾贝藻等新鲜水产品是易腐食品，在常温下放置很容易腐败变质。采用冷藏保鲜技术，能使其体内酶和微生物的作用受到一定程度的抑制，但只能作短期贮藏。为了达到长期保藏，必须经过冻结处理，把水产品的温度降低至－18℃以下，并在－18℃以下的低温进行贮藏。一般说，冻结水产品的温度越低，其品质保持越好，贮藏期也越长。以鳕鱼为例，15℃可贮藏 1 天，6℃可贮藏 5～6 天，0℃可贮藏 15 天，－18℃可贮藏 4～6 个月，－23℃可贮藏 9～10 个月，－30～－25℃可贮藏 1 年。

一、水产品的冻结点与冻结率

冻结是运用现代冷冻技术将水产品的温度降低到其冻结点以下的温度，使水产品中的绝大部分水分转变为冰。

我们知道，水的结冰点为 0℃，当水产品冻结时，温度降至 0℃，体内的水分并不冻结，这是因为这些水分不是纯水，而是含有有机物和无机物的溶液，其中有盐类、糖类、酸类和水溶性蛋白质，还有微量气体，所以发生冰点下降。水产品的温度要降至 0℃以下才产生冰晶。水产品体内组织中的水分开始冻结的温度称为冻结点。

水产品的温度降至冻结点，体内开始出现冰晶，此时残存的溶液浓度增加，其冻结点继续下降，要使水产品中的水分全部冻结，温度要降到－60℃，这个温度称为共晶点。要获得这样低的温度，在技术上和经济上都有困难，因此目前一般只要求水产品中的大部分水分冻结，品温在－18℃以下，即可达到贮藏要求。

鱼类的冻结率是表示冻结点与共晶点之间的任意温度下，鱼体中水分冻结的比例。它的近似值可用下式计算：

$$\omega=(1-T_{冰}/T_{水})\times 100\% \tag{4-4}$$

式中，ω 表示冻结率；$T_{冰}$ 表示水产品的冻结点，℃；$T_{水}$ 表示水产品的温度，℃。

二、水产品的冻结曲线与最大冰晶生成带

在冻结过程中，水产品温度随时间下降的关系的曲线称为冻结曲线[6,7]，如图 4-20 所示。

它大致可分为三个阶段。第一阶段，即 *AB* 段，水产品温度从初温 *A* 降至冻结点 *B*，属于冷却阶段，放出的热量是显热。此热量与全部放出的热量相比其值较小，故降温快，曲线较陡。第二阶段，即 *BC* 段，是最大冰晶生成带，在这个温度范围内，水产品中大部分水

分冻结成冰，放出相应的潜热，其数值为显热的50～60倍。整个冻结过程中绝大部分热量在此阶段放出，故降温慢，曲线平坦。为保证速冻水产品具有较高品质，应尽快通过最大冰晶生成带。第三阶段，当水产品内部绝大多数水分冻结后，在冻结过程中，所消耗的冷量一部分是冰的继续降温，另一部分是残留水分的冻结。水变成冰后，比热容显著减小，但因为还有残留水分冻结，其放出热量较大，所以曲线 CD 的斜率大于 BC 而小于 AB，即不及第一阶段陡峭。

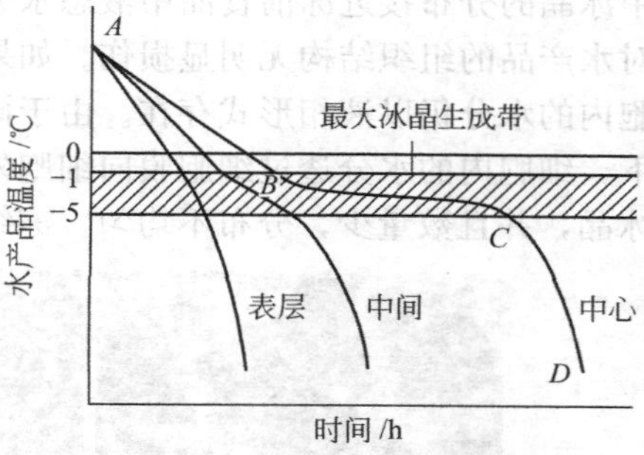

图 4-20　水产品的冻结曲线

图 4-20 所示是新鲜水产品冻结曲线的一般模式，曲线中未将水产品内水分的过冷现象表示出来，原因是实际生产中因水产品表面微度潮湿，表面常落上霜点或有振动等现象，都使水产品表面具有形成晶核的条件，故无显著过冷现象。之后表面冻结层向内推进时，内层也很少会有过冷现象产生。所以在水产品的冻结曲线上，通常无过冷的波折存在。

水产品在冻结过程中，体内大部分水分冻结成冰，其体积约增大9%，并产生内压，这必然给冻品的肉质、风味带来变化。特别是厚度大、含水率高的水产品，当表面温度下降极快时易产生龟裂。

冻结水产品刚从冻结装置中取出时，其温度分布是不均匀的，通常是中心部位最高，其次依中间部、表面部之序而减低，接近介质温度。待整个水产品的温度趋于均一，其平均或平衡品温大致等于中间部的温度。冻结水产品的平均或平衡品温要求在－18℃以下，则水产品的中心温度必须达到－15℃以下才能从冻结装置中取出，并继续在－18℃以下的低温进行保藏。

三、冻结速度

水产品的冻结速度是受各方面的条件影响而变化的，关于冻结速度对水产品质量的影响，过去和现在食品冷冻科学家都进行了较多的研究。

对于冻结速度快慢的划分，现通用的方法有以时间来划分和以距离来划分两种。

(1) 以时间划分　以水产品中心温度从－1℃降到－5℃所需的时间长短衡量冻结快慢，并称此温度范围为最大冰晶生成带[100]。若通过此冰晶生成带的时间在30min之内为快速；若超过即为慢速。认为这种快速冻结下冰晶对肉质影响最小。然而，水产品种类增多，肉质的耐结冰性依种类、鲜度、预处理而不同以及对冻结水产品质量要求的提高，人们发现这种表示方法对保证有些水产食品的质量并不充分可靠。

(2) 以距离划分　这种表示法最早是由德国学者普朗克提出的，他以－5℃作为结冰表面的温度，测量食品内冻结冰表面每小时向内部移动的距离，并按此将冻结分成以下三类：快速冻结，冻结速度≥5～20cm/h；中速冻结，冻结速度≥1～5cm/h；慢速冻结，冻结速度＝0.1～1cm/h。

1972年国际冷冻协会 C_2 委员会对冻结速度做了如下定义：所谓某个食品的冻结速度是食品表面到中心的最短距离（cm）与食品表面温度到达0℃后食品中心温度降到比食品冻结点低10℃所需时间（h）之比，该比值就是冻结速度 V(cm/h)。

为了生产优质的冻结水产品，减少冰结晶带来的不良影响，必须采用快速、深温的冻结方式。这是因为当水产品温度降低时，冰结晶首先在细胞间隙产生。如果快速冻结，细胞内、外几乎同时达到形成冰晶的温度条件，组织内冰层推进的速度也大于水分移动的速度，食品中冰晶的分布接近冻前食品中液态水分布的状态，冰晶呈针状结晶体，数量多，分布均匀，故对水产品的组织结构无明显损伤。如果缓慢冻结，冰晶首先在细胞外的间隙中产生，而此时细胞内的水分仍以液相形式存在。由于同温度下水的蒸气压大于冰的蒸气压，在蒸气压差的作用下，细胞内的水分透过细胞膜向细胞外的冰结晶移动，使大部分水冻结于细胞间隙内，形成大冰晶，并且数量少，分布不均匀。冻结速度对鱼肉中冰结晶的影响如图 4-21 所示。

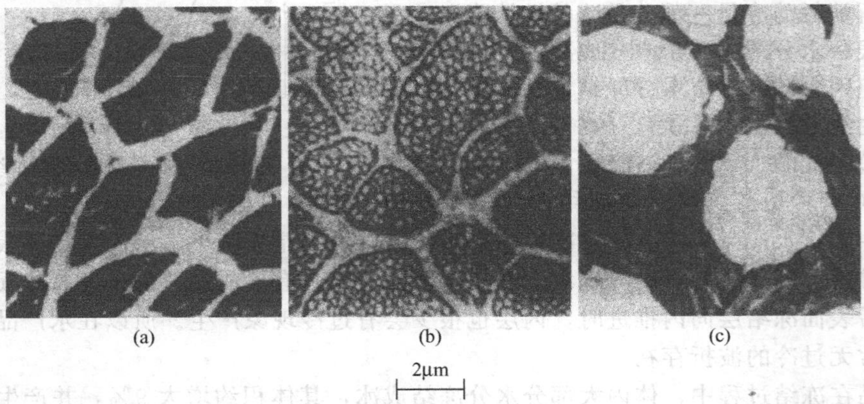

图 4-21　不同冻结速率冻结的鳕鱼肉中冰结晶的情况

(a) 未冻结；(b) 快速冻结；(c) 缓慢冻结

四、水产品的冻结方法和冻结装置

鱼类的冻结方法很多，一般有空气冻结、盐水浸渍、平板冻结和单体冻结 4 种。我国绝大多数采用空气冻结法，但随着经济的发展，我国和其他发达国家一样，越来越多地使用单体冻结法。

1. 空气冻结法

在冻结过程中，冷空气以自然对流或强制对流的方式与水产品换热。由于空气的导热性差，与食品间的换热系数小，故所需的冻结时间较长。但是，空气资源丰富，无任何毒副作用，其热力性质早已为人们熟知，机械化较容易，因此，用空气作介质进行冻结仍是目前应用最广泛的一种冻结方法。

(1) 隧道式吹风冻结装置　它是我国目前陆上水产品冻结使用最多的冻结装置，参见图 4-22。由蒸发器和风机组成的冷风机安装在冻结室的一侧，鱼盘放在鱼笼上，并装有轨道送入冻结室。冻结时，冷风机强制空气流动，使冷风流经鱼盘，吸收水产品冻结时放出的热

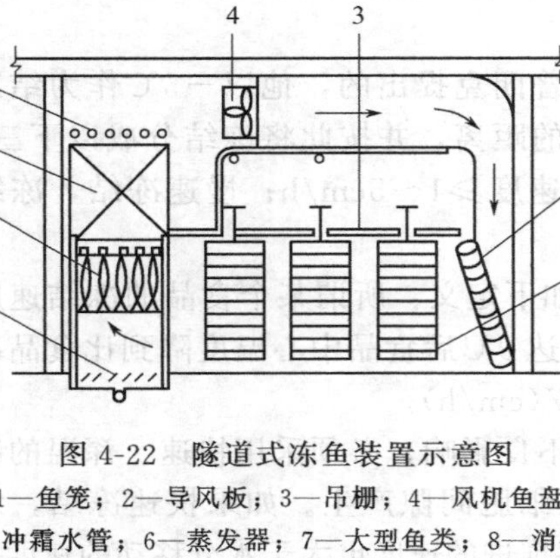

图 4-22　隧道式冻鱼装置示意图

1—鱼笼；2—导风板；3—吊栅；4—风机鱼盘；5—冲霜水管；6—蒸发器；7—大型鱼类；8—消导板

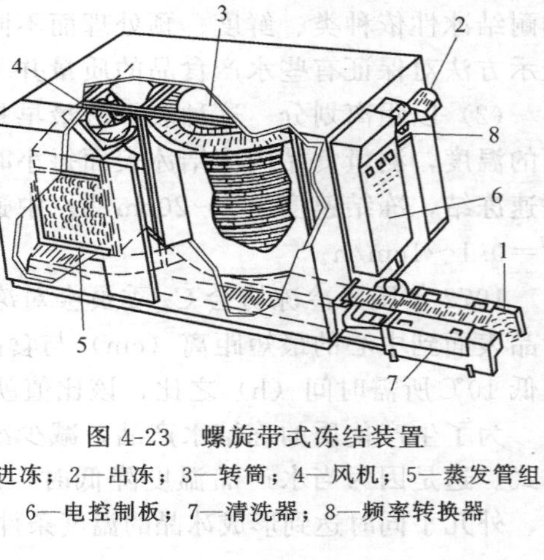

图 4-23　螺旋带式冻结装置

1—进冻；2—出冻；3—转筒；4—风机；5—蒸发管组；6—电控制板；7—清洗器；8—频率转换器

量，吸热后的空气由风机吸入蒸发器冷却降温，如此反复不断进行。

在隧道式吹风冻结装置中，提高风速、增大水产品表面放热系数，可缩短冻结时间，提高冻结水产品的质量。但是，当风速达到一定值时，继续增大，冻结时间的变化却甚微；另外，风速增加还会增大干耗。所以，风速的选择应适当，一般宜控制在 3～5m/s 之间。

此法的优点是劳动强度小，冻结速度较快；缺点是耗电量较大，冻结不够均匀。近年来有的采用鱼车小半径机械传动的调向装置，有的将鱼盘四边挖了小孔，相对克服冻结不够均匀的缺点，从而进一步提高了冻结速度。

(2) 螺旋带式冻结装置　此种冻结装置是 20 世纪 70 年代初发展起来的冻结设备，其结构示意如图 4-23 所示。

这种装置由转筒、蒸发器、风机、传送带及一些附属设备等组成。其主体部分为一转筒，传送带由不锈钢扣环组成，按宽度方向成对的接合，在横、竖方向上都具有挠性，能够缩短和伸长，以改变连接的间距。当运行时，拉伸带子的一端就压缩另一边，从而形成一个围绕着转筒的曲面。借助摩擦力及传动机构的动力，传送带随着转筒一起运动，由于传送带上的张力很小，故驱动功率不大，传送带的寿命也很长。传送带的螺旋升角约 2°，由于转筒的直径较大，所以传送带近于水平，水产品不会下滑。传送带缠绕的圈数由冻结时间和产量确定。

被冻结的产品可直接放在传送带上，也可采用冻结盘。传送带由下盘旋而上，冷风则由上向下吹，构成逆向对流换热，提高了冻结速度，与空气横向流动相比，冻结时间可缩短 30%左右。

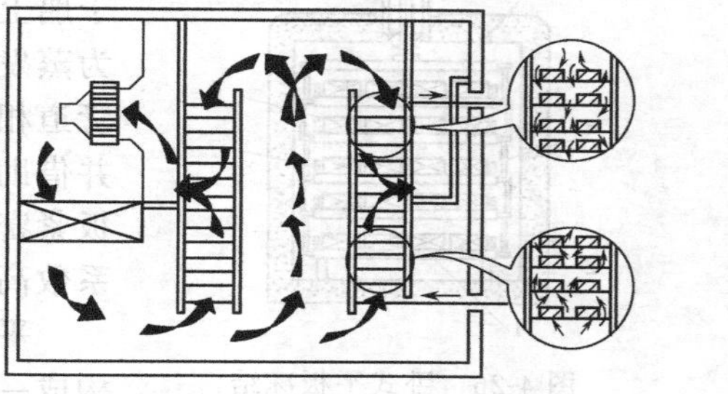

图 4-24　气流分布示意图

螺旋带式冻结装置也有多种型式，近几年来，人们对传送带的结构、吹风方式等进行了许多改进。如 1994 年，美国约克公司改进吹风方式，并取得专利，如图 4-24 所示[101]，冷气流分为两股，其中的一股从传送带下面向上吹，另一股则从转筒中心到达上部后，由上向下吹。最后，两股气流在转筒中间汇合，并回到风机。这样，最冷的气流分别在转筒上下两端与最热和最冷的物料直接接触，使刚进冻的水产食品尽快达到表面冻结，减少干耗，也减少了装置的结霜量。两股冷气流同时吹到食品上，大大提高了冻结速度，比常规气流快 15%～30%。

螺旋带式冻结装置适用于冻结单体不大的食品，如油炸水产品、鱼饼、鱼丸、鱼排、对虾等。

螺旋带式冻结装置的优点是可连续冻结；进料、冻结等在一条生产线上连续作业，自动化程度高；并且冻结速度快，冻品质量好，干耗亦小；占地面积小。

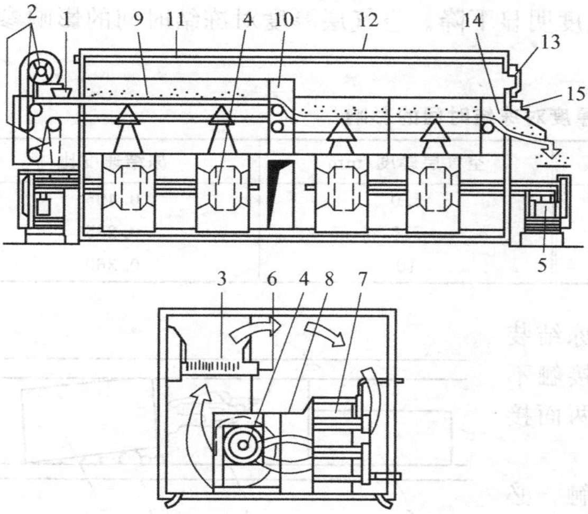

图 4-25　流态化冻结装置

1—进料斗；2—自动装置；3—传送带网孔；4—风机；5—电机；6—窗口；7—导风板；8—检查口；9—被冻品；10—转换台；11—融霜管；12—隔热层；13—窗口；14—出料口；15—齿轮

(3) 流态化冻结装置　流态化冻结装置（图 4-25）是小颗粒产品以流化作用方式被温度甚低的冷风自下往上强烈吹成在悬浮搅动中进行冻结的机械设

备。流化作用是固态颗粒在上升气流（或液流）中保持浮动的一种方法。流态化冻结装置通常由一个冻结隧道和一个多孔网带组成。当物料从进料口到冻结器网带后，就会被自下往上的冷风吹起，在冷气流的包围下互不粘接地进行单体快速冻结（IQF），产品不会成堆，而是自动地向前移动，从装置另一端的出口处流出，实现连续化生产。

水产品在带式流态冻结装置内的冻结过程分为两个阶段进行。第一阶段为外壳冻结阶段，要求在很短时间内，使食品的外壳先冻结，这样不会使颗粒间相互黏结。在这个阶段的风速大、压头高，一般采用离心风机。第二阶段为最终冻结阶段，要求食品的中心温度冻结到－18℃。

流态化冻结装置可用来冻结小虾、熟虾仁、熟碎蟹肉、牡蛎等，冻结速度快，冻品质量好。蒸发温度为－40℃以下，垂直向上风速为6～8m/s，冻品间风速为1.5～5m/s，5～10min之内被冻品即可达到－18℃。由于是单体快速冻结产品，其销售、食用十分方便。

2. 接触式冻结装置

（1）平板冻结装置　平板冻结装置是国内外广泛应用于船上和陆上的水产品冻结装置。该装置的主体是一组作为蒸发器的内部具有管形隔栅的空心平板，平板与制冷剂管道相连。它的工作原理是将水产品放在两相邻的平板间，并借助油压系统使平板与水产品紧密接触。由于直接与平板紧密接触，且金属平板具有良好的导热性能，故其传热系数高，冻结速度快。

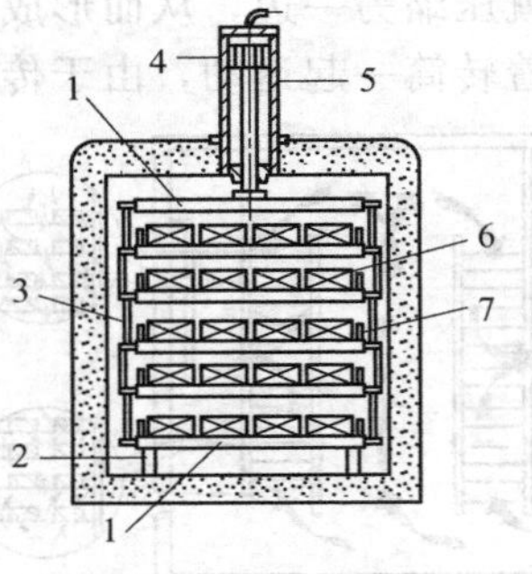

图 4-26　卧式平板冻结装置示意图

1—冻结平板；2—支架；3—连接铰链；4—液压元件；5—液压缸；6—食品；7—限位块

平板冻结装置有两种形式，一种是将平板水平安装，构成一层层的搁架，称为卧式平板冻结装置，参见图4-26；另一种是将平板以垂直方向安装，形成一系列箱状空格，称为立式平板冻结装置。

卧式平板冻结装置主要用来冻结鱼片、对虾、鱼丸等小型水产食品，也可冻结形状规则的水产食品的包装品，但冻品的厚度有一定的限制。卧式平板冻结装置在使用时，被冻的包装品或托盘上下两面必须与平板能很好接触，若有空隙，则冻结速度明显下降。空气层厚度对冻结时间的影响参见表4-9。

表 4-9　空气层厚度对冻结时间的影响

空气层厚度/mm	冻结速度比	空气层厚度/mm	冻结速度比
0	1	5.0	0.405
1.0	0.6	7.5	0.385
2.5	0.485	10	0.360

图4-27所示[2]图例表示的是卧式平板冻结装置使用不当的情况。当水产食品因与平板接触不良而只是单面冻结时，其冻结时间为上下两面接触良好时的3～4倍。

为了使被冻品能与平板保持良好的接触，必须控制好液压。考虑到水产品在冻结过程中因冻结膨胀压的产生，其压力将增大1倍，故液压也不可过高，通常控制在50kPa左右。对于不同的产品，还需做适当调整。

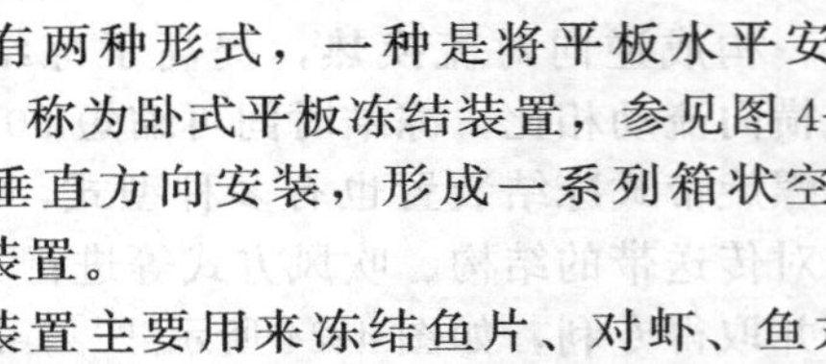

图 4-27　冻结不良的图例

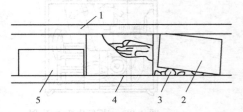

1—平板；2—纸箱与平板接触不良；3—冰；4—纸箱中水产品未装满；5—纸箱与上面平板未接触

立式平板冻结装置的优点是被冻产品可以散装冻结，不需要事先加以包装或装盘，它被广泛应用于海上冻结整条小鱼，但对于水产冷冻食品则不太适用。

(2) 回转式冻结装置　如图4-28所示，它是一种新型的连续式的接触式冻结装置。其主体为一个由不锈钢制成的回转筒。它有两层壁，外壁即为转筒的冷表面，它与内壁之间的空间供制冷剂直接蒸发或供制冷剂流过换热，制冷剂或载冷剂由空心轴一端输入，在两层壁的空间内做螺旋状运动，蒸发后的气体从另一端排出。需要冻结的水产食品，一个个成分开状态由入口被送到回转筒的表面，由于水产食品一般是湿的，与转筒的冷表面一经接触，立即粘在转筒表面，进料传送带再给水产食品稍施以压力，使它与转筒冷表面接触得更好，并在转筒冷表面上快速冻结。转筒回转一次，完成水产食品的冻结过程。

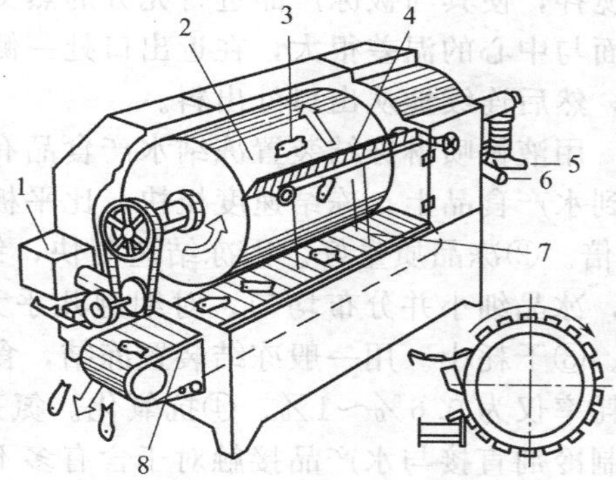

图4-28　回转式冻结装置

1—电动机；2—冷却器；3—进料口；4—刮刀；5—盐水入口；6—盐水出口；7—刮刀；8—出料传送带

它适宜于虾仁、鱼片等生鲜或调理水产冷冻食品的单体快速冻结（IQF）。由于这种冻结装置占地面积小，结构紧凑；冻结速度快，干耗小；连续冻结生产效率高，在欧美的一些水产冷冻食品加工厂中被得到应用。

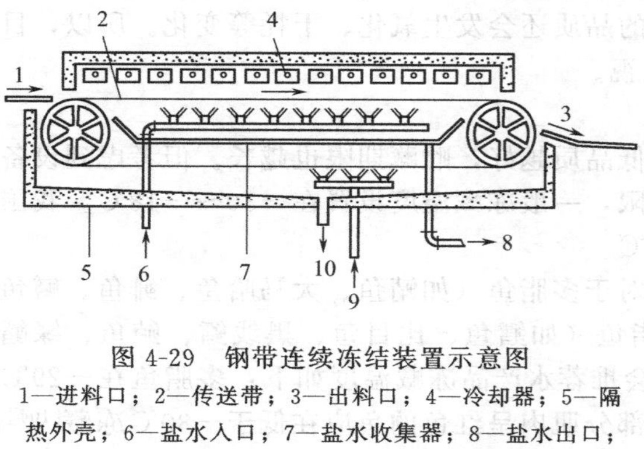

图4-29　钢带连续冻结装置示意图

1—进料口；2—传送带；3—出料口；4—冷却器；5—隔热外壳；6—盐水入口；7—盐水收集器；8—盐水出口；9—洗涤水入口；10—洗涤水出口

(3) 钢带连续冻结装置　钢带连续冻结装置最早由日本研制生产，它适用于冻结对虾、鱼片及鱼肉汉堡饼等能与钢带良好接触的扁平状产品的单体快速冻结。

钢带连续冻结装置的主体是钢带传输机，参见图4-29。传送带采用不锈钢材质制成，在带下喷盐水，或使钢带滑过固定的冷却面（蒸发器）使产品降温，被冻品上部装有风机，用冷风补充冷量。

由于盐水喷射对设备的腐蚀性很大，喷嘴也易堵塞，目前国内生产厂已将盐水喷射冷却系统改为钢带下用金属板蒸发器冷却，效果较好。

3. 液化气体喷淋冻结装置

液化气体喷淋冻结装置是将水产食品直接与喷淋的液化气体接触而冻结的装置。常用的液化气体有液态氮（液氮）、液态二氧化碳和液态氟里昂12。以下主要介绍液氮喷淋冻结装置。

液氮在大气压下的沸点为－195.8℃，其汽化潜热为198.9kJ/kg。从－195.8℃的氮气升温到－20℃时吸收的热量为183.9kJ/kg，二者合计可吸收382.8kJ/kg的热量。

液氮喷淋冻结装置外形呈隧道状，中间是不锈钢的网状传送带（图4-30）[102]。产品从入口处送至传送带上，依次经过预冷区、冻结

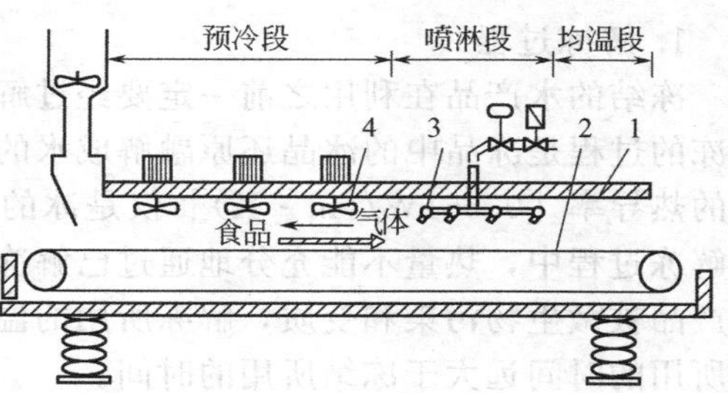

图4-30　液氮喷淋冻结装置示意图

1—壳体；2—传送带；3—喷嘴；4—风扇

区、均温区，由另一端送出。液氮喷嘴安装在隧道中靠近出口的一侧，产品在喷嘴下与沸腾的液氮接触而冻结。蒸发后的氮气温度仍很低，在隧道内被强制向入口方向排出，并由鼓风机搅拌，使其与被冻产品进行充分的热交换，用作预冷。液氮喷淋的水产食品因瞬间冻结，表面与中心的温差很大，在近出口处一侧的隧道内（即均温区），让产品内部的温度达到平衡，然后连续地从出口处出料。

用液氮喷淋冻结装置冻结水产食品有以下优点：①冻结速度快。将−195.8℃的液氮喷淋到水产食品上，冻结速度极快，比平板冻结装置提高5～6倍，比空气冻结装置提高20～30倍。②冻品质量好。因冻结速度快，结冰速度大于水分移动速度，细胞内外同时产生冰晶，冰晶细小并分布均匀，对细胞几乎无损伤，故解冻时液滴损失少，能恢复冻前新鲜状态。③干耗小。用一般冻结装置冻结，食品的干耗率在3%～6%，而用液氮冻结装置冻结，干耗率仅为0.6%～1%。④抗氧化。氮是惰性气体，一般不与任何物质发生反应。用液氮作制冷剂直接与水产品接触对于含有多不饱和脂肪酸的鱼类来说，冻结过程中不会因氧化而发生油烧。⑤装置效率高，占地面积小，设备投资省。

由于上述优点，液氮冻结在工业发达国家被广泛使用。但其也存在一些问题：由于这种方法冻结速度极快，水产食品表面与中心产生极大的瞬时温差，因而易造成产品龟裂。所以，应控制冻品厚度，一般以60mm为限。另外，液氮冻结成本较高。

五、水产品的冻藏及在冻藏时的变化

水产品冻结后要想长期保持其鲜度，还要在较低的温度下贮藏，即冻藏。在冻藏过程中受温度、氧气、冰晶、湿度等的影响，冻结的品质还会发生氧化、干耗等变化。所以，目前占水产品保鲜40%左右的冻藏保鲜应受到重视。

1. 冻藏温度

冻藏温度对冻品品质影响极大，温度越低品质越好，贮藏期限也越长。但考虑到设备的耐受性及经济效益以及冻品所要求的保鲜期限，一般冻藏温度设置在−30～−18℃。我国的冷库一般是在−18℃以下，有些国家是−30℃。

鱼的冻藏期与鱼的脂肪含量关系很大，对于多脂鱼（如鲭鱼、大马哈鱼、鲱鱼、鳟鱼），在−18℃下仅能贮藏2～3个月；而对于少脂鱼（如鳕鱼、比目鱼、黑线鳕、鲈鱼、绿鳕），在−18℃下可贮藏4个月[103]。国际冷冻协会推荐水产品冻藏温度如下：多脂鱼在−29℃下冻藏；少脂鱼在−23～−18℃之间冻藏；而部分肌肉呈红色的鱼应在低于−30℃冻藏[104]。

2. 冻藏过程中的变化

冻藏温度的高低是影响品质变化的主要因素之一，除此之外还有冻藏温度的波动、堆垛方式和湿度等因素都对冻品的品质造成了很大的危害。关于水产品在冻藏过程中的变化情况详见第三章。

六、解冻

1. 解冻过程

冻结的水产品在利用之前一定要经过解冻。解冻是使冻品融化恢复到冻前的新鲜状态。解冻的过程是冻品中的冰晶还原融解成水的过程，可看作是冻结的逆过程。但由于在0℃时水的热导率［0.561W/(m·K)］仅是冰的热导率［2.24W/(m·K)］的1/4左右，因此，在解冻过程中，热量不能充分地通过已解冻层传入冻品内部。此外，为避免表面首先解冻的水产品被微生物污染和变质，解冻所用的温度梯度也远小于冻结所用的温度梯度。因此，解冻所用的时间远大于冻结所用的时间。

解冻状态可分为半解冻（−5℃）和完全解冻，视解冻后的用途而定。但无论是半解冻还是完全解冻，都应尽量使水产品在解冻过程中品质下降最小，使解冻后的水产品质量尽量接近于冻结前的质量。水产品在解冻过程中常出现的主要问题是汁液流失（extrude 或 drip loss），其次是微生物繁殖和酶促或非酶促等不良生化反应。

造成汁液流失的原因与水产品的切分程度、冻结方式、冻藏条件以及解冻方式等有关。切分的越细小，解冻后表面流失的汁液就越多[31]。如果在冻结与冻藏中冰晶对细胞组织和蛋白质的破坏很小，那么，在合理解冻后，部分融化的冰晶也会缓慢地重新渗入到细胞内，在蛋白质颗粒周围重新形成水化层，使汁液流失减少，保持了原有营养成分和风味。

微生物繁殖和水产品本身的生化反应速度随着解冻升温速度的增加而加速。关于解冻速度对其品质的影响存在两种观点：一种认为快速解冻使汁液没有充足的时间重新进入细胞内；另一种观点认为快速解冻可以减轻浓溶液对产品质量的影响，同时也缩短了微生物繁殖与生化反应的时间。因此，解冻速度多快为最好是一个有待研究的问题。一般情况下，经过热加工处理的虾仁、蟹肉等，多用高温快速解冻法，而大中型鱼类常用低温慢速解冻。

2. 解冻方法

解冻方法有很多，至于选用哪种，则要根据冻品的性质、大小、形状、解冻后的用途、解冻的时间以及能源消耗等多种因素而定。

(1) 空气解冻　空气解冻适用于大多数冻品，是最为经济方便的解冻方法之一。但由于空气的传热效率低，故所需时间较长，另外还要受到季节的影响。可通过改变空气的温度、相对湿度、风速、风向达到不同的解冻工艺要求。一般空气温度为14～15℃，相对湿度为95%～98%，风速2m/s以下。风向有水平、垂直或可换向送风。

(2) 水解冻　水解冻速度快，而且避免了重量损失。但冻品直接与水接触，切断面的物质不仅会被水浸出，还容易受到污染等。水解冻法只适合于整条鱼的解冻，而冻鱼片、鱼块、鱼糜制品则不宜。水解冻包括静水解冻、流水解冻、淋水解冻和盐水解冻等。

(3) 水蒸气凝结解冻　水蒸气凝结解冻亦称真空解冻或减压解冻，其原理是水的沸点随着压力的下降而下降。处于真空状态的水在低温下沸腾，冰也可直接升华变成汽。沸腾或升华的水蒸气在冻品表面凝结成水珠，放出的凝结热被冻品吸收而使冰晶体融化。

该方法具有解冻时间短、不会产生过热、防止氧化、降低干耗、解冻后汁液流失少的优点。但该技术对设备和真空泵的密封性要求特别苛刻，故装置的成本很高。

(4) 电解冻　电解冻包括高压静电解冻和不同频率的电解冻。不同频率的电解冻包括低频（50～60Hz）解冻、高频（1～50MHz）解冻和微波（915MHz或2450MHz）解冻。

① 低频解冻。此法是将冻结水产品视为电阻，利用电流通过电阻时产生的焦耳热，使冰融化。由于冻结水产品是电路中的一部分，因此，要求水产冷冻食品表面平整，否则会出现接触不良或局部过热现象。这种解冻方法比一般的水和空气解冻法快2～3倍。

② 微波解冻。微波是指一种波长在1mm～1m（其相应的频率为300～3000MHz）的电磁波。由于微波的频率很高，所以在某些场合也称为超高频。微波解冻加热时使用的频率是2450MHz或915MHz。

水产冷冻品中的水、蛋白质等都是极性分子，这些分子在通常情况下呈杂乱无规律的运动状态，如图4-31（a）所示。在电磁场力的作用下，其中的水作为极性分子在高频率、强电场强度微波场中将被极化，如图4-31（b）所示；若将电源正负极对调、电场方向发生变化时，冻品内极性分子也随之改变了运动方向，重新进行排列，带正电的一端趋向负极、带负电的一端趋向正极。这就使得本来做杂乱运动无规律排列的分子变成有序排列的极化分子，改变了其原有的分子结构，并随着微波场极性的迅速改变而引起分子之间进行旋转、振动、相互碰撞和摩擦，产生热量。频率越高，碰撞和摩擦作用也越大，发热量越多，解冻速度越快。用2450MHz的微波，对－29℃的7.5cm厚鲜鱼肉块进行加热，只需20min即可解冻。用25kW（915MHz）隧道式微波解冻装置处理冷冻鱼制品，解冻1t需40kW的电力[1]。

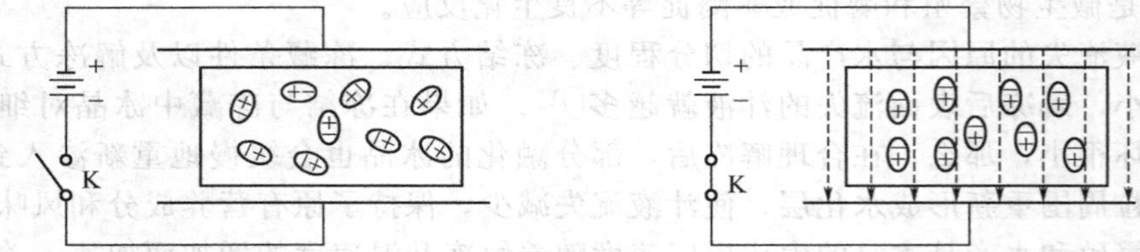

(a) 未加电场　　(b) 加直流场

图 4-31　极性分子在微波场中的取向

使用微波解冻可以缩短加工时间，减少细菌；使用微波解冻，冻品表面与电极并不接触，而且解冻更快，一般只需真空解冻时间的 20%[28]；减少细菌数量，降低酶的作用，减少水分和汁液损失，保持产品的鲜度和色泽，产品质量好；处理效率高，耗能低，占地面积少，改善了劳动条件和环境卫生。

微波解冻的最大缺点就是冻品受热不均匀，不适合进行完全解冻。特别是像鱼这样厚薄不均、形态复杂的水产品，其突起的部分和有角的部分温度上升很快，在其他部位尚未解冻之前，这些部位就会过热，甚至有煮熟的危险。还有就是装置成本高，难于控制。

③ 高压静电解冻。这种解冻方法是将冻品放置于高压静电场中如 10kV 的高电压，电场设置于−3～0℃左右的低温环境中，利用高压电场微能源产生的效果，使食品解冻。

在环境温度−3～−1℃下，解冻 7kg 的金枪鱼从中心温度−20℃降到中心温度−4℃，约需 4h，6h 后中心温度可达−2℃[105]。这种解冻方法的显著优点是，内外解冻均匀，就如上述金枪鱼解冻，中心温度−2℃时，表面与中心温度仅差 1℃。这种解冻方法解冻速度快、解冻后食品温度分布均匀、液汁流失少，能有效地防止食品的油脂酸化，而且一定强度的高压静电场对微生物具有抑制和杀灭作用，有利于食品品质维护，所以这是一种很有前途的解冻方法。

(5) 高压解冻技术　将在第九章介绍。

(6) 组合解冻　每一种解冻方法都有其自身的优、缺点。如采用组合解冻，则可集各种优点而避免各自缺点，以达到冻品的最适解冻目的。组合解冻基本上是以电解冻为核心，再加以空气或水。

第六节　水产冷冻食品的质量保持

一、T. T. T 概念

随着人们生活水平的不断提高，对水产冷冻食品的质量要求也越来越高。水产冷冻食品的质量主要取决于 4 个因素：原料的质量，冻结前后的处理及冻结方式，包装，产品在贮藏、运输、销售等流通过程中所经历的温度和时间。

水产冷冻食品的初期品质受原料、冻结及其前后处理、包装，即 P. P. P（product，processing，package）等条件的影响。初期品质优良产品，经过贮藏、运输、批发、销售等流通环节，当到达消费者手上时，水产冷冻食品能否保持其优良品质，则要取决于它所经历的温度和时间，即由 T. T. T（time-temperature tolerance）条件决定。如果初期品质优良的水产冷冻食品，在流通过程中马马虎虎处理，品温高低变动，就会失去它的优良品质，甚至变质不能食用。

具有初期品质优良的水产冷冻食品生产出来后，作为商品要进入一系列的低温流通环节，如生产者的低温保管、生产者向批发商的低温运输、批发商的低温保管、批发商向零售商的低温发送、零售商的低温保管与出售、零售商向消费者的低温送货、消费者的低温保管等，这些环节必须形成完善的冷藏链，水产冷冻食品的优良品质才能持续到消费者手上。如果冷藏链中断或保管温度任意变动，都会使冻品的质量发生下降，甚至变质不能食用。

那么，在实际的流通过程中，水产冷冻食品会发生怎样的质量变化？温度的变动会对冻品的质量带来多大的影响？水产冷冻食品放在什么温度下对其质量保持最有利？对于这些问题，主要以美国西部农产物利用研究所 Arsdel 等人在 1948～1958 年所做大量实验为基础，总结了为保持冷冻食品的优良品质，所容许的贮藏时间和品温之间存在的关系，这就是冷冻食品的 T. T. T 概念。

根据 T. T. T 研究知道，冷冻食品在流通过程中的质量变化主要取决于温度，冷冻食品的品温越低，其优良品质保持的时间越长，容许的冻藏期也就越长。冻藏期一般可分为实用冻藏期（practical storage life，PSL）和高质量冻藏期（high quality life，HQL）。也有将冻藏期按商品价值丧失时间（time to loss of consumer acceptability，Acc）和感官质量变化时间（time to first noticeable change，Stab）划分的。实用冻藏期指在某一温度下不失去商品价值的最长时间；高质量冻藏期是指初始高质量的食品，在某一温度下冻藏，组织有经验的食品感官评价者组成感官鉴定小组，定期对该食品进行感官质量检验（organoleptic test），若组内有 70% 的评价者认为该食品质量与冻藏在 −40℃ 温度下的食品质量出现差异，此时间间隔即为高质量冻藏期。显然，在同一温度下高质量冻藏期短于实用冻藏期。高质量冻藏期通常从冻结结束后开始算起，而实用冻藏期一般包括冻藏、运输、销售和消费等环节。

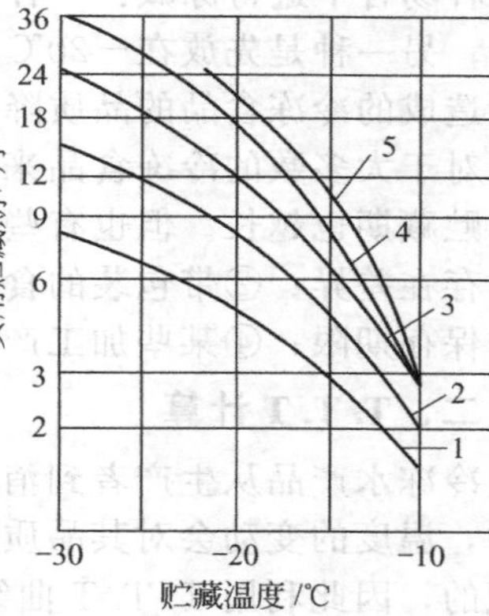

图 4-32 冻结食品的 T. T. T 曲线

1—多脂肪鱼（鲑）和炸子鸡；2—少脂肪鱼；3—四季豆和汤菜；4—青豆和草莓；5—木梅

根据大量的实验资料，主要是通过感官鉴定可知，大多数冷冻食品的质量稳定性是随食品温度的降低而呈指数关系地增大。如果把最初检知冷冻食品品质发生差异所需的时间标绘在有对数刻度的方格纸上，这些点在实用冷藏温度范围内基本上是呈倾斜的直线形状，称为 T. T. T 曲线，参见图 4-32[2,31]。

图 4-32 中的曲线表示几种冷冻食品在 −30～−10℃ 温度范围内，贮藏温度与实用贮藏期之间的关系。从这些曲线中可看出，水产冷冻食品的质量稳定性最差，特别是多脂肪鱼的贮藏期最短，−18℃ 时仅为 4 个月。为了保持水产冷冻食品的优良品质，品温应该比其他冷冻食品所要求的 −18℃ 更低些，尽可能保持在 −30℃ 左右。

根据 T. T. T 曲线的斜率可知，温度对于冷冻食品质量稳定性的影响，用温度系数 Q_{10} 来表示。Q_{10} 是温差 10℃，品质降低速度的比。也就是温度下降 10℃，冷冻食品品质保持的时间比原来延长的倍数。水产冷冻食品的贮藏期与温度系数 Q_{10} 如表 4-10[2] 所示。

表 4-10 水产冷冻食品的贮藏期与温度系数

种类	实用贮藏期/月			温度系数 Q_{10}	
	−10℃	−20℃	−30℃	−20～−10℃	−30～−20℃
少脂肪鱼	0.5	4.0	8.0	1.7	1.5
多脂肪鱼	0.8	2.5	6.0	1.9	1.6
熏制鱼	1.0	3.5	7.0	2.0	1.5

注：引自太田冬雄。

从表 4-10 中可以看出，－20～－10℃温度范围内的 Q_{10} 要比－30～－20℃温度范围内的值稍大，因此水产冷冻食品品温在－18℃以上的变动，会给冻品的质量稳定性带来较大的影响。根据 Dyer 等的研究报告，－18℃贮藏的冻结鳕鱼片包装品，放到－10℃贮藏 2 周，再返回到－18℃时，其食味评分降低 10%，蛋白质的溶解性降低，贮藏寿命减少 25%，并指出水产冷冻食品品温在－18～－10℃之间的变动，远比－20～－15℃之间的温度变动对冻品质量稳定性带来的影响大。

T. T. T 研究的结果还告诉我们，冷冻食品在流通过程中因时间、温度的经历而引起的品质降低量是累积的，而且为不可逆的，但与经历的顺序无关。这个结果对我们要知道流通过程中的某个冷冻食品的质量变化，在实际上很有意义。例如把相同的水产冷冻食品分别放在两种场合下进行冻藏：一种是先放在－10℃温度下贮藏 1 个月，然后放在－20℃下贮藏 3 个月；另一种是先放在－20℃贮藏 3 个月，然后在－10℃下贮藏 1 个月。结果这两种贮藏方式所造成的冷冻食品的品质降低量是相等的。

对于大多数的冷冻食品来说都是符合 T. T. T 概念的，贮藏温度越低，品质变化越小，实用贮藏期也越长。但也有些例外：①由于原料品质不同，同一种食品的保存温度与保存期限会存在差异；②带包装的食品可延长保藏期；③短时间高频率的温度波动，会严重影响食品的保存期限；④某些加工产品的保存期与温度之间并无一定的关系，如腌制肉。

二、T. T. T 计算

冷冻水产品从生产者到消费者之间，要经过贮藏、配送、运输、销售等环节，在流通过程中，温度的变动会对其品质带来很大的影响。根据 T. T. T 概念，冷冻食品的品质下降是累积的，因此利用 T. T. T 曲线可以计算出冷冻水产品在贮运等不同环节中质量累积下降程度和剩余的可冻藏性。我们把某个水产冷冻食品在实际流通过程中所经历的温度和时间记录下来，根据它的 T. T. T 曲线，按顺序算出各阶段的品质降低量，然后就能确定它的质量变化，这种方法叫 T. T. T 计算方法。

根据 T. T. T 曲线可知，一个冷冻食品在某个温度下的实用贮藏期是 *A*，也就是说该冷冻食品原来的品质是 100%，经过时间 *A* 后，其品质下降到 0。那么，在此温度下该冷冻食

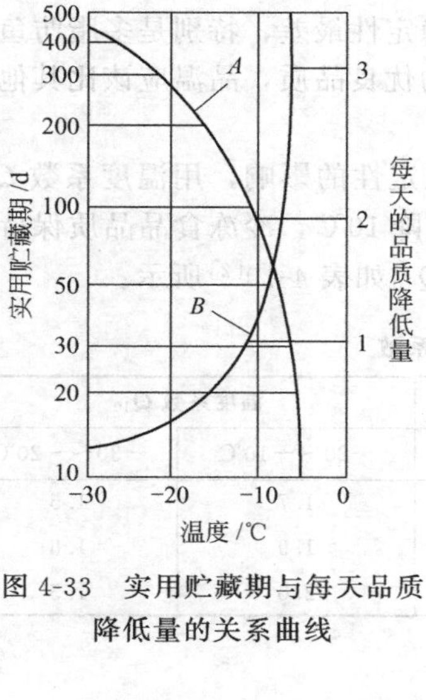

图 4-33　实用贮藏期与每天品质降低量的关系曲线

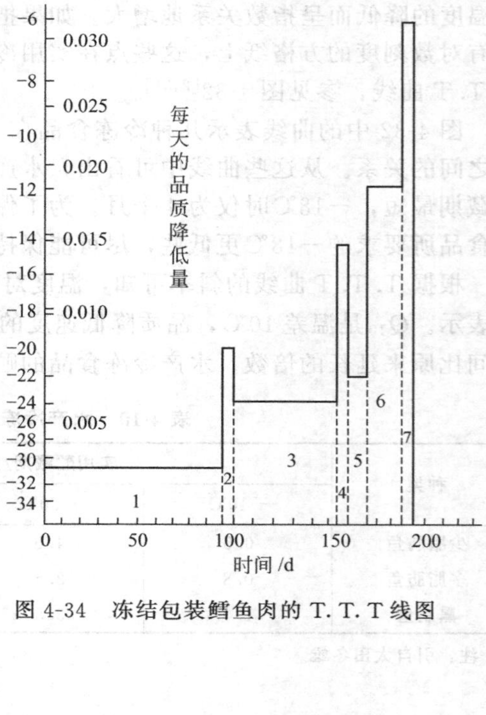

图 4-34　冻结包装鳕鱼肉的 T. T. T 线图

品每天的品质下降量为 $B=100/A$。根据这个关系式可做出品质保持特性曲线 B，参见图 4-33。然后，在此基础上做出 T.T.T 线图进行计算。

图 4-34[2]所示是冻结包装鳕鱼肉的 T.T.T 线图。图中横坐标是天数，纵坐标是各种温度下冻结鳕鱼肉每天的品质降低量。冻结包装鳕鱼肉从生产出来一直到消费者手上共经历了 7 个流通环节，如表 4-11 所示。用 T.T.T 线图进行计算，各流通环节的品质下降量＝每天的品质下降量×天数，在图 4-34 中分别为 1、2、3、4、5、6、7 所示的面积。经过 192 天的流通，冻结包装鳕鱼肉的品质降低总量 D 为 1.352。当 $D<1$ 时，该冷冻食品的品质良好，仍可低温保管；当 $D>1$ 时，该冷冻食品的品质变差，并失去商品价值。上例中的冻结包装鳕鱼肉，在流通过程中经过 192 天后已失去商品价值，所以不应再出售。

上述计算方法对多数冻结食品的冻藏是有指导意义的，但由于水产食品腐败变质的原因与多因素有关，如温度波动、光线照射的影响等，这些因素在上述计算方法中均未包括，因此，实际冻藏中质量下降要大于用 T.T.T 法的计算值，即冻藏期小于 T.T.T 的计算值。

表 4-11　冻结包装鳕鱼肉流通中的时间、温度经历一例

流通环节	温度/℃	时间/d	每天品质下降量	阶段品质下降量
生产者的低温保管	－30	95	0.00362	0.344
生产者向批发商的低温运输	－18	2	0.011	0.022
批发商的低温保管	－22	60	0.0074	0.444
批发商向零售商的低温送货	－14	3	0.016	0.048
零售商的低温保管	－20	10	0.008	0.080
零售商的低温销售	－12	21	0.018	0.378
零售商向消费者的低温送货	－6	1	0.036	0.036
合计		192		1.352>1.0

三、冷藏链与 T.T.T

冷藏链（cold chain）是指易腐食品在生产、贮藏、运输、销售直至消费前的各个环节中始终处于规定的低温环境下，以保证食品质量、减少食品损耗的一项系统工程。它随着科学技术的进步、制冷技术的发展而建立起来，以食品冷冻工艺学为基础，以制冷技术为手段。冷藏链是一种在低温条件下的物流现象，因此，要求把所涉及的生产、运输、销售、经济性和技术性等各种问题集中起来考虑，协调相互间的关系。水产食品容易腐败变质，为防止其鲜度不发生变化，或少发生变化，必须在低温的条件下流通。水产食品冷藏链的结构大体如下：渔船冰藏→陆上冻结→冷藏库→冷藏运输车船等→调剂冷藏库→冷藏或保温车→商场冷藏展示柜→家用冰箱→解冻→食用。

现在，鱼类等水产品捕获后，约有 90%以上是冰鲜的，经过几天或几十天，将鱼货运到岸边渔业冷库进行冻结加工，然后贮藏于－18℃以下的冷库中。要将这些冷冻水产品从海边或产地运输到销售地的调剂冷库中，必须用冷藏车（船）运输，它是食品冷藏链中十分重要而又必不可少的一个环节。冷藏运输车上一般设有小型制冷装置，可以维持车厢内－24～－18℃的温度。也有用干冰和液氮作冷却剂的。近几年来冷藏集装箱的发展速度很快，超过了其他冷藏运输工具的发展速度，成为易腐食品运输的主要工具。它是将制冷装置固定在箱上，这样可以从发货地直接运到收货地点，中途避免多次装卸。即使是几十天的国际海运也能够保持所需要的温度。保温车采用加冰块冷却而不设置制冷装置，保持低温的效果不好，易造成较大的温度波动，所以一般用作短途运输。调剂冷库的温度也应保持在－18℃以下，从调剂冷库出来运往当地的零售店时可用冷藏车，也可用保温车。冷藏陈列柜是菜市场或超级市场等销售环节的冷藏设施，也是水产冷藏链中的重要一环。其设置的温度最好与原冷库的温度一致或相近，消费者在挑选冷冻鱼货时最好选择那些贮藏日期短、离生产日期近的产品。到了消费者手中，也应放入家用冰箱中作短期贮藏。

根据T.T.T概念，影响冷冻食品品质的最主要因素是温度，因此对贮藏温度的管理十分重要。近年来，国际上水产冷冻食品的贮藏温度进一步趋向于低温化，并要求稳定、少变动。

第七节 超冷保鲜技术

一、超级快速冷却[1]

超级快速冷却（super quick chilling，SC）是一种新型保鲜技术，也称超冷保鲜技术。具体的做法是把捕获后的鱼立即用−10℃的盐水作吊水处理，根据鱼体大小的不同，在10～30min之内使鱼体表面冻结而急速冷却，这样缓慢致死后的鱼处于鱼仓或集装箱内的冷水中，其体表解冻时要吸收热量，从而使得鱼体内部初步冷却。然后再根据不同保藏目的及用途确定贮藏温度。

现在，渔船捕捞渔获物后，大多数都是靠冰藏来保鲜的。冰藏可使保藏中的鲜鱼处于0℃附近，如冰量不足，与冰的接触不均衡，使鲜鱼冷却不充分，造成憋闷死亡，肉质氧化，*K* 值上升等鲜度指标下降的现象。日本学者发现超级快速冷却技术对上述不良现象的出现有显著的抑制效果。

这种技术与非冷冻和部分冻结有着本质上的不同。鲜鱼的普通冷却冰藏保鲜、微冻保鲜等技术的目的是保持水产品的品质，而超级快速冷却是将鱼立即杀死和初期的急速冷却同时实现，它可以最大限度地保持鱼体原本的鲜度和鱼肉品质，其原因是它能抑制鱼体死后的生物化学变化。

二、超级快速冷却的特点[1]

将刚刚捕获的鲣鱼分成两组，一组用普通的冰藏法保鲜，另一组用超级快速冷却法处理，平均每尾鱼体重2300g。冰藏法的操作同前述。超级快速冷却法（简称超冷）的操作是，用−10℃的冷却盐水作30min吊水处理，然后逐条放入−0.5℃的鱼仓冷水中（海水与淡水比1：1）存放。保藏中分别就鱼的体温、pH、*K* 值、甲氨基化合物的含量、盐浓度等进行测定，另外还要进行组织观察和感官检验。

1. 鲣鱼体温及冷却介质温度的变化

图4-35是冰藏与超冷保鲜时生鲜鲣鱼的体温及其冷却介质温度的变化情况。要完成从初温22℃降至保藏温度−0.5℃这个初期冷却过程，冰藏需要10h以上，而超冷只需要40min即可完成，是前者的1/15。

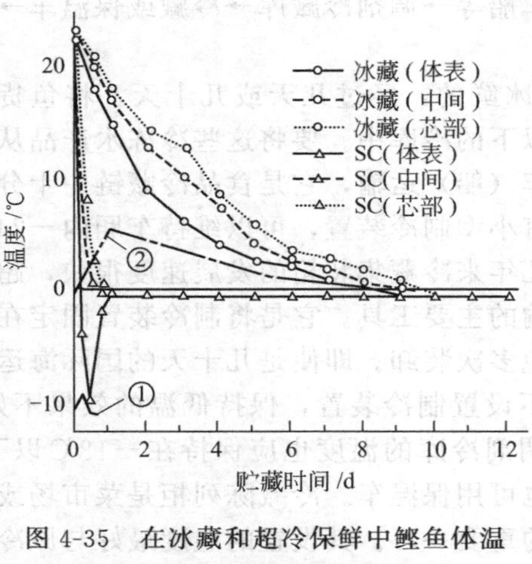

图4-35 在冰藏和超冷保鲜中鲣鱼体温及其冷却介质温度的变化

①—冷冻盐水；②—冷水

把活的竹荚鱼、鲐、鲤、鲻放入−15℃的冷盐水中，使鱼体冻结1/2以上，取出再放入常温（20℃）水中，其中有一半以上能复苏，恢复正常。然而若放回冷水中（0℃以下），则几乎不能生还。由此可认为鱼体表的急冷造成部分休克，多半处于假死状态，而后若再使鱼体内部急冷，则整个鱼体就平稳死去。因而冰藏过程中，大部分鱼都是闷死的，且因鱼仓内水温上升等原因造成初期冷却得不够充分。在超冷保鲜中，由于鱼体大部分冻结并平稳致死，在此期间既均匀又迅速地完成了初期冷却，所以认为在用这两种方法处理之后的保藏过程中，其鲜度与质量有相当大的差异。

表 4-12 列出了生鲜鲣鱼在冰藏与超冷保鲜过程中的感官评价结果。对保鲜中的鲣鱼分别从其外观、眼球、气味、肉色、弹性以及味道等方面来评价鲜度。可以看出冰藏的鱼自捕获后第 4 天起鲜度就显著下降，而超冷处理的鱼直到第 6 天还保持了较好的鲜度。从感官结果来分析，可以认为超冷保鲜要比冰藏的鲜度保持延长 2～3 天。

表 4-12 对冰藏和超冷保鲜中鲣鱼的感官评价

项目	时间/d	外观	眼球	气味	肉色	弹性	味道	咸度
冰藏	0	黑青	透明	鲜鱼味	鲜红色	一般	非常好	适中
	2	黑青	透明	鲜鱼味	红色	一般	好	适中
	4	黑青	透明	不快腥味	暗红色	略软	不好	适中
	6	黑	略微白浊	不快腥味	浅红色	软	不好	适中
	8	浅黑	略微白浊	不快腥味	浅红色	软	不好	适中
超冷保鲜	0	黑青	透明	鲜鱼味	鲜红色	稍硬	非常好	适中
	2	黑青	透明	鲜鱼味	鲜红色	稍硬	非常好	适中
	4	黑	透明	鲜鱼味	鲜红色	稍硬	非常好	适中
	6	浅黑	透明	鲜鱼味	鲜红色	一般	好	适中
	8	浅黑	略微白浊	鲜鱼味	红色	略软	一般	适中

2. pH 的变化

图 4-36 所示的是冰藏和超冷保鲜中鲣鱼 pH 的变化情况。鲣鱼的 pH 在保鲜中，冰藏 1 天以后、超冷的 3 天以后，分别降到最低值而后又上升。背部的 pH，冰藏的 3 天后、超冷的 6 天后分别达到相近的值。从 pH 这个角度来看，超冷保鲜与冰藏相比，可延长 3 天的保鲜时间。

3. K 值的变化

图 4-37 给出了生鲜鲣鱼在冰藏和超冷保鲜中 K 值的变化。由图 4-37 可看出，在冰藏保鲜过程的第 2 天，K 值即已达到 20%。而超冷保鲜在第 4 天才达到相同的 K 值。因此根据 K 值实验分析得出，超冷保鲜比冰藏可延长保鲜期 2～3 天。

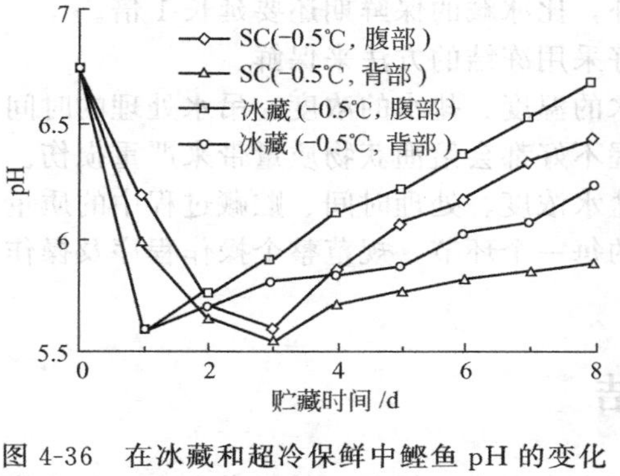

图 4-36 在冰藏和超冷保鲜中鲣鱼 pH 的变化

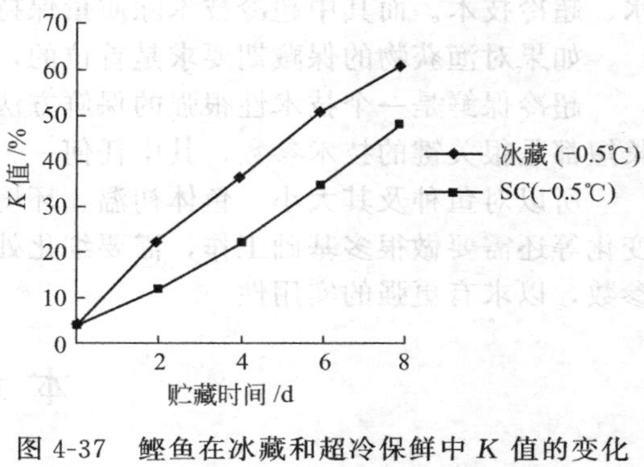

图 4-37 鲣鱼在冰藏和超冷保鲜中 K 值的变化

4. 甲氨基化合物的变化

图 4-38 是生鲜鲣鱼在冰藏和超冷保鲜中甲氨基化合物的变化情况。由图 4-38 可见，在冰藏保鲜过程的第 3 天，其甲氨基化合物的转化率就已超过了 35%，而超冷保鲜则需要 6 天时间才达到相同的甲氨基化合物转化率。因此可以说明超冷保鲜比冰藏能延长约 3 天的保鲜时间。

5. 生鲜鲣鱼体表盐浓度的变化

图 4-39 是冰藏和超冷保鲜中生鲜鲣鱼体表盐浓度的变化。在冰藏和超冷保鲜的鲣鱼体内，盐浓度都是在捕获后的第 8 天从 0.2%增至 0.4%，尽管超冷保鲜使用的是冷冻盐水，但 3 天后即达到了与冰藏的相近值。另外，超冷保鲜时吊水处理后 2 天，鱼体表面的盐浓度仍较高，但到第 4 天后就降低了。附着在鱼体表层的冷冻盐水向混合比为 1∶1 的冷水（盐浓度 1%～1.5%）中溶出，使鱼体表面盐分被稀释，所以保藏中的鲣鱼的盐浓度会受到冷冻盐水浓度及其浸泡时间和保藏冷盐水浓度及其保藏时间的影响。

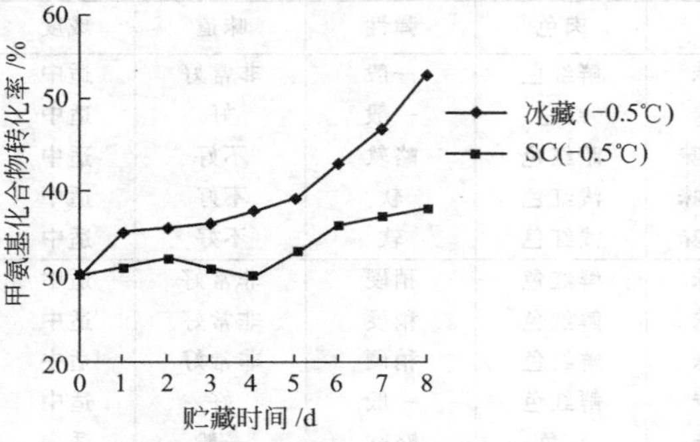

图 4-38 鲣鱼在冰藏和超冷保鲜中甲氨基化合物的变化

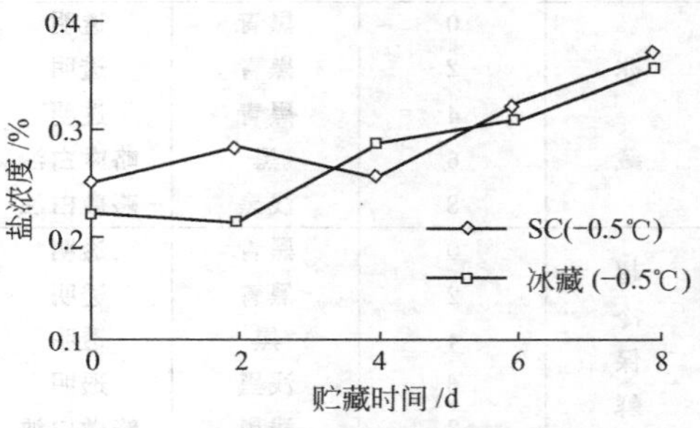

图 4-39 冰藏和超冷保鲜中鲣鱼体表盐浓度的变化

经过超冷处理，保藏的鲣鱼肌肉组织用显微镜来观察，发现鱼体表肌肉组织没有冻过的痕迹，也没有发现组织被破坏或损伤的情况。活鱼经吊水处理，即使体表被冻结，若是在短时间内马上解冻也是有复苏游动自如的可能，这也说明了肌肉组织细胞几乎没有受到损伤。

三、超冷技术应用存在的问题及发展前景

通过以上介绍已经清楚看出，超冷技术保鲜渔获物是切实可行的。但是对于在什么条件下应用，其技术操作究竟适合哪些鱼类，以及我们最终对渔获物的质量要求是什么等问题还需要做大量深入细致的工作。

如果对渔获物的质量要求是首要的，则要采用非冻结的方法。非冻结只有冰藏、冷却海水、超冷技术。而其中超冷技术除质量保持得好以外，比冰藏的保鲜期还要延长 1 倍。

如果对渔获物的保藏期要求是首位的，那么最好采用冻结的方法来保鲜。

超冷保鲜是一个技术性很强的保鲜方法。冷盐水的温度、盐水的浓度、吊水处理的时间长短都是很关键的技术参数，其中任何一个因素掌握不好都会给渔获物质量带来严重损伤。

所以对鱼种及其大小、鱼体初温、环境温度、盐水浓度、处理时间、贮藏过程中的质量变化等还需要做很多基础工作，需要细化处理过程的每一个环节，规范整个操作程序及操作参数，以求有更强的实用性。

本章小结

鱼贝类等水产品死后的肌肉变化过程可分为初期生化变化和僵硬、解僵和自溶、细菌腐败三个阶段。目前水产品的保鲜主要有以下技术手段。

(1) 冰藏保鲜　其用冰量通常包括两个方面：①鱼体冷却到接近 0℃所需的耗冷量；②冰藏过程中维持低温所需的耗冷量。冰藏过程中维持鱼体低温所需的用冰量，取决于外界气温的高低以及车船有无降温设备、装载容器的隔热程度、贮藏运输时间的长短等各种因素。

(2) 冷海水保鲜　冷海水保鲜是将渔获物浸渍在温度为−1～0℃的冷却海水中，从而达到贮藏保鲜的目的。其最大优点是冷却速度快，操作简单迅速，如再配以吸鱼泵操作，则可

大大降低装卸劳动强度，渔获物新鲜度好。

(3) 冰温保鲜　冰温保鲜是将鱼贝类放置在0℃以下至冻结点之间的温度带进行保藏的方法。在冰温带内贮藏水产品，使其处于活体状态（即未死亡的休眠状态），降低其新陈代谢速度，可以长时间保存其原有的色、香、味和口感。同时冰温贮藏可有效抑制微生物的生长繁殖，抑制食品内部的脂质氧化、非酶褐变等化学反应。

(4) 微冻保鲜　微冻保鲜是将水产品的温度降至略低于其细胞质液的冻结点，并在该温度下（−3℃左右）进行保藏的一种保鲜方法。鱼类微冻保鲜方法有加冰或冰盐微冻、吹风冷却微冻和低温盐水微冻。

(5) 气调保鲜　气调保鲜是在适宜的低温下，改变贮藏库或包装内空气的组成，降低氧气的含量，增加二氧化碳的含量，从而减弱鲜活品的呼吸强度，抑制微生物的生长繁殖，降低食品中化学反应的速度，达到延长保鲜期和提高保鲜效果的目的。

(6) 冷冻保鲜　鱼类的冻结方法很多，一般有空气冻结、盐水浸渍、平板冻结和单体冻结四种。我国绝大多数采用空气冻结法，但随着经济的发展，我国和其他发达国家一样，越来越多地使用单体冻结法。解冻是使冻品融化恢复到冻前的新鲜状态。常用的方法有空气解冻、水解冻、水蒸气凝结解冻、电解冻、高压解冻技术和组合解冻等。水产冷冻食品的质量主要取决于四个因素：原料的质量；冻结前后的处理及冻结方式；包装；产品在贮藏、运输、销售等流通过程中所经历的温度和时间。为保持冷冻食品的优良品质，所容许的贮藏时间和品温之间存在的关系，这就是冷冻食品的T.T.T概念。冷冻食品在流通过程中的质量变化主要取决于温度，冷冻食品的品温越低，其优良品质保持的时间越长，容许的冻藏期也就越长；冷冻食品在流通过程中因时间、温度的经历而引起的品质降低量是累积的，而且为不可逆的，但与经历的顺序无关。

(7) 超级快速冷却　超级快速冷却（super quick chilling，SC）是一种新型保鲜技术，也称超冷保鲜技术。具体的做法是把捕获后的鱼立即用−10℃的盐水作吊水处理，根据鱼体大小的不同，在10～30min之内使鱼体表面冻结而急速冷却，这样缓慢致死后的鱼处于鱼仓或集装箱内的冷水中，其体表解冻时要吸收热量，从而使得鱼体内部初步冷却。然后再根据不同保藏目的及用途确定贮藏温度。

思　考　题

1. 鱼虾贝类死后早期会发生哪些变化？
2. 鱼虾贝类死后僵硬出现的时间与僵硬持续时间受哪些因素影响？
3. 影响鱼贝类腐败速率的主要因素有哪些？
4. 简述水产品低温保鲜的基本原理。
5. 低温对微生物和酶有什么影响？
6. 简述海水冰的特点。
7. 冷海水保鲜水产品有何特点。
8. 简述冰温保鲜的概念。
9. 简述微冻保鲜的概念及方法。
10. 简述气调保鲜概念及其保鲜的基本原理。
11. 简述T.T.T概念和T.T.T理论的内容。
12. 什么是T.T.T计算方法，如何进行计算？
13. 为什么快速冻结对水产品质量有利？
14. 什么是最大冰晶生成带？

15. 水产冷冻食品在流通过程中其质量变化与哪些因素有关？
16. 冻结速度怎样按照时间和距离来划分？
17. 送风冻结有哪些基本形式？
18. 简述水产品的冻结过程及其常用的冻结方法。
19. 冻结食品解冻有哪些方法？

参考文献

[1] 林洪，张瑾，熊正河．水产品保鲜技术．北京：中国轻工业出版社，2001.
[2] 沈月新．水产食品学．北京：中国农业出版社，2001.
[3] 邓德文，陈舜胜，程裕东，袁春红．鲢肌肉在保藏中的生化变化．上海水产大学学报，2000，9（4）：319-323.
[4] Shugo Watabe，Gyu-Chul Huang，Hideki ushio，et al. Changes in rigo mortis of Carp Induced by Temperature Acclimation. Agric Biol Chem，1990，54（1）：219-221.
[5] 戚晓玉，李燕，周培根．日本沼虾冰藏期间 ATP 降解产物变化及鲜度评价．水产学报，2001，25（5）：482-484.
[6] Iwamoto M，Yamanaka H，Abe H，et al. ATP and creatine phosphate breakdown in spiked plaice muscle during storage and activies of some enzymes involved. J Food Sci，1988，53：1662-1665.
[7] Matsumoto M，Yamanaka H. Post-mortem biochemical changes in the muscle of kuruma prawn during storage and evaluation of the freshness. Bull Jap Soc Sci Fish，1990，56（7）：1145-1149.
[8] Watabe S，Ushio H，Iwamoto M，et al. Temperature-dependency of rigor-mortis of fish muscle：myofibrillar Mg^{2+}-ATPase activity and Ca^{2+} uptake by sarcoplasmic reticulum. J Food Sci，1989，54：1107-1115.
[9] 江平重男，内山均，宇田文昭．鱼类肌肉 ATP 关联物定量．东京：恒星社厚生阁，1974：17-31.
[10] 杨宏旭，衣庆斌，刘承初等．淡水养殖鱼死后生化变化及其对鲜度质量的影响．上海水产大学学报，1995，4（1）：1-8.
[11] Yokoyama Y，Sakaguchi M，Kawai F，et al. Changes in Concentration of ATP-related ompocunts in various tissues of oyster during ice storage. Bull Jap Soc Sci Fish，1992，58（11）：2125-2136.
[12] 关志苗．*K* 值——判定鱼品鲜度的新指标．水产科学，1995，14（1）：33-35.
[13] 林洪，张瑾，熊正河．水产品保鲜技术．北京：中国轻工业出版社，2001.
[14] 赵晋府．食品工艺学．北京：中国轻工业出版社，1999.
[15] 吴成业，叶玫，王勤等．几种淡水鱼在冻藏过程中鲜度变化研究．淡水渔业，1994，24（1）：16-18.
[16] Bramstedt F，Auerbach M. Fish as food. New York & London ：Acacemic Press，1961：623-630.
[17] Boyle J L，Lindsay R C，Stuiber D A. Adenine nucleotide degradation in modified atmosphere chillstored fresh. J Food Sci，1991，56（5）：1267-1270.
[18] 富崗和子，遠藤金次．各種魚肉のK 值變化速度とィミニ酸分解酵素活性．日本水产学会志，1984，50（5）：889-892.
[19] 内山均，江平重男，加藤登．鱼の品質．东京：恒星社后生阁刊，1974：81-94.
[20] 曾名勇，伍勇，于瑞瑞．化学冰保鲜非鲫的研究．水产学报，1997，21（4）：443-448.
[21] 刘承初，王慥，王莉平等．几种淡水鱼死后僵硬的季节变化．水产学报，1994，18（1）：1-7.
[22] 汪之和．水产品加工与利用．北京：化学工业出版社，2003.
[23] 陈舜胜，王锡昌，周丽萍，福田裕．冰藏鲢的鲜度变化对其鱼糜凝胶作用的影响．上海水产大学学报，2000，9（1）：45-50.
[24] 邓德文，陈舜胜，程裕东，袁春红．鲢在保藏中的鲜度变化．上海水产大学学报，2001，10（1）：38-43.
[25] 许钟，杨宪时，房淑珍．鱼类在中间温度带保鲜贮藏的研究和应用．水产科学，1998，17（5）：43-46.
[26] 纪家笙，黄志斌，扬运华，季恩溢，沈月薪编著．水产品工业手册．北京：中国轻工业出版社，1999：57-66.
[27] Magnus Pyke. Food Science and Technology. 4th ed. John Murray 1th，1981.
[28] Hall G M. Fish Processing Technology，2nd ed. London：Blackie Academic & Professional，1997.
[29] Mohamed B G，Daniel Y C F. Critical Review of Water Activities and Microbiology of Drying of Meats. CRC Critical Reviews in Food Science and Nutrition，1986，25：159-179.
[30] 戚晓玉等. 日本沼虾在冰藏期间 *K* 值和 TVBN 含量的变化. 水产学报，2001，25（5）：482-484.
[31] 冯志哲. 食品冷藏学. 北京：中国轻工业出版社，2001.
[32] 日本冰温研究所. “冰温”のあゆみ. 冰温，冰温食品协会，1985（1）：3.

[33] 石文星等. 冰温技术及其在食品工业中的应用. 天津商学院学报，1999，19 (5)：39-44.
[34] 山根昭美. 日本食品机械研究会讲演要旨. 1984.
[35] 山根昭美. 日本加工技术，1984，4 (2)：68.
[36] 山根昭美. 日本と生物，1984，22 (4)：215.
[37] 日本冰温研究所. 冰温. 东京：株式会社冰温研究所东京事务所. 1991：1-20.
[38] 石文星等. 冰温技术在食品贮藏中的应用. 食品工业科技，2002，23 (4)：64-66.
[39] 许钟等. 水产品 Chilled 高鲜度保藏技术. 食品科学，1995，16 (11)：61-63.
[40] Suvanich V，Jahncke M L，Marshall D L. Change in selected chemical quality characteristics of channel catfish frame mince during chill and frozen storage. Journal of Food Science，2000，65 (1)：24-29.
[41] Monisha Bhattacharya，Tami M Langstaff，William A Berzonsky. Effect of frozen storage and freeze-thaw cycles on the rheological and baking properties of frozen dough. Food Research International，2003，36：365-372.
[42] 吴兹华等. 冻结水产品改为微冻贮藏时的鲜度变化. 食品科学，1990，000 (005)：50-54.
[43] Lee H G，Lanier T C，Hamann D D，et al. Transglutaminase effects on low temperature gelation of fish protein Sols. Food Sci，1997，(1)：20-24.
[44] Norio I，Kazuma T，Toshihiro M，et al. Effects of frozen temperature on the freeze denaturation of fish myosin B. Bull Jap Sci Soc Fish，1992，58 (12)：2357-2360.
[45] Mazer P. The Freezing of the Biological sysyem. Science，1970，168：939-949.
[46] Dalield W H. Protein and energy requirement of juvenile red drum Sciaenops ocellaturd. Aquaculture，1986，53：243-252.
[47] Awad A，Powerie W D，Fennema O. Deterioration of fresh-water whit-fish musle during frozen storing at －10℃. Journal of Food Science，1996，34：41-46.
[48] Schrock Robin M，Beeman John W，Rondore Dennis W，Haner Philip V. A microassay for Gill Sodium，potassium-activated ATPase in Juvenile Pacific Salmonids. Transactions of the American Fisheries Society，1994，123 (2)：223-229.
[49] 许钟等. 鱼类在中间温度带保鲜贮藏的研究和应用. 水产科学，1998，17 (5)：43-46.
[50] Magnusson H，Martinsdottir E. Storage quality of fresh and frozen thawed fish in ice. food Sci，1995，60 (2)：273-278.
[51] Cho Y J. The effect of partial freezing to preserve fish freshness . Bull Natl Fish Univ Busan (Nat Sci)，1981，21 (2)：63-69.
[52] Sych J，Lacroix C，Adambounou L，et al. Cryoprotective effects of some materials on Cod-surimi proteins during frozen storage. Food Sci，1990，55 (5)：1222-1227.
[53] 鸿巢章二等. 水产利用化学. 北京：中国农业出版社，1994：133-136.
[54] 沈月新. 罗非鱼的微冻保鲜. 水产学报，1986，10 (2)：177-183.
[55] Qiao Qinglin，Xu Boliang. Investigation of the methods in freshness keeping of Pilchard. Journal of Fishery Science of China，1997，4 (2)：44-50.
[56] Ehira S，Fuji T. Changes in viable bacterial count of sardine during partially frozen storage. Bull of the Japanese society of Scientific fisheries，1980，46 (11)：1419-1424.
[57] 曾名勇等. 鲈鱼在微冻保鲜过程中的质量变化. 中国水产科学，2001，8 (4)：67-69.
[58] 曾名勇等. 鲫鱼在微冻保鲜过程中的质量变化. 青岛海洋大学学报，2001，31 (3)：351-355.
[59] 陈申如等. 石斑鱼的低温盐水微冻保鲜. 渔业机械仪器，1996，000 (002)：26-29.
[60] 徐文达. 食品软包装新技术：气调包装、活性包装和智能包装. 上海：上海科学技术出版社，2009：1-12.
[61] Farber J M. Microbiological aspects of modified-atmosphere packaging technology：a review. Food Prot，1991，54：58-70.
[62] Parry R T. Principles and applications of Modified atmosphere packaging of food . New York：Blackie Academic and Professional，1993：1-18.
[63] Rosnes J T，Kleiberg G H，Sivertsvik M，et al. Effect of modified atmosphere packaging and superchilled storage on the shelf-life of farmed read-to-cook spotted wolf-fish (*Anarhichas minor*). Packaging Technology and Science，2006，19：325-333.
[64] 章建浩. 食品包装学. 北京：中国农业出版社，2005：12.
[65] 陈慧斌，王梅英，陈绍军等. 不同气体环境对冻藏牡蛎品质变化的影响 . 农业工程学报，2008，24 (9)：263-267.
[66] Mohan C O，Ravishankar C N，Srinivasa Gopal T K，et al. Biogenic amines formation in seer fish (*Scomberomorus commerson*) steaks packed with O_2 scavenger during chilled storage. Food Res Internat，2009，42：411-416.

[67] Baka L S, Andersena A B, Andersenb E M, et al. Effect of modified atmosphere packaging on oxidative changes in frozen stored cold water shrimp (*Pandalus borealis*). Food Chem, 1999, 64: 169-175.
[68] Gill C O, Tan K H. Effect of carbon dioxide on growth of meat spoilage bacteria. Appl Envirn Microbiol, 1980, 39 (2): 317-319.
[69] Lyhs U, Lahtinen J, Schelvis-Smit R. Microbiological quality of maatjes herring stored in air and under modified atmosphere at 4 and 10℃. Food Microbiol, 2007, 24: 508-516.
[70] Bøknæs N, Jensen K N, Guldager H S, et al. Thawed Chilled Barents Sea Cod Fillets in Modified Atmosphere Packaging-Application of Multivariate Data Analysis to Select Key Parameters in Good Manufacturing Practice. Lebensm-Wiss U-Technol, 2002, 35: 436-443.
[71] Lannelongue M, Finne G, Hanna M O, et al. Storage characteristics of brown shrimp (*Penaeus aztecus*) stored in retail packages containing CO_2-enrich atmospheres. J Food Sci, 1982, 47: 911-933.
[72] Stammen K, Gredes D. Modified atmosphere packaging of seafood. Criet Rev Food Sci, 1990, (9): 301-331.
[73] Antonios E Goulas, Michael G Kontominas. Effect of modified atmosphere packaging and vacuum packaging on the shelf-life of refrigerated chub mackerel (*Scomber japonicus*): biochemical and sensory attributes. Eur Food Res Technol, 2007, 224: 545-553.
[74] 吕凯波，熊善柏. 二氧化碳浓度对冰温气调贮藏鱼丸品质的影响. 食品科学，2008，29 (2)：403-434.
[75] 陈椒，周培根，吴建中等. 不同CO_2气调包装对冷藏青鱼块质量的影响. 上海水产大学学报，2003，12 (4)：331-337.
[76] Sivertsvik M. The optimized modified atmosphere for packaging of pre-rigor filleted farmed cod (*Gadus morhua*) is 63ml/100ml oxygen and 37ml/100ml carbon dioxide. LWT, 2007, 40: 430-438.
[77] 杨胜平，谢晶. 不同体积分数CO_2对气调冷藏带鱼品质的影响. 食品科学，2011，32 (4)：275-279.
[78] Dalgaard P. Modelling of microbial activity and prediction of shelf life for packed fresh fish. Intern J Food Microbiol, 1995, 26: 305-317.
[79] Houteghem N V, Devlieghere F, Rajkovic A, et al. Effects of CO_2 on the resuscitation of Listeria monocytogenes injured by various bactericidal treatments. Intern J Food Microbiol, 2008, 123: 67-73.
[80] Torrieri E, Cavella S, Villani F, et al. Influence of modified atmosphere packaging on the chilled shelf life of gutted farmed bass (*Dicentrarchus labrax*). J Food Engin, 2006, 77: 1078-1086.
[81] 陶宁萍，欧杰，徐文达等. 带鱼气调包装工艺研究. 上海水产大学学报，1997，6 (1)：59-62.
[82] Hovda M B, Sivertsvik M, Lunestad B T, et al. Characterisation of the dominant bacterial population in modified atmosphere packaged farmed halibut (*Hippoglossus hippoglossus*) based on 16S rDNA DGGE. Food Microbiol, 2007, 24: 362-371.
[83] Emborg J, Laursen B G, Dalgaard P. Significant histamine formation in tuna (*Thunnus albacares*) at 2℃ effect of vacuum and modified atmosphere-packaging on psychrotolerant bacteria. Intern J Food Microbiol, 2005, 101: 263-279.
[84] López-Caballero M E, Sanchez-Fernandez J A, Moral A. Growth and metabolic activity of Shewanella putrefaciens maintained under different CO_2 and O_2 concentrations. Intern J Food Microbiol, 2001, 64: 277-287.
[85] Sivertsvik M, Jeksrud W K, Vågane Å, et al. Solubility and absorption rate of carbon dioxide into non-respiring foods Part 1: Development and validation of experimental apparatus using a manometric method. J Food Engin, 2004, 61: 449-458.
[86] 周冬香. 草鱼段气调包装顶隙气体的动态变化及品质研究. 上海水产大学，2001：17-19.
[87] Mejlholm O, Kjeldgaard J, Modberg A, et al. Microbial changes and growth of Listeria monocytogenes during chilled storage of brined shrimp (*Pandalus borealis*). Intern J Food Microbiol, 2008, 124: 250-259.
[88] Bøknœs N, Østerberg C, Nielsen J, et al. Influence of Freshness and Frozen Storage Temperature on Quality of Thawed Cod Fillets Stored in Modified Atmosphere Packaging. Lebensm-Wiss u-Techno, 2000, 33: 244-248.
[89] 张敏. 不同阻隔性的包装材料对气调包装鲜肉品质的影响. 食品工业科技，2008，1：238-240.
[90] Goulas A E, Kontominas M G. Combined effect of light salting, modified atmosphere packaging and oregano essential oil on the shelf-life of sea bream (*Sparus aurata*): Biochemical and sensory attributes. Food Chem, 2007, 100: 287-296.
[91] Lu S M. Effects of bactericides and modified atmosphere packaging on shelf-life of Chinese shrimp (*Fenneropenaeus chinensis*). LWT-Food Science and Technology, 2009, 42: 286-291.
[92] Debevere J, Devlieghere F, Sprundel P V, et al. Influence of acetate and CO_2 on the TMAO-reduction reaction by *Shewanella baltica*. Intern J Food Microbiol, 2001, 68: 115-123.

[93] Paludan-Müller C, Dalgaard P, Huss H H, et al. Evaluation of the role of *Carnobacterium piscicola* in spoilage of vacuum and modified atmosphere packed cold smoked salmon stored at 5℃. Intern J Food Microbiol, 1998, 39: 155-166.

[94] Mexis S F, Chouliara E, Kontominas M G. Combined effect of an O_2 absorber and oregano essential oil on shelf-life extension of Greek cod roe paste (*Tarama salad*) stored at 4℃. Innov Food Sci Emerg Technol, 2009, 10 (4): 572-579.

[95] Kykkidou S, Giatrakou V, Papavergou A, et al. Effect of thyme essential oil and packaging treatments on fresh Mediterranean swordfish fillets during storage at 4℃. Food Chem, 2009, 115: 169-175.

[96] Fagan J D, Gormley T R, UíMhuircheartaigh M M. Effect of modified atmosphere packaging with freeze-chilling on some quality parameters of raw whiting, mackerel and salmon portions. Innov Food Sci Emerg Technol, 2004, 5: 205-214.

[97] Sivertsvik M, Willy K, Jeksrud J, et al. A review of modified atmosphere packaging of fish and fishery products-significance of microbial growth, activities and safety. Intern J Food Sci Technol, 2002, 37: 107-127.

[98] Ruiz-Capills C, Moral A. Free amino acids in muscle of Norway lobster (*Neprops novergicus*) in controlled and modified atmosphere during chilled storage. Food Chemistry, 2004, 86: 85-91.

[99] Torrieri E, Cavella S, Villani F, et al. Influence of modified atmosphere packaging on the chilled shelf life of gutted farmed bass (*Dicentrarchus labrax*). J Food Engin, 2006, 77: 1078-1086.

[100] Heldman R, Singh R P. Food Process Engineering. 2nd edition. USA: AVI Publishing Company, 1981.

[101] 华泽钊等. 食品冷冻冷藏原理与设备. 北京：机械工业出版社，2004.

[102] Dossat R J. Principle of refrigeration. NewJersy: Prentice-Hall Inc, 1991.

[103] Clive V J, Dellino. Cold and Chilled Storage Technology. New York: Blackie and Son Lth, 1990.

[104] Lester E J. Freezing Effects on Food Quality. New York: Marcel Dekker Inc, 1995.

[105] 谢晶. 非热技术在食品解冻中的应用. 制冷学报，1999，3：36-40.

第五章　水产干制加工技术

学习要求

1. 理解水产品干制保藏的原理，以及水分状态、水分活度与干制品保存的关系。
2. 理解水产品干制特性，恒速干燥阶段及降速干燥阶段及其影响因素。
3. 掌握水产品常用的干燥方法及其特点。
4. 掌握水产干制品在贮藏过程中的变化。

第一节　水产干制加工的原理

水产品的干制加工原理就是除去其中微生物生长、发育所必需的水分，微生物繁衍受到抑制，防止水产食品变质，从而使其长期保存；同时原料中的各种酶类也因干燥作用其活性被抑制，大多数生物化学反应也减慢了速度；另外，水产食品受到环境中氧气等的氧化作用也与水分的含量有关。

一、水分与微生物的关系

微生物从外界摄取营养物质并向外界排泄代谢物时都需要水作为溶剂或媒介质，故而水是微生物生长活动所必需的物质。各种微生物所需水分并不相同，细菌和酵母菌只在水分含量较高（30%以上）的食品中生长，芽孢发芽也需要大量水分。而霉菌则在水分下降到12%的食品中还能生长，有时水分含量再低，若环境适宜，也有长霉的可能。显然，水分将对微生物生长活动产生影响，但是严格来说，水分含量不是决定性的因素，确切地说应该是它的有效水分与微生物的关系更为密切。

水产品和其他大多数食品一样，原料中水分有结合水和游离水，但只有游离水才能被细菌、酶和化学反应所触及，此即为有效水分。控制有效水分，能抑制微生物的生长活动，使食品保藏时间延长。

微生物只有在水溶液存在的液态或固态介质中才能生长。若介质为纯水或完全干燥的物质（不含水分），则微生物难以生长。但若介质浓度处于上述两者之间，则不论它的浓度极稀（如自来水）或极浓，都会有微生物生长，不过介质中溶液浓度不同，所生长的微生物类型常随之而异。

1953 年澳大利亚的科学家斯科特（W. J. Scott）提出了水分活度（A_w）的概念，用水分活度可以衡量有效水分的量，它是对介质内能参与化学反应的水分的估量。

水分活度是溶液中的逸度和纯水逸度之比，可以近似地表达为溶液中的水蒸气分压与相同温度下纯水蒸气压之比，即：

$$A_w = p/p_0$$

式中，A_w 表示水分活度；p 表示溶液或食品中的水蒸气分压；p_0 表示相同温度下的纯水蒸气压。水分活度大小取决于水存在的量、温度、水中溶质的浓度、食品成分和水与非水部分结合的强度等。

对食品中有关微生物需要的水分活度进行大量研究的结果表明，各种微生物都有它自己生长最旺盛的适宜水分活度。水分活度下降，它们的生长率也下降。各种微生物保持生长所

需的最低 A_w 值各不相同（图 5-1）[1]。大多数最重要的食品腐败细菌所需的最低 A_w 值都在 0.90 以上，但是肉毒杆菌则在水分活度低于 0.95 时就不能生长。芽孢的形成和发芽需要更高的水分活度。至于金黄色葡萄球菌，水分活度在 0.86 以上时虽然仍能生存，但若稍降低，则产生肠毒素的能力就受到强力抑制。若在缺氧条件下，水分活度为 0.90 时，它的生长就受到抑制；在有氧条件下，则它的适宜水分活度最低值又可降低到 0.8。某些嗜盐菌在水分活度降低至 0.75 时尚能生长。大多数酵母在水分活度低于 0.87 时仍能生长，耐渗透压酵母在水分活度为 0.75 时尚能生长。霉菌的耐旱性则优于细菌，在水分活度为 0.8 时仍生长良好；如水分活度低于 0.65，霉菌的生长完全受到抑制。必须注意的是，微生物对水分的需要经常会受到温度、pH 值、营养成分、氧气、抑制剂等各种因素的影响，这可能导致微生物能在更低的水分活度时生长，或者恰好相反。

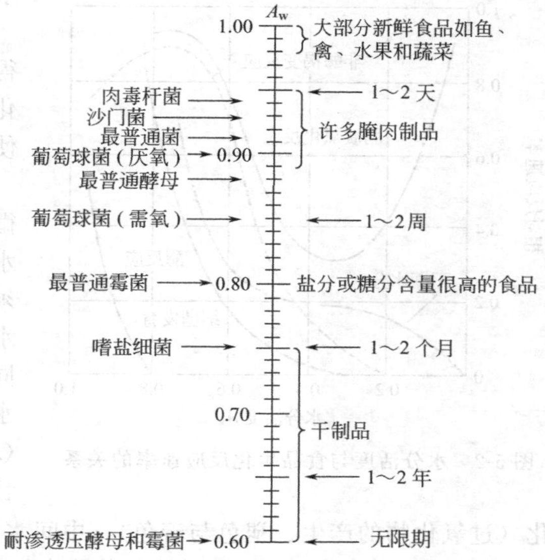

图 5-1　水分活度与微生物生长活动的关系

包括水产原料在内的新鲜水产食品的水分活度在 0.99 以上，虽然这对各种微生物的生长都适宜，但是最先导致其腐败变质的微生物都是细菌。既然大多数腐败菌只宜在 0.90 以上的水分活度下生长活动，它们就不能导致干制品腐败变质。而水分活度下降到 0.9，霉菌和酵母仍能旺盛地生长，因而水分活度虽降低到 0.80～0.85，但几乎所有食品还会在 1～2 周内迅速腐败变质。此时，霉菌就成为常见腐败菌。所以，为了抑制微生物的生长，延长干制品的贮藏期，必须将其水分活度降到 0.70 以下。

二、干制对微生物的影响

干制过程中，食品及其所污染的微生物均同时脱水，干制后，微生物就长期地处于休眠状态，环境条件一旦适宜，又会重新吸湿恢复活动。干制并不能将微生物全部杀死，只能抑制它们的活动。

虽然微生物能忍受干制品中的不良环境，但是干制品在干藏过程中微生物总数仍然会稳步地缓慢下降。干制品复水后，只有残留微生物仍能复苏并再次生长。

微生物的耐旱力常随菌种及其不同生长期而异。例如葡萄球菌、肠道杆菌、结核杆菌在干燥状态下能保存活力几周到几个月，乳酸菌能保存活力几个月或 1 年以上；干酵母保存活力可达到 2 年之久；干燥状态的细菌芽孢、菌核、厚膜孢子、分生孢子可存活 1 年以上；黑曲霉菌孢子可存活达 6～10 年以上。

三、干制对酶活性的影响

酶为食品所固有，它同样需要水分才具有活性。水分减少时，酶的活性也就下降，然而酶和基质却同时增浓，因此反应也随之加速。所以，在低水分干制品中，特别是在它吸湿后，酶仍会缓慢地活动，从而有引起干制品品质恶化或变质的可能。只有当干制品水分降到 1%以下时，酶的活性才会完全消失。

酶在湿热条件下处理时易于钝化，为了控制干制品中酶的活动，就有必要在干制前对食品进行湿热或化学钝化处理，以达到使酶失去活性为宜。如对自溶作用旺盛的活参、鲍鱼等

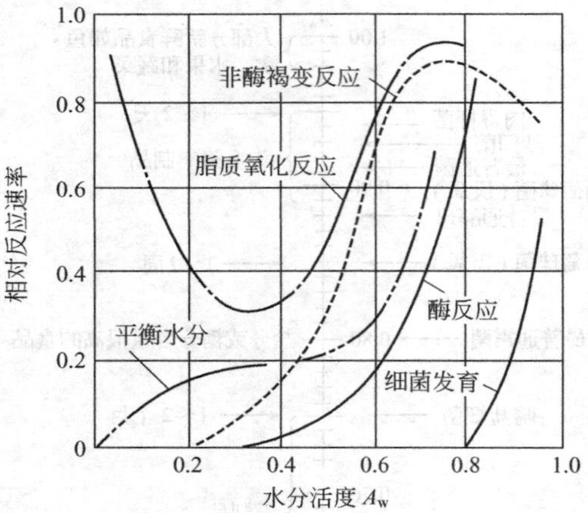

图 5-2 水分活度与食品生化反应速率的关系

水产品进行煮干生产。

食品或水产品脱水或干制后，水分活度得以下降，微生物生长受到抑制，同时许多化学反应和酶促反应速度也大大下降，从而使水产品得以保鲜。

为了防止干制品的变质与腐败，从抑制微生物与酶作用的角度看，水分含量（包括水分活度）愈低愈好。但在干制过程中还必须避免质构与化学成分的不良变化，如在低水分活度下，制品易于硬化，脂质易于氧化，同时也易于破碎与吸湿。从图 5-2[2]可见，低水分食品，即相当于单分子吸附水分时（A_w0.05～0.2，水分量为 3%～10%的干燥食品），主要为氧化作用引起的脂质与色素的变化（过氧化物的产生、褪色与着色）；中间水分至高水分食品（A_w0.2～0.99，水分量为 10%～40%与 40%～90%）主要是各种酶水解作用（酶与非酶褐变）和微生物的作用引起的品质劣化，这些作用均受水分活度的制约。因而，要合理控制干制时水分活度对制品质量的影响。

第二节 水产食品的干制过程

水产品干制有多种方法，但不论采用何种方法，它的基本过程均是将热量传递给原料并将原料组织中的水分向外转移。水产品在干制过程中，既有热的传递，又有水分（可称之为质）的外移，即干制包括了传热和传质过程。因此，湿热的转移就是水产品干制的核心问题。

一、干制过程中食品水分状态的变化

食品平衡水分因食品种类、空气温度和相对湿度而异。干制或吸湿过程中食品水分状态的变化可以在恒温空气中食品平衡水分和相对湿度的关系（即等温吸湿和干制曲线）中有所反映，见图 5-3[1]。

脱水干制食品常会吸湿，而所增加的水分只能达到和空气状态相适应的平衡水分为止。空气湿度达到饱和状态时，食品能从空气中吸取的水分将达到最高值，此时的平衡水分称为吸湿水分，也即食品表面上蒸气压等于空气中水蒸气压或空气饱和水蒸气压时的平衡水分（$p_{食}=p_{空}=p_{饱}=$常数）。

空气饱和水蒸气压随温度而改变，故食品吸湿水分也随空气温度而异，此时食品从空气中吸湿后所含水分也不会超过和各空气温度相应的吸湿水分。只有食品直接和水接触时，它的水分才会超过吸湿水分，呈潮湿状态，此时食品表面上就有水分附着，形成自由水分层。这种超过吸湿水分时的食品水分称为湿润水分，而食品称为潮湿食品。在自由水分层上形成的水蒸气压必然和它所处空气温度下饱和水蒸气压相等，而饱和水蒸气压和它所处空气中水蒸气压间的差值则成为决定空气吸湿能力和脱水干制速度的关键性因素。干制过程中从湿润水分降低到和空气中水蒸气压相应的平衡水分时所失去的水分为蒸发水分，它所处的范围则为脱水干制区。而从吸湿水分降低至平衡水分所处的范围则为去湿或脱湿区，脱水干制食品吸湿时从它的水分增至平衡水分所处的范围则为吸湿区。

潮湿食品内存在有各种结合水分。一般低于吸湿水分的食品水分称为结合水分，超过吸湿水分的食品水分称为非结合水分，这就是自由水分或游离水分，干制过程中这种水分是在食品进行蒸发。当食品水分低于吸湿水分时，物料表面一般不再存有湿润水分，蒸发的水分来自食品内部。

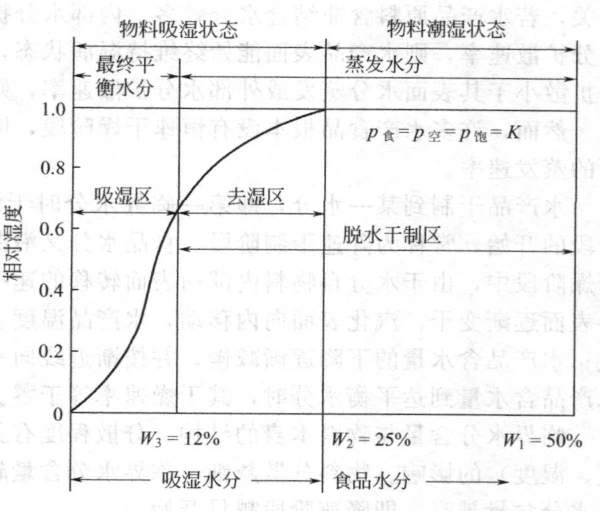

图 5-3　脱水干制或吸湿过程中食品水分状态的类型（图中为食品平衡水分等温曲线 $p_{食}=p_{空}$）

二、干制过程

将新鲜的水产品置于空气中，如果水产食品表面的水蒸气分压高于周围的水蒸气分压，则其表面的水分就会向空气中蒸发，从而造成表面与内部水分的差别，因而物料中形成了湿度梯度，水分随之由内部向表面扩散，扩散到表面的水分又向周围空间蒸发。如此进行下去，物料的水分就会不断减少。前者称为表面蒸发，后者称为内部扩散。所以说水产品的干燥就是水分的表面蒸发与内部扩散的结果。水产品在干燥过程中，蒸发与扩散是在同时进行的，而且彼此紧密联系。

物料表面水分的蒸发需要吸收蒸发潜热，其所需的热量可由多种方式提供，如光照、红外线微波、热空气等方式。总之，干燥的过程就是热和质的传递过程，即物料从外界获得热量，从而使得其本身所含的水分能够向外扩散和蒸发。

水产品在干制过程中可由干制曲线、干燥速率曲线和温度曲线组合在一起进行表述，干燥过程曲线如图 5-4 所示[3]。

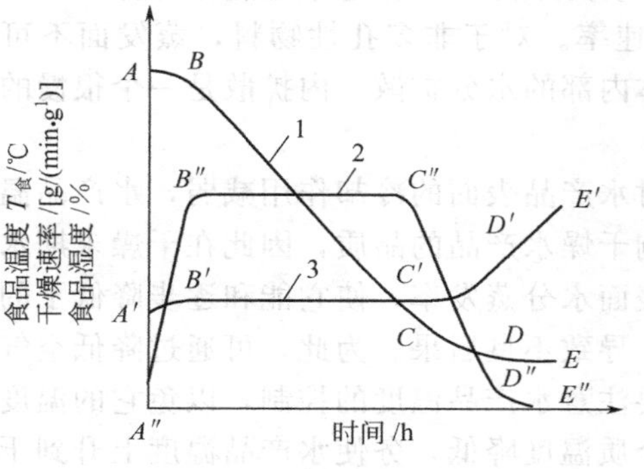

图 5-4　干燥过程曲线

1—干燥曲线；2—干燥速率曲线；3—食品温度曲线

干燥曲线是在干制过程中，食品绝对水分（$\omega_{绝}$）与干制时间（t）之间的关系曲线，即 $\omega_{绝}=f(t)$，食品绝对水分是以食品干物质的质量作为计算基础的食品水分。干燥速率曲线是干制过程中任何时间的干燥速率（$d\omega_{绝}/dt$）与该时间食品绝对水分（$\omega_{绝}$）的关系曲线，即 $d\omega_{绝}/dt=f(\omega_{绝})$。食品温度曲线就是干制过程中干制食品温度（$T_{食}$）和干制时间（$t$）的关系曲线，即 $T_{食}=f(t)$。

如图 5-4 所示，干制初期食品温度迅速上升，达到湿球温度。食品水分则沿曲线（AB 段）逐渐下降，而干燥速率则由零值增至最高值。为此，本阶段实际上为食品初期加热阶段。下一阶段则为第一干燥阶段（BC 段），水分按直线规律下降。干燥速率稳定不变，因而第一干燥阶段又称为恒速干燥阶段。在这阶段内向物料所提供的热量全消耗于水分蒸发，此时食品不再受到加热。在此阶段，水分蒸发接近于自由水分的蒸发，速度较快，时间较短。此时水分在物料表面蒸发的速度起控制作用，称之为表面汽化控制。

恒速干燥阶段持续的长短与水产食品含非结合水分的多少及水产食品内部水分扩散情况

有关，若水产品原料含非结合水分较多、内部水分扩散速率等于或大于表面水分蒸发或外部水分扩散速率，则水产品表面能始终维持湿润状态，恒速阶段可继续维持。若水产品内部水分扩散小于其表面水分蒸发或外部水分扩散速率，则表面很快干燥，恒速阶段结束。

然而，许多水产食品根本没有恒速干燥阶段，因为内部的湿热传递速率决定了物料外表面的蒸发速率。

水产品干制到某一水分，即第一临界水分时干燥速率减慢（*CD* 段），这就是第二干制阶段的开始，常称为降速干制阶段。食品水分又沿曲线变化，也即水分下降逐渐减慢。在此干燥阶段中，由于水分自物料内部向表面转移的速率低于物料表面水分的汽化速率，因此物料表面逐渐变干，汽化表面向内移动，水产品温度会不断上升，升至加热空气的干球温度为止；水产品含水量的下降逐渐减慢，并按渐近线向平衡水分靠拢；干燥速率会迅速下降，当水产品含水量到达平衡水分时，其干燥速率等于零。

临界水分含量与物料本身的结构、分散程度有关，也受干燥介质条件（空气的流速、温度、湿度）的影响。物料分散越细，临界水分含量越低；恒速干燥阶段的干燥速率越高，临界水分含量越高，即降速阶段越早开始。

在降速阶段，干燥速率的变化与物料的性质及其内部结构有关。降速的原因大致有如下几方面。

① 实际汽化表面减小。随着干燥的进行，由于多孔性物质外表面水分的不均匀分布，局部表面的非结合水已先除去而成为“干区”。此时，虽然物料表面的蒸汽压未变，水分由物料表面向空气中扩散的扩散系数亦未改变，但水分汽化表面减少了。当多孔性物料全部表面都成为“干区”后，水分的汽化面逐渐由物料外表向物料中心移动，汽化表面继续减少。随着汽化表面的减少，以物料全部表面计算的干燥速率亦下降。

② 传热、传质途径增长。随着汽化表面的内移，传热、传质途径增长，阻力增大，造成干燥速率下降。

③ 食品表面的蒸汽压下降。当物料中非结合水被除尽，所汽化的是各种结合水分时，食品表面的蒸汽压下降，使水分向空气中扩散的推动力下降，干燥速率也随之降低。

④ 物料内部的水分扩散速率低于水分的汽化速率。对于非多孔性物料，蒸发面不可能内移，当其表面水分除去后，干燥速率取决于固体内部的水分扩散。内扩散是一个很慢的过程，且扩散速率随含水量的减少而下降。

由于降速干燥末期水分蒸发速率下降，蒸发对水产品表面的冷却作用减弱，水产品温度会逐渐上升到空气的干球温度。过高的温度会影响干燥水产品的品质，因此在干燥末期水产品表面水分蒸发接近结束时，应设法降低水产品表面水分蒸发率，使它能和逐步降低了的内部水分扩散率一致，以免水产品表面层受热过度，导致不良后果。为此，可通过降低空气温度和流速、提高空气相对湿度进行控制。同时还要注意水产品温度的控制，以免它的温度上升过高，故而干燥末期最好将接触水产品的干燥介质温度降低，务使水产品温度上升到干球温度时不致超出导致品质变化的极限温度。

三、影响湿热传递的主要因素

(1) 物料表面积　为了加速湿热交换，被干燥湿物料常被切成薄片或小片后，再进行干制。物料切成薄片或小片后，缩短了热量向物料中心传递和水分从物料中心外移的距离，增加了物料和加热介质相互接触的表面积，为物料内水分外逸提供了更多的途径及表面，从而加速了水分蒸发和物料的干燥过程。物料表面积越大，干燥效果越好。

(2) 温度影响　传热介质和物料间温差越大，热量向物料传递的速率也愈大，干燥速率越快。加热介质温度越高，它在饱和前所能容纳的蒸汽量就越多，因此干燥速率就越快。

(3) 空气流速　提高空气流速可以增强湿热传递效果，还能及时将聚积在食品表面附近的饱和湿空气带走，以免阻止食品内水分进一步蒸发，同时还因和水产品表面接触的空气量增加，而显著地加速水产品中水分的蒸发。因此，空气流速越快，水产品干燥也越迅速。

(4) 空气湿度　脱水干制时，如用空气作干燥介质，空气越干燥，水产品的干燥速率就越快。近于饱和的湿空气进一步吸收蒸发水分的能力远比干燥空气差。而饱和的湿空气不能再进一步吸收来自水产品的蒸发水分。

干制品贮藏时，空气的平衡相对湿度也是必须加以考虑的重要因素。所用包装材料隔离水分的性能较差时，在高于干制品平衡相对湿度的空气中贮藏的干制品就会因吸潮而结块或变质。

(5) 压力的影响　大气压力通常为101.3kPa时，水的沸点为100℃，但如果在低于大气压力即在真空的条件下，水的沸点也就相应下降。如果温度不变，而压力下降，则沸腾更加剧烈。因此在真空室内加热干制时，就可以在较低的温度下进行。如仍用和大气压力下干燥时相同的加热温度，则将加速水产品内水分的蒸发，还能使干制品的品质疏松，尤其适合于热敏物料。

四、物料的湿热传递

1. 物料的给湿过程

当物料的水分含量高于吸湿水分时，物料表面的水分受热蒸发，向周围介质中扩散，而物料表面又被其内部向外扩散的水分所湿润，此时从物料表面向外扩散的过程称为给湿过程。给湿过程与自由液面的水分蒸发相似，实质上为恒速干燥阶段。但因水产品表面粗糙，水分蒸发面积大于其几何面积，再加上毛细管多孔性物料内部也有水分蒸发，给湿过程的干燥强度大于自由液面水分蒸发强度。

在恒速干燥阶段内，水产品表面始终保持湿润水分进行蒸发，故水产品表面水分蒸发强度可以用下式进行计算：

$$W=\alpha_m(p_w^0-p_v)\frac{760}{B} \tag{5-1}$$

式中　W——食品表面水分蒸发强度，kg/(m^2·h)；

p_w^0——和潮湿物料表面湿球温度相对应的水饱和蒸气压，mmHg (1mmHg=133.322Pa)；

p_v——空气中的水分分压，mmHg；

α_m——潮湿物料表面的给湿系数，可按 $\alpha_m=0.0229+0.017v$ 进行计算，空气垂直流向流面时 α_m 加倍，kg/(m^2·h·mmHg)；

v——空气流速，m/s；

B——大气压，mmHg。

由式(5-1)可见，给湿过程的干燥速率主要取决于空气的温度、相对湿度、流速以及食品表面向外扩散蒸汽的条件（如蒸发面积和形状等）。

2. 物料导湿过程或内部水分的扩散过程

给湿过程的进行导致了待干水产品内部与表面之间形成水分梯度，在其作用下，内部水分将以液体或蒸汽形式向表面迁移，这就是导湿过程。

若用 W_j 表示等湿面上（即湿含量相同晶面）的湿含量或水分含量，则沿法线方向相距 Δn 的另一等湿面上的湿含量则为 $W_j+\Delta W_j$（图5-5），物料内部的水分梯度 $gradW_j$ 为：

$$gradW_j=\lim_{\Delta n\to 0}\frac{(W_j+\Delta W_j)-W_j}{\Delta n}=\frac{\partial W_j}{\partial n} \tag{5-2}$$

式中 W_j——物料内的湿含量，kg/kg；

Δn——物料内等湿面间的垂直距离，cm。

导湿过程中的水分迁移量可按下式计算：

$$S_w = -K\gamma_0 \frac{\partial W_j}{\partial n} \tag{5-3}$$

式中 S_w——物料内单位时间单位面积上的水分迁移量，kg/(m^2·h)；

K——导湿系数，m^2/h；

γ_0——单位潮湿物料容积内绝干物质质量，kg 干物质/m^3。

式（5-3）中的负号表示水分迁移方向与水分梯度方向相反。式（5-3）中的导湿系数 K 在干燥过程中并不是一个定值，它随物料结合水分的状态而变化，如图 5-6 所示。当物料正处于恒速干燥阶段中，排除的水分基本上为渗透吸附水分，以液体状态转移，导湿系数始终保持不变（DE 线段）。待进一步排除毛细管水分时，水分以蒸汽状态或以液体状态扩散转移，导湿系数也就下降（CD 线段），再进一步排除的水分则为吸附水分，基本上以蒸汽状态扩散转移，先为多分子层水分，后为单分子水分。而后者和物料结合极为牢固，故导湿系数先上升而后又下降。

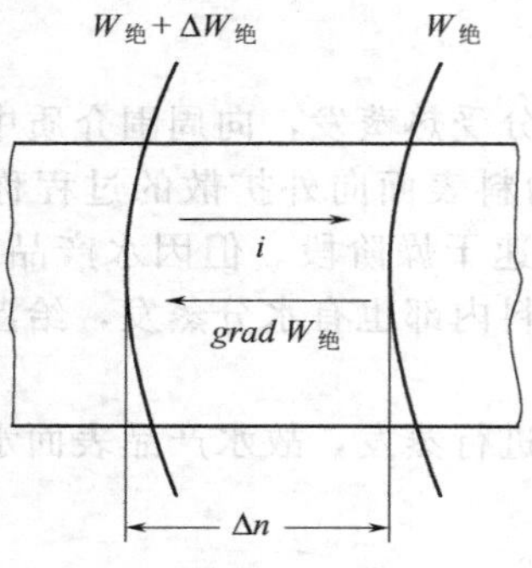

图 5-5 水分梯度和水分流向的关系

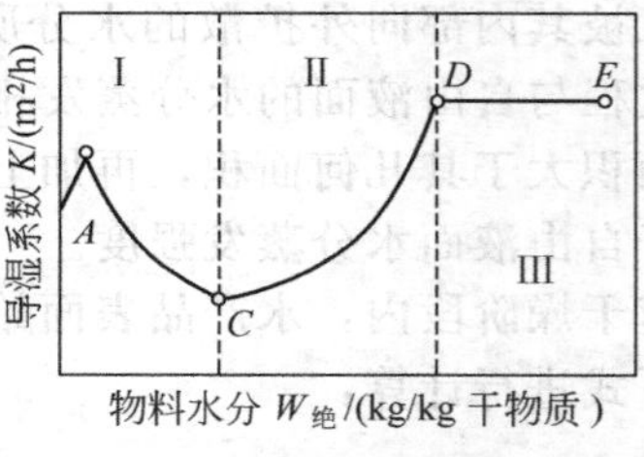

图 5-6 物料水分和导湿系数间的关系

Ⅰ—吸附水分；Ⅱ—毛细管水分；Ⅲ—渗透水分

K 与温度也有关，K 值与温度的关系可用米纽维奇等人推导的公式表示：

$$K = K_0\left(\frac{T}{273+t_0}\right)^n \tag{5-4}$$

式中的 n 值通常在 10～14 之间。因此，常在干制之前，将导湿性小的物料在饱和湿空气中加以预热。

在对流干燥过程中，物料表面的温度常常高于其中心的温度，因而在物料内部建立起一定的温度差。雷科夫已经证明温度梯度会促使水分从高温处向低温处转移。这种现象称为导湿温性。导湿温性是在许多因素影响下产生的复杂的现象。首先，高温会使水分的蒸汽压升高，促使水分向温度低处转移；其次，在温差的作用下，由于毛细管内挤压空气扩张的作用，会使水分顺着热流方向转移。

由导湿温性所引起的水分转移量可以用下式计算：

$$S_\theta = -K\gamma_0\delta \frac{\partial t}{\partial n} \tag{5-5}$$

式中 S_θ——物料内单位时间单位面积上的水分迁移量，kg/(m^2·h)；

$\frac{\partial t}{\partial n}$——温度系数；

δ——湿物料的导湿温系数。

导湿温系数像导湿系数一样，与物料的水分含量和物性有关（图5-7）。在物料水分含量偏低时，导湿温系数随水分增加而升高，但到最高值后则沿曲线Ⅰ或曲线Ⅱ变化。这是因为低水分时物料中水分主要是吸附水分，以气态方式扩散；而高水分时水分以液态方式转移。当水分以液体状态流动时，导湿温性就不再因物料水分含量的多少而发生变化（图中曲线Ⅱ部分）；但导湿温性也会受物料内挤压空气的影响，以致导湿温系数像图中曲线Ⅰ那样变化。空气对液体流动有推动作用，物料水分较低时受推动力的影响强，而物料水分较高时则因空气含量少，推动力的影响也随之而减弱，故前者的导湿温性比后者高。

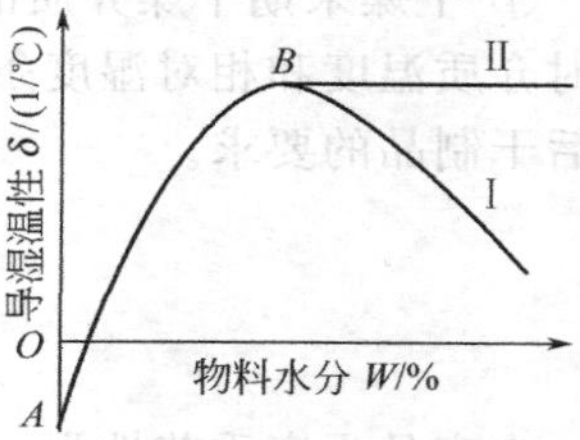

图5-7　导湿温性和物料水分的关系

一般来说，干制过程中湿物料内部导湿性和导湿温性同时存在。若两者方向一致，则它们所推动的水分转移总量为两者之和，即：

$$S=S_w+S_\theta$$

在对流干燥过程中往往是物料表面的温度高于物料中心的温度，表面水分含量低于中心水分含量，即温度梯度与水分梯度的方向正好相反，两者所推动的水分转移方向也相反。在这种情况下，若导湿性比导湿温性强，则水分由水分含量高处向水分含量低处转移，导湿温性成为水分扩散转移的阻碍因素。在大多数干制情况下，湿物料内部的情况属于这种情况。此时，水分的总转移量为：

$$S=S_w-S_\theta$$

若温度梯度与水分梯度的方向相反，而导湿温性比导湿性强，则水分由水分含量低处向水分含量高处转移，导湿性成为水分扩散转移的阻碍因素。也就是说物料表面水分会向物料内部转移，而物料表面同时进行着水分的蒸发，这样物料的表面会很快被干燥，温度也迅速上升，只有当物料内部因水分的蒸发而建立起足够的压力，水分转移方向才会改变。这种情况一般出现在降速干燥阶段，不利于物料的干制，会使干制时间延长，干燥过程中应尽量避免或延迟它的出现。

五、合理选择水产品干制工艺条件

水产品干制工艺条件由干制过程中控制干燥速率、物料临界水分和干制品品质的主要参数组成。如干制过程中所用的工艺条件能达到最高技术经济指标的要求，即干燥时间最短，热能、电能消耗量最低和干制品质量最高，则称为最适宜的干制工艺条件。不过，在具体干燥设备中很难实现最理想的干制工艺条件，为此，做必要修改后的适宜干制工艺条件称为合理干制工艺条件。

在选用合理工艺条件时主要应考虑以下几方面。

① 食品干制过程中所选用的工艺条件必须使水产食品表面水分蒸发速率尽可能等于水产食品内部水分扩散率，同时力求避免在水产食品内部建立起和湿度梯度方向相反的温度梯度，以免降低水产食品内部水分扩散。

② 在恒速干燥阶段，空气向物料提供的热量全部用于水分的蒸发，物料表面温度不会高于空气的湿球温度。因而物料内部不会建立起温度梯度。在该阶段，应在保证水产食品表面水分蒸发不超过物料内部导湿性所能提供的扩散水分的原则下，尽可能提高空气温度，以加速水产食品的干燥。

③ 干制过程中水产食品表面水分蒸发接近结束时，应降低水产食品表面水分蒸发速率，使它能和逐步降低了的内部水分扩散速率一致，以免水产食品表面层受热过度，导致不良后果。为此，可降低空气温度和流速，提高空气相对湿度进行控制。此时，还要注意水产食品

温度的控制，以免它的温度上升过高。

④ 干燥末期干燥介质的相对湿度应根据预期干制品水分加以选用。如干制品水分低于当时介质温度和相对湿度条件相适应的平衡水分时，这就要求降低空气相对湿度，才能达到最后干制品的要求。

第三节 水产品的干制方法

水产品生产季节性强，原料易于腐败，必须采取有效手段对原料进行及时保鲜和加工处理。水产品的干制加工是水产品加工的重要方法之一。除了贮藏目的外，许多水产干制品还因其具有独特风味而受到人们的青睐，如干咸鳕鱼、干咸鲨鱼、干咸沙丁鱼等是世界很多地区人们非常喜爱的食品；各种烤鱼片、海米、干贻贝、干海参、干鲍鱼等也是深受我国消费者欢迎的、风味特异的水产干品或半干制品。近年来，世界每年仅干燥鱼的总产量就达314万吨。

干燥是指在自然条件或人工控制的条件下促使食品中水分蒸发的工艺过程。干燥包括天然干燥与人工干燥两类。天然干燥法主要是日干和风干等。人工干燥法很多，用于水产品干制的主要有热风干燥、冷冻干燥、远红外干燥等。

一、日干与风干

晒干是指利用太阳光的辐射能进行干燥的过程。风干是指利用湿物料的平衡水蒸气压与空气中的水蒸气压差进行脱水干燥的过程。晒干过程常包含风干的作用。日光干燥是最经济的干燥方法，它是许多地区，特别是亚洲、非洲和太平洋地区众多发展中国家鱼品干燥的主要方式。

晒干过程物料的温度比较低（低于或等于空气温度）。炎热、干燥和通风良好的气候环境条件最适宜于晒干，我国北方和西北地区的气候常具备这种特点。晒干、风干方法可用于固态食品物料（如果、蔬、鱼、肉等）的干燥。水产品中的干制品几乎都采用这种方法，如海参、海米、鲍鱼、鱿鱼干、贝干等。干鲍鱼的干燥多采用晾晒的方法。吊挂晾晒是将煮制后的鲍鱼肉稍晾后用细线穿过鲍体使之成串后晾晒。晾晒过程中，注意鲍鱼肉之间保持一定空隙。也可采用平摊晾晒，每日翻晒3～4次，直至晾干。

晒干需使用较大场地。为减少原料损耗、降低成本，晒干应尽可能靠近或在产地进行。为保证卫生、提高干燥速率和场地的利用率，晒干场地宜选在向阳、光照时间长、通风的位置，并远离家畜厩棚、垃圾堆和养蜂场，场地便于排水，防止灰尘及其他废物的污染。

食品晒干有采用悬挂架式，或用竹、木片制成的晒盘、晒席盛装干燥。物料不宜直接铺在场地上晒干，以保证食品卫生质量。

为了加速并保证食品均匀干燥，晒干时应注意控制物料层厚度。不宜过厚，并注意定期翻动物料。日干和风干具有以下特点：

① 设备简单、操作简便、节省能耗、费用低廉。

② 产品品质难以保证：天然干制完全依赖自然环境条件，由于受气候条件的限制存在不少难以控制的因素（如温度、风速等），尤其是在阴雨潮湿天气下不能进行正常干燥，因此，生产的连续性差、不可预测性大，难以制成品质优良的产品，如果在干燥过程中遇到较长时间的恶劣天气，鱼制品会严重变质，由此造成较大的经济损失。

③ 需要大面积的晒场和大量的劳动力，劳动生产率低。

④ 干燥时间长，干燥过程中的卫生条件不易控制，容易遭受灰尘、杂质、昆虫等污染及鸟类、啮齿类动物的侵袭，引起干制品的质量和产量显著下降。

⑤ 日光干燥法具有很大的局限性，目前还仅限于在自然条件特别适合干燥（如阳光充足、空气干燥）的地区使用。

二、热风干燥

热风干燥就是热空气对流干燥，通常热空气干燥是在常压下进行的。空气经过加热器加热到所需温度，然后强制地或自然地对流循环。当热空气通过水产品时，将热能传递给水产品使其水分蒸发，并扩散到周围空间由流动的空气带走。所以空气不仅是载热体，同时又是带走物料表面蒸发出来水分的载湿体。一般水产品干燥的风温大体在50～60℃范围。

1. 柜式干燥器

柜式干燥器是简单的常压间歇式干燥器。图5-8是厢式干燥器的基本结构。它采用了强制通风方式，新鲜空气由鼓风机吸入干燥室内，经加热器加热和滤筛清除灰尘后，流经载有物料的料盘，直接和物料接触，再由排气道向外排除掉。料盘所载物料层一般较薄，约几厘米厚。料盘还有筛眼以便让部分空气流经物料层，保证空气和物料充分接触。若干燥需要，部分吸湿后的热空气还可以和新鲜空气混合再次循环使用，以便提高热量利用和改善干制品品质。

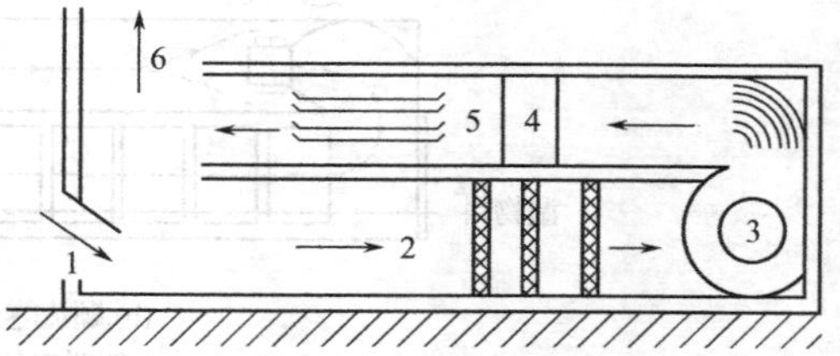

图5-8　强制通风柜式干燥设备

1—新鲜空气进口；2—加热器；3—风机；4—滤筛；5—托盘；6—排气

这种设备构造简单，维修方便，使用灵活性大，适用于小批量生产，能正确控制工艺条件。但操作费用高。

2. 隧道式干燥

隧道式热风干燥方法是我国渔区普遍采用的水产品干制方法。隧道式干燥器的主体是一个长达10～40m的长方形干燥室，干燥室可容纳5～15辆装载料盘的小车。每辆小车在干燥室内停留的时间等于原料必需的干燥时间。隧道式干燥器是半连续式的，即装载湿料的小车从一端进入，干燥完毕后则从另一端卸出。干燥时热风可以在料盘间的间隙通过。空气由风机带动经过加热器，而后加热物料。

隧道式干燥器可按热空气气流和小车前进的异同而分为顺流、逆流和混流三种，见图5-9。两者按同一方向前进者为顺流，两者前进方向相反者为逆流。

顺流干燥中，湿物料与温度最高而相对湿度最低的热空气接触，水分迅速蒸发，物料内部水分梯度增大，其外层稍微收缩和硬结，而物料内部仍继续干燥时，易形成多孔性或引起干裂。在出口端低温高湿的空气和即将干燥的物料接触，此时物料水分蒸发极其缓慢，干制品平衡水分也将相应增加，以致干制品水分含量较高。所以顺流干燥适合于含水量较高、快速干燥不会引起焦化或干裂的食品，以及干燥后不耐高温的食品和吸潮性小的食品。顺流干燥的主要缺点是在干燥的后阶段，干燥推动力越来越低，干燥速率降低而影响生产力。

逆流干燥时，原料与热空气流动方向相反。湿物料与低温高湿的热空气接触，由于湿物料含有较高水分，尚能大量蒸发，但受低温高湿空气的影响，水分蒸发的速率比较慢。尽管物料内部水分梯度比较小，只要空气未达到平衡湿度，物料表面水分仍能继续蒸发。逆流干燥不易出现表面硬化或收缩现象。在出口端虽然它所遇到的高温低湿的热空气有利于湿热传递，加速水分蒸发，但由于物料水分较低，干燥速率慢，物料温度将上升到和热空气相近的程度。如干物料此时停留时间过长，容易焦化。为了避免焦化，空气温度不宜过高。在出口处的高温低湿的空气中，干制品平衡水分将相应降低。所以逆流干燥适合于含水量大时不允许快速干燥以免发生干裂的食品以及干燥后耐高温的和吸湿性强的食品。逆流干燥的主要缺

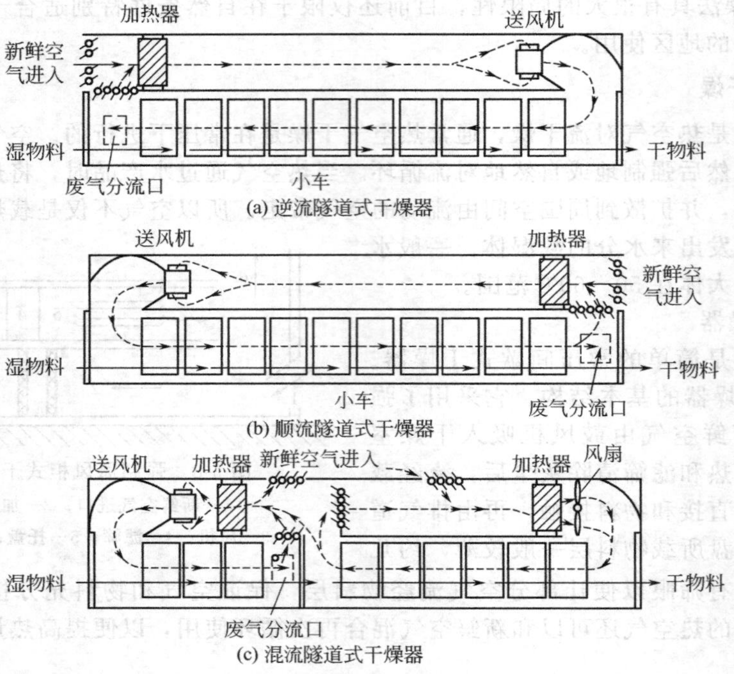

图 5-9　三种不同流程的隧道式干燥设备简图

点是在进口端物料温度低而空气湿度大从而延长了干燥时间。

为了弥补顺流、逆流两者的缺点，有时可采用顺流-逆流联合操作的混流式双阶段干燥。在双阶段干燥中，它同时具有顺流干燥时湿端水分蒸发率高和逆流干燥时后期干燥能力强的优点，因此干燥比较均匀，生产率高且品质较好。

三、冷冻干燥

水产品冷冻干燥法有两种。一种是利用天然或人工低温，使物料组织中水分冻结后再解冻，从组织中流出，以达到脱水目的，这种干燥的特点是制品组织中的水溶性物质和水分一起流失，制品成为多孔性结构。另一种是真空冷冻干燥，又称升华干燥。真空冷冻干燥就是在高真空和极低的温度下使固态水升华成气态水而将其除去，从而完成食品的干燥加工过程。

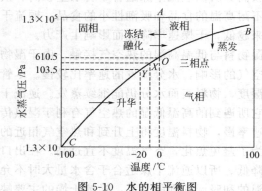

化学热力学中的相平衡理论是食品真空冷冻干燥技术原理的基础[4]。在一定的压力和温度下，水的三种形态之间达到一定的相平衡，据此得到水的相图，如图 5-10 所示。三相点显示了水的固、液和气三相共存的压力和温度条件。当蒸气压大于三相点压力（610.5Pa）时，冰只能先融化为水然后再由水转化为水蒸气，其过程为蒸发过程；如果低于三相点压力（610.5Pa），存在于食品中的水分就只有固态和气态两相，此时若温度不变、压力降低，或压力不变、温度降低，都会使食品中的固、气两相平衡遭到破坏，食品中的固态冰可以直接升华转化成为水蒸气，达到脱水干燥的目的，这就是升华干燥的理论基础。

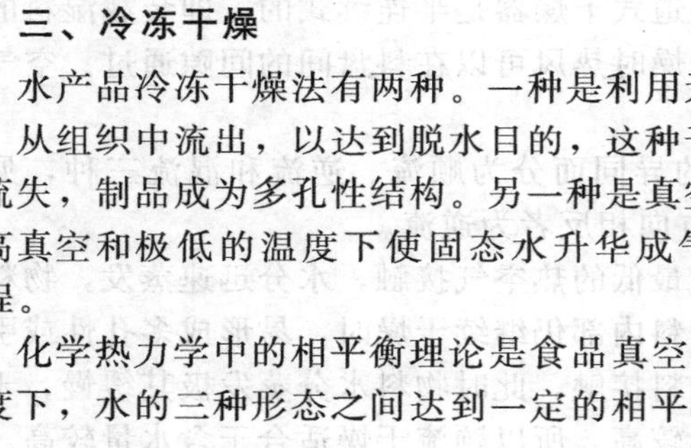

图 5-10　水的相平衡图

物料在进行冷冻干燥时首先要将原料进行冻结，才能进行升华干燥。物料的冻结有自冻法和预冻法。

自冻法是利用物料表面水分蒸发时从它本身吸收汽化潜热，使物料温度下降，直至它达到冻结点时物料水分自行冻结的方法。预冻法是干燥前采用常见的冻结方法将物料预先冻结。冻结过程中降温速率是影响冻干食品质量和冻干特性的主要因素之一。从保证冻干食品质量的角度出发，降温速率越高，食品材料受冰晶的机械损伤和溶质损伤就越小，冻干食品的质量就越好。而从提高冻干效率的角度出发，降温速率高不利于水蒸气向外扩散，甚至导致无法完成冻干。另外，冷冻速率还会影响原材料的弹性和持水性。缓慢冻结时形成颗粒粗大的冰晶体会破坏干制品的质地，并引起细胞膜和蛋白质变性，特别是对鱼肉冷冻干燥制品的品质影响更大，这是因为娇质的蛋白质和冻结后浓度有所增加的溶液长期接触时，极易出现变性现象。冻结前原料还会因酶的活动而发生变质变性，但在缓慢冻结的原料内更为严重一些。所以缓慢冻结对干制品的复原性会产生不利的影响[1]。因此在冻结之前应根据产品不同而试验出一个最优的冻结速率。

把预冻后的物料移入真空干燥室，启动真空泵，当压力降至三相点以下时，升华过程开始。为加速升华，所有冻结物料在真空室内需加热。在真空度足够高的条件下，所提供的热量应恰好等于食品内的冰晶升华所需要的相应的升华热，并保证冻结食品的温度略低于它的冰晶体的融解温度，以使冰晶能以最快的速率升华。提供热量过大将会引起食品解冻，达不到冷冻干燥的目的；而若提供的热量过少，则会导致升华速率减慢。

在真空室内，要保证在整个真空冷冻过程中，食品中所有的水分都以冰晶存在而不融解。冻结食品的温度不能低于与冰晶饱和水蒸气压（等于真空室内的压力）相对应的温度。应注意到，只有食品中冰晶的饱和水蒸气压大于真空室内的绝对压力时，冰晶才能发生升华，食品中的水蒸气才能向外扩散，因此应选择并保证真空室有适当的真空度。当真空室内的绝对压力超过 610Pa 时，食品物料中就会出现液相，667Pa 时就会出现沸腾。Blair 发现，有些食品物料在 533Pa 下就会飞溅，在 400Pa 下就会膨化。食品一般只有在 333Pa 绝对压力时才会处于三相点以下，故真空冷冻干燥加工时真空度至少须低于此压力[5]。

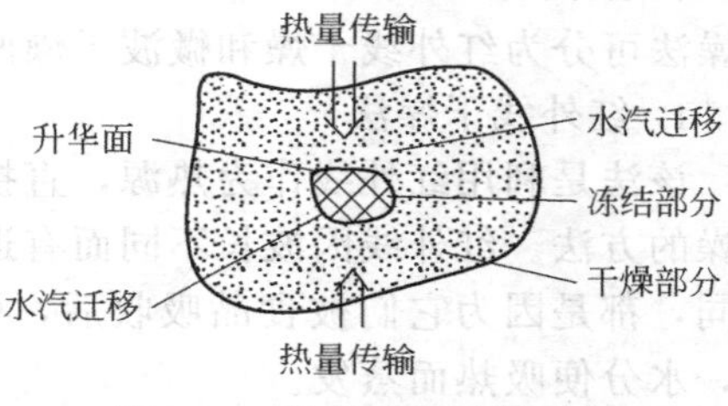

图 5-11 物料升华干燥过程

食品的升华干燥完全是在冰晶体表面进行（图 5-11），随干燥的进行，物料内冰晶层的界面不断向物料中心移动，干燥层逐渐增厚，升华热由加热体通过成为孔状的干燥层不断地传给冻结部分，在干燥与冻结交界的升华面上，水分子得到加热后，将脱离升华面，沿着冰晶升华后残留下的空隙逸出，直至食品内部的冰晶全部升华完毕。升华干燥时物料形态固定不变，水分子外逸后留下的是孔隙，形成海绵状多孔性结构。它具有良好的绝热性，不利于热量的传递，但有利于复水。因此冰晶界面不断后移时，多孔层的增长不仅降低了传热速度，同时也延缓了冰层界面上升华水分子外逸的速度，使干燥速率下降。此时若能利用微波等加热使热量直接达到物料水分升华表面，可使冷冻层维持并接近物料允许的最高温度，对干燥过程是有利的。

升华阶段时间的长短与产品的品种、产品的分装厚度、升华时提供的热量、冻干机本身的性能等因素有关。

当冰晶升华完毕，食品物料内还存在 10%左右的水分，为了使产品达到合格的残余水分含量，必须对产品进一步的干燥，即解吸阶段。在此阶段可以迅速加热使其温度达到物料最高允许温度，保持这一温度直至干燥结束。解吸过程脱去食品结合水，使食品水分降至 3%～5%，在此含水量下，食品得以长期保存。

解吸阶段的时间长短取决于产品的品种、残余水分的含量以及冻干机的性能等。

冷冻干燥完毕，就可以将冻干食品从真空干燥室内取出。由于冻干食品是多孔疏松状，表面积大，易吸湿与破碎，氧化作用增强，所以恢复常压时，最好能通入氮气等惰性气体破坏室内真空度，而后再充入惰性气体进行包装或真空包装。

由于真空冷冻干燥是传热、传质相互耦合的过程，影响该过程的因素较多，如被干物料的结构及组成、被干物料的厚度、冻结速率、冷阱温度、加热温度、操作压力等。

冷冻干燥的工艺条件为低温、低压，故和其他干燥方法相比有着相当多的优点：干制品营养成分损耗最少，它的结构、质地和风味变化很小；它的色泽、形状和外观只有轻微的变化；保持了食品原有的新鲜度和营养价值；脱水彻底、重量轻；海绵状多孔性结构的干制品复水迅速等。冷冻干燥方法也有缺点，如初期投资费用大，生产费用也高。为了提高干燥效率，物料一般都要求能切割成小型块片。多孔性干制品还需要特殊包装，以免回潮和氧化。

真空冷冻干燥在水产品加工中具有广阔的应用前景。海参就可以采用真空冷冻干燥的方法干燥。真空冷冻海参主要有两种形式，一种是将新鲜海参处理后直接真空冷冻干燥；另一种是将海参发制后进行真空冷冻干燥，食用时直接浸泡复水即可。真空冷冻干燥前海参要进行冷冻，冷冻温度一般控制在－35～30℃。冷冻过程中应注意控制冷冻速度，使海参中形成的冰晶大小适宜，提高海参的搞糟速率和复水能力。海参个体比较大，干燥时间一般比较长，所以干燥温度很重要，既可有效供给冰晶升华所需要的能量，又不会引起海参中冰晶融解。一般真空冷冻干燥的条件为：真空度为 50～60Pa，冷阱温度为－40℃，解析干燥温度为 50℃，干燥时间 50h 左右。冷冻干燥后的海参可基本保持发制后的形态，水分含量低于 5%。利用真空冷冻干燥水产品，可获得品质良好的水产干制品。然而，由于真空冷冻干燥设备一次性投资大，干燥时间长、能耗大，因而加工成本高，使得真空冷冻干燥技术在水产品加工中的应用受到很大限制。

四、辐射干燥

辐射干燥法是利用电磁波作为热源使食品脱水的方法。根据使用的电磁波的频率，辐射干燥法可分为红外线干燥和微波干燥两种方法。

1. 红外线干燥法

该法是利用红外线作为热源，直接照射到食品上，使其温度升高，引起水分蒸发而获得干燥的方法。红外线因波长不同而有近红外线与远红外线之分，但它们加热干燥的本质完全相同，都是因为它们被食品吸收后，引起食品分子、原子的振动和转动，使电能转变成热能，水分便吸热而蒸发。

红外线干燥装置虽然形式有多种，但差别主要表现在红外线辐射元件上。红外线辐射元件有两种常见型式，即灯泡式辐射器和金属或陶瓷式辐射器。灯泡式辐射器可采用普通照明灯泡或专用灯泡来发射红外线，其优点是没有热惯性，且操作简单安全，缺点是电能消耗大。金属或陶瓷式辐射器由金属或陶瓷的基体、基体表面发射远红外线的涂层以及使基体涂层发热的热源组成。由热源产生的热量通过基体传到涂层，使涂层发射出远红外线。发射红外线的涂层由氧化钴、氧化锆、氧化铁、氧化钇等氧化物的混合物及氮化物、硼化物、硫化物和碳化物等制成。热源可以是电加热器，也可以是煤气加热器。这种红外线辐射器的优点是对不同原料的干燥效果相同，操作控制灵活，能量消耗较少。缺点是结构较复杂，有热惯性。

红外线干燥器的主要特点是干燥速度快，干燥时间仅为热风干燥的 10%～20%，因此生产效率较高。由于食品表层和内部同时吸收红外线，因而干燥较均匀，干制品质量较好。设备结构较简单，体积较小，成本也较低。

2. 微波干燥

微波是波长在1mm～1m之间，频率在300～3000MHz，具有穿透性的一种电磁波。微波与物料直接作用，将高频电磁波转化为热能的过程即为微波加热。早在20世纪60年代，国外就将微波技术应用于食品工业，主要用于食品干燥、杀菌、膨化、烹调等方面。

研究表明，微波电磁场对物料作用，结果能产生两方面的效果：一为微波能转化为物料升温的热能而对物料加热；另一为与物料中生物活性组成部分（如蛋白质酶）或混合物（如细菌、霉菌等）等相互作用，使它们的生物活性得到抑制或激励。前者称为微波对物料的加热效应，后者称为非热效应。

微波加热属介质加热范畴，不同物料介质所吸收的微波能量是不同的，这种介质吸收微波能量的选择性为微波能量利用率提供了有利条件。由电磁场理论可知，作为微波加热区的箱体是一个多模谐振腔，进入该加热区的微波总功率消耗分为腔体内贮能、充填介质功率损耗和腔壁能耗三部分[6]。单位体积内介质吸收的微波功率 P 与该处的电场强度和频率 f 有下列关系：

$$P=2\pi f\varepsilon_0\varepsilon_r E^2\tan\delta=55.6\times10^{-12}f\varepsilon_r E^2\tan\delta \tag{5-6}$$

式中 ε_0——真空中的介电常数，$\varepsilon_0=8.85\times10^{-12}\mathrm{A\cdot s/V\cdot m}$；

ε_r——介质的“介电系数”，是表征介质极化程度的参量，A·s/V·m；

$\tan\delta$——介质的“损耗正切”，是表征介质损耗的参量；

E——电场强度，V/m。

由式（5-6）可知，物料吸收微波的功率与频率和电场强度成正比，对一定的物料，其 ε_r 介电常数和介质损耗角正切一定，为了提高物料吸收微波功率的能力，可以提高电场强度和工作频率。但是电场强度的提高有局限性，因为电场强度过高，电极间将会出现击穿现象。而提高频率 f 到微波段在300～3000MHz间的超高频电磁波时，则可很好地解决这一放电问题。当频率 f 固定时，电场强度 E 也一定，此时物料吸收微波的大小完全取决于介电常数 ε_r 和介质损耗角正切 $\tan\delta$，$\varepsilon_r\tan\delta$ 称为介质损耗因素。在微波加热干燥中，因为水的介质损耗因素比其他物质的值大，物料中的水能强烈地吸收微波，它吸收的热量大于物料，水分容易蒸发。几种材料的介质损耗因素比较及水和冰的介质损耗因素分别见表5-1和表5-2[7]。

表 5-1 几种材料的介质损耗因素比较

材料	纸、陶瓷器	玻璃	塑料	含水食品
$\varepsilon_r\tan\delta$	0.1～0.2	0.05	0.05～0.1	0.5～35

表 5-2 水和冰的介质损耗因素

物 质	介电常数(ε_r)	介质损耗角($\tan\delta$)	介质损耗因素($\varepsilon_r\tan\delta$)
水(3000MHz)	77	0.15	11.5
冰(−12℃,3000MHz)	3.2	0.00095	0.003

从式（5-6）可知，不同物质在同样的微波场中所吸收的微波能不同。而塑料、玻璃和陶瓷等[9]，微波能在其中损耗很小，即穿透性能好，若用它们做容器，微波可直接传至水产食品内部。对含水食品物料，其中水的介电常数 ε_r 特别大，当 $f=3000\mathrm{Hz}$、$T=25℃$时，介电常数达76.7，而水产品中蛋白质、淀粉等固态材料介电常数 ε_r 为2～3，显然物料中的水接收微波的能力远大于蛋白质、淀粉，可在极短时间内达到沸点，水分蒸发，猛烈汽化，使水产食品迅速干燥。当水产品物料置于金属制作的箱体内吸收微波时，没有传热介质，连容器都因为微波的穿透性而不被加热，几乎没有传热损失，热效率高。因此，微波加热干燥

效率远大于常规加热干燥法。

微波干燥分 4 个阶段：内部调整阶段、液体流动阶段、等速干燥阶段和减速干燥阶段。每个阶段都有各自的温度、湿度分布[8]。但总的来讲，物料内部的温度梯度和浓度梯度很小，在温度接近 100℃时，压力急速升高，物料中心处压力最高，沿径向渐减，形成压力梯度。所以，由蒸气压造成的传质方向是由里向外的[9]。

由于微波加热具有加热速度快、加热均匀、选择性好、反应灵敏、便于控制和能源利用率高等优点，目前被广泛用于各种物料的干燥加工[10,11]。将微波应用于食品的干燥，因干燥速度快、干燥时间短，能较好地保留食品的色、香、味，减少物料在干燥过程中的营养损失[9,12,13]。目前，利用微波进行食品干燥的研究很多，利用微波干燥水产品的研究报道也日渐增多。如刘新海等利用微波干燥海带，结果表明能较好地保留海带的色泽和风味，产品的口感也比较好，优于热风干燥[14]；据郭文川报道，日本在进行紫菜干燥时，以微波作为最终干燥手段，缩短了干燥周期，同时提高了产品质量[15]。

然而，单纯使用微波进行食品干燥，容易出现食品边缘或尖角部分焦化以及由过热引起的烧伤现象，同时，采用微波进行干燥时，干燥终点不易判别，容易产生干燥过度[15~17]。因此，利用微波干燥的发展趋势是采用微波与真空干燥结合、微波与热风干燥结合或微波与热泵干燥相结合等的联合干燥方法。联合干燥方法能提高能源利用率、改善产品品质，同时使干燥时间大大缩短，降低了生产成本[14,18~21]。

微波加热具有以下优点：①干燥速度极快；②食品加热均匀，制品质量好；③选择性的加热；④容易调节和控制；⑤热效率高等。但微波干燥耗电量较大，干燥成本较高；热量易向角及边处集中，产生所谓的尖角效应。

五、真空干燥

在常压下的各种加热干燥方法，因物料受热，其色、香、味和营养成分会受到一定程度的损失。如果采用真空干燥的方法，由于处于负压状态下隔绝空气使得部分在干燥过程中容易发生氧化等化学变化的物料能更好地保持原有的特性，就能减少品质的损失。真空干燥就是将被干燥的食品物料放置在密闭的干燥室内，在用真空系统抽真空的同时，对被干燥物料适当不断加热，使物料内部的水分通过压力差或浓度差扩散到表面，水分子在物料表面获得足够的动能，在克服分子间的吸引力后，逃逸到真空室的低压空气中，从而被真空泵抽走除去。真空干燥的特点是：

① 物料干燥温度低，避免过热。物料中的水分容易蒸发，干燥速度快，同时可使物料形成多孔状组织，产品的溶解性、复水性、色泽和口感都很好。

② 物料干燥彻底，使得物料的水分含量很低。

③ 热能消耗少，干燥速率高。

④ 适应性强，对不同性质、不同状态的物料都能适用。

真空干燥主要用于热敏性强、要求产品的速溶性和品质较好的食品干燥作业，如果汁型固体饮料、脱水蔬菜和豆、肉、乳各类干制品以及水产品等。目前真空干燥技术已应用于罗非鱼、白对虾、贝类等水产品的干燥。常见的真空干燥设备有真空干燥箱、连续真空干燥设备等。

六、热泵干燥

热泵干燥是利用热泵从低温热源中吸收热量，将其在较高温度下释放从而对物料进行干燥的方法。热泵的种类很多，按其工作原理可分为压缩式、吸收式、半导体式、化学式、蒸汽喷射式和涡流管式等。目前，应用最广的是压缩式热泵，特别是干燥过程中应用的基本上是压缩式热泵。

与传统热风干燥设备不同，热泵干燥系统采用循环气流降湿技术，利用制冷机冷凝器发出的热量加热基本密闭箱体内的循环气流，热气流加热脱水物品并带走物品蒸发出的水分，然后流经蒸发器制冷结露而析出水分，并由排水管排出，而气流不排出干燥室外部，循环至冷凝器被重新加热。干燥装置的基本结构如图 5-12 所示，箭头表示气流的流向。气流的循环利用减少了热量损失，并且基本不再引入外界空气、水分和氧气，效率得以提高。

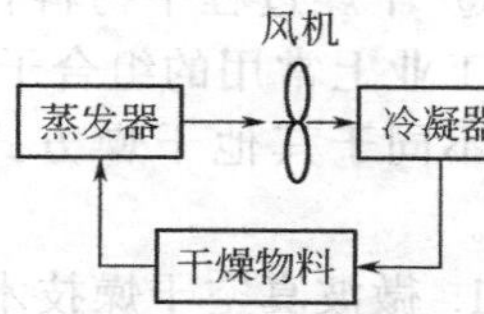

图 5-12　热泵干燥系统基本结构示意图

与普通的热风干燥相比，热泵干燥充分利用了干燥排出的水蒸气潜热，在整个干燥过程中没有能量损失，能耗低，是一种新型节能技术。由于水产品的初始含水率较高，干燥过程中去除的水量大，因此利用热泵干燥水产品，节能效果比较显著，符合未来物料干燥的发展趋势。热泵干燥作为一种新型节能环保干燥技术，同时还能保持干制品的品质，在水产品干燥中得到了广泛的应用。热泵干燥温度、湿度、风速等条件易于控制，而且整个干燥系统处于密闭状态，因此，可以避免或减轻水产品中不饱和脂肪酸的氧化和表面发黄，以及减少蛋白质的热变性、变色和营养成分损失等，而且热泵干燥可以模拟自然风干燥，物料表面水分的蒸发速度与内部向表面迁移的速度比较接近，保证了被干燥物料的品质好、色泽好、产品等级高。

目前，国内已有很多关于热泵干燥水产品方面的研究。陈忠忍等[22]利用热泵干燥技术对海产品进行干燥；洪国伟[23]使用热泵干燥鱿鱼，发现干燥产品的外观和色泽都比较理想；郑春明[24]使用 RC2100 型热泵干燥机进行了多种鱼类和海珍品的干燥试验，研究结果表明干鱼产品能保持原有的色泽和风味，海产干品的质量达到了出口美国、日本的质量标准；李浙[25]使用热泵在 20～25℃温度下干燥鱼片制品，并与隧道式蒸汽烘干房干燥的鱼片进行比较，结果表明热泵干燥产品在色泽、营养、口感等方面具有明显优势；吴耀森等[26]研究了低盐鱿鱼干的热泵干燥工艺，利用热泵干燥技术可加工出色泽均匀且透明性好、品质高的低盐鱿鱼干品，且干燥时间短，适用于生产实践；石启龙等[27]采用恒温、升温和降温 3 种温度模式对热泵干燥竹荚鱼的干燥特性及色泽变化进行了研究；胡光华等[28]研究了热泵干燥罗非鱼工艺。

尽管热泵干燥技术应用于食品干燥具有明显的优势，但热泵干燥自身也有缺点，即热泵干燥在干燥中后期存在干燥速度较慢、能耗比升高的问题。因为在热泵干燥过程的中后期，主要是除去半干物料中的结合水。这部分结合水相比总除湿量来说比例很小，这使得干燥室进出口空气状态变化较小，影响了热泵系统除湿能力，干燥效率降低。

七、组合干燥（海洋水产品微波组合干燥技术）

在工业生产中，由于物料的多样性及其性质的复杂性，当用单一形式的干燥设备来干燥物料时，有时不能达到最终产品的质量要求。如果把两种或两种以上形式的干燥设备串联结合，则可以达到单一干燥所不能达到的目的，这种干燥方式称为组合干燥。组合干燥是一种具有广阔发展前景的干燥技术，它可以发挥各种干燥工艺的长处，克服各自缺点，借长补短，达到高效率、低能耗、优品质的干燥目的。

组合干燥的特点有：

① 组合干燥在达到产品含水量的要求的同时，能更好地节约能源。

② 组合干燥能有效地保证产品质量，干燥过程中可以同时进行分级、粉碎等操作，对热敏性物料最为适用。

③ 操作更加灵活，可以根据物料干燥的特定规律对多种干燥器进行科学组合。

在以下情况中经常采用组合干燥系统：

① 采用单一干燥设备不能达到水分要求。

② 采用单一干燥设备不能达到成形要求。

③ 采用单一干燥设备能耗高。

④ 采用单一干燥设备不能控制物料停留时间。

⑤ 干燥过程中物料有特殊要求等。

工业上常用的组合干燥方式有两级组合干燥和三级组合干燥等。而由于微波干燥是一种完全不同于其他干燥方式的干燥技术，所以它也是与其他干燥方式组合最多的一种干燥技术。

1. 微波真空干燥技术

微波真空干燥是用微波辐射作为加热源在真空条件下进行加热而使物料脱水的过程，微波干燥虽然具有加热速度快、干燥时间短、选择性好、能源利用率高和便于控制等优点，但单纯使用微波进行食品干燥，容易产生由于过热引起的烧伤现象和食品边缘焦化、结壳和硬化等现象；采用真空可以降低水的蒸发温度，使物料在较低的温度下快速蒸发，同时还可避免氧化，因而改善了干燥品质。将微波技术与真空技术相结合就成为一项极具发展前景和实用价值的新技术。从国内外有关微波干燥的研究现状来看，微波真空组合干燥也是目前发展较快的一种组合干燥技术。

微波真空干燥技术综合了微波快速均匀加热和真空条件下水分快速蒸发的优点，使干燥速度加快，效率提高，能很好地保证产品的色、香、味以及不破坏维生素和生物活性成分。利用微波真空干燥技术干燥凡纳滨对虾能有效保证虾的品质并改善虾的质构[29]。

影响微波真空干燥速率的因素[30]有微波强度、真空度和物料的形状及大小等。微波的有效功率和食品的介电特性，决定微波能转化为热能的效率，因此直接影响微波真空干燥过程的干燥速率。但微波强度过高会在腔体内产生电弧和放电现象。真空度也能影响干燥速率，真空度越高，水的沸点温度越低，物料中水蒸气的扩散驱动力越大，干燥速率越快。但在微波真空干燥时，并不是真空度越高越好，真空度增高，能耗加大，干燥成本增加，而且会产生击穿放电现象。食品的形状是影响微波加热的关键因素，比较理想的形状是球形、柱形、粒状、片状和环形等，干燥前预先把物料进行处理可以达到改进干燥的效果。

采用微波真空干燥时，需要注意以下问题：

① 微波能被金属反射，干燥物料和测试传感器中不可混入金属。

② 待干燥物料的大小和形状应基本接近。

③ 微波干燥设备不可空载运行。

④ 微波可以穿透玻璃和聚合物而不损失能量。

⑤ 微波干燥时物料应不要堆积，最好能够运动。

2. 微波与热风干燥结合技术

在与微波组合的干燥方法中，微波热风组合干燥是研究最多的一种。由于热风干燥时间长、质量差，不适合干燥热敏性物料；微波干燥的成本与热风干燥相比较高，单纯微波干燥不经济。热风干燥对物料来说是从表面向内部干燥，温度梯度与水分转移的方向相反，而微波干燥是从内部加热，温度梯度与水分转移的方向相同，二者结合，可以达到既缩短干燥时间又降低成本的目的。微波与热风干燥可以有三种结合方式。

(1) 在临界含水率处加入微波　当干燥从恒速段进入降速段（即物料含水率达到临界水分）时将微波能引入干燥器，使物料内部产生热量和蒸气压，进而使水分扩散至物料表面并被排除，这时利用微波会非常显著地提高干燥速度。

(2) 在干燥器的终端加入微波　单一的干燥系统在接近干燥终了时效率最低，去除几个百分点的水分往往需要很长的时间，利用微波可以显著减少干燥时间。

(3) 在最初预热阶段加入微波　当干燥前物料含水率较高时，可以先用微波将物料加热到蒸发温度，然后用普通热风干燥，去除表面水分，可缩短干燥时间。

3. 冷冻与微波真空联合干燥技术

采用冷冻干燥、微波冷冻干燥等低温干燥技术可以加工高价值即食水产品，冷冻干燥设备一次性投资大，干燥时间长，能耗大，成本高，因此冷冻干燥技术在水产品加工中的应用受到了很大的限制。采用冷冻与微波真空联合干燥技术对水产品进行干燥，得到的产品组织状态好，可以改善产品品质并提高产品的附加值。例如采用这种组合干燥技术干燥凡纳滨对虾，主要技术参数为[30]：

冷冻干燥　冷阱温度为－50℃，真空度为 60～70Pa。

真空干燥　真空干燥温度为 50℃，真空度为 0.07Pa。

微波真空干燥　冷冻干燥到对虾含水分 50％，在具有一定微波功率和真空度 0.07Pa 下，微波处理 25s。

4. 热泵与微波真空联合干燥技术

这种组合干燥技术的特点是干燥时间短，干燥产品复水性好，具有良好的感官品质。宋杨[31]等采用热泵与微波真空联合的方式对海参（*Stichopus aponicus*）进行干燥，并与单纯热泵干燥的试验进行了对比。结果表明，利用热泵＋微波真空联合干燥方法与单纯热泵干燥比较，干燥时间缩短 50％以上，产品复水率有较大提高。其中，先在热泵（温度 T＝30℃，湿度 RH＝30％，风速 v＝1m/s）中干燥至 40％的含水率，再以微波真空（微波功率 230W，真空度 0.060MPa）干燥至 13％湿基含水率，所得干燥海参的 10min 复水率达到 50％，收缩率减小到 32.2％，干燥海参感官品质良好，色泽黑亮，参刺及表面无焦糊现象，外观形状保持完好，参体饱满。

第四节　水产干制品的干燥比和复水性

一、水产干制品的干燥比

干制品的耐藏性主要取决于干制后水产品的水分含量。只有干制品水分降低到一定程度，才不至于发生腐败变质，并保持良好的品质。这是因为酶的活动、氧化、非酶性褐变以及微生物生长发育都与水分有密切的关系。各种水产品的成分和性质不同，对干燥程度的要求也不一样。水产品水分含量一般是按照湿重计算，但水产品干制过程中，其干物质基本上不变，而水分却不断变化。为了正确掌握水产品中水分变化情况，也可以按干物质量计算水分百分含量。

水产品干制时干燥比是干制前原料质量和干制品质量的比值，即每生产 1kg 干制品需要的新鲜原料质量（kg）。水产品的干燥比反映了产品的生产成本等。

二、干制品的复水性和复原性

水产干制品除部分调味品可直接食用外，一般都是在复水（重新吸回水分）后才食用。干制品复水后能恢复原来新鲜状态的程度是衡量干制品品质的重要指标。干制品的复原性就是干制品重新吸收水分后在重量、大小和形状、质地、颜色、风味、成分、结构以及其他可见因素等各个方面能恢复原来新鲜状态的程度。在这些衡量品质的因素中，有些可用数量来衡量，而另一些只能定性表示。干制品的复水性就是新鲜食品干制后能重新吸收水分的程度，一般常用干制品吸水增重的程度来衡量，而且这在一定程度上也是干制过程中某些品质变化的反映。为此，干制品复水性也成为干制过程中控制干制品品质的重要指标。

干制品的复水并不是干燥历程的简单反复。这是因干燥过程中所发生的某些变化并非可逆。干制品复水性的下降，有些是由于细胞和毛细管萎缩和变形等物理变化的结果，但更多的还是胶体中物理化学和化学变化所造成的结果。食品失去水分后盐分增浓和热的影响就会促使蛋白质部分变性，失去了再吸水的能力或水分相互结合，同时还会破坏细胞壁的渗透性。淀粉和树胶在热力的影响下同样会发生变化，以致它们的亲水性有所下降。细胞受损伤如干裂和起皱后，在复水时就会因糖分和盐分流失而失去保持原有饱满状态的能力。正是这些以及其他一些化学变化，降低了于制品的吸水能力，达不到原有的水平，同时也改变了食品的质地。

复水比（$R_{复}$）简单来说就是复水后沥干重（$G_{复}$）和干制品试样重（$G_{干}$）的比值。复水时干制品常会有一部分糖分和可溶性物质流失而失重。它的流失量虽然并不少，但一般都不再予以考虑，否则就需要进行广泛的试验和仔细地进行复杂的质量平衡计算。

$$R_{复}=G_{复}/G_{干}\times 100\% \tag{5-7}$$

复重系数（$K_{复}$）就是复水后制品的沥干量（$G_{复}$）和同样干制品试样量在干制前的相应原料重（$G_{原}$）之比。

$$K_{复}=G_{复}/G_{原}\times 100\%$$

上式只有在已知同样干制品试样量在干制前相应原料重（$G_{原}$）的情况下才能计算，在一般情况下却为未知数，只有根据干制品试样重（$G_{干}$）以及原料和干制品的水分（$W_{原}$和$W_{干}$）等一般可知数据才能计算。

$$G_{原}=(G_{干}-G_{干}\ W_{干})/(1-W_{原})$$

因此复重系数（$K_{复}$）的计算式为：

$$K_{复}=G_{复}(1-W_{原})/[G_{干}(1-W_{干})]\times 100\%$$

第五节　半干半潮制品

半干半潮制品实际上就是对物料进行部分脱水，而可溶性固形物的浓度则高到足以能束缚住残余水分的一类食品。它是干制品中的一种高含水食品。

要保持水产品的鲜度，除了要能抑制微生物和酶的生物活性外，还要最大限度地保持其原有的色、香、味、营养、质地等食品属性。普通干制方法虽然可以保持其鲜度，但经过干制，水产品原有的特性往往发生不可逆的变化而遭受损害，与鲜品相比，干制品总有汁少渣多的感觉，特别是贝类干制品，质地粗硬，复水性差，不能很好地体现水产品鲜美的风味。随着消费者对水产食品的感官、营养、卫生安全、方便食用等方面要求的提高，增加水产干制品的水分含量，以改善其质地和风味，并使之在常温下可贮藏流通，是水产加工业的趋势。半干半潮制品的水分比新鲜的水产食品低，一般为20%～50%，水分活度处于0.70～0.90之间。大多数重要的细菌在水分活度0.9以下就不会繁殖。但霉菌较大多数细菌更耐干燥，常在水分活度约为0.80的食品上繁殖良好，甚至在低于0.70的水分活度下，有些食品在室温下存放几个月，仍可能出现缓慢繁殖现象，只有在水分活度值低于0.65时，霉菌繁殖才能被完全抑制，但是如此低的水分活度通常不适用于半干半潮制品的生产。这种水分活度在许多水产食品中相当于低于20%的含水量，则此类水产品已失去咀嚼性，且近乎为一种十足干燥的产品。

多年来，努力提高水产干制品的水分含量，获得制品柔软多汁的感官特性一直是水产加工业的追求。但随着水分含量的提高，制品中残留的微生物就会在常温贮藏流通条件下生长繁殖起来，制品品质和食用安全往往受到损害。为了在提高水分含量的同时仍然保持产品的常温保藏能力，水产行业内目前普遍采用添加各种防腐剂的方法。应用这种方法不仅使水分含量得不到很大提高，而且导致不少企业盲目滥用防腐剂，结果是消费者对这类产品失去信心。传统水产干制品要有突破性进展，必须采用新的理论和技术。Leistner 等在长期研究和总结的基础上，提出了“栅栏效应（hurdle effect）”理论，即通过合理设置若干强度不同的“栅栏因子（hurdle factor）”的交互作用，形成特有的防止食品腐败变质的“栅栏”，从数方面打破食品中残存微生物的内平衡，达到阻止其生长繁殖的目的，避免了单一高强度防腐方法对产品造成的感官等质量的劣化，食品的卫生安全得到进一步保证[32]。杨宪时等[33～35]运用栅栏效应理论，通过设置多个强度缓和的保质栅栏的交互效应，阻止微生物的生长发育，避免了高强度防腐方法对产品感官质量等方面造成的不良影响，研究开发的高水分扇贝调味干制品在 $A_w>0.90$ 时仍非制冷可贮，口感柔软，能充分体现扇贝的鲜美风味，较好地保持了鲜品的色泽和外观，卫生安全性得到进一步保证，经济效益提高。

第六节　几种水产品的脱水干燥保鲜介绍

一、淡干品

淡干品又称生干品，是指将原料水洗后，不经盐渍或煮熟处理而直接干燥的制品，其原料通常是一些体型小、肉质薄而易于迅速干燥的水产品，如鱿鱼、墨鱼、章鱼、鱼卵、鱼肚、海参、海带、虾片等。生干品由于原料组织的成分、结构和性质变化较少，故复水性较好；另外，原料组织中的水溶性物质流失少，能保持原有品种的良好风味。但是，由于生干品没有经过盐渍和煮熟处理，干燥前原料的水分较多，在干燥过程中容易腐败，并且在贮藏过程中，因酶的作用易引起色泽和风味的变化。以下以真空冷冻干鱼片为例，介绍其加工工艺。

鲜鱼→挑选→沥水→装盘→冻结升华干燥→检验→回软→压块→后干燥→包装→成品

（1）挑选　选用鲜度一级的新鲜鱼类（海水鱼类、淡水鱼类），剔除其中的变质腐败者。

（2）处理　去鳞、去鳍、剖腹、除内脏，并紧挨头部从鳃盖后开始沿着脊背切开成两条鱼片，切除腹内侧之肋刺。

（3）水洗　水洗的目的是去除粘在鱼片上的鱼鳞、内脏、血污和腹腔内的黑膜等杂物，以保证产品的卫生和外观整洁。

（4）沥水　水洗后的鱼片表面吸附有水分，如不沥水，将浪费速冻时的冷量和延长干燥时间。但沥水时间不能太长，否则会使鱼片的鲜度降低。

（5）装盘　要求每盘的质量一致。摆时要厚薄均匀，避免将鱼片交叉叠放，以免影响冰晶的升华和各部位的干燥均匀度。

（6）速冻　库温必须在－25℃以下，以便冻结结束时，鱼片中的水分能达到“冻硬”的要求。以速冻为宜，一般在 1～2h 内冻至预定温度。空气流动一般采用冷风强制循环。如果冻结速度慢，则形成的冰晶较大，会挤破鱼肉组织细胞，造成成品的复水性差，并且成品会因弹性不足而发软。

（7）升华干燥　将载有已冻硬鱼片的料车迅速推入干燥室，避免其解冻，并立即关闭进料门，开启抽真空系统，使鱼片温度随着室内真空度的降低而迅速降低。室内真空度在 5～6min 内即应达到 66.6～133.3Pa，以防止已冻结的鱼片升温解冻。这时鱼片的温度就基本上稳定在预定的升华温度。然后进行加热，以供应鱼片中冰晶升华时所需的热量。经过升温、恒温、降温三个阶段，鱼片达到预定的含水率（4%）。传热方式为辐射传热（辐射冻干机加热），加热板与鱼片不得直接接触，鱼片的最高温度不应超过 50℃。

（8）检验　干燥后的检验是把未达到要求的鱼片拣出，以保证干鱼片的质量。

（9）回软　将已干的鱼片（一般含水量在 4%左右）吸收一定量的水分，使其手捏不碎，表面不发黏，以便手工压块操作的进行。

(10) 压块　根据鱼片的含水量和回软程度来确定压块压力。

(11) 二次干燥（后干燥）　除去回软水分，使鱼片回复到回软前的水分含量（4%左右）。

(12) 包装　要求密封避光、不漏气，并进行充氮包装，防止高度不饱和脂肪酸含量甚高的鱼类脂肪氧化。

二、盐干品

盐干品是经过腌渍后漂洗再行干燥的制品。多用于不宜进行生干和煮干的大、中型鱼类和不能及时进行生干和煮干的小杂鱼等的加工，如盐干带鱼、黄鱼鲞、鳗鱼鲞等。

盐干品加工把腌制和干制两种工艺结合起来，食盐一方面在加工和贮藏过程中起着防止腐败变质的作用，另一方面能使原料脱去部分水分，有利于干燥，所以盐干特别适合于大中型鱼类和来不及处理或因天气条件无法及时干燥的情况下采用。盐干鱼的生产工艺如下。

选料→剖割→去内脏、鳃→洗涤→盐腌→洗涤脱盐→干燥→成品→包装→贮藏

(1) 原料处理　先将原料鱼按鲜度进行分级，接着按鱼体大小进行剖割，大型鱼体采用背开，较小型鱼体或鳊、鲶等鱼采用腹开或划线等形式，经剖割除内脏、鳃后的原料鱼放入水中洗净，再放进竹筐，鱼鳞面向上沥干水分，即可进行腌制。

(2) 盐腌　腌制时将鱼体撒盐或擦盐，使盐均匀分布在鱼体表面和剖开部位，小杂鱼可采用拌盐法。若用缸、木桶等容器时，应先在容器底部撒一层盐，放鱼时鳞面向下、肉面向上，鱼头稍低，鱼尾斜向上，装一层鱼撒一层盐，退至容器口时，最好满出口 15～20cm，顶面一层肉面向下、鳞面向上，经数小时，待鱼收缩至齐口时，再撒封口盐，一般 1000kg 加封口盐 10～15kg。用盐量一般控制在 10%～17%，腌渍时间为 5～7 天，这样既可避免过咸，又可缩短干燥时间。另外，为了提高制品的加工质量，还可将大型鱼类（一般体重 2kg 以上）剖割时除去头、尾，切成 3～4cm 见方的鱼块进行腌制。腌渍数天后出缸。

(3) 洗涤脱盐　应先用清水洗掉鱼体上的黏液、盐粒和脱落的鳞片，然后放入净水中浸泡约 30min，漂出鱼体表层的盐分，沥去水分再进行出晒。

(4) 干燥　晒时用细竹片将两扇鱼体和两鳃撑开，再用绳或铁丝穿在鱼的颚骨上，吊起来或平铺在晒台上，经常翻动，使鱼体干燥均匀。晒场应干燥通风，地势较高，中午要注意遮阴，防止烈日暴晒，晚上应及时收盖。晒至八成干时再加压一夜，使鱼体平整，次日再晒至全干，一般约经 3 天即可晒成成品。若遇阴雨天气可用机械设备烘干。

(5) 包装、贮藏　干燥后需经冷却再进行包装。包装时垫好防潮隔热材料，逐层压紧，然后在包装外面标明品名、规格、毛重、净重及出厂日期，即可入库贮藏。

三、煮干品

煮干品又称熟干品，是由新鲜原料经煮熟后进行干燥的制品。经过加热使原料肌肉蛋白质凝固脱水和肌肉组织收缩疏松，从而使水分在干燥过程中加速扩散，避免变质。加热还可以杀死细菌和破坏鱼体组织中酶类的活性；贝类、鱼翅在加热后便于开壳取肉和去皮去骨。为了加速脱水，煮时加 3%～10%的食盐。煮干品质量较好，耐贮藏，食用方便，其中不少是经济价值很高的制品。但是，原料经水煮后，部分可溶性物质溶解到煮汤中，影响制品的营养、风味和成品率。干燥后的制品组织坚韧，复水性较差。煮干加工主要适用于体小、肉厚、水分多、扩散蒸发慢、容易变质的小型鱼、虾和贝类等。以下以干贝的加工为例，介绍煮干品的生产方法。

(1) 原料　用于加工干贝的原料有渤海、黄海产的栉孔扇贝，东海、南海产的华贵栉孔扇贝和羽状江珧，南海产的长肋日月贝和美丽日月贝，以及沿海均产的栉江珧。

（2）煮熟与去壳　用大锅将海水煮沸，将原料贝装于煮笼中，浸入沸水内煮熟，煮时要经常摇动煮笼，使原料受热均匀，待贝壳张开后，提起煮笼。要注意掌握炊煮程度，如炊煮不充分，难以使贝柱与壳分离，也易刮伤贝柱；但过分炊煮，则在第二次煮时，难以渗入盐分，干燥时贝易于破裂。

（3）摘取贝柱　第一次煮好后的贝，应立即用小刮勺刮下贝肉，置于竹篓中用水洗净，再放到处理台上分离贝柱、外套膜和内脏，并剥除附着在贝柱上的薄膜，但一定要保证贝柱完整。贝柱按大小分级，分别放入笼中用水漂洗，此工序须在1h内完成，因时间过长贝柱易于崩溃。

（4）盐冰炊煮　第二次炊煮是用浓度为8%～8.5%的食盐水煮贝柱。盐水浓度不宜过高，否则制得的干制品易于吸湿。炊煮时，先将盐水煮沸，再将盛贝柱的煮笼浸入其中，然后逐渐加强火力。为使贝柱受热均匀，在炊煮期间应将煮笼摇2～3次，并捞出浮在水面上的泡沫。一般中粒贝柱炊煮时间为10～15min，其中，沸腾状态需保持3～5min；大粒贝柱炊煮时间为15～20min，其中，沸腾状态需保持5～8min。

（5）贝柱的干燥　已进行两次炊煮的贝柱即可进行干燥。在渔区多用日光干燥，但由于贝柱含盐分较少，在缓慢干燥的初期易于受细菌侵害，常采用先行焙干法，使之较快地减少部分水分，再进行日光干燥。焙干一般是将贝柱在温度为100～150℃的炉子上干燥50min。日光干燥是在干燥棚上将贝柱干燥到八成干，次日再置于草席上干燥。成品的水分含量约为16%左右。如有条件，也可采用人工热风干燥，可极大地缩短干燥时间。

四、调味干制品

原料经调味料拌和或浸渍后干燥、或先将原料干燥至半干后浸调味料再干燥的制品。其特点是水分活度低、耐保藏，且风味、口感良好，可直接食用。调味干制品的原料一般可用中上层鱼类、海产软体动物或鲜销不太受欢迎的低值鱼类，如海龟、鳖鱼、马面纯、鱿鱼、海带、紫菜等。主要制品有五香烤鱼、五香鱼脯、珍味烤鱼、香甜鱿（墨）鱼干、鱼松、调味海带、调味紫菜等。以下以淡水鱼调味鱼干片为例，介绍其加工工艺。

原料鱼→三去（去鳞、去内脏、去头）→开片→捡片→漂洗→沥水→调味→渗透→摊片→烘干→揭片（生干片）→烘烤→滚压拉松→检验→称量→包装→成品

（1）原料的选用　用来加工淡水鱼调味鱼干片的原料鱼，一般有鲢鱼、鳙鱼、草鱼、鲤鱼等，调味鱼干片的质量一般受原料鱼新鲜度的直接影响，因此应选用新鲜的或冷冻淡水鱼为原料。要求鱼体完整，气味、色泽正常，肉质紧有弹性，原料鱼的大小一般选用0.5kg以上的鱼。

（2）原料处理　先将鱼去鳞片，然后用刀切去鱼体上的鳍，沿胸鳍根部切去头部，自胴部切口拉出雌鱼的内脏，用手摘除卵巢，以备加工咸鱼子。接着用鱼体处理机将雌鱼、雄鱼一起去鳃、开腹、去内脏和腹内膜，然后用毛刷洗刷腹腔，去除血污和黑膜。

（3）开片　开片刀用扁薄狭长的尖刀，一般由头肩部下刀连皮开下薄片，沿着脊排骨刺上层开片（腹部肉不开），肉片厚2mm，留下大骨刺，供作他用。

（4）捡片　将开片时带有的大骨刺、红肉、黑膜、杂质等捡出，保持鱼片洁净。

（5）漂洗　淡水鱼片含血液多，必须用循环水反复漂洗干净。有条件的加工厂可将漂洗槽灌满洁净的自来水，倒入鱼片，用空气压缩机通气使其激烈翻滚，洗净血污，漂洗的鱼片洁白有光，肉质较好。然后捞出沥水。

（6）调味　调味液的配方为：水100份、白糖78～80份、精盐20～25份、料酒20～25份、味精15～20份。配置好调味液后，将漂洗沥水后的鱼片放入调味液中腌渍。以鱼片100kg，加入调味液15L为宜。调味液腌渍渗透时间为30～60min，并常翻拌，调味温度为

15℃左右，不得高于20℃。要使调味液充分均匀渗透。

(7) 摊片　将调味腌渍后的鱼片，摊在无毒烘帘或尼龙网上，摆放时，片与片的间距要紧密，片张要整齐抹平，再把鱼片（大小片及碎片配合）摆放，如鱼片3～4片相接，鱼肉纤维纹要基本相似，使鱼片成型平整美观。

(8) 烘干　采用烘道热风干燥。烘干时鱼片温度以不高于35℃为宜，烘至半干时将其移到烘道外，停放2h左右，使鱼片内部水分自然向外扩散后再移入烘道中干燥至规定要求。

(9) 揭片　将烘干的鱼片从网片上揭下，即得生鱼片。

(10) 烘烤　将生鱼片的鱼皮部朝下摊放在烘烤机传送带上，经1～2min烘烤即可，温度180℃左右为宜，注意烘烤前将生鱼片喷洒适量的水，以防鱼片烤焦。

(11) 碾压拉松　烘烤后的鱼片经碾片机碾压拉松即得熟鱼片，碾压时要在鱼肉纤维的垂直方向（即横向）碾压才可拉松，一般需经2次拉松，使鱼片肌肉纤维组织疏松均匀，面积延伸增大。

(12) 检验　拉松后的调味鱼干片用人工揭去鱼皮，捡出剩留骨刺（细骨已脆可不除），再行称量包装，每袋净装鱼片8g，用聚乙烯食品袋小包装。制品水分以18%～20%为宜，口感好。

(13) 成品率　鲜鱼7～8kg制得成品1kg。

(14) 包装　采用清洁、透明聚乙烯或聚丙烯复合薄膜塑料袋。用塑料袋2次包装，一定数量的小袋装一大袋，再装入纸箱中，放置平整；大、小塑料袋封口必须不漏气。纸箱采用牢固、清洁、干燥、无霉变的单瓦楞纸箱，表面涂无毒防潮油。纸箱底、盖用黏合剂粘固，再用封箱纸带粘牢。

(15) 贮存　淡水鱼片的成品应放置于清洁、干燥、阴凉通风的场所，底层仓库内堆放成品时应用木板垫起，堆放高度以纸箱受压不变形为宜。

第七节　干制品的保藏与劣变

一、干制品的吸湿

将干制品置于空气相对湿度高于其水分活度（A_w）对应的相对湿度（RH）时则吸湿，反之则干燥。吸湿或干燥作用持续到干制品水分活度对应的相对湿度与环境空气的相对湿度相等为止。塑料薄膜对水蒸气或多或少总有一些透过性，因此用塑料薄膜袋密封的干制品也会由于所处空气的RH变化而吸湿或干燥。

干制品在贮藏中，必须尽可能使制品周围的空气与制品水分活度对应的相对湿度接近，避免制品周围空气温度偏高并采用较低的贮藏湿度。对于个体大、比表面积小、吸湿性比较弱的制品与个体小、比表面积大、吸湿性强的制品、必须采取不同的包装方法。

二、干制品的发霉

干制品的发霉一般是由于加工时干燥不够完全，或者是干燥完全的干制品在贮藏过程中吸湿而引起的劣变现象。防止的方法和措施是：①对干制品的水分含量和水分活度建立严格的规格标准和检验制度，不符合规定的干制品不包装进库。②干制品仓库应有较好的防潮条件，尽可能保持低而稳定的仓库温度和湿度，定期检查温湿度并记录，以及库存制品质量状况，及时处理和翻晒。③应采用防潮性能较好的包装材料进行包装，必要时放入去湿剂保存。

三、干制品的“油烧”

干制品的“油烧”是由于干制品中的脂肪酸被空气中的氧气氧化，导致其变色的现象。

在脂肪含量多的中上层鱼类干制品中油烧现象较为普遍，一般鱼类在腹部脂肪多的部位也易油烧而发黄。干制品油烧的基本原因是鱼体脂肪与空气接触所引起，但加工贮藏过程中光和热的作用也可以促进脂肪氧化。因此，脂肪多的鱼类在日干和烘干过程中容易氧化。

防止制品在贮藏过程中油烧变质的方法是：①尽可能使干制品避免与空气接触，必要时密封并充惰性气体（N_2、CO_2 等）包装，使包装内的含氧量在1%～2%之间。②添加抗氧化剂或去氧剂一起密封并在低温下保存。

四、干制品的虫害

鱼贝类的干制品在干燥及贮藏中容易受到苍蝇类、蛀虫类的侵害。自然干燥初期，苍蝇可能在水分较多的鱼体上群集，传播腐败细菌和病原菌，而且在肉的缝隙间和鱼鳃等处产卵，较短时间内就能形成蛆，显著地损害商品的价值。要防止苍蝇的侵害，必须保持干燥场地及其周围的清洁，以阻止苍蝇的进入。使用杀虫剂时，必须充分注意不能让药剂直接接触到食品。

防止虫害最有效的方法是将干制品放在不适合害虫生活和活动的环境下贮藏。例如，大多数的害虫在环境温度10～15℃以下几乎停止活动，所以利用冷藏很有效。此外，害虫在没有氧气的条件下不能生存，故对干制品采用真空包装及充入惰性气体密封也是有效的。

本章小结

水产品的干制加工原理就是除去其中微生物生长、发育所必需的水分，微生物繁衍受到抑制，防止水产食品变质，从而使其长期保存；同时，原料中的各种酶类也因干燥作用其活性被抑制，大多数生物化学反应也减慢了速度；另外，水产食品受到环境中氧气等的氧化作用也与水分的含量有关。

水产品的干燥就是水分的表面蒸发与内部扩散的结果，在干燥过程中，蒸发与扩散是同时进行的，而且彼此紧密联系。干制过程就是水分的转移和热量的传递，即湿热传递，对这一过程的影响因素主要取决于物料表面积、温度、空气流速、空气相对湿度、大气压力和真空度等。

干制过程中潮湿食品表面水分受热后首先由液态转化为气态，即水分蒸发，而后，水蒸气从食品表面向周围介质扩散，此时表面湿含量比物料中心的湿含量低，出现水分含量的差异，即存在水分梯度。水分扩散一般总是从高水分处向低水分处扩散，亦即是从内部不断向表面方向移动。这种水分迁移现象称为导湿性。导湿系数在干燥过程中并非稳定不变的，它随着物料温度和水分而异。食品在热空气中，食品表面受热高于它的中心，因而在物料内部会建立一定的温度差，即温度梯度。温度梯度将促使水分（无论是液态还是气态）从高温向低温处转移。这种现象称为导湿温性。导湿温性是在许多因素影响下产生的复杂现象。

选用合理的工艺条件时应考虑以下几方面：①使食品表面的蒸发速率尽可能等于食品内部的水分扩散速率，同时力求避免在食品内部建立起和湿度梯度方向相反的温度梯度，以免降低食品内部的水分扩散速率。②恒速干燥阶段，为了加速蒸发，在保证食品表面的蒸发速率不超过食品内部的水分扩散速率的原则下，允许尽可能提高空气温度。③降速干燥阶段时，应设法降低表面蒸发速率，使它能和逐步降低了的内部水分扩散率一致，以免食品表面过度受热，导致不良后果。④干燥末期干燥介质的相对湿度应根据预期干制品水分加以选用。

干制方法可以区分为自然干燥和人工干燥两大类。干制品复水后恢复原来新鲜状态的程度是衡量干制品品质的重要指标。干制品的复原性就是干制品重新吸收水分后在重量、大小和性状、质地、颜色、风味、结构、成分以及可见因素（感官评定）等各个方面恢复原来新鲜状态的程度。干制品的复水性是指新鲜食品干制后能重新吸回水分的程度，一般用干制品吸水增重的程度来表示。

思考题

1. 说明食品干制对微生物的影响。
2. 说明食品干制对酶活力的影响。
3. 简述食品干制的基本过程。
4. 影响食品干制中湿热转移的因素有哪些？
5. 什么是干燥速度？干制过程中干燥速度是如何变化的？
6. 干燥过程中物料温度是怎样变化的？
7. 水产品干制时速度下降的原因有哪些。
8. 在选用合理干制工艺条件时主要应考虑哪些方面？
9. 说明自然干制的特点。
10. 简述隧道式干燥法的基本过程。
11. 真空干燥有哪些优点？
12. 微波干燥的基本原理是什么？
13. 热泵干燥有哪些优点？
14. 水产干制品可分成哪几类？
15. 什么是顺流干燥和逆流干燥？各有什么特点？
16. 冷冻干燥的基本原理是什么？
17. 什么是三相点？温度、压力各是多少？
18. 冷冻干燥法的主要优点有哪些？
19. 什么是复水率、干燥比、复重系数？
20. 水产干制品在保藏过程中会发生哪些变化？
21. 你是否认为干燥技术是一种有发展前途的水产品保藏技术？

参考文献

[1] 天津轻工业学院、无锡轻工业学院合编. 食品工艺学. 北京：轻工业出版社，1984.
[2] 沈月新. 水产食品学. 北京：中国农业出版社，2001.
[3] 林洪等. 水产品保鲜技术. 北京：中国轻工业出版社，2001.
[4] Shahab Sokhansanj. Drying of Foodstuffs. Handbook of Drying，1987.
[5] 倪静安等. 食品冷冻干燥技术进展. 冷饮与速冻食品工业，1997，4：35-37.
[6] 鲍家善等. 微波原理. 北京：高等教育出版社，1985.
[7] 周家春. 食品工业新技术. 北京：化学工业出版社，2005.
[8] 王邵林. 微波食品工程. 北京：机械工业出版社，1994.
[9] 张立彦等. 微波干燥食品技术. 食品工业，1999，(1)：45-47.
[10] 潘永康等. 现代干燥技术. 北京：化学工业出版社，1998.
[11] 高福成. 微波食品. 北京：中国轻工业出版社，1999.
[12] 张静等. 几种食品干燥技术的进展与应用. 包装与食品机械，2003，21 (1)：29-32.
[13] 康健. 微波加热技术及其在农副产品加工中的应用. 西北农业学报，1999，8 (4)：110-112.
[14] 刘海新等. 调味海带脆片生产工艺. 福建水产，2002，93 (6)：71-73.
[15] 郭文川等. 微波干燥技术在食品工业中的应用. 食品科技，1997，(2)：13-14.

[16] Mallikarjunan P, Hung Y C, Gundavarapu S. Modeling microwave cooking of cocktail shrimp. J Food Process Eng, 1996, 19: 97-111.

[17] 陈仲仁. 微波干燥在食品干燥制程之应用. 食品工业, 2002, 34 (7): 31-45.

[18] Litvin S, Mannheim C H, Miltz J. Dehydration of carrots by a combination of freeze drying, microwave heating and air or vacuum drying. Journal of Food Engineering, 1998, 36: 103-111.

[19] Lin T M, Durance T D, Scaman C H. Characteriztion of vacuum microwave, air and freeze dried carrot slices. Food Research International, 1998, 31 (2): 111-117.

[20] 郭梅. 食品微波干燥、杀菌技术及其发展. 天津农学院学报, 2003, 10 (3): 56-58.

[21] 马国远等. 热泵微波联合干燥系统研究. 化学工程, 2000, 28 (2): 27-30.

[22] 陈忠忍. 水产品热泵干燥装置的研究. 制冷学报, 1992, (1): 23-25.

[23] 洪国伟. 热泵干燥器在水产品加工中的应用. 渔业现代化, 2001, (3): 28-29.

[24] 陈依水. 热泵在水产品干燥中的应用. 渔业机械仪器, 1992, 19 (98): 35-37.

[25] 李浙. 水产品热泵干燥装置的设计计算. 冷藏技术, 1998, 2: 36-39.

[26] 吴耀森, 陈永春, 龚丽. 低盐鱿鱼干的热泵干燥工艺研究. 干燥技术与设备, 2009, 7 (1): 29-31.

[27] 石启龙, 薛长湖, 赵亚等. 热泵变温干燥对竹荚鱼干燥特性及色泽的影响. 农业机械学报, 2008, 39 (4): 83-85.

[28] 胡光华, 张进疆. 罗非鱼热泵梯度变温干燥试验研究. 现代农业装备, 2004, (5): 35-37.

[29] 李辉等. 食品微波真空干燥技术研究进展. 包装与食品机械, 2011, 29 (1): 46-50.

[30] 李乃胜等. 中国海洋水产品现代加工技术与质量安全. 北京: 海洋出版社, 2010: 332-333.

[31] 宋杨等. 热泵与微波真空联合干燥海参的初步研究. 渔业现代化, 2009, (1).

[32] 王卫. 栅栏技术在肉食品开发中的应用. 食品科学, 1997, 18 (3): 9-13.

[33] 杨宪时等. 高水分扇贝调味干制品保质栅栏的模式及其强度. 水产学报, 2000, 24 (1): 67-70.

[34] 杨宪时等. 提高扇贝制品安全水分含量的初步研究. 中国水产科学, 2003, 10 (3): 258-261.

[35] 许钟等. 调味扇贝半干制品适宜水分含量的研究. 水产学报, 1998, 22 (2): 190-192.

第六章　水产罐头食品

学习要求

1. 理解水产品罐藏原理。
2. 掌握食品罐藏的基本工艺过程及其特性。
3. 熟悉罐头食品杀菌时间的计算方法及杀菌工艺条件的确定。
4. 了解罐藏新技术。
5. 掌握常见水产品罐头败坏的现象及其原因。

食品罐藏是将经过一定处理的食品装入容器中，经密封杀菌，使罐内食品与外界隔绝而不再被微生物污染，同时又使罐内绝大部分微生物死灭并使酶失活，从而消除了引起食品变质腐败的主要原因，获得在室温下长期贮存的保藏方法。这种密封在容器中并经杀菌而在室温下能够较长时间保存的食品称为罐藏食品，俗称罐头。

1810 年法国人阿培尔撰写并出版了《动植物物质的永久保存法》一书，提出了加热和密封的食品保藏法，但他并不知道罐藏技术的真正理论。1864 年，法国科学家巴斯德阐明食品腐败变质的原因是由于微生物的作用；1873 年，Louis Paster 又提出了加热杀菌的理论。1920 年，Ball 和 Bigelow 首先提出了罐头杀菌安全过程的计算方法，这就是众所周知的图解法。1923 年，Ball 又建立了杀菌时间的公式计算法、杀菌条件安全性的判别方法，后来经美国罐头协会热工学研究小组简化，用来计算热传导数据，这就是目前正在普遍使用的方法。1948 年斯塔博和希克斯进一步提出了罐头食品杀菌的理论基础 F 值，从而使罐藏技术趋于完善。容器也由以前的焊锡罐演变为电阻焊缝罐、复合塑料薄膜袋等。

我国的罐头工业开始于 1906 年，上海泰丰食品公司是我国首家罐头厂，尔后沿海各省先后兴建罐头厂，到 1949 年全国罐头全年总产量 484t。新中国成立后，罐头工业有了很大发展。

随着科学技术的发展和人们生活水平的提高，罐头工业出现了新的特点，表现为罐藏原料的日趋优化，生产作业的逐步自动化，先进工艺技术的引用加快了罐头工业生产连续化，包装材料不断更新促进了罐头消费，罐头生产的方式由全面包揽到走向专业化，空罐制造和实罐生产分开，效率大大提高。总之，罐头工业将从满足人类需要出发，获得更广泛的发展。

第一节　罐头食品生产的基本原理

一、加热对微生物的影响

水产食品的腐败主要是由微生物和酶所引起。微生物受到加热处理，对热较敏感的微生物就会立即死亡。加热促使微生物死亡，一般认为是由于细胞内蛋白质受热凝固因而失去了新陈代谢的能力所致。水产品中污染的微生物种类很多，微生物的种类不同，其耐热性也不同，即使同一菌种，其耐热性也因菌株不同而异。非芽孢菌、霉菌、酵母菌以及芽孢菌的营养细胞的耐热性较低。各菌种芽孢的耐热性不同，其中又以嗜热菌的芽孢耐热性最强，厌氧菌芽孢次之，需氧菌芽孢的耐热性最弱。同一种芽孢的耐热性又因热处理前的菌龄、生产条件和贮藏环境等的不同而不同。同一菌株芽孢由加热处理后残存芽孢再形成的新生芽孢的耐热性就比原芽孢的耐热性强[1]。其中肉毒梭状芽孢杆菌是致病微生物中耐热性最强的，它是非酸性罐头的主要杀菌目标。

1. 影响微生物耐热性的因素

(1) 水分活度 水分活度或加热环境的相对湿度对微生物的耐热性有显著影响。一般情况下，水分活度越低，微生物细胞的耐热性越强。其原因可能是由于蛋白质在潮湿状态下加热比在干燥状态下加热变性速度更快，从而使微生物更易于死亡。因此，在相同温度下湿热杀菌的效果要好于干热杀菌。

随着水分活度的增大，肉毒梭菌的芽孢迅速死亡，而嗜热脂肪芽孢杆菌的芽孢死亡速度所受影响小得多。

(2) 糖 许多学者认为糖有增强微生物耐热性的作用。糖的浓度越高，杀灭微生物芽孢所需的时间越长，其关系如图 6-1 所示。糖的浓度很低时，对芽孢耐热性的影响很小。高浓度糖液对芽孢耐热性有保护作用。糖对微生物芽孢的保护作用一般认为是由于高浓度糖液吸收了细菌细胞中的水分，导致细菌细胞原生质脱水，影响了蛋白质的凝固速度，从而增强了细胞的耐热性。

(3) 脂肪 脂肪能增强微生物的耐热性，这是因为细菌的细胞是一种蛋白质胶体溶液，此种亲水性的胶体与脂肪接触时，蛋白质与脂肪两相间很快形成一层凝结薄膜，这样蛋白质就被脂肪所包围，妨碍了水分的渗入，造成蛋白质凝固的困难；同时脂肪又是不良的导热体，也阻碍热的传导，因此增强了微生物的耐热性。油脂对于酵母菌耐热性的影响如图 6-2 所示。

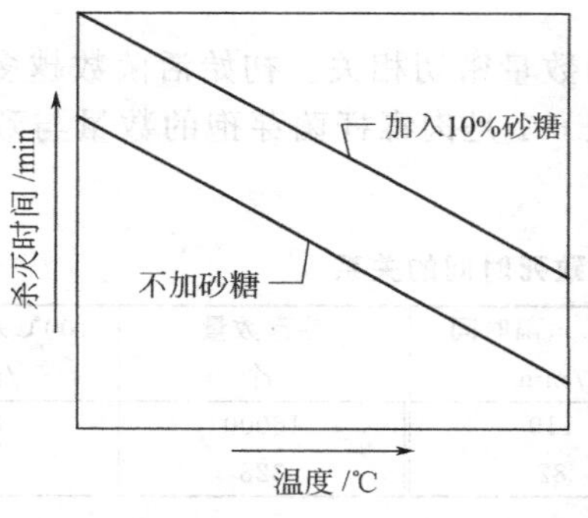

图 6-1 砂糖浓度与芽孢杀灭时间的关系

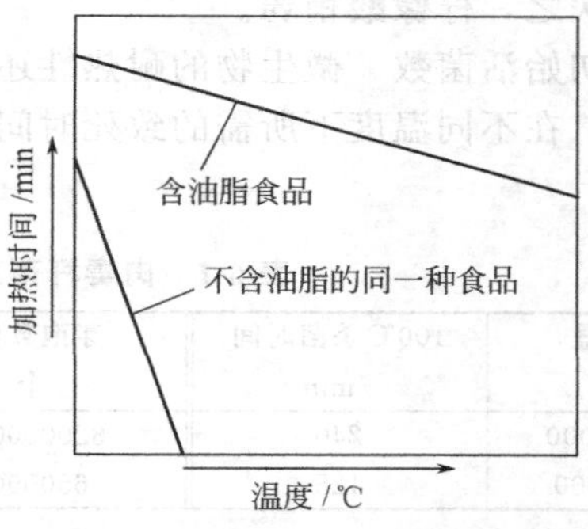

图 6-2 油脂对于酵母菌耐热性的影响

因此对于含油量高的罐头，如油浸鱼类罐头等，其杀菌温度应高一些或杀菌时间要长一些。红烧鲭鱼罐头的杀菌条件为 115℃、60min，而同罐型的油浸鲭鱼罐头的杀菌条件则为 118℃、60min，杀菌温度提高了 3℃[1]。

(4) 盐类 罐头食品中无机盐的种类很多，一般认为低浓度的食盐对微生物的耐热性有保护作用；高浓度的食盐对微生物的耐热性有削弱作用。这是因为低浓度食盐的渗透作用吸收了微生物细胞中的部分水分而导致蛋白质凝固速度降低，从而增强了微生物的耐热性。高浓度食盐的高渗透压造成微生物细胞中蛋白质大量脱水变性而导致微生物死亡，食盐中的 Na^+、K^+、Ca^{2+} 和 Mg^{2+} 等金属离子对微生物有致毒作用，食盐还能降低食品中的水分活度 (A_W)，使微生物可利用的水减少，新陈代谢受阻，因此，高浓度的食盐有削弱微生物耐热性的作用。通常认为食盐浓度在 4% 以下时能增强微生物的耐热性，当浓度高于 10% 时，微生物的耐热性则随着盐浓度的增加而明显降低。

(5) 蛋白质 食品中的蛋白质在一定范围内对微生物的耐热性有保护作用。试验证明，食品中含有5%蛋白质时对微生物有保护作用；蛋白质含量为17%～18%或更高时（鱼类罐头），则对微生物耐热性的影响很小[2]。有的资料认为蛋白质如明胶、血清等能增强芽孢的耐热性，例如，有的细菌芽孢在2%的明胶介质中加热，其耐热性比不加明胶时增强2倍[1]。

(6) pH值　食品的酸碱度对微生物的耐热性影响很大。对于绝大多数微生物来说，在pH中性范围内耐热性最强，pH升高或降低都可以减弱微生物的耐热性。特别是在偏向酸性时，微生物耐热性减弱作用更明显。图6-3为鱼制品中肉毒梭状芽孢杆菌在不同pH下其芽孢致死时间的变化。从图中可以看出，肉毒杆菌芽孢在不同温度下致死时间的缩短幅度随pH的降低而增大，在pH5.0～7.0时，其耐热性差异不大。而当pH降至3.5时，芽孢的耐热性显著减弱，即芽孢的致死时间随着pH的降低而大幅度缩短。

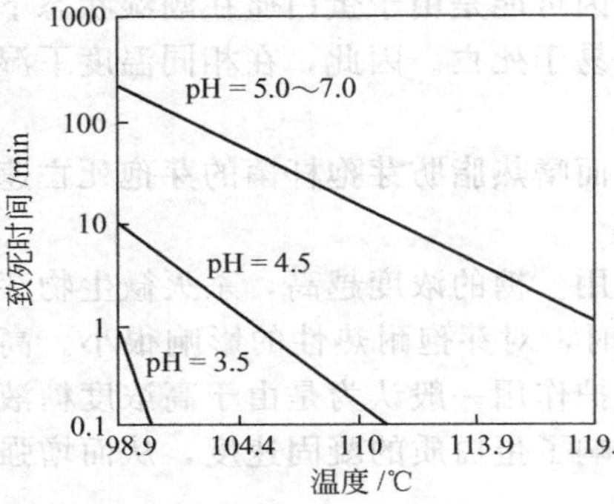

图6-3　pH与鱼制品中肉毒梭状芽孢杆菌的芽孢致死时间的关系

根据食品酸度对微生物耐热性的影响，在罐头生产中常根据食品的pH将其分为酸性食品和低酸性食品两大类，一般以pH4.6为分界限[1]，pH<4.6的为酸性食品，pH>4.6的为低酸性食品。低酸性食品一般应采用高温高压杀菌，即杀菌温度高于100℃；酸性食品则可采用常压杀菌，即杀菌温度不超过100℃。

酸使微生物耐热性减弱的程度随酸的种类而异，一般认为乳酸对微生物的抑制作用最强，果酸次之，柠檬酸稍弱。

(7) 初始活菌数　微生物的耐热性还与微生物的数量密切相关。初始活菌数越多，其耐热性越强，在不同温度下所需的致死时间就越长。表6-1是肉毒杆菌芽孢的数量与致死时间的关系。

表6-1　肉毒杆菌芽孢的数量与致死时间的关系

芽孢数量/个	100℃杀菌时间/min	芽孢数量/个	100℃杀菌时间/min	芽孢数量/个	100℃杀菌时间/min
72000000000	240	32000000	110	16000	50
1640000000	125	650000	82	328	40

(8) 植物杀菌素　某些植物的汁液和它所分泌出的挥发性物质对微生物具有抑制和杀菌作用，把这种具有抑制和杀菌作用的物质称之为植物杀菌素。植物杀菌素的抑菌和杀菌作用因植物的种类、生长期及器官部位等而不同。如果在罐头食品中加入适量具有杀菌素的蔬菜或调料，可以降低罐头食品中微生物的污染率，杀菌条件可适当降低。如葱烤鱼的杀菌条件就要比同规格清蒸鱼的低。

2. 微生物耐热性的表示方法

(1) 热力致死速率曲线和加热致死时间曲线　许多科学家曾对微生物及其芽孢的耐热性进行了研究。根据试验结果一致认为微生物的死亡速度是按指数递减或按对数循环下降。图6-4是微生物加热致死速率曲线或称活菌残存数曲线，纵坐标表示每1mL中的芽孢数的对数值，横坐标为热处理时间（min）。图6-5是加热致死时间曲线（thermal death time curve，TDT曲线），纵坐标表示加热致死时间（min），横坐标表示加热杀菌温度（℃）。

从图6-4和图6-5可看出，所得到的曲线都是一条直线。因此致死速率常数或称致死率K就是加热致死速率曲线的斜率，可用下式表示：

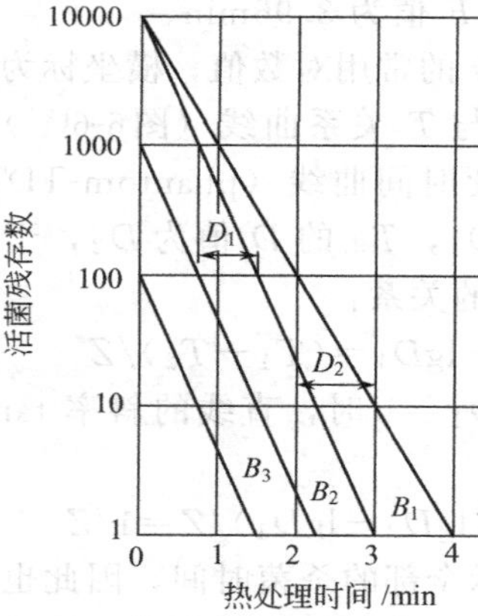

图 6-4 微生物加热致死速率曲线

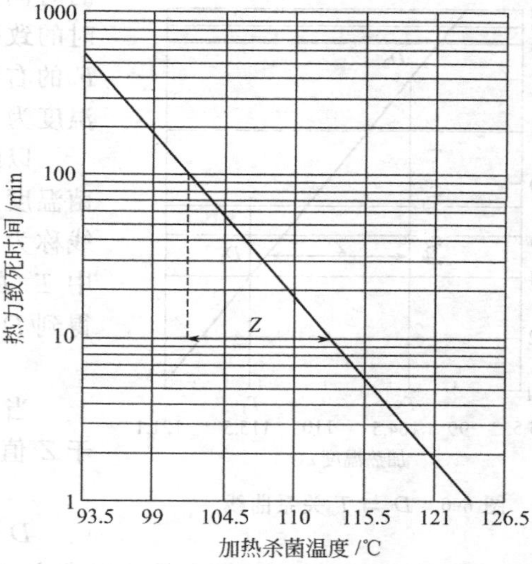

图 6-5 加热致死时间曲线

$$K=(\lg a-\lg b)/t \tag{6-1}$$

图 6-5 加热致死时间曲线中，细菌的致死时间 t_e 与加热杀菌温度 T 之间的关系可根据 Arrhenius 法则[3]表示如下：

$$\lg(t_e/t'_e)=(T_0-T)/Z \tag{6-2}$$

式中，T_0 为标准温度；T 为杀菌温度；t'_e为在 T_0 温度下的致死时间；t_e 为在 T 温度下的致死时间；Z 为 lg（t_e/t'_e）=1 时的 T_0-T 值，即一个对数循环所相应的温度差。

一般标准温度 T_0 采用 121.1℃，这时的 t'_e值称为 F 值，故上式可表示为：

$$\lg(t_e/F)=(121.1-T)/Z \tag{6-3}$$

（2）*D* 值、*Z* 值和 *F* 值及三者之间的关系

① *D* 值（decimal reduction time） *D* 值是表示在规定的温度下杀死 90％的细菌及其芽孢所需要的时间。如在 100℃下杀死 90％某一细菌数需要 10min，则该菌在 100℃下的耐热性便可用 $D_{100}=10$（min）表示。在加热致死速率曲线图上 *D* 值表示为在纵坐标上细菌减少数为一个对数循环时所对应的横坐标上的加热时间，它是直线斜率 *K* 值的倒数。它是表示微生物的抗热能力，不同种类的微生物 *D* 值不同，如图 6-4 所示。必须注意的是 *D* 值不受原始菌数的影响，图 6-4 中 B_1、B_2、B_3 曲线，它们的 *D* 值都相同，即耐热性一样。*D* 值可按下式计算：

$$D=1/K=t/(\lg a-\lg b) \tag{6-4}$$

② TRT（thermal reduction time）值 TRT 值表示加热指数递减时间，是指在某一热力致死温度条件下，将细菌数或芽孢数减少到某一程度（10^{-n}）时所需要的加热时间。鲍尔（Ball）将 *n* 称为递减指数，并用 TRT 表示。例如，将供试验的细菌从最初的 10^6 个减少到 1 个时需要 5min，那么 TRT 值就可用 $TRT_6=5$min 表示。

③ *Z* 值 *Z* 值是指加热致死时间或 *D* 值按 1/10 或 10 倍变化时，所相应的加热温度的变化。*Z* 值是加热致死曲线斜率的倒数，即 TDT 曲线纵坐标致死时间为一个对数循环时，所相应横坐标上的温度差。*Z* 值也表示微生物的抗热能力，*Z* 值越大，杀菌效果越小，不同种类微生物的 *Z* 值不同。对于低酸性食品求 F_0 时，定 $Z=10$℃。酸性食品采用沸水或 80～90℃热水杀菌时，一般定 $Z=8$℃。

④ *F* 值 *F* 值为杀菌致死值，表示在一定温度下杀死一定浓度细菌（或芽孢）所需要

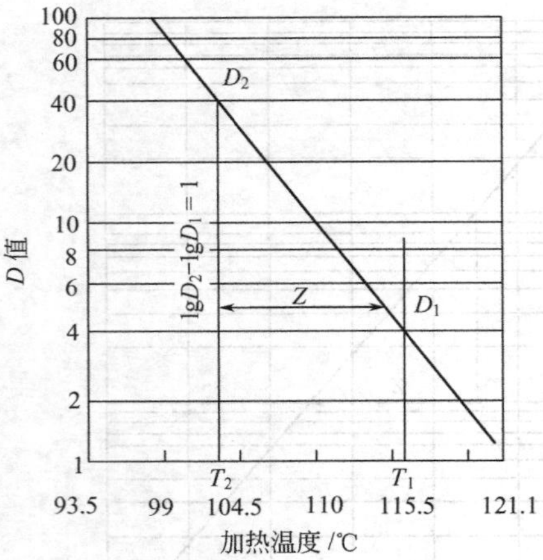

图 6-6　D 与 T 关系曲线

的时间。通常是表示标准温度为 121.1℃或 100℃时的致死时间。而非标准温度时的 F 值，则必须在 F 的右下角注明温度，如 $F_{116}=3.96\text{min}$，即表示温度为 116℃时的 F 值为 3.96min。

以纵坐标为 D 的常用对数值，横坐标为加热杀菌温度 T，作 D 与 T 关系曲线（图6-6[2]），这个线称为拟加热致死时间曲线（phantom-TDT）。图中 T_1 的 D 值为 D_1，T_2 的 D 值为 D_2，于是可以得到 D 值与 Z 值的关系：

$$\lg D_2-\lg D_1=(T_1-T_2)/Z$$

当 $\lg D_2-\lg D_1=1$ 时，直线的斜率 $\tan\alpha$ 就等于 Z 值的倒数：

$$\tan\alpha=(\lg D_2-\lg D_1)/Z=1/Z$$

D 值并不表示全部的杀菌时间，因此也就无法求出 F 值。但是引入了 TRT 概念就可以求出 F 值。在 TRT 曲线里，根据某一细菌递减指数 n 时的 $\text{TRT}_n=t_n$，根据 $D=t/(\lg a-\lg b)$ 公式，若 $t=t_n$，$\lg a-\lg b=n$，则 $nD=t_n$。

根据 $\lg(t_e/F)=(121.1-T)/Z$，如果 $t=t_0=t_n$，而标准温度 121.1℃下的 t'_e 可用 F 表示，则：

$$\lg(nD/F)=(121.1-t)/Z$$

$$Z=(121.1-t)/\lg(nD/F)$$

可见在 121.1℃时求得的 D 值乘以 n 就求得 F 值，即 $F=nD$。

n 不是固定值，随工厂卫生条件、食品污染的微生物种类和数量等而变化。在美国用“6D”值来杀死嗜热芽孢菌，用“12D”值来杀死肉毒杆菌，以确定食品的安全性。

二、加热对酶的影响

酶的活性和稳定性与温度之间有密切的关系。在较低的温度范围内，随着温度的升高，酶活性也增加。通常，大多数酶在 30～40℃的范围内显示最大的活性，而高于此范围的温度将使酶失活。

影响酶的耐热性的因素主要有两大类：一是酶的种类和来源；另一是热处理的条件。酶的种类及来源不同，耐热性相差也很大。酶对热的敏感性与酶分子的大小和结构复杂性有关。一般说来，酶的分子愈大和结构愈复杂，它对高温就愈敏感。

pH 值、水分含量、加热速率等热处理的条件参数也会影响酶的热失活。pH 值直接影响酶的耐热性。一般食品的水分含量愈低，其中的酶对热的耐性愈高。加热速率影响到过氧化物酶的再生，加热速率愈快，热处理后酶活力再生得愈多。采用高温短时的方法进行食品热处理时，应注意酶活力的再生。食品的成分，如蛋白质、脂肪、碳水化合物等都可能会影响酶的耐热性。

第二节　水产罐头生产工艺

一、原料的预处理

水产原料品种很多，但由于受各种条件限制，目前我国用于罐藏加工的品种约有 70 多种。对于水产罐头生产而言，原料质量与最终产品质量之间有密切的关系，因此必须做好原料的验收工作，采用新鲜的原料是保证罐头产品质量的先决条件。

由于罐头生产是工业化的规模生产，需要大量原料。鱼类是水产品原料中产量最大的品种，其中淡水鱼罐头制品的品种和原料消耗量相对较少，且多为活、鲜原料，而海产鱼类由于捕获、运输等原因必须进行冻藏，因此这类原料在加工前需要先进行解冻。罐头厂一般采用空气解冻和水解冻两种方法解冻原料。

鲜、活原料或经解冻后的原料需经过一系列预处理，具体包括去内脏、去头、去壳、去皮、清洗、剖开、切片、分档、盐渍和浸泡等。一般先将原料在流动水中清洗，清除表面黏液及污物，同时剔除变质、不合格的原料。用手工或机械去除鱼的鳞、鳍、头、尾、鳃并剖开去内脏，再经流动水洗净腹腔内的淤血等残留物，以保持水产品固有的色泽。洗净后大、中型的鱼需切段或切片，再按原料的厚薄、鱼体或块形大小、带骨或不带骨等进行分档，以利于盐渍、预热处理和装罐。

盐渍是为了对水产食品进行咸淡调味，罐头成品中的食盐含量一般控制在1%～2.5%。盐渍的方法有盐水渍法和拌盐法两种。以盐水渍法使用较为普遍。

原料盐渍后的预煮、油炸或烟熏等，在罐头生产上统称为预热处理。主要目的是使鱼肉部分脱水；使蛋白质加热凝固，而使组织紧密具有一定的硬度，便于装罐，并使调味液能充分渗入组织；使水产品具有合乎要求的质地和气味特性；可使甲壳类的肉变硬，以便去壳。此外，还能杀灭部分微生物，对杀菌效果起到一定的辅助作用。

各项预处理加工操作应当在良好的操作条件下进行，如经常清洗产品、生产线和辅助设备，以免微生物的污染和滋生。

二、装罐

1. 罐藏容器的清洗与消毒

根据食品的种类、性质、处理的方法及产品的规格要求等选用合适的容器。由于容器上附着微生物、油脂、污物和残留的焊药水等，有碍卫生，为此在装罐之前必须进行清洗和消毒。清洗的方法有人工清洗和机械清洗两种

(1) 金属罐的清洗　在小型企业，多采用人工清洗。在大型企业，一般采用洗罐机清洗。洗罐机的种类较多，常用的如旋转圆盘式洗罐机和直线型喷淋式洗罐机等。其基本方式都是先用热水冲洗空罐，然后用蒸汽喷射空罐进行消毒。

(2) 玻璃瓶的清洗　一般采用热水浸泡或冲洗，使附着在玻璃罐上的物质膨胀而易脱落；如生产时使用附着油脂和食品内容物残留的回收容器时，清洗前应先采用40～50℃、2%～5%的氢氧化钠溶液浸泡5～10min，除去油脂污垢等脏物，然后再用漂白粉或高锰酸钾溶液消毒。

2. 装罐

(1) 装罐的工艺要求　水产食品原料经处理加工后应尽快装罐。装罐时对块数、块形大小、头尾块与色泽进行合理搭配，以保证成品的外观、质量，并提高原料的利用率；装罐时须排列整齐紧密、块形完整、色泽一致、罐口清洁，且不得伸出罐外，以免影响密封。

装罐时必须保持一定的顶隙。顶隙是指内容物表面与罐盖之间的距离。顶隙一般控制在6～8mm左右。顶隙的大小会影响罐内真空度、卷边的密封性、是否发生假胖听或瘪罐、金属罐内壁的腐蚀，以至食品的变色、变质等。顶隙过小，加热杀菌时，由于罐内食品、气体的膨胀造成罐内压力增加而使容器变形、卷边松弛，甚至产生爆节、跳盖现象，同时内容物装得过多而造成原料的浪费，增加生产成本；若顶隙过大，杀菌冷却后罐头外压大大高于罐内压力，易造成瘪罐。此外顶隙过大，在排气不充分的情况下，罐内残留气体较多，将促进罐内壁的腐蚀和产品的氧化变色、变质。

(2) 装罐的方法　装罐可分为人工装罐和机械装罐两种。根据产品的性质、形状和要求

等选用不同的装罐方法。

装罐之后注入液汁。注液能增进食品风味，提高食品初温，促进对流传热，改善加热杀菌效果，排除罐内部分空气、减小杀菌时的罐内压力，防止罐头食品在储藏过程中的氧化。

三、罐头的排气

1. 预封

罐头在排气之前有些产品要事先进行预封，使罐盖与罐身筒翻边稍稍弯曲钩连，其松紧程度以能使罐盖沿罐身旋转而不脱落为度。预封可使罐头在加热排气或真空封罐过程中，罐内空气、水蒸气及其他气体能自由逸出，而罐盖不会脱落。预封可以防止罐内食品受热膨胀而落到罐外；并避免排气箱盖上蒸汽冷凝水落入罐内而污染食品；可以避免表面食品直接受高温蒸汽的损失；同时可防止罐头从排气箱送至封罐机过程中，罐头顶隙温度降低而影响罐头的真空度。预封还可以防止因罐身和罐盖吻合不良而造成次品，有助于罐头封罐时的密封性。

罐头在预封或密封前，须在罐盖上打印代号，标明生产厂名、产品品种、生产日期，便于日后检查质量与管理。打代号方法按有关规定执行。

2. 罐头的排气

排气是食品装罐后，排除罐内空气的技术措施，在罐头生产上是必不可少的一道工序，具有重要的意义。

(1) 排气的作用

① 防止罐头在高温杀菌时内容物的膨胀而使容器变形或损坏，影响金属罐的卷边和缝隙的密封性，防止玻璃罐跳盖等现象。

② 防止或减轻罐藏食品在贮藏过程中，金属罐内壁出现腐蚀现象。

③ 防止氧化，保持食品的原有的色香味和维生素等营养成分。

④ 可抑制罐内需氧菌和霉菌的生长繁殖，使罐头食品不易腐败变质而得以较长时间的贮藏。

⑤ 有助于"打检"，检查识别罐头质量的好坏。

另外，罐头经过排气，有利于加热杀菌时热的传递，因而增强杀菌效果[2]。

(2) 排气的方法　目前国内罐头厂常用的罐头排气方法有加热排气、真空封罐排气和蒸汽喷射排气三种。

① 加热排气法　加热排气的基本原理是将装好食品的罐头（未密封）通过蒸汽或热水进行加热，或预先将食品加热后趁热装罐，利用罐内食品、气体受热膨胀和产生的水蒸气而排除罐内的气体，排气后立即封罐。这样，罐头经杀菌冷却后，由于罐内的食品和水蒸气的冷凝而形成一定的真空度。

目前常用的加热排气方法有热装罐法和排气箱加热排气两种。

a. 热装罐排气　是将食品预先加热到一定温度后，立即趁热装罐并密封的方法。其排气的程度与内容物的温度及装入量有关。因此密封时应尽可能保持食品所需要的温度而不使其下降，否则就会使罐内真空度相应下降。

b. 加热排气　这种方法是食品装罐后，将经过预封或不预封的罐头送入排气箱内，在预定的排气温度下，经过一定时间的加热，使罐头中心温度达到 70～90℃，使食品内部的空气充分外逸，然后立即趁热密封、杀菌，冷却后罐头就可得到一定的真空度。

加热排气能使食品组织内部的空气得到较好的排除，且有一定的脱臭作用，这一点对于水产品罐头来说更显出加热排气法的优越性；同时还能起到部分加热杀菌作用。但对于食品的色香味有不良的影响，而且这种方法热量利用率较低，排气速度慢。

② 真空封罐排气法 这是一种借助于真空封罐机排除罐内空气的方法。真空封罐机靠真空泵的作用将密封室内的空气抽出，形成一定的真空度，当罐头进入密封室时，罐内部分空气在真空条件下立即外逸，随之迅速卷边密封。这种方法可使罐内真空度达到33.3～45kPa，甚至更高。

真空封罐排气法能在短时间内使罐头获得较高的真空度、能较好地保存维生素和其他营养素，已广泛应用于水产、肉类、果蔬等罐头的生产。这种方法的生产效率高，不使用排气箱，节约蒸汽消耗，设备的体积小、占地少。但由于罐头在真空室内的抽气时间很短促，所以只能抽掉罐头顶隙内的空气和食品中的一小部分空气，而不能很好地将食品组织内部和罐头中下部空隙处的空气加以排除。

真空封罐时，还需严格控制真空封罐机密封室内的真空度和密封时食品的温度，否则封口时易出现食品暴溢现象。为获得良好的排气效果，在采用真空密封排气时应注意以下问题。

a. 真空室的真空度、食品密封温度与罐头真空度的关系 罐头的真空度取决于真空封口时真空室的真空度和罐内的水蒸气分压，而水蒸气分压是随封口时的食品温度而变化的，食品温度越高，罐内的水蒸气分压越大。因此罐头成品的真空度随真空封口时真空室的真空度和食品密封温度的增大而增加。

b. 食品密封温度与真空室真空度的关系 真空封口时，必须保证罐头顶隙内的水蒸气分压小于真空室内的实际压力，否则罐内食品汤汁就会瞬时沸腾，出现食品汤汁外溢的现象。这不仅影响清洁卫生，而且使罐头的净重得不到保证。

真空封罐时，真空封罐机密封室内的真空度和罐内食品温度是控制罐内真空度的基本因素。有时由于某些原因真空封罐机真空室内的真空度只能达到某一程度，此时，要想保证罐头获得最高的真空度就得通过控制食品的温度来实现。

首先，若真空封罐机的性能不好，真空室的真空度达不到要求，此时就需要采用补充加热的措施来提高食品的温度，使罐头获得可能达到的最高真空度。

其次，“真空膨胀系数”高的食品也需要补充加热。真空封罐时，有时罐内食品会出现“真空膨胀”现象。“真空膨胀”就是食品放在真空环境中后，食品组织细胞间隙内的空气就会膨胀，导致食品的体积扩张，使罐内部分汤汁外溢。不同的食品在真空环境中的膨胀情况不同，膨胀显著的，为防止汤汁的外溢，真空封罐时真空度不能太高，一般控制在33.3～59.99kPa。在这种情况下，要使罐头得到最高真空度，就需补充加热使食品温度达到80℃左右。

第三，“真空吸收”程度高的食品需要补充加热。真空封罐时，某些食品会出现真空度下降的现象，即真空封罐后的罐头静置20～30min后，其真空度下降。这是因为在真空封罐机内，在较短的抽气时间中只能抽除顶隙中的气体，而食品组织细胞间隙内的气体没能排除，以至在密封后逐渐从细胞间隙内逸出，于是罐头的真空度也就相应降低，有时甚至在杀菌前罐内的真空度完全消失。

③ 蒸汽密封排气法 这种排气方法是向罐头顶隙喷射蒸汽，赶走顶隙内的空气后立即封罐，依靠顶隙内蒸汽的冷凝而获得罐头的真空度。其工作原理如图6-7所示。

由上述排气原理可知，采用此种排气方法，罐内必须留有一定的顶隙，一般顶隙度不小于8mm左右，才能保证罐头获得合理的真空度。这种方法对于大多数固体食品或

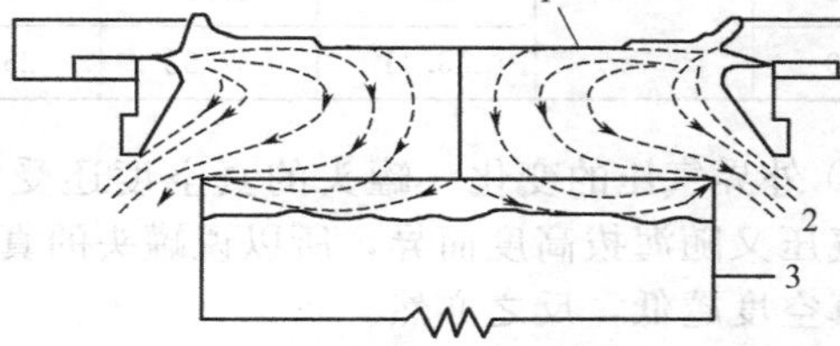

图6-7 蒸汽密封排气示意图

1—罐盖；2—蒸汽；3—罐身

半流体食品都可获得适当的真空度[1]。但本法对干装食品不适合。由于这种方法不能将食品内部的空气以及食品间隙存在的空气排除掉，因此也不适用于含气较多的食品。

(3) 罐头真空度的影响因素　罐头真空度就是指罐内压力低于罐外大气压力时的罐内外压力差。罐头真空度受到许多因素的影响，主要因素有以下几点。

① 排气温度和时间　对加热排气而言，排气温度越高，时间越长，罐头的真空度也越高。因为温度高，罐头内容物升温快，可以使罐内气体和食品充分受热膨胀，易于排除罐内空气；排气时间长，可以使食品组织内部的气体得以比较充分地排除。

② 食品的密封温度　食品的密封温度即封口时罐内食品的温度。罐头的真空度随密封温度的升高而增大，密封温度越高，罐头的真空度也越高。

③ 罐内顶隙的大小　顶隙是影响罐头真空度的一个重要因素，对于真空密封排气和喷蒸汽密封排气来说，罐头的真空度是随顶隙的增大而增加的，顶隙越大，罐头的真空度越高。而对加热排气而言，对于罐头真空度的影响随顶隙的大小而异。

④ 食品原料的种类和酸度　各种原料都含有一定的空气，原料种类不同，含气量也不同，同样的排气条件排除的程度也不一样，尤其是采用真空密封排气和喷蒸汽密封排气时，原料组织内的空气不易排除，杀菌冷却后物料组织中残存的空气在贮藏过程中会逐渐释放出来，而使罐头的真空度降低。原料的含气量越高，真空度下降程度越大。

食品的酸度高，就可能造成罐内壁的酸性腐蚀，同时产生气体，便降低了罐头的真空度。

⑤ 原料的新鲜度和杀菌温度　加热杀菌时，会使食品产生某种程度的分解而放出部分气体，杀菌温度越高，分解产生的气体也就越多，罐头真空度就越低。新鲜度低的原料，高温杀菌时必然加速食品的分解而产生较多的气体，如含蛋白质的食品分解放出 H_2S、NH_3 等。

⑥ 外界气温的变化　外界气温升高时，罐内残存气体受热膨胀压力提高，而罐外压力不变，罐头真空度降低。因而外界气温越高，罐头真空度就越低。气温与真空度的关系见表6-2。

表 6-2　气温与真空度的关系

温度/℃	罐内真空度或压力							
5.6	真空度/kPa	0.64	1.02	1.46	1.96	2.47	3.05	3.66
11.1		0.34	0.75	1.22	1.69	2.27	2.85	3.45
16.7		0.00	0.41	0.88	1.39	1.93	2.57	3.22
22.2	表压/kPa	4.12	0.00	0.47	1.15	1.59	2.23	2.88
27.8		9.60	5.19	0.00	0.54	1.12	1.78	2.51
33.3		15.88	10.98	5.04	0.00	0.60	1.29	2.04
38.9		23.42	18.62	10.72	6.86	0.00	0.71	1.46
44.1		33.03	27.54	17.44	14.50	7.55	0.00	0.81
50.0		43.41	37.93	25.28	24.11	16.56	8.92	0.00

⑦ 外界气压的变化　罐头的真空度还受大气压的影响。大气压降低，真空度也降低。而大气压又随海拔高度而异，所以说罐头的真空度受海拔高度的影响，海拔越高气压越低，罐头真空度越低，反之亦然。

四、罐头的密封

罐头食品能长期保存而不变质，除了经过杀菌充分杀灭罐内的致病菌和腐败菌外，主要是依靠罐头的密封，使罐内食品与外界完全隔绝，罐内食品不再受到微生物的污染而产生腐败变质。采用封罐机将罐身和罐盖紧密封合，这就称为密封（或称封罐、封口）。如果罐头的密封性不能达到预期要求，罐头食品就不能长期保存。因此，在罐头生产过程中，密封是十分重要的，必须严格控制其质量要求。

封罐机的类型很多，按使用动力可分手动式封罐机、半自动封罐机和全自动封罐机。按封罐时罐头转动与否可分罐头旋转封罐机和封罐机头旋转封罐机（一般来说，对装好食品的罐头密封，后者更适宜，可避免罐内液汁的损耗）；按封罐机封罐时气压不同可分真空封罐机和常压封罐机；按所封产品不同可分金属罐封罐机、玻璃罐封罐机、饮料罐封罐机和蒸煮袋软罐封罐机等。

由于罐藏容器的种类不同，罐头密封的方法也各不相同，现简单介绍如下。

1. 金属罐的密封

金属罐的密封是通过密封机构（或封罐机），将罐身的翻边部分（身钩）和底盖的钩边部分（盖钩），并包括密封垫料相互卷合、压紧而形成紧密重叠的卷边过程。所形成的卷边称之为二重卷边。封罐机的种类、型式很多，生产能力各异，但它们都有共同的工作部件，二重卷边就是在这些部件的协同作用下完成的。

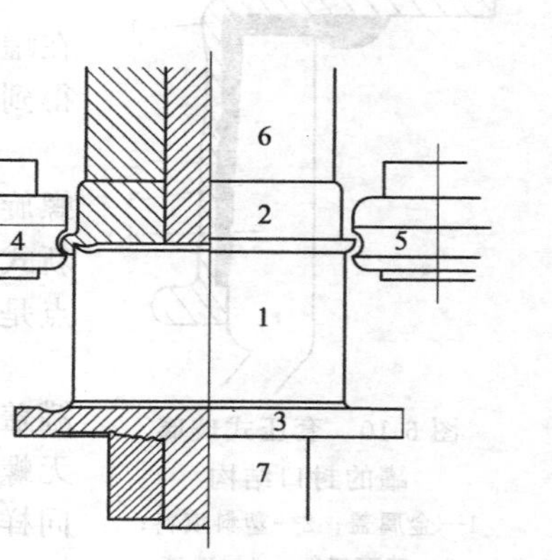

图 6-8　封口时罐头与封罐机四部件的相对位置

1—平圆罐；2—压头；3—托底板；4—头道滚轮；5—二道滚轮；6—压头主轴；7—转动轴

金属罐的密封主要靠封罐机的滚轮沟槽与罐盖接触造成卷曲推压的过程。当罐头进入封罐机作业位置托底板上后，托底板即刻上升使压头嵌入罐盖内并固定住罐头，此时罐头和封罐机四部件的相对位置如图6-8所示。压头和托底板共同将罐身及罐盖夹住，罐盖被固定在罐身筒的翻边上，封口压头套入罐盖的肩胛底内径，然后先是头道滚轮做径向推进，逐渐将盖钩滚压至身钩下面，同时盖钩和身钩逐步弯曲，两者逐步相互钩合，形成双重的钩边，使二重卷边基本定型，头道滚轮即行退回；紧接着由二道滚轮进行第二次卷边作业，二道滚轮的沟槽部分进入并与罐盖的边缘接触，随着二道滚轮的推压作用，盖钩和身钩进一步弯曲，进一步钩合，最后紧密钩合，完全定型，形成五层板材的二重卷边。卷边作业的同时，使盖钩内的密封胶紧紧地卷在二重卷边缝隙中，从而加强二重卷边的密封效果。二重卷边的整个形成过程如图 6-9 所示。

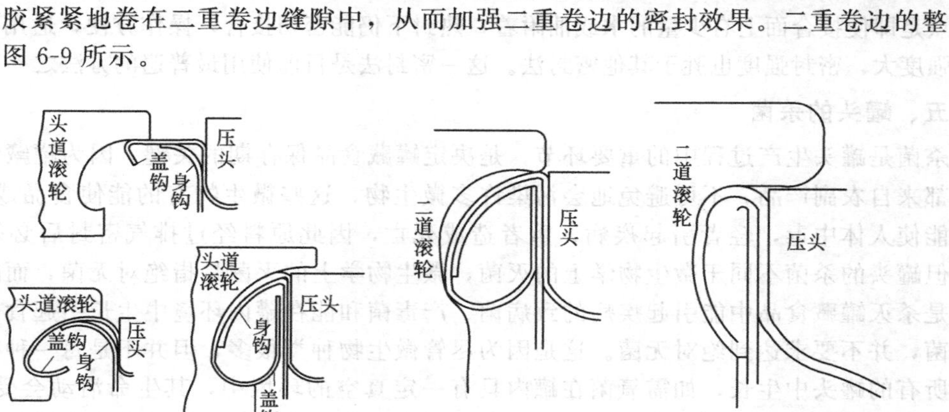

(a) 头道滚轮的卷封过程　(b) 二道滚轮的卷封过程

图 6-9　二重卷边卷封过程

2. 玻璃罐的密封

玻璃罐的密封方法与镀锡板罐不同，罐身是玻璃，罐盖一般为镀锡板，是依靠镀锡板和密封圈紧压在玻璃罐口而形成密封的。由于罐口边缘与罐盖的形式不同，其密封方法也不同。不论哪一种密封方法，都必须具有可靠的密封性能，封口结构应简单，开启应方便。

卷封式玻璃罐是通过玻璃罐封口机中的压头、托底板和两个滚轮的协同作用，逐步将盖边及其胶圈紧紧滚压在瓶口边缘上，从而达到密封的目的。其特点是密封性能好，能承受加压杀菌，但罐盖开启比较困难。

(1) 螺旋式玻璃罐（如四旋式等） 主要依靠罐盖的螺旋或盖爪紧扣在瓶口凸出螺纹线上，罐盖与瓶口间填有密封胶垫，当装罐后，由旋盖机把罐盖旋紧，便可获得良好的密封性。其特点是开启容易，罐盖可重复使用。

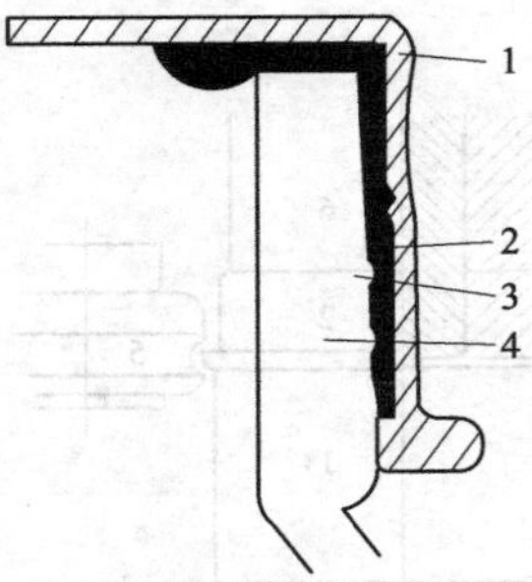

图 6-10 套压式玻璃罐的封口结构

1—金属盖；2—塑料填料；3—玻璃口线；4—玻璃

(2) 套压式玻璃罐（又称撬开式或侧封式） 是依靠预先嵌在罐盖边缘上的密封胶圈，由压盖机紧压在罐侧凸缘线的下缘而得到密封。其特点是开启方便（图 6-10），适合大规模生产。

(3) 套压旋开式玻璃罐（又称 P・T 式瓶） 是集套压式和螺旋式玻璃罐两者之优点设计而成的。是目前国外最流行的一种新式的玻璃罐，国内也已引进技术，产品投放市场。其最大的优点是密封性好，开启方便，且适合大规模生产。

这种形式的玻璃罐使用垫塑螺纹盖，是由镀锡板冲制的金属罐盖，盖内注入塑料溶胶形成垫片。玻璃瓶口外侧有螺纹，盖边无螺纹。采用压盖机真空封装时，盖内塑料垫片压入瓶颈便产生同样的螺纹，从而达到密封效果。开启时只需拧开罐盖即可。

3. 软罐头的密封

软罐头的密封方法与金属罐头、玻璃罐头的密封方法完全不同，要求复合塑料薄膜边缘上内层薄膜熔合在一起，从而达到密封的目的。通常采用热熔封口，目前国内外广泛采用电热加热密封法和脉冲密封法。热熔强度取决于复合塑料薄膜袋的材料性质及热熔合时的温度、时间以及压力。

(1) 电热加热密封法 由金属制成的热封棒，表面用聚四氟乙烯布作保护层。通电后热封棒发热到一定温度，袋内层薄膜熔融，加压黏合。为提高密封强度，热熔密封后再冷压一次。

(2) 脉冲密封法 通过高频电流使加热棒发热密封，时间为 0.3s，自然冷却。这一密封的特点是即使接合面上有少量的水或油附着，热封下仍能密切接合，操作方便，适用性广，其接合强度大，密封强度也胜于其他密封法。这一密封法是目前使用最普遍的方法之一。

五、罐头的杀菌

杀菌是罐头生产过程中的重要环节，是决定罐藏食品保存期的关键。因为罐藏食品的原料大都来自农副产品，不可避免地会污染许多微生物，这些微生物有的能使食品成分分解，有的能使人体中毒，轻者引起疾病，重者造成死亡，因此原料经过排气密封后必须进行杀菌。但罐头的杀菌不同于微生物学上的灭菌，微生物学上的灭菌是指绝对无菌，而罐头的杀菌只是杀灭罐藏食品中能引起疾病的致病菌、产毒菌和能在罐内环境中生长引起食品变质的腐败菌，并不要求达到绝对无菌。这是因为尽管微生物种类很多，但并不是每一种微生物都能在所有的罐头中生长，如需氧菌在罐内具有一定真空的环境中，其生命活动会受到抑制。此外，如果罐头杀菌要达到绝对无菌的程度，那么杀菌的温度与时间就要大大增加，将会影响食品的品质，使食品的色、香、味和营养价值、组织形态都有所下降。所以对于罐头食品的杀菌只要求杀灭致病菌、能引起罐内食品变质的腐败菌，这种杀菌称之为“商业杀菌”。

罐头在杀菌的同时也破坏了食品中酶的活性，从而保证罐头食品在保存期内不发生腐败变质。此外，罐头的加热杀菌还具有一定的烹调作用，能增进风味、软化组织，使杀菌与烹调同步完成。

1. 影响罐头传热的因素

在罐头的加热杀菌过程中，热量传递的速度受食品的物理性质、容器的种类、食品的初温和终温以及杀菌温度、杀菌釜的形式等因素的影响，这些因素也就影响罐头的杀菌。

（1）罐内食品的物理性质　与传热有关的食品物理特性主要是形状、大小、浓度、黏度、密度等，食品的这些性质不同，传热的方式就不同，传热速度自然也不同。

常见的传热方式有传导、对流和辐射三种，罐头加热时的传热方式主要是传导和对流两种。传热的方式不同，罐内热交换速度最慢一点的位置就不同，传导传热和对流传热时的传热情况及其传热最慢点（常称其为冷点）的位置示意如图 6-11 所示。

从图 6-11 可知，传导传热的罐头的冷点在罐头的几何中心，对流传热的罐头的冷点在罐头中心轴上离罐底约 20～40mm[4] 处。对流传热的速度比传导传热快，冷点温度的变化也较快，因此加热杀菌需要的时间较短；传导传热速度较慢，冷点温度的变化也慢，故需要较长的热杀菌时间。

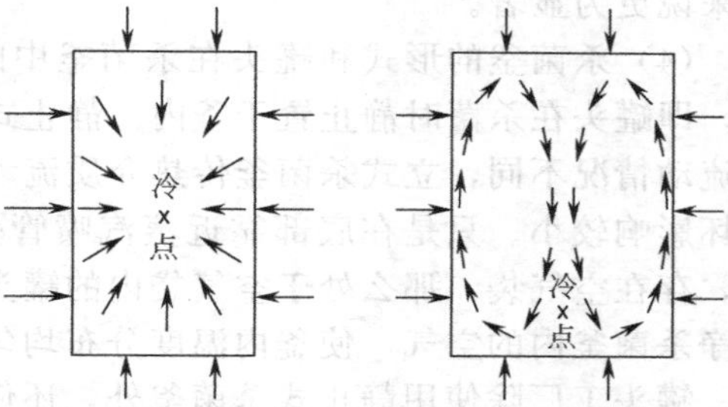

图 6-11　罐头传热的冷点

对于流体性质食品，其黏度和浓度不大，加热杀菌时产生对流，传热速度较快，罐头中心温度（在实际罐头生产中，常把冷点温度通称为罐头中心温度）很快地上升达到杀菌温度。杀菌锅与罐头中心加热升温曲线两者比较接近。对于固体食品和高黏度食品，加热时不可能形成对流，传热是以传导方式进行，因而传热速度很慢。如红烧类、糜状类罐头。而流体和固体混装食品罐头，既有流体又有固体，传热情况较为复杂，对流和传导可同时存在，或先后相继出现，如盐水香肠罐头等类罐头，液体系对流传热，而固体则为传导传热，属于两者同时存在型。在两者先后相继出现的传热型罐头食品中最常见的传热方式为先对流后传导，但冷却时只有传导传热。先传导后对流传热的罐头食品比较少见，它冷却时则以对流方式冷却。

（2）罐藏容器的影响

① 容器材料的物理性质和厚度　罐头加热杀菌时，热量首先向罐壁传递，其后则以传导方式通过罐壁向罐内食品传递，罐藏容器的热阻自然要影响传热速度。容器的热阻 σ 取决于罐壁的厚度 δ 和热导率 λ，它们的关系式为 $\sigma=\delta/\lambda$，可见罐壁厚度的增加和热导率 λ 的减小都将使热阻 σ 增大。

玻璃罐热导率较铁罐小得多，而厚度较铁罐大，则玻璃罐的热阻较铁罐大得多，所以镀锡薄板罐的传热速度要比玻璃罐快得多。铝罐的罐壁厚度与镀锡薄板罐相近，但它的热导率约为 203.53W/(m·K)，所以铝罐的热阻比镀锡薄板罐还小。

需要指出的是，容器的热阻对杀菌效果的影响还与罐内食品的传热方式有关。加热杀菌时，热量的传递是加热介质首先把热量传递给罐壁，然后以导热方式通过罐壁再向罐内传递。在对流传热型食品罐头内，热量以对流方式从罐壁传递到内部，传热速度快。在这种情况下，由于食品传热的速度大于罐壁传热的速度，所以罐壁的传热速度是决定加热杀菌时间长短的主要因素。在传导型食品罐头内，热量以导热方式从罐壁传递到罐的几何中心，食品的传热速度小于罐壁传热速度好几倍，此时加热杀菌所需时间的长短取决于食品的导热性，容器传热的快慢对杀菌时间的影响相对就小，已成为次要因素。

② 容器的几何尺寸和容积大小　容器的大小对传热速度和加热时间的影响，取决于罐头单位容积所占有的罐外表面积（S/V 值）及罐壁至罐中心的距离。罐型大，其单位容积所占有的罐外表面积小，即 S/V 值小，单位容积的受热面积小，单位时间单位容积所接受的热量就少，升温就慢；同时，大型罐的罐表面至罐中心的距离大，热由罐壁传递至罐中心所需的时间就要长，而小罐型则相反。

另外，罐头容器的形状对传热速度和加热时间也有影响，其影响取决于罐外高 H 与罐外径 D 的比值，常用比值为 0.4～4.0。如容积相同，$H/D=0.25$ 时加热时间最短[4]。

(3) 罐内食品的初温　罐内食品的初温是指杀菌开始时，也即杀菌釜开始加热升温时罐内食品的温度。根据美国食品及药物管理局（FDA）的要求，加热开始时，每一釜杀菌的罐头其初温以其中第一个密封完的罐头的温度为计算标准。一般说，初温越高，初温与杀菌温度之间的温差越小，罐中心加热到杀菌温度所需要的时间就越短，这对于传导传热型的罐头来说更为显著。

(4) 杀菌釜的形式和罐头在杀菌釜中的位置　目前，我国罐头工厂多采用静止式杀菌釜，即罐头在杀菌时静止置于釜内。静止式杀菌釜又分为立式和卧式两类。传热介质在釜内的流动情况不同，立式杀菌釜传热介质流动较卧式相对均匀，因而对罐头所在位置传热效果好坏影响较小。只是在底部靠近蒸汽喷管处传热升温较快，如果杀菌釜内的空气没有排除净，存在空气袋，那么处于空气袋内的罐头，传热效果就更差。所以，静止式杀菌必须充分排净杀菌釜内的空气，使釜内温度分布均匀，以保证各位置上罐头的杀菌效果一致。

罐头工厂除使用静止式杀菌釜外，还使用回转式或旋转式杀菌釜。这类杀菌釜由于罐头在杀菌过程中处于不断的转动状态，罐内食品易形成搅拌和对流，故传热效果较静止式杀菌要好得多。回转式杀菌釜的杀菌效果对于导热-对流结合型的食品及流动性差的食品杀菌效果更为明显。

回转杀菌时，杀菌釜回转的速度将影响传热的效果。对于黏稠食品来说，回转时的搅拌作用是由于罐内顶隙空间在罐头中发生位移而实现的。只有转速适当时，才能起到搅拌作用。如果转速太慢，不论罐头转到什么位置，罐头顶隙始终处在最上端，这样就起不到搅拌作用；如果转速太快，则产生离心力，这样罐头顶隙始终处在最里边一端，同样也起不到搅拌作用。因此转速过慢或过快都起不到促进传热的作用。

对于块状、颗粒状食品来说，回转时能使罐内食品颗粒或块在液体中移动，而起到搅拌作用。对于无法流动的食品来说，回转杀菌并没有什么意义。

(5) 罐头的杀菌温度　杀菌温度是指杀菌时规定杀菌釜应达到并保持的温度。杀菌温度越高，杀菌温度与罐内食品温度之差越小，热的穿透作用越强，食品温度上升越快。杀菌温度提高，罐内温度到达时间就缩短。杀菌温度由 116℃ 提高到 121℃，罐内食品到达 113℃ 所需的时间由 300min 缩短到 220min[1]。

2. 罐头杀菌的工艺条件

罐头热杀菌过程中杀菌的工艺条件主要是温度、时间和反压力三项因素，在罐头厂通常用“杀菌公式”的形式来表示，即把杀菌的温度、时间及所采用的反压力排列成公式的形式，并非数学计算式。一般的杀菌公式为：

$$\frac{t_1-t_2-t_3}{T}p \tag{6-5}$$

式中，t_1 为升温时间，表示杀菌釜内的介质由初温升高到规定的杀菌温度时所需要的时间，min，蒸汽杀菌时就是指从进蒸汽开始至达到杀菌温度时的时间；热水杀菌时就是指通入蒸汽使热水达到杀菌温度时所需要的时间；t_2 为恒温杀菌时间，表示杀菌釜内的介质达到规定的杀菌温度后在该温度下所维持的时间，min；t_3 为降温时间，表示杀菌釜内的介质由杀菌温度降低到出罐时的温度所需要的时间，min；T 为规定的杀菌温度，即杀菌过程中杀菌釜达到的最高温度；p 为反压冷却时杀菌釜内应采用的反压力，Pa。

上式所表示的恒温杀菌时的温度，是指杀菌釜内介质的温度，不是指罐头中心温度。由于传热速度关系，罐头中心温度总是比杀菌釜内介质的温度晚些达到规定的杀菌温度。在恒温杀菌阶段，杀菌釜内介质的温度保持不变，而罐头中心温度仍然继续升高，直至达到规定的杀菌温度为止，实际上略低一些。而在冷却阶段，杀菌釜内的温度迅速下降，而罐头中心温度下降得较缓慢。

热杀菌工艺条件的确定，也就是确定其必要的杀菌温度、时间。工艺条件制定的原则是在保证罐藏食品安全性的基础上，尽可能地缩短加热杀菌的时间，以减少热力对食品品质的影响。换句话说，正确合理的杀菌条件应该是既能杀灭罐内的致病菌和能在罐内环境中生长繁殖引起食品变质的腐败菌，使酶失活，又能最大限度地保持食品原有的品质。

3. 罐头杀菌条件合理性的判别

杀菌条件的合理性通常通过罐头杀菌值 F 的计算来判别。罐头杀菌值又称杀菌致死值、杀菌强度，它包括安全杀菌 F 值和实际杀菌条件下的 F 值两个内容。实际杀菌条件下的 F 值是指在某一杀菌条件下的总的杀菌效果（在实际杀菌过程中罐头中心温度是变化的），简称实际杀菌 F 值，常用 F_0 值表示，以区别于安全杀菌 F 值。安全杀菌 F 值也称为标准 F 值，它被作为判别某一杀菌条件合理性的标准值。若实际杀菌 F_0 值小于安全杀菌 F 值，说明该杀菌条件不合理，杀菌不足或说杀菌强度不够，罐内食品仍可能出现因微生物作用引起的变败，就应该适当地提高杀菌温度或延长杀菌时间；若实际杀菌 F_0 值等于或略大于安全杀菌 F 值，说明该杀菌条件合理，达到了商业灭菌的要求，在规定的保存期内罐头不会出现微生物作用引起的变败，是安全的；若实际杀菌 F_0 值比安全杀菌 F 值大得多，说明杀菌过度，使食品遭受了不必要的热损伤，杀菌条件也不合理，应适当降低杀菌温度或缩短杀菌时间，以提高和保证食品品质。

（1）安全杀菌 F 值的计算　罐头食品的安全杀菌 F 值随其原料的种类、来源不同及加工方法、加工卫生条件的不同而异。进行安全杀菌 F 值的计算，必须弄清食品在杀菌前的污染情况，对罐内食品进行微生物检测，检验出食品中经常被污染的微生物的种类和数量，并切实地制定生产过程的卫生要求，以控制污染程度。然后从检验出的微生物中选择一种耐热性最强的腐败菌或致病菌作为该罐头的杀灭对象，这一对象菌的耐热性就是计算安全杀菌 F 值的依据之一。所选的对象菌必须具有代表性，做到只要能杀灭这一对象菌就能保证杀灭罐内的致病菌和能在罐内生长繁殖的腐败菌，达到商业灭菌的要求。一般来说，pH≥4.6 的低酸性食品，首先应以肉毒梭状芽孢杆菌为主要杀菌对象，对于某些常出现耐热性更强的嗜热腐败菌或平酸菌的低酸性罐头食品则应以该菌为对象菌。而 pH<4.6 的酸性食品，则常以一般细菌（如酵母）作为主要杀菌对象，但某些酸性食品如番茄及番茄制品中也常出现耐热性较强的平酸菌如凝结芽孢杆菌，此时应以该菌作为杀菌对象。

经过微生物检测，选定了罐头杀菌的对象菌，知道了罐头食品中所污染的对象菌的菌数及对象菌的耐热性参数 D 值，就可按下列公式计算安全杀菌 F 值。

$$F_T = D_T(\lg n_a - \lg n_b) \tag{6-6}$$

式中 F_T——在恒定的加热杀菌温度（通常取标准温度 T_0＝121.1℃）下杀灭一定浓度的对象菌所需要的加热杀菌时间，min；

D_T——在恒定的热杀菌温度 T 下，使 90％的对象菌死灭所需要的加热杀菌时间，min；

n_a——杀菌前对象菌的菌数（或每罐的菌数）；

n_b——杀菌后残存的活菌数（或罐头的允许变败率）。

由上述 F 值的计算公式可知，F 值是指在恒定温度下的杀菌时间，也就是说是在瞬间升温、瞬间降温冷却的理想条件下的 F 值。而在实际生产中，各种罐头的杀菌都不可能瞬间升温、瞬间降温冷却，都必须有一个升温、恒温和降温的过程，在整个杀菌过程中各温度（一般从90℃开始计）对微生物都有致死作用。因此只要将理论计算的 F 值合理地分配到实际杀菌的升温、恒温和降温三个阶段中去，就可以制定出合理的杀菌条件。

（2）实际杀菌 F_0 值的计算　杀菌过程中各致死温度时相应的致死率（L_i）是确定杀菌值的基础，$F_{121.1}^{Z}$ 值为确定杀菌过程全部致死程度的标准。低酸性食品主要杀菌对象为肉毒杆菌，有些产品还以平酸菌为杀菌对象，而它们的 Z 值约为10℃左右，故 $Z=10$℃为常用参数，而杀菌过程计算的 F 值常为 $F_{121.1}^{Z}$ 值或 F_0 值。为了便于计算，以 $F_{121.1}^{Z}=1$ 作为计算标准。在任何其他致死温度和121.1℃1min热处理相当的时间为 $F_i$min。各致死温度时相应的致死率则为 F_i 的倒数，即 $L_i=1/F_i$。致死率（L_i）可以按照下列公式计算得到。

$$L_i=\lg^{-1}[(121.1-T_i)/Z] \tag{6-7}$$

式中，T_i 为罐内冷点上测得的各温度。

根据此公式可以计算出每一个温度 T 的 T_i 值。实际上，罐头在整个杀菌过程中，其中心温度是一个变数，因此整个杀菌过程所达到的相当于标准温度121.1℃下的杀菌效率总值，应该是每个中心温度下杀菌效率值的总和。

当加热时间间隔充分短时，某一时间的罐头中心温度几乎是固定值，这样也可以看成是固定值。因此，在一个无限小的时间间隔内，就有一个微小的杀菌效率值，即

$$L_i D F_0=L_i\Delta\tau=L_i d\tau$$

整个杀菌过程的总杀菌效率 F_0 值可按下式计算：

$$F_0=\int_0^t DF_0=\int_0^t L_i d\tau=L_{i1}\Delta\tau+L_{i2}\Delta\tau+L_{i3}\Delta\tau+\cdots+L_{in}\Delta\tau$$

$$=\Delta\tau(L_{i1}+L_{i2}+L_{i3}+\cdots+L_{in}) \tag{6-8}$$

$$F_0=\Delta\tau\Sigma L_{in}, n=1,2,3,\cdots$$

为了省去重复计算，一般先计算出不同的罐头中心温度下的 L_i 值，并列成表格（见表6-3），在计算 F_0 值时从表中查出各个温度点的 L_i 值，代入上述公式便可求出 F_0 值。

表6-3　致死率表（$T_0=121.1$℃，$Z=10$℃）

T/℃	0.0	0.1	0.2	0.3	0.4	0.5	0.6	0.7	0.8	0.9
90	0.0008	0.0008	0.0008	0.0008	0.0009	0.0009	0.0009	0.0009	0.0009	0.0010
100	0.0078	0.0079	0.0081	0.0083	0.0085	0.0087	0.0089	0.0091	0.0093	0.0096
101	0.0098	0.0100	0.0102	0.0105	0.0107	0.0110	0.0112	0.0115	0.0117	0.0120
102	0.0123	0.0126	0.0129	0.0132	0.0135	0.0138	0.0141	0.0145	0.0148	0.0151
103	0.0155	0.0158	0.0162	0.0166	0.0170	0.0174	0.0178	0.0182	0.0186	0.0191
104	0.0195	0.0200	0.0204	0.0209	0.0214	0.0219	0.0224	0.0229	0.0234	0.0240
105	0.0245	0.0251	0.0257	0.0263	0.0269	0.0275	0.0282	0.0288	0.0295	0.0302
106	0.0309	0.0316	0.0324	0.0331	0.0339	0.0347	0.0355	0.0363	0.0371	0.0380
107	0.0389	0.0398	0.0407	0.0417	0.0427	0.0436	0.0447	0.0457	0.0468	0.0479
108	0.0490	0.0501	0.0513	0.0525	0.0537	0.0549	0.0562	0.0575	0.0589	0.0602
109	0.0617	0.0631	0.0646	0.0661	0.0676	0.0692	0.0708	0.0725	0.0741	0.0759
110	0.0776	0.0794	0.0813	0.0832	0.0851	0.0871	0.0891	0.0912	0.0933	0.0955
111	0.0978	0.1000	0.1023	0.1047	0.1071	0.1096	0.1122	0.1148	0.1175	0.1202
112	0.1230	0.1259	0.1288	0.1318	0.1349	0.1380	0.1413	0.1446	0.1479	0.1514
113	0.1549	0.1585	0.1622	0.1659	0.1698	0.1738	0.1778	0.1820	0.1862	0.1905
114	0.1950	0.1995	0.2042	0.2089	0.2138	0.2188	0.2239	0.2291	0.2344	0.2399
115	0.2455	0.2512	0.2571	0.2630	0.2692	0.2754	0.2818	0.2884	0.2952	0.3020

续表

T/℃	0.0	0.1	0.2	0.3	0.4	0.5	0.6	0.7	0.8	0.9
116	0.3090	0.3163	0.3236	0.3311	0.3436	0.3467	0.3549	0.3631	0.3715	0.3802
117	0.3891	0.3981	0.4073	0.4168	0.4266	0.4365	0.4466	0.4570	0.4677	0.4787
118	0.4897	0.5013	0.5128	0.5249	0.5371	0.5495	0.5624	0.5754	0.5889	0.6024
119	0.6165	0.6309	0.6456	0.6605	0.6761	0.6920	0.7077	0.7246	0.7413	0.7587
120	0.7764	0.7943	0.8130	0.8319	0.8511	0.8711	0.8913	0.9124	0.9328	0.9551
121	0.9775	1.000	1.023	1.047	1.071	1.096	1.122	1.148	1.175	1.202
122	1.230	1.259	1.288	1.318	1.349	1.380	1.413	1.446	1.479	1.514
123	1.549	1.585	1.622	1.659	1.698	1.738	1.778	1.820	1.862	1.905
124	1.950	1.995	2.042	2.089	2.138	2.188	2.239	2.291	2.344	2.399
125	2.455	2.512	2.571	2.630	2.692	2.754	2.818	2.884	2.952	3.020
126	3.090	3.162	3.236	3.311	3.436	3.467	3.549	3.631	3.715	3.802
127	3.891	3.981	4.073	4.168	4.266	4.365	4.466	4.570	4.677	4.786
128	4.897	5.013	5.128	5.249	5.371	5.495	5.624	5.754	5.889	6.024
129	6.165	6.309	6.456	6.605	6.761	6.920	7.077	7.246	7.413	7.587
130	7.764	7.943	8.130	8.319	8.511	8.711	8.913	9.124	9.328	9.551

现以金枪鱼罐头的加热杀菌为例加以说明，表 6-4 表示金枪鱼罐头加热杀菌过程中加热时间与罐中心温度的关系。根据表 6-4 可查得各中心温度所对应的 L_i 值，将其代入 $F_0=\Delta\tau\sum L_{in}$ 即可求得近似 F_0 值。

$$F_0=\Delta\tau\sum L_{in}=6\times1.214=7.28\text{min}。$$

如用图解法确定 F_0 值，可将罐内测得的温度与相应时间和 L_i 值标绘在坐标纸上（图 6-12），然后求时间-L_i 曲线下的面积和单位面积（$F_0=1.0$）之比，即为该罐的杀菌值。在本例中的曲线所围面积为 7.2，即 $F_0=7.2$。这样的求解方法称为图解法。

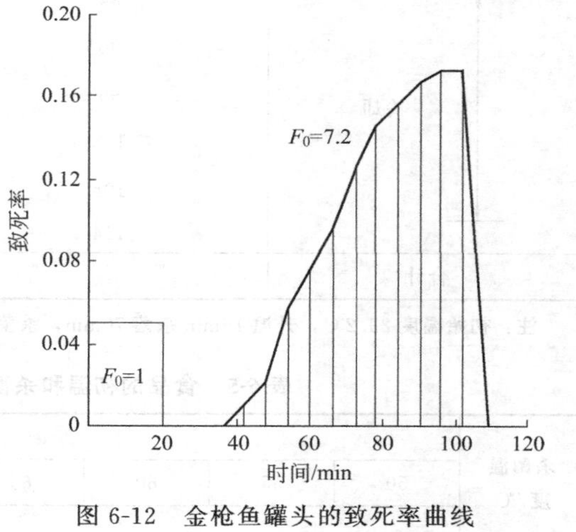

图 6-12 金枪鱼罐头的致死率曲线

罐头的杀菌致死值除了用上述的图解法求得外，也可以采用公式计算法。

4. 罐头（热）杀菌时罐内外压力的平衡

（1）罐头杀菌时影响罐内压力变化的因素

① 罐头水产食品的性质、温度等的影响 水产品组织中含有气体，在加热过程中从食品组织中释放出来，使罐内压力增高。气体逸出量与水产品的性质（如新鲜度、含气量等）、预热处理温度及杀菌温度有关。水产品中的溶解气体因温度的升高而溶解度降低，部分气体从水产品中逸出。例如，空气由 20℃升至 100℃，其溶解度减小 1 倍，因而一部分空气就要释放出来，罐内压力随着这些空气的释放而增大。

另外，罐内水产品在加热时膨胀，体积增大，使罐内顶隙减小而引起罐内压力增加。罐内水产品体积膨胀的程度与其性质有关，水产品中干物质含量越少，其体积增加量越接近于水的体积增加量，压力增加不多；干物质含量高的其体积因加热膨胀而引起罐内压力增大的变化较多。

罐内食品的体积膨胀与食品的初温和杀菌温度也有关。杀菌温度越高，食品的体积膨胀越大，罐内压力的增加量也就越多。当其他条件一定时，食品的体积膨胀度和食品的初温成反比。食品的初温和杀菌温度与食品体积膨胀度的关系见表 6-5。

表 6-4　金枪鱼罐头杀菌加热时间与罐中心温度的关系

加热杀菌操作	加热时间/min	罐中心温度/℃	致死率(L_i)
	0	23.2	—
	6	27.8	—
升温(15min)	12	41.2	—
	18	59.1	—
	24	75.2	—
	30	87.9	—
	36	96.1	0.0032
	42	102.0	0.0123
	48	105.6	0.0282
	54	108.5	0.0549
杀菌(85min)	60	109.8	0.0741
	66	110.9	0.0955
	72	112.0	0.1230
	78	112.7	0.1446
	84	113.0	0.1549
	90	113.3	0.1659
	96	113.5	0.1738
冷却	102	113.5	0.1738
	108	101.0	0.0098
	114	60.0	
合计			1.2140

注：初始温度 23.2℃，升温 15min 杀菌 70min，杀菌温度 114℃。

表 6-5　食品的初温和杀菌温度与食品体积膨胀度的关系

杀菌温度/℃	罐头食品初温/℃								
	50	55	60	65	70	75	80	85	90
	食品膨胀度								
100	1.032	1.029	1.027	1.023	1.020	1.018	1.014	1.011	1.008
105	1.041	1.034	1.030	1.027	1.024	1.022	1.018	1.015	1.012
110	1.050	1.039	1.034	1.031	1.028	1.025	1.022	1.019	1.015
115	1.055	1.042	1.038	1.035	1.034	1.030	1.027	1.023	1.019
120	1.058	1.045	1.048	1.040	1.037	1.034	1.031	1.027	1.024

从表 6-5 可以看出，食品的初温越高，膨胀度越小。通过提高罐内食品的初温就可降低罐头在杀菌过程中产生的过大内压力。食品的体积膨胀度可按下式计算：

$$Y = V''_S / V'_S = m\rho' / m\rho'' = \rho' / \rho'' \tag{6-9}$$

式中　Y——食品膨胀度；

V'_S——密封温度时罐内食品的体积，cm^3；

V''_S——杀菌温度时罐内食品的体积，cm^3；

ρ'——密封温度时罐内食品的密度，g/cm^3；

ρ''——杀菌温度时罐内食品的密度，g/cm^3；

m——罐内食品的质量，g。

② 罐头容器性质的影响 加热杀菌时，空罐体积由于其材料的受热膨胀而增加。空罐体积的增加量随材料种类、温度的不同而不同。对于金属罐，空罐体积的变化还与容器的尺寸、罐盖的形状和厚度有关，与罐内外压力差的大小也有关。不同型号的罐头在罐内外压力变化时罐内容积的变化情况见表 6-6。

表 6-6 镀锡薄板罐体积增加量（ΔV）的变化

空罐直径/mm	罐内外压力差 $\Delta p\times10^{-4}$/Pa							
	3.92	7.85	9.81	11.77	13.73	15.69	17.5	19.61
	ΔV							
72.8	9.1	13.57	15.43	17.29	19.15	21.00	22.87	23.76
74.1	11.5	15.4	16.96	19.14	21.00	23.10	25.00	26.94
83.4	15.5	20.21	22.88	25.56	28.24	30.91	33.60	36.90
99.0	23.1	37.15	41.81	46.47	51.13	55.91	60.45	65.00
155.1	161.00	239.99	263.92	287.95	311.78	335.71	359.64	380.00
215.1	320.00	400.00	432.00	464.00	500.00	533.00	565.00	598.00

表 6-6 表明，在罐内外压力差相同时，空罐体积增加量随空罐直径的增大而增大；当空罐直径不变时，罐内外压力差越大，空罐体积增加量也越大。

容器的体积膨胀程度用 X 表示，可用下式计算得到：

$$X=V''/V'=(V'+\Delta V)/V' \tag{6-10}$$

式中 X——容器体积膨胀度；

V''——杀菌温度时的容器体积，cm^3；

V'——密封温度时的容器体积，cm^3；

ΔV——杀菌温度时空罐体积的增量（$\Delta V=V''-V'$），cm^3。

在加热杀菌时，镀锡薄板罐的 X 值始终大于 1，X 值的变化范围在 1.034～1.127。玻璃罐其罐身热膨胀系数较铁罐小得多，罐盖又不允许像铁罐那样外凸，因而在杀菌时其容积变化很小，一般视 X 为 1。由于玻璃罐的 X 为 1，同时玻璃罐在密封处的强度又比铁罐二重卷边的小，所以加热杀菌时就容易产生跳盖现象，为此必须采用相应的措施，以防止跳盖或玻璃罐炸裂。

③ 罐头顶隙的影响 加热杀菌时罐内产生的压力与罐头顶隙的大小也有一定的关系，而顶隙的大小又与食品的装填度（$f=V_S/V$）有关。食品的装填度是根据产品要求和食品的性质预先制定的，一般产品的装填度为 0.85～0.95。装填度越大，顶隙越小，热杀菌时罐内的压力也就越大。

顶隙对罐内压力的影响程度还与食品的膨胀度、容器的膨胀度有关。若食品膨胀度 Y 值小而容器膨胀度 X 值大，那么顶隙对罐内压力的影响就小；反之则大。通常用密封时的顶隙体积 V_1 和杀菌时的顶隙体积 V_2 之比来表示 Y 值、X 值和 f_1 值对罐内压力的影响。密封时的顶隙体积 V_1 和杀菌时的顶隙体积 V_2 之比值可用下式计算：

$$V_1/V_2=1-f_1(X-Yf_1) \tag{6-11}$$

式中 f_1——密封时食品的装填度；

V_1/V_2——密封时顶隙体积与杀菌时顶隙体积之比；

X——容器体积膨胀度；

Y——食品体积膨胀度。

V_1/V_2值越小，加热杀菌时罐内压力增加量越小；反之，则罐内压力增加量越大。

④ 杀菌和冷却过程的影响　罐头在热杀菌时由于受热罐内食品膨胀、食品组织中空气释放、部分水分汽化等造成罐内压力增大，从而造成空罐容器变形，变形程度主要取决于罐内外压力差。在整个杀菌过程中的升温、恒温、降温冷却三个阶段，罐内外压力差不同。在升温阶段，尽管罐内压力由于罐内食品、气体受热膨胀，水蒸气分压提高而迅速上升，但此阶段杀菌锅内加热蒸汽压力也在迅速上升，所以罐内外压力差并不大，对容器的变形影响也就不大。恒温阶段，杀菌锅内杀菌温度保持不变，其压力也基本保持不变，此时罐内食品及气体温度仍在继续上升，罐内压力也就继续上升，罐内外压力之差随之增大。到冷却阶段，杀菌锅内的温度与压力因蒸汽阀的关闭和冷却用水的通入而迅速下降，而罐内压力只是缓慢下降，因此罐内外压力差迅速增大，最容易出现容器变形、损坏及玻璃罐跳盖等现象。为减少这一质量问题的出现，采用反压冷却，在冷却时向杀菌锅内通入一定的压缩冷空气，维持冷却时罐内外的压力平衡，罐内外压力差明显减少，这样就能有效地避免罐头的变形和损坏。

(2) 热杀菌时罐内压力的计算　罐头加热杀菌时，罐内压力实际为罐内蒸汽分压和空气分压之和。杀菌时罐内压力可按下式计算：

$$p_2=p''_z+p''_k=p''_z+(p_1-p'_z)[(1-f_1)/(X-Yf_1)\times t''/t'] \quad (6\text{-}12)$$

式中　p_2——杀菌时罐内的绝对压力，Pa；

p''_z——杀菌时罐内饱和水蒸气绝对压力，Pa；

p_1——密封后罐内压力，Pa；

p'_z——密封后罐内水蒸气分压，Pa；

t'、t''——密封时罐头的温度、杀菌时罐头的温度，℃。

其中的下角 z 表示罐内蒸汽分压，k 表示罐内空气分压。

从上式可以看出，提高密封温度 t'可使 P'_z增大，t''/t'值减小。要使 $(1-f_1)/(X-Yf_1)$ 值减小，对于镀锡薄板来说，当罐中食品的膨胀度 $Y<X$ 时，可增加食品的装填度 f_1；当 $Y>X$ 时，则应减小 f_1。

玻璃罐内压力的计算与镀锡薄板罐基本一样，但玻璃罐的体积膨胀程度很小，故玻璃罐内压力的计算公式为：

$$P_2=P''_z+P''_k=P''_z+(P_1-P'_z)[(1-f_1)/(1-Yf_1)\times t''/t'] \quad (6\text{-}13)$$

玻璃罐由于其容器的 $X=1$，而食品的 $Y>1$，即 $X<Y$，因而杀菌时玻璃罐内顶隙逐渐减少，罐内压力则随之增高。在这样的情况下只有降低食品的装填度，才不致使罐内压力上升过高。

(3) 杀菌锅的反压力　罐头在加热杀菌过程中，罐内压力增大，出现罐内外压力差；当罐内外压力差达到某一程度时，就会引起罐头容器的变形、跳盖等现象。这一引起变形和跳盖的罐内外压力差称之为临界压力差，用 ΔP_l 表示。为防止罐头产生变形和跳盖而设置的一个小于临界压力差的罐内外压力差称之为允许压力差，用 ΔP_y 表示。镀锡薄板罐的临界压力差和允许压力差与罐头直径、铁皮厚度、底盖形式等因素有关。玻璃罐的允许压力差为零，即要求罐内压力等于罐外压力。但在实际过程中即使罐内外温度相等，由于罐内顶隙存在部分空气，而会使罐内压力大于罐外压力。为了避免容器的变形和跳盖，常在杀菌冷却时向罐内通入一定的压缩空气来补充压力，以平衡罐内外压力，这部分补充压力称之为反压力。

杀菌锅内反压力的大小以使杀菌锅内总压力（蒸汽压力与补充压力之和）等于或稍大于

罐内压力与允许压力差 ΔP_y 的差为好，即：

$$P_g = P_{gz} + P_f \geqslant P_2 - \Delta P_y \quad (6\text{-}14)$$

式中 P_g——杀菌锅内的压力，Pa；

P_{gz}——杀菌锅内蒸汽的压力，Pa；

P_f——杀菌锅内应补充的空气压力，Pa。

因而杀菌锅内应补充的空气压力 P_f 为：

$$P_f = P_2 - P_{gz} - \Delta P_y$$

反压杀菌冷却时所补充的压缩空气应使杀菌锅内压力恒定，一直维持到镀锡罐内压力降到大气压 $+\Delta P_y$，玻璃罐内压力降到常压时才可停止供给压缩空气。

5. 罐头（热）杀菌技术

罐头加热杀菌的方法很多，根据其原料品种的不同、包装容器的不同等采用不同的杀菌方法。根据食品对温度的要求将杀菌分为常压杀菌（杀菌温度不超过 100℃）、高温高压杀菌（杀菌温度高于 100℃而低于 125℃）和超高温杀菌（杀菌温度在 125℃以上）三大类，依具体条件确定杀菌工艺，选用杀菌设备。

(1) 静止高压杀菌　静止高压杀菌是肉禽、水产及部分蔬菜等低酸性罐头食品所采用的杀菌方法，根据其热源的不同又分为高压蒸汽杀菌和高压水浴杀菌。

① 高压蒸汽杀菌　大多数低酸性金属罐头常采用高压蒸汽杀菌。其主要杀菌设备为静止高压杀菌釜，通常是批量式操作，并以不搅动的立式或卧式密闭高压容器进行。这种高压容器一般用厚度为 6.5mm 以上的钢板制成，其耐压程度至少能达到 0.196MPa。

对于高压蒸汽杀菌来说，蒸汽供应量应足以使杀菌釜在一定的时间内加热到杀菌温度，并使釜内热分布均匀；空气的排放量应该保证在杀菌釜加热到杀菌温度时能将釜内的空气全部排放干净；在杀菌釜内冷却罐头时，冷却水的供应量应足以使罐头在一定时间内获得均匀而又充分的冷却。

② 高压水浴杀菌　玻璃罐头通常采用高压水浴杀菌工艺，高压水浴杀菌能很好地平衡杀菌时玻璃罐内外压力，防止玻璃罐破碎或跳盖，也适用于装鱼类的扁平铁罐等，可防止罐头的变形，从而保证产品质量。

高压水浴杀菌的主要设备也是高压杀菌釜，其形式虽相似，但它们的装置、方法和操作却有所不同。

(2) 高压连续杀菌　其特点是罐头能连续进出高压的杀菌设备，进行连续的升温、杀菌和冷却，蒸汽消耗比间歇式杀菌器低。主要适用于较少数品种罐头的大批量生产。但不能适应多种规格罐头的生产，且运行操作技术要求较高。加压连续杀菌器主要有静水压连续杀菌器和水封式连续杀菌器。

① 静水压连续杀菌器　静水压连续杀菌器是利用水在不同的压力下有不同沸点而设计的连续高压杀菌器。杀菌时，罐头由传送带携带，按以下次序进行：进罐柱→水柱管（升温柱）→蒸汽室（杀菌柱）→水柱管（出罐柱、加压冷却）→出罐，如图 6-13 所示。罐头从升温柱入口处进入后，沿着升温柱下降，并进入蒸汽室。水柱顶部的温度近似罐头的初温，水柱底部的温度则近似于蒸汽室的温度。因此，在进入蒸汽室前有一个平衡

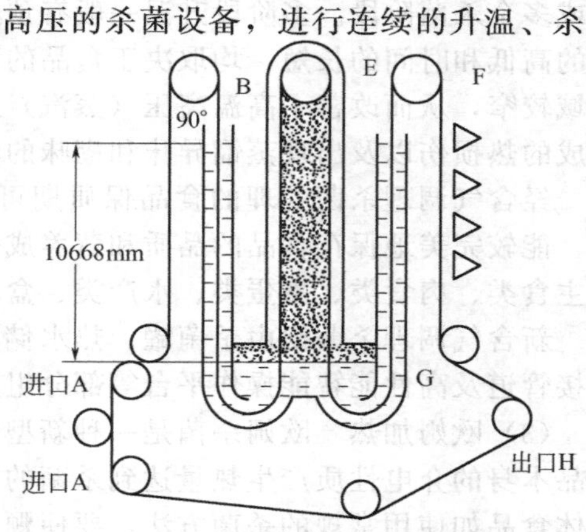

图 6-13　静水压连续杀菌器示意图

A—罐头进口处；B—升温柱入口处；
E—降温柱出口处；F—转入喷淋冷却柱；
G—喷淋冷却结束；H—出口处

的温度梯度，而进入杀菌室后，因蒸汽均匀地遍及蒸汽室（即杀菌室），在这里可以进行恒温杀菌。从杀菌室出来的罐头向上升送，这时的温度变化与升温时恰好相反，罐头所受的压力从大变小，形成一个稳定的从大到小的温度和压力的梯度，这种减压冷却过程是十分平稳而理想的。蒸汽加热室内的蒸汽压力和杀菌温度通过预热水柱和冷却水柱的高度来调节。如果水柱高度为15m，蒸汽加热室内的压力可高达0.147MPa，温度相当于126.7℃。杀菌时间根据工艺要求可通过调整传送带的传送速度来调节。

静水压连续杀菌器具有加热温度调节简单，省汽、省水且时间均匀等优点，但存在外形尺寸大、设备投资费用高等不足，故对大量生产热处理条件相同的产品的工厂最为适用。

② 水封式连续杀菌器　前述的静水压连续杀菌器是用水柱来维持杀菌压力与温度的，不需要罐头进出口的机械密封装置，但必须有形成水柱的高塔，因而设备结构很高且需高大的厂房。水封式连续杀菌器改进了这一缺点，采用了一种在水中转动的叶轮阀，又称水封转动阀，主要依靠机械力来抵消杀菌室蒸汽压力给予水封口的水压，从而使设备结构尺寸缩小。此外，静水压连续杀菌器杀菌时罐头通常是不转动的，而水封式的可使罐头杀菌时转动，热效率高而缩短了杀菌时间。

水封式连续杀菌器是一种旋转杀菌和冷却联合进行的装置，可以用于各种罐型的铁罐、玻璃罐以及塑料袋的杀菌。

6. 其他杀菌技术

(1) 回转式杀菌器　回转式杀菌器在杀菌过程中罐头不断地转动，转动的方式有两种，一种是做上下翻动旋转，另一种是做滚动式转动，罐内食品的转动加速了热量的传递，缩短了杀菌时间，也改善了食品的品质，特别是以对流传热为主的罐头食品效果更显著。回转式杀菌器根据放入罐头的连续程度不同可分为批量式和连续式两种。批量式回转杀菌器的热源是处于高压下的蒸汽或水。连续式回转杀菌器能连续地传递罐头，同时使罐头旋转，适合于多种食品的杀菌。

(2) 新含气调理加工　含气调理杀菌技术是针对目前普遍使用的真空包装、高温高压灭菌等常规加工方法存在的不足而开发的一种适合于加工各种方便菜肴食品、休闲食品或半成品的新技术。1990年日本小野食品兴业株式会社开发出含气调理杀菌技术，它是通过将食品原材料预处理后，装在高阻氧的软包装袋中，抽出空气后注入不活泼气体并密封，然后在多阶段升温、两阶段冷却的调理杀菌锅内进行温和式灭菌[6]。含气调理杀菌锅可设定单一式或多个杀菌阶段。多阶段升温一般有预热期、调理期和杀菌期3个阶段，每一阶段杀菌温度的高低和时间的长短，均取决于食品的种类和调理的要求。多阶段升温杀菌第三阶段的高温域较窄，从而改善了高温高压（蒸汽）杀菌锅因一次性升温及高温高压时间过长，对食品造成的热损伤以及出现蒸馏异味和糊味的弊端。

经含气调理杀菌处理的食品保质期可达到2年以上，同时，在适中的温度和时间下灭菌，能较完美地保存食品的品质和营养成分。目前已开发出3700余种含气调理食品，主要有主食类、肉食类、禽蛋类、水产类、盒饭类等，含气调理杀菌设备在国内现已得到应用。

新含气调理杀菌锅由杀菌罐、热水储罐、冷却水罐、热交换器、循环泵、电磁控制阀、连接管道及高性能智能操作平台等部分组成。

(3) 欧姆加热　欧姆杀菌是一种新型热杀菌的加热方法，将电流直接通入食品中，利用食品本身的介电性质产生热量达到杀菌的目的，特别适合带颗粒的流体食品。对于带颗粒的流体食品如使用常规的杀菌方法，要使颗粒内部达到杀菌温度，其周围液体必须过热，从而影响了产品的品质，但采用欧姆杀菌，由于流体食品中的颗粒加热速度几乎与流体的加热速度相近，因此可以避免过热对食品品质的破坏。这种技术首先由英国APV公司开发成功，目前一些国家已将该技术应用到食品的加工中。

(4) 微波杀菌 微波杀菌是指将食品经微波处理后，使食品中的微生物丧失活力或死亡，从而达到延长保存期的目的。

微波杀菌包括热效应和非热生化效应。微波作用于食品时，食品表里同时吸收微波能，温度升高。食品中的微生物细胞在微波场的作用下，分子被极化并作高频振荡，产生热效应，温度快速升高，使其蛋白质结构发生变化，从而失去生物活性，导致微生物死亡或因受到严重干扰而无法繁殖。非热力效应是指在温度没有明显变化的情况下，细胞所发生的生理、生化和功能上的变化，又称生物效应。由于无法对非热力效应杀菌效果的增强作用进行量化，为保证加工食品的微生物学安全性，在工艺设计过程中通常只考虑热力效应。近年来，国内已有学者对微波杀菌技术在罐头食品杀菌行业中的应用展开了研究。

微波杀菌是利用其选择透射作用，使食品内外均匀、迅速升温杀灭细菌，处理时间大大缩短；微波的穿透性使表面与内部同时受热，并且热效应和非热效应共同作用，杀菌效果好；微波可直接使食品内部介质分子产生热效应，微波能可被屏蔽，而且装置本身不被加热，不需传热介质，因此，能量损失少，效率比其他方法高；微波杀菌时食品营养成分和风味物质破坏和损失少等。

(5) 超高压杀菌 超高压 (ultra high pressure, UHP) 杀菌技术，是在密闭容器内，用水或其他液体作为传压介质对软包装食品等物料施以 100～1000MPa 的压力，从而杀死其中几乎所有的细菌、霉菌和酵母菌，而且不会像高温杀菌那样造成营养成分破坏和风味变化。自 1985 年日本京都大学教授林力丸提出高压在食品中的应用研究报告后，在食品界掀起了高压处理食品研究的热潮。超高压杀菌的机理是通过破坏菌体蛋白中的非共价键，使蛋白质高级结构破坏，从而导致蛋白质凝固及酶失活；超高压还可造成菌体细胞膜破裂，使菌体内化学组分产生外流等多种细胞损伤，这些因素综合作用导致了微生物死亡。

由于超高压杀菌技术实现了常温或较低温度下杀菌和灭酶，保证了食品的营养成分和感官特性，因此被认为是一种最有潜力和发展前景的食品加工和保藏新技术，并被誉为“食品工业的一场革命”、“当今世界十大尖端科技”等。超高压技术不仅能杀灭微生物，而且能使淀粉成糊状、蛋白质成胶凝状，获得与加热处理不一样的食品风味。超高压技术采用液态介质进行处理，易实现杀菌均匀、瞬时、高效。

(6) 脉冲电场技术 将食品置于一个带有两个电极的处理室中，然后给予高压电脉冲，形成脉冲电场作用于处理室中的食品，从而将微生物杀灭，使食品得以长期储藏。脉冲电场 (PEF) 技术中的电场强度一般为 15～80kV/cm，杀菌时间非常短，不足 1s，通常是几十微秒便可以完成。其杀菌机理的解释有电崩解 (electricbreakdown) 和电穿孔 (electroporation)。电穿孔认为在外加电场的作用下，细胞膜压缩并形成小孔，通透性增加，小分子如水透过细胞膜进入细胞内，致使细胞的体积膨胀，最后导致细胞膜的破裂，细胞的内容物外漏而引起细胞死亡。电崩解认为微生物的细胞膜可以看做是一个注满电解质的电容器，在正常情况下膜电位差很小，由于在外加电场的作用下细胞膜上的电荷分离形成跨膜电位差，这个电位差与外加电场强度和细胞直径成比例，由于外加电场强度的进一步增加、膜电位差的增大，导致细胞膜的厚度减少，当细胞膜上的电位差达到临界崩解电位差时，细胞膜就开始崩解，导致细胞膜上孔（充满电解质）的形成，进而在膜上产生瞬间放电，使膜分解。当细胞膜上孔的面积占细胞膜的总面积很少时，细胞膜的崩解是可逆的。如果细胞膜长时间地处于高于临界电场强度的作用处理，会致使细胞膜大面积的崩解，由可逆变成不可逆，最后导致微生物死亡。

(7) 脉冲强光杀菌技术 脉冲强光杀菌技术 (pulsed light sterilization) 是近年来出现的一种非热杀菌新技术，它利用瞬时、高强度的脉冲光能量杀灭食品和包装上各类微生物，有效地保持食品质量，延长食品货架期。脉冲强光杀菌是可见光、红外光和紫外光的协同效应，它们可对菌体细胞中的DNA、细胞膜、蛋白质和其他大分子产生不可逆的破坏作用，从而杀灭微生物。关于脉冲强光对食品杀菌的研究，国外从20世纪90年代初开始陆续有相关文献报道，认为脉冲强光在食品杀菌中具有广阔的应用前景。脉冲强光杀菌设备采用氙气灯管，发出能量高达$2J/cm^3$，比紫外线灯管高200倍以上，能有效破坏各种细菌，穿透性能强于紫外线，因此可有效解决表面粗糙的食品和其他物料染菌问题。与放射线杀菌相比较，脉冲强光杀菌设备成本低，并且可以安装于食品加工生产线上，进行连续性生产，在生产成本和效率方面占有明显优势。

(8) 辐照杀菌技术　辐照杀菌（radiation sterilization）主要是利用^{60}Co或^{137}Cs发出的γ射线，射线在对食品照射过程中会产生直接和间接两种化学效应。直接效应是微生物细胞间质受高能电子射线照射后发生电离和化学作用，使物质形成离子、激发态或分子碎片。间接效应是水分经辐射和发生电离作用而产生各种游离基和过氧化氢，再与细胞内其他物质作用，生成与原始物质不同的化合物。这两种作用会阻碍微生物细胞内的一切活动，导致细胞死亡。辐照杀菌时温度上升变化小；杀菌效果好；可根据需要调整处理剂量；无有害物残留；可在包装状态下进行；可进行连续、大量处理；能准确进行生产控制，过程管理简单。但是，采用放射线杀菌的方法，无疑对环境和操作人员都提出了更严格的要求。

六、罐头的冷却

罐头加热杀菌结束后应迅速进行冷却，因为杀菌结束后的罐内食品仍处于高温状态，会使罐内食品因长时间的热作用而造成色泽、风味、质地及形态等的变化，使食品品质下降；同时，较长时间处于高温下，还会加速罐内壁的腐蚀作用，特别是对含酸高的食品来说；较长时间的热作用为嗜热性微生物的生长繁殖创造了条件。对于海产罐头食品来说，快速冷却能有效地防止磷酸铵镁（$MgNH_4PO_4 \cdot 6H_2O$）结晶的产生。冷却的速度越快，对食品品质的保持越有利。

罐头冷却的方法根据所需压力的大小可分为常压冷却和加压冷却两种。

罐头冷却所需要的时间随食品的种类、罐头大小、杀菌温度、冷却水温等因素而异。一般认为罐头冷却的终点即罐头的平均温度应降到38℃左右，罐内压力已降至正常为宜。此时罐头尚有一部分余热，有利于罐头表面水分的继续蒸发，防止罐头生锈。

用水冷却罐头时，要特别注意冷却用水的卫生。一般要求冷却用水必须符合饮用水标准，必要时可进行氯化处理，处理后的冷却用水的游离氯含量控制在3～5mg/kg。

玻璃瓶罐头应采用分段冷却，并严格控制每段的温差，防止玻璃罐炸裂。

七、保温、检验、包装和贮藏

罐头食品如因杀菌不充分或其他原因有微生物残存时，一遇到适宜的温度，就会生长繁殖而使罐头食品变质。且大多数腐败菌会产生气体而使罐头膨胀。根据这个原理，用保温贮藏方法，给微生物创造生长繁殖的最适温度，放置到微生物生长繁殖所需要的足够时间，观察罐头是否膨胀，以鉴别罐头质量是否可靠，杀菌是否充分，这就是罐头的保温检验。保温检验的温度和时间，应根据罐头食品的种类和性质而定。水产类罐头采用（37±2）℃保温7昼夜的检验法，要求保温室上下四周的温度均匀一致。如果罐头冷却至40℃左右即进入保温室，则保温时间可缩短至5昼夜。

保温检验会造成罐头色泽和风味的损失，因此目前许多工厂已不采用，而是进行商业无菌检验。

罐头出厂前还需进行外观、罐头的真空度、开罐检验等。包装后，内销罐头按GB 7718的规定标注，出口罐头按外贸合同或出口经营单位的具体要求标注。纸箱应符合GB 12308理化标准规定的要求。

贮藏时对仓库温度、堆放方法等都有一定要求。

第三节　罐头食品的变质

罐头食品在储藏运输过程中经常会出现各种腐败变质，主要有胀罐、平酸败坏、黑变和发霉等。此外，有时还会发生因食用罐头食品而中毒的事故。

一、胀罐

正常情况下罐头底盖呈平坦或内凹状，但是由于物理、化学和微生物等因素致使罐头出现外凸状，这种现象称为胀罐或胖听。根据底盖外凸的程度又可分为隐胀、轻胀和硬胀。

隐胀罐头外观正常，用硬棒叩击底盖的一端或将罐头的底或盖向桌面猛击一下，则它的另一端底盖就会外凸，如用力将凸端慢慢地向罐内揿压，罐头则又重新恢复原状。轻胀罐头的底或盖常呈外凸状，若用力将凸端揿回原状，则另一端随之而外凸，即它的胀罐程度稍严重一些。如若罐头底盖同时坚实地或永久性地外凸，胀罐就达到硬胀的程度。如再进一步发展，它的焊锡接缝就会爆裂。至于玻璃罐的跳盖是由于玻璃罐内的气体压力骤然升高，以致罐盖与罐身相互脱离所造成。

造成罐头食品胀罐的主要原因有三种。

(1) 物理性胀罐　又称假胀，由于罐内食品装得过多、没有顶隙或顶隙很小，杀菌后罐头收缩不好，一般杀菌后就会出现，例如午餐肉罐头就极易出现假胀罐的现象；或罐头排气不良，罐内真空度过低，因环境条件如气温、气压改变而造成，如低海拔地区生产的罐头运到高海拔地区或贮藏于高空飞行的飞机，寒带运往热带；以及采用高压杀菌，冷却时没有反压或卸压太快，造成罐内外压力突然改变，内压远远超过外压。

(2) 化学性胀罐　因罐内食品坡度太高，罐内壁迅速腐蚀，锡、铁溶解并产生氢气，直至大量氢气聚积于顶隙时才会出现，故它常需要经过一段储藏时间才会出现。酸性或高酸性水果罐头最易出现氢胀现象，开罐后罐内壁有严重酸腐蚀斑，若内容物中锡、铁含量过高，还会出现严重的金属味。这种情况下虽然内部的食品没有失去食用价值，但是与细菌性胀罐很难区别，因此也被列为败坏的产品。

(3) 细菌性胀罐　由于微生物生长繁殖而出现食品腐败变质所引起的胀罐称为细菌性胀罐，是最常见的一种胀罐现象。其主要原因是杀菌不充分，残存下来的微生物或罐头裂漏从外界侵染的微生物繁殖生长的结果。

低酸性食品罐头胀罐时常见的腐败菌大多数属于专性厌氧嗜热芽孢杆菌和厌氧嗜温芽孢菌一类，如嗜热解糖梭状芽孢杆菌和肉毒杆菌、生芽孢梭状芽孢杆菌以及其他如腐化梭状芽孢杆菌、双酶梭状芽孢杆菌等。酸性食品罐头胀罐时常见的腐败菌有专性厌氧嗜温芽孢杆菌，如巴氏固氮梭状芽孢杆菌、酪酸梭状芽孢杆菌等解糖菌。高酸性食品罐头胀罐时常见的腐败菌有小球菌以及乳杆菌、明串珠菌等非芽孢杆菌。

二、平酸败坏

平酸败坏的罐头外观一般正常，但是由于细菌活动其内容物酸度已经改变，呈轻微或严重酸味，其pH值可下降至0.1～0.3。导致平酸败坏的微生物称为平酸菌，它们大多数为兼性厌氧菌，在自然界中分布极广，糖、面粉及香辛料等辅助材料是常见的平酸菌污染源。食品罐头的平酸败坏需开罐或经细菌分离培养后才能确定，但是食品变酸过程中平酸菌常因受到酸的抑制而自然消失，不一定能分离出来。特别在那些贮存期越长、pH值越低的罐头中平酸菌最易消失，这就需要仔细做涂片观察，寻找细胞残迹，以便获得确证。

低酸性食品中常见的平酸菌为嗜热脂肪芽孢菌（*Bacillus stearothermophilus*）和它的

近似菌，它们的耐热性很强，能在49～55℃温度中生长，最高生长温度为65℃。嗜温性平酸菌如环状芽孢杆菌（*Bacillus circulans*）的耐热性不强，故它在低酸性食品中很少会出现平酸变质问题。

酸性食品中常见的平酸菌为嗜热酸芽孢杆菌（*Bacillus thermoacidurans*），过去被称为凝结芽孢杆菌（*Bacillus coagulans*）。它能在pH4.0或略低的介质中生长。该菌的适宜生长温度为45℃或55℃，最高生长温度可达54～60℃，温度低于25℃时仍能缓慢生长。

三、黑变或硫臭腐败

硫蛋白质含量较高的罐头食品在高温杀菌过程中产生挥发性硫或者由于微生物的生长繁殖致使食品中的含硫蛋白质分解并产生唯一的H_2S气体，与罐内壁铁质反应生成黑色硫化物，沉积于罐内壁或食品上，以致食品发黑并呈臭味，这种现象称为黑变或硫臭腐败，如海产品罐头、肉类罐头、蔬菜罐头等有时候会发生。这类腐败变质罐头外观正常，有时也会出现隐胀或轻胀，敲检时有浊音。导致这类腐败变质的细菌为致黑梭状芽孢杆菌（*Clostridium nigrificans*）。它的适宜生长温度为55℃，在35～70℃温度范围内都能生长，其芽孢的耐热性比平酸菌和嗜热厌氧腐败菌低。这类腐败变质现象只有当杀菌严重不足时才会出现。

四、发霉

罐头内食品表面上出现霉菌生长的现象称为发霉。一般并不常见，只有容器裂漏或罐内真空度过低时，才有可能在低水分及高浓度糖分的食品中出现。

此外还有由于肉毒杆菌、金黄色葡萄球菌等产毒菌分泌外毒素导致食用罐头后引起的食物中毒现象发生，危及人体健康。产毒菌中除肉毒杆菌耐热性较强外，其余均不耐热。因此罐头食品杀菌通常以肉毒杆菌作为杀菌对象，以防止罐头食品中毒。

第四节　罐藏容器的腐蚀

金属罐是罐藏食品最常用也是使用最多的一种容器，它具有显著耐高温高压、能承受温度的剧烈变化、密封性好、不易破损等优点，但它也有罐壁易腐蚀，还可能污染食品等不足。

一、罐内外壁的腐蚀现象

1. 酸性均匀腐蚀

在酸性食品的腐蚀下，罐内壁锡面上常会全面地、均匀地出现溶锡现象，以致罐内壁上可以见到各种斑纹，在热浸铁表面呈现羽毛状斑纹，在电镀铁表面呈现鱼鳞状斑纹。在高倍镜相显微镜下观察时，鱼鳞状斑纹实际上是由小型羽毛状锡晶体构成。一般均匀腐蚀的速度生产初期比后期要快，这是因为均匀腐蚀过程中需要氧，在生产初期罐内顶隙含氧比较多。而后期随着时间的推移、腐蚀的继续，氧慢慢耗尽。发生均匀腐蚀时，罐内食品中溶锡量增高，如不超过国家标准要求的200mg/kg，食品不出现金属味，此时对食品品质并无妨碍，所以允许罐内壁有轻度的均匀腐蚀出现。但是如果均匀腐蚀随着保藏时间的延续而继续发展，造成大片锡层脱落，钢基大面积外露，此时不仅使罐内的溶锡量大大超过标准，致使食品出现金属味，而且铁面腐蚀时还会产生大量氢气造成氢胀罐，严重时还会爆裂，为微生物入侵提供了途径，最终使食品不能食用。

2. 集中腐蚀

集中腐蚀也称为穿孔腐蚀，是指在罐内壁某些局部面积内出现的铁的腐蚀现象。发生集中腐蚀的罐内壁可见到麻点、蚀斑、露铁点等，严重时还会出现穿孔。铁皮穿孔给微生物入侵创造了条件，从而造成食品腐败变质。集中腐蚀常在酸性食品或组织中含气量高的果蔬食品罐头中出现。在一般情况下，罐内壁出现少量的小麻点、麻孔或露铁点时还不会造成食品污染，但如果是含硫食品，就会因腐蚀而产生硫化铁，容易造成食品污染，影响食品的品质。必须注意的是集中腐蚀造成报废的罐头远远多于均匀腐蚀，这是因为集中腐蚀引起罐头损坏所需的时间要比均匀腐蚀所需短得多，所以必须重视集中腐蚀的控制。

3. 局部腐蚀

局部腐蚀通常也称为氧化圈，是指罐内壁气液交界部位发生的腐蚀现象。发生局部腐蚀的罐头，开罐后在顶隙和液面交界处可看到有暗灰色的腐蚀圈，这是由于在罐内残存氧气的作用使锡面受到腐蚀的结果。

4. 异常脱锡腐蚀

异常脱锡腐蚀是因为某些罐头食品内含有特种腐蚀因子，与罐壁接触时促进其化学反应造成快速脱锡，导致短时间内（如两、三个月）出现大面积的脱锡现象，影响产品质量。在脱锡阶段罐头的真空度下降很慢，起初的外形观察、棒击检查或真空检测均属正常，但当脱锡完成后就会迅速造成氢胀。

5. 硫化腐蚀

硫化腐蚀是指在含硫食品或添加有硫化物的罐头中发生的铁、锡被腐蚀的现象。发生硫化腐蚀的罐头在罐内壁出现青紫色、黑色的斑点和斑纹。这是因含硫食品，特别是含蛋白质的食品，在加热杀菌时形成的硫化氢与罐内壁的铁、锡作用生成硫化铁和硫化锡等硫化物所致。如使用涂料罐作为容器时，可显著改善。

6. 罐外锈蚀

罐外锈蚀是指罐外壁出现腐蚀生锈的现象，这不仅会影响外观，降低商品价值，而且严重时还会导致穿孔而使罐头报废。

二、镀锡薄钢板内壁的腐蚀

1. 罐内壁腐蚀的机理与过程

镀锡薄钢板的中心是钢基板，在其表面有镀锡层。但锡层很薄，尤其是电镀锡薄板的镀锡层更薄，表面不免会有孔眼或断层出现；再加上在空罐的制造过程中还会因受机械冲击和磨损，在铁皮表面造成某些部位锡层的损伤，以致镀锡板中的钢基或合金层通过锡层的孔眼外露，当它们与所装的食品接触时，就会在各层金属间构成原电池，造成罐内壁腐蚀。罐内壁的腐蚀是一个极其复杂的电化学腐蚀过程。

从锡与铁的标准电极电位看，铁的电极电位比锡的略负，应作为原电池的阳极而被腐蚀。但在酸性食品罐头中，由于有机酸对锡离子的配位作用及锡铁电极氢超电压的差值等原因而使锡铁的电极电位发生了逆转，锡电极成为原电池的阳极被腐蚀，即锡溶解成锡离子，钢基则因牺牲锡而被保护。随着腐蚀的进行，当锡层大片脱离，使钢基板大面积暴露时，锡铁同时被腐蚀，也即发生所谓的脱锡麻点腐蚀。在低酸性食品罐头中，由于没有锡铁电极电位发生逆转的条件，外露的钢基则成为阳极而被腐蚀，即发生集中腐蚀，以致穿孔。镀锡薄钢板在各种情况下发生的腐蚀现象如图 6-14 所示。

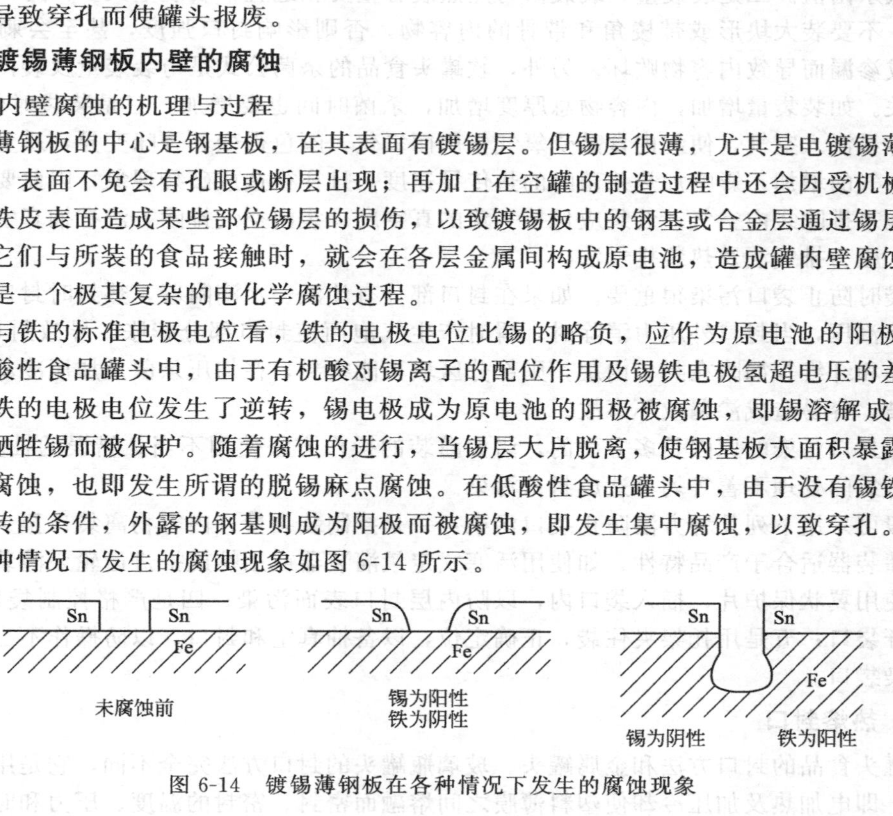

图 6-14　镀锡薄钢板在各种情况下发生的腐蚀现象

对含硫食品罐头来说，当罐内的含硫物质如蛋白质内的含硫氨基酸或硫化氢转变成二价硫离子并与金属铁、锡离子共存时就会发生硫化腐蚀，生成 FeS、SnS。在 FeS、SnS 形成的过程中还会有绿色的 $Fe(OH)_2$ 和红棕色的 $Fe(OH)_3$ 产生，这些也是有色物质，所以硫化腐蚀也叫硫化变色。能促使二价硫离子和金属铁、锡离子形成的因素都将加速硫化腐蚀的进行。

目前的研究资料表明，镀锡薄板中的锡铁合金层的正电性比铁和锡都强，它的存在并不能保护钢基板，但锡铁合金层具有的较高的氢超电压，有减缓腐蚀速度的作用[1]。

2. 影响罐内壁腐蚀的因素

罐头内壁的腐蚀是复杂的，各种罐藏食品中出现的腐蚀现象和程度各不相同，有的为集中腐蚀，有的是均匀腐蚀，有的则是异常脱锡腐蚀，对罐头的危害也不相同。罐内壁的腐蚀受着许多因素的影响，如食品原辅材料的成分、氧气、铜以及镀锡薄板本身的质量等。

第五节 水产食品软罐头生产工艺

软罐头生产的工艺流程与一般罐头基本相同，只是罐装、密封和杀菌冷却工艺有所不同。原料验收及选择、加工处理工艺要点同前，以下介绍装袋、热熔封口及加热杀菌工艺要点。

一、装袋

装袋时一是成品限位，软罐头食品成品应有一定的厚度，厚度的增加会导致杀菌时间的不足，造成成品可能败坏。一般软罐头的成品总厚度最大不得超过 15mm，太厚影响热传导，降低杀菌值。二是装袋量，装袋量与蒸煮袋容量要相适宜，装袋量太多，封口时容易造成污染。不要装大块形或带棱角和带骨的内容物，否则影响封口强度，甚至会刺透复合薄膜，造成渗漏而导致内容物败坏。另外，软罐头食品的杀菌公式是与装袋量及袋内容物的总厚度有关。如装袋量增加，内容物总厚度增加，杀菌时间也要增加。三是装袋时的真空度，装袋时容易混入空气，使袋内食品受氧气作用而氧化，颜色褐变、香味变异，质量下降；由于袋内空气的增加，影响加热杀菌时的热传导速度，且往往造成破袋现象，因此要采用各种技术措施来排除袋内空气，装袋应保持一定的真空度。袋内空气排除方法有抽真空法、蒸汽喷射法、压力排气法及热装排气法。

装袋时防止袋口污染很重要。如果在封口部分有汁液、水滴附着，热封时封口部分的内层产生蒸汽压，当封口外压力消除时，瞬时产生气泡而使封口部分膨胀，导致封口不密封。另外，油和纤维等如附在封口内层，则部分区域不能密封，在加压杀菌及加压冷却时，造成二次污染，容易造成渗漏败坏事故。

造成封口污染的原因是多方面的，诸如灌装的操作方法使用不当，错误的抽真空方法，封口前对袋的处理不善等均可造成封口污染。

一般可采用下列几种方法防止袋口污染：一是控制装袋量，内容物离袋口至少 3～4cm；二是使灌装器适合于产品特性，如使用活塞式定量灌装器或用螺旋推进齿轮泵灌装器；三是灌装时使用翼状保护片，插入袋口内，以防内层封口表面污染；四是严格控制袋口的构型，充分张开袋口；五是用托架夹住袋，正确定位，以备抽真空和封口，以防操作不当，引起喷射而污染袋口。

二、热熔封口

软罐头食品的封口方法和金属罐头、玻璃瓶罐头的封口方法完全不同，它是用热熔密封的原理，即电加热及加压冷却使塑料薄膜之间熔融而密封。密封的温度、压力和时间是根据蒸煮袋的构成材料、层数、薄膜的熔融温度以及封边的厚度等条件来决定的，带铝箔三层复合薄膜蒸煮袋热熔封口时最适热封口温度180～220℃，压力0.3MPa，时间1s，在此条件下封口强度不小于7kg/20mm。热熔封口时，封口部分容易产生皱纹，防止产生皱纹的措施有：袋口平整，两面没有长短差别；封口机压模两面平整，并保持平行；内容物块形不能太大，装袋量不能太多，成品要严格按照总厚度的限位要求。

封口是软罐头生产中的重要环节，封口质量直接影响软罐头的品质。因为封口后的软罐头还必须经120℃或更高温度的热杀菌处理，在整个贮藏、运输、销售等流通过程中必须保证质量，要坚固不漏，其密封性和渗漏率必须与金属罐具有相同的标准，所以必须严格操作、检验，把好封口质量关。良好的封口必须符合以下4项技术检验标准：

① 表观检验　用肉眼观察封口，要求封口无皱纹、无污染；封边宽度为8～10mm；用两手将内容物挤向封边，并加一定压力，封边无裂缝渗漏现象。

② 熔合试验　良好的封口熔合后，内层的封口表面必须完全结合成一体。

③ 破裂试验　破裂试验可以检验出封口最薄弱部分。试验分为耐内压力强度（也称爆破强度）和耐外压力强度（也称静压力强度）试验两种。

④ 拉力试验　可分静态拉力试验及动态拉力试验两种。静态拉力试验是用一种万能拉力测试器，测试破坏每一个样品封口总宽度所需要的总力。动态拉力试验是将封口条试样，放入杀菌锅中121℃、30min杀菌，观察拉力强度。

三、杀菌冷却

水产品软罐头在100℃以上温度下加热杀菌，由于封入袋内的空气及内容物的膨胀产生内压力，导致体积增大，呈膨胀状态，甚至使袋破裂。为了防止破裂，除了在封口时尽可能地减少袋内气体外，在蒸汽杀菌过程中采用空气加压杀菌和加压冷却要适当。

高温杀菌时，如果内压大于外压，即使压力差只有0.1kgf/cm^2（1kgf/cm^2=98.0665kPa），袋也会破裂。在100℃以上杀菌时，若控制温度波动在±1℃，压力就要变化0.1kgf/cm^2[5]，所以必须用空气加压，施加比与这一温度相应的饱和蒸汽压还要大的压力。

水产品软罐头进入杀菌锅后，一般在锅温达到70～95℃时开始进行空气加压。加压开始过早，则升温时间延长；加压太迟，则袋容易发生破裂。

冷却阶段，特别是在冷却的开始阶段（即内压过大时）最容易产生引起包装袋破裂的压力差，所以要导入加压的冷却水进行加压冷却，使这种加压随着温度的逐渐降低而慢慢减少，乃至平衡。

在杀菌及冷却过程中，软罐头在杀菌锅内是把袋放在特制限位搁板上的，水平并列、互不重叠，上下搁板间有一定的距离，加之搁板面上还有沟及小孔，所以，能改善加热介质的流动，增强杀菌效果，能使每袋软罐头都得到有效的杀菌和均匀的冷却。

本章小结

食品罐藏是将经过一定处理的食品装入容器中，经密封杀菌，使罐内食品与外界隔绝而不再被微生物污染，同时又使罐内绝大部分微生物死灭并使酶失活，从而消除了引起食品变败的主要原因，获得在室温下长期贮存的保藏方法。

鲜、活原料或经解冻后的原料需经过一系列预处理，具体包括去内脏、去头、去壳、去皮、清洗、剖开、切片、分档、盐渍和浸泡等。

装罐的工艺要求：水产食品原料经处理加工后应尽快装罐，装罐时对块数、块形大小、头尾块与色泽进行合理搭配，以保证成品的外观、质量，并提高原料的利用率；须排列整齐紧密、块形完整、色泽一致、罐口清洁，且不得伸出罐外，装罐时必须保持一定的顶隙。

排气的作用：防止罐头在高温杀菌时内容物的膨胀而使容器变形或损坏，影响金属罐的卷边和缝线的密封性，防止玻璃罐跳盖等现象发生；防止或减轻罐藏食品在贮藏过程中，金属罐内壁常出现的腐蚀现象；防止氧化，保持食品原有的色香味，以及防止维生素等营养成分的破坏；可抑制罐内需氧菌和霉菌的生长繁殖，使罐头食品不易腐败变质而得以较长时间的贮藏；有助于"打检"，检查识别罐头质量的好坏。另外，罐头经过排气，有利于加热杀菌时热的传递，因而有利于杀菌效果。

目前国内罐头厂常用的罐头排气方法有加热排气、真空封罐排气和蒸汽喷射排气三种。

影响罐头真空度的因素：排气温度和时间；食品的密封温度；罐内顶隙的大小；食品原料的种类和酸度；原料的新鲜度和杀菌温度以及外界气温等。

金属罐的密封是通过密封机构（或封罐机），将罐身的翻边部分（身钩）和底盖的钩边部分（盖钩），并包括密封垫料相互卷合，压紧而形成紧密重叠的卷边过程，即二重卷边；玻璃罐的密封是依靠镀锡板和密封圈紧压在玻璃罐口而形成密封的；软罐头的密封是利用复合塑料薄膜边缘上内层薄膜熔合在一起，从而达到密封的目的。

在罐头的加热杀菌过程中，热量传递的速度受食品的物理性质、容器的种类和食品的初温、终温以及杀菌温度、杀菌釜的形式等因素的影响，这些因素也就影响着罐头的杀菌。

罐头杀菌时影响罐内压力变化的因素主要有：罐头水产食品的性质、温度；罐头容器性质；罐头顶隙；杀菌和冷却过程。

罐头加热杀菌的方法很多，根据其原料品种的不同、包装容器的不同等采用不同的杀菌方法。根据食品对温度的要求将杀菌分为常压杀菌（杀菌温度不超过100℃）、高温高压杀菌（杀菌温度高于100℃而低于125℃）和超高温杀菌（杀菌温度在125℃以上）三大类。其他杀菌技术包括回转式杀菌器杀菌、新含气调理杀菌技术、欧姆加热、微波杀菌、超高压杀菌、脉冲电场技术、脉冲强光杀菌技术和辐照杀菌技术等。

罐头加热杀菌结束后应迅速进行冷却，因为杀菌结束后的罐内食品仍处于高温状态，会使罐内食品因长时间的热作用而造成色泽、风味、质地及形态等的变化，使食品品质下降；同时，较长时间处于高温下，还会加速罐内壁的腐蚀作用，特别是对含酸高的食品来说；较长时间的热作用为嗜热性微生物的生长繁殖创造了条件。对于海产罐头食品来说，快速冷却能有效地防止磷酸铵镁（$MgNH_4PO_4 \cdot 6H_2O$）结晶的产生。冷却的速度越快，对食品的品质越有利。

罐头冷却的方法根据所需压力的大小可分为常压冷却和加压冷却两种。冷却所需要的时间随食品的种类、罐头大小、杀菌温度以及冷却水温等因素而异。

罐头食品在储藏运输过程中经常会出现各种腐败变质，主要有胀罐、平酸败坏、黑变和发霉等。

罐藏容器的腐蚀包括罐内外壁的腐蚀现象，如酸性均匀腐蚀、集中腐蚀、局部腐蚀、异常脱锡腐蚀、硫化腐蚀、罐外锈蚀等以及镀锡薄钢板内壁的腐蚀。

思考题

1. 罐头食品的定义是什么？
2. 试述影响微生物耐热性的因素。
3. 何谓 D 值、Z 值及 F 值？三者之间的关系是什么？
4. 水产罐头食品原料前处理有哪些方法？原料前处理有何作用？
5. 装罐有哪些方法？应注意哪些问题？为什么？
6. 罐头的排气有何作用？

7. 影响罐头真空度的因素有哪些？这些因素是如何影响罐头真空度的？

8. 热力排气有哪些方法？

9. 真空排气法有何优缺点？

10. 如何控制真空排气过程中的“爆溢”现象？

11. 真空排气中造成真空不足的主要原因是什么？应采取何种措施解决真空不足的问题？

12. 影响罐头真空度的主要因素有哪些？

13. 二重卷边封机封口部位由哪些部分组成？

14. 试述二重卷边的形成过程。

15. 罐头杀菌的意义是什么？

16. 何谓商业无菌？

17. 试述影响微生物耐热性的因素。

18. 什么是罐头的冷点（最迟加热点）？

19. 罐头杀菌时影响罐内压力变化的因素有哪些？

20. 导致罐头食品胀罐的因素有哪些？如果发现胀罐应如何去防止？

21. 何谓平盖酸败？如何防止？

22. 导致罐头黑变的原因是什么？如何防止？

23. 罐头发霉最可能的原因是什么？如何防止？

参考文献

[1] 赵晋府. 食品工艺学. 北京：中国轻工业出版社，1999.

[2] 李雅飞. 食品罐藏工艺学. 上海：上海交通大学出版社，1988.

[3] 谷川英一等. 缶诘制造学. 恒星社厚生阁版，昭和 69.

[4] 马长伟. 食品工艺学导论. 北京：中国农业大学出版社，2004.

[5] 许顺干. 水产品软罐头. 水产科技情报，1996，23 (5)：210-212.

[6] 张泓. 新含气烹饪食品保鲜加工新技术. 中国食品工业，1998，38 (2)：401.

第七章 鱼糜制品

学习要求

1. 熟悉鱼糜制品加工的基本原理。
2. 了解鱼糜制品加工中常用的辅料和添加剂及其要求。
3. 掌握影响鱼糜制品弹性的主要因素。
4. 掌握鱼糜的分类及鱼糜制品的生产工艺、操作要点。

将鱼肉绞碎，经加盐擂溃，成为黏稠的鱼浆（鱼糜），再经调味混匀，做成一定形状后，进行水煮、油炸、焙烤、烘干等加热或干燥处理而制成的具有一定弹性的水产食品，称为鱼糜制品。主要品种有鱼丸、虾饼、鱼糕、鱼香肠、鱼卷、模拟虾蟹肉、鱼面等。

鱼糜制品加工在我国已有悠久的历史，久负盛名的福州鱼丸、云梦鱼面、江西的燕皮、山东等地的鱼肉饺子等传统特产，便是我国具有代表性的鱼糜制品。作为一种工业化生产的鱼糜制品始于日本，早期规模较小。1955 年，日本北海道中央水产试验场的西谷氏等专家着手研究利用北太平洋蕴藏丰富的狭鳕，在研究中解决了原料蛋白质冷冻变性的问题，于是在 1959 年成功开发了“冷冻鱼糜（无盐鱼糜）生产技术”，使原来易腐败、廉价高产的狭鳕转变成能制造高品质、富有弹性的传统鱼糕制品的极佳原料，同时也引起了传统鱼糜制品加工技术的重大变革，并因此推动了日本鱼糜制品的大幅度增加，冷冻鱼糜的年产量由 1965 年的 3.2 万吨急剧增长到 1975 年的 38 万吨，鱼糜制品年产量也从 1953 年的 22 万吨增加到 1973 年的 118.7 万吨。此外还在鱼糜制品的品种上推陈出新，于 20 世纪 70 年代中期，日本首先研制开发了模拟海味食品，诸如模拟蟹肉、模拟贝肉、模拟虾肉等，并于 1979 年进入美国市场，随即走俏，由此激发了美国水产食品加工者的极大兴趣。到 1985 年美国不但完全引进日本鱼糜加工技术，而且对该技术消化吸收后进行了更科学的改良，使冷冻鱼糜的生产效率更加提高，于是在 1985 年美国模拟蟹肉的产量达到了 4 万吨。

我国于 20 世纪 80 年代后期，浙江、山东、辽宁、广东、广西、湖北、上海等地先后引进了各类鱼糜及其制品的生产设备，促进了我国鱼糜加工业的快速发展，到 90 年代中后期，我国各类鱼糜制品的产量已达 2 万多吨，2003 年鱼糜及其制品的总产量达到了 10 万多吨，发展速度非常迅速。随着人民生活水平的提高，生活节奏的加快，鱼糜制品将会在我国得到进一步的发展。

第一节 鱼糜制品加工的基本原理

一、鱼糜制品的凝胶化过程

鱼类肌肉中的蛋白质一般分为盐溶性蛋白质、水溶性蛋白质和不溶性蛋白质三类。而能溶于中性盐溶液，并在加热后能形成具有弹性凝胶体的蛋白质主要是盐溶性蛋白质，即肌原纤维蛋白质，它是由肌球蛋白、肌动蛋白和肌动球蛋白所组成，是鱼糜形成弹性凝胶体的主要成分。

关于蛋白质凝胶的形成过程有许多学者进行了研究，鱼糜蛋白质凝胶形成过程主要经过凝胶化、凝胶劣化和鱼糕化三个阶段[1]。

1. 凝胶化过程

鱼肉中加入2%～3%的食盐进行擂溃或斩拌时，会产生非常黏稠和具可塑性的肉糊。这主要是构成肌原纤维的肌丝（细丝和粗丝）中的F-肌动蛋白（F-actin）与肌球蛋白（myosin）由于食盐的盐溶作用而溶解，在溶解过程中二者吸收大量的水分并结合形成肌动球蛋白（actomyosin）的溶胶。这种肌动球蛋白溶胶（sol）非常容易凝胶化，即使在10℃以下的低温也能缓慢进行，而在50℃以上的高温下，会很快失去其塑性而变为富有弹性的凝胶体，即鱼糜制品。鱼肉的这种能力叫做凝胶形成能力。由于生产鱼糕的鱼肉都要求具有很强的凝胶形成能力，所以也叫鱼糕生成能力，在日本又称为“足”形成能。

从溶胶体到凝胶体的变化包含了两个反应，一是通过50℃以下的温度域时，在此温度过程中进行的凝胶结构形成的反应，另一是以60℃为中心的50～70℃温度带所发生的凝胶结构劣化的反应。前者称为凝胶化（suwari），后者称凝胶劣化（modori）。同样加热，让其慢慢通过30～40℃温度带，可促进凝胶化的进行，同时使其迅速通过60℃附近，防止凝胶劣化的进行，可以得到较强的弹性，相反则弹性差。可见，即便是最终加热温度相同，但由于到达终点温度的过程不同，所形成的凝胶物性亦不同，这是鱼糜凝胶化的重要特征。

凝胶化现象是由于盐溶性蛋白质充分溶出后，其肌动球蛋白在受热后高级结构解开，包括肌球蛋白分子尾部α-螺旋结构的展开以及疏水区的相互作用，在分子间产生架桥，形成三维的网状结构，由于肌球蛋白具有极强的亲水性，因而在形成的网状结构中包含了大量的自由水，由于热的作用，网状结构中的自由水被封锁在网目中不能流动，从而形成了具有弹性的凝胶状物。架桥与疏水基和S—S基有关，特别是前者的作用更大，见示意图7-1[2,3]。研究发现，鱼糜鱼肉蛋白在低温下凝胶化（被称为setting），是由于鱼肉本身所含有的谷氨酰胺转氨酶催化作用下使分子内产生了极强的共价键的结果[4]，在这个过程中，内源性组织蛋白酶和谷氨酰胺转氨酶分别水解或交联肌球蛋白影响凝胶过程。凝胶化的形成与温度有关，温度越高，其凝胶化的速度也越快，如图7-2[5]所示。一般如抗坏血酸钠、过氧化氢等氧化剂可促进凝胶化，而糖类如葡萄糖、砂糖则对凝胶化有抑制效果[5]。

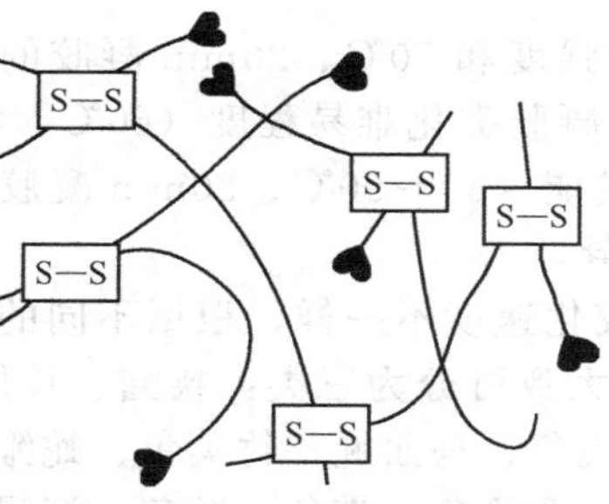

图7-1　肌球蛋白的交叉键结构示意

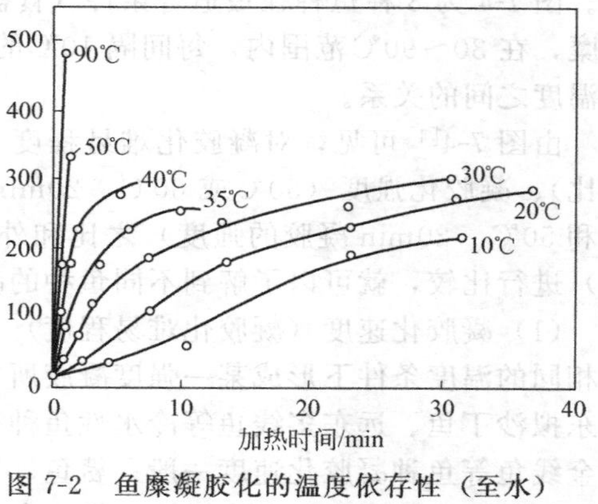

图7-2　鱼糜凝胶化的温度依存性（至水）

凝胶化变化程度主要取决于鱼的种类[6]。

凝胶劣化是指在一定温度下，鱼糜经凝胶化得到的网状结构被破坏，使鱼糜失去弹性的现象。鱼糜发生凝胶劣化的温度一般在50～70℃[7]。凝胶劣化一般是由于内源性组织蛋白酶类引起肌球蛋白的消化[8]。内源性组织蛋白酶类通常分为组织蛋白酶类（cathepsins）和热稳定碱性蛋白酶两类。这些蛋白酶存在于鱼肉的肌纤维、细胞质及细胞外结缔组织的胞外基质中。大多数蛋白酶为溶酶体酶和细胞质酶，另有一些存在于肌浆中并与肌纤维或巨噬细胞外层相连。蛋白水解酶可降解蛋白质，破坏凝胶结构，它们的活性受特定的内源抑制剂、激活剂、pH 及环境温度的影响。酶活性在鱼种之间差异极大，而且随捕获季节、性成熟、产卵及其他因素的变化而变化[9]。组织蛋白酶为溶酶体蛋白酶，溶酶体中约有 13 种组织蛋白酶在蛋白质的体内转化和死后流变特性变化中起主要作用[10]。其中组织蛋白酶 B、组织蛋白酶 D、组织蛋白酶 H、组织蛋白酶 L、组织蛋白酶 L-like、组织蛋白酶 X 已从鱼贝类中纯化并鉴定出来，如组织蛋白酶 L 对肌球蛋白的亲和性高，可以降解鱼肌中的多种蛋白质成分（肌球蛋白、肌纤维蛋白、胶原蛋白等）；肌肉中存在的半胱氨酸蛋白酶是肽键内切酶，属于热稳定碱性蛋白酶，对鱼肉质地影响最大[11]。

虽然不同的鱼体内酶的种类、来源及含量差异极大，但大多数鱼中都含有热稳定蛋白酶。这类酶使肌原纤维形成的凝胶网络结构解体，形成浆状而非质地坚实的凝胶。碱性蛋白酶活性与凝胶强度的关系见图 7-3[12]。从图中可看出，温度在 60℃时碱性蛋白酶的活性最强。为了生产凝胶强度较强的鱼糜制品，一般对鱼糜制品进行加热时应该使其缓慢通过 50℃以下温度区，以促进凝胶化，并迅速通过 50～70℃凝胶劣化区，以尽量避免凝胶劣化，在 70℃以上的温度使碱性蛋白酶迅速失去活性，同时还应当加入酶抑制剂抑制蛋白酶的活性，以使其在凝胶化过程中形成的包含水分的网状结构即刻固定下来成为凝胶强度较强的制品。

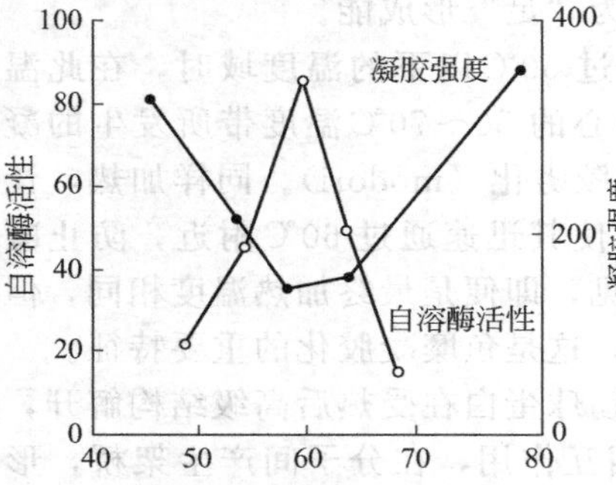

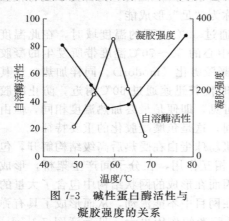

图 7-3　碱性蛋白酶活性与凝胶强度的关系

2. 凝胶形成能的鱼种特异性

凝胶形成能是判断原料鱼是否适合做鱼糜制品的重要特征。不同的鱼种凝胶形成能是不一样的，这种不同表现在两个方面：一方面是凝胶化速度，是指在凝胶化过程中形成凝胶体的难易程度；另一方面是凝胶化强度，即鱼糜在通过凝胶化温度时能产生何种程度的凝胶结构。图 7-4 为 8 种鱼种在最适合条件（食盐含量 3%，pH＝6.8，水分 82%）下擂溃而成的鱼糜，在 30～90℃范围内，每间隔 10℃的温度条件下分别加热 20min 和 2h，测定凝胶强度和温度之间的关系。

由图 7-4[1]可见，对凝胶化难易程度（30℃、2h 凝胶强度和 50℃、20min 凝胶的强度之比）、凝胶化强度（50℃或 60℃、20min 凝胶的强度）、凝胶劣化难易程度（60℃、2h 凝胶和 50℃、20min 凝胶的强度）之比和外观上的凝胶形成能（80～90℃、20min 凝胶的强度）进行比较，就可以了解到不同鱼种的凝胶化特性之差异。

（1）凝胶化速度（凝胶化难易程度）　不同的鱼种凝胶化速度不一样，根据不同的鱼种在相同的温度条件下形成某一强度凝胶所需的时间不同，大致可分为三类：狭鳕、长尾鳕、远东拟沙丁鱼、远东多线鱼等冷水性鱼种很容易凝胶化；飞鱼、马面鲀、竹荚鱼、蛇鲻、鮸和金线鱼等鱼种凝胶化速度一般；鲨鱼、罗非鱼等热带鱼，金枪鱼、带鱼、鲐鱼、海鳗、秋刀鱼、马鲛鱼等暖水性鱼类和鲤、鲫、白鲢等淡水鱼类的凝胶化速度较慢。这种差异被认为与不同鱼种的肌球蛋白的热稳定性不一样有关。

（2）凝胶化强度（潜在凝胶形成能）　鱼的种类不同，其潜在凝胶形成能也不同，而且各种鱼种之间的差异很大，最强的旗鱼和最弱的白卜鲔之间差距达 10 倍，一般相差 4～6 倍。这除了与不同鱼类肌肉中肌原纤维的含量不同有关外，还与肌球蛋白在形成网状结构的过程中吸水能力的强弱有关。

盐擂鱼糜的凝胶化强度和凝胶化速度无相关性。鮸、蛇鲻、飞鱼等容易凝胶化，而且能

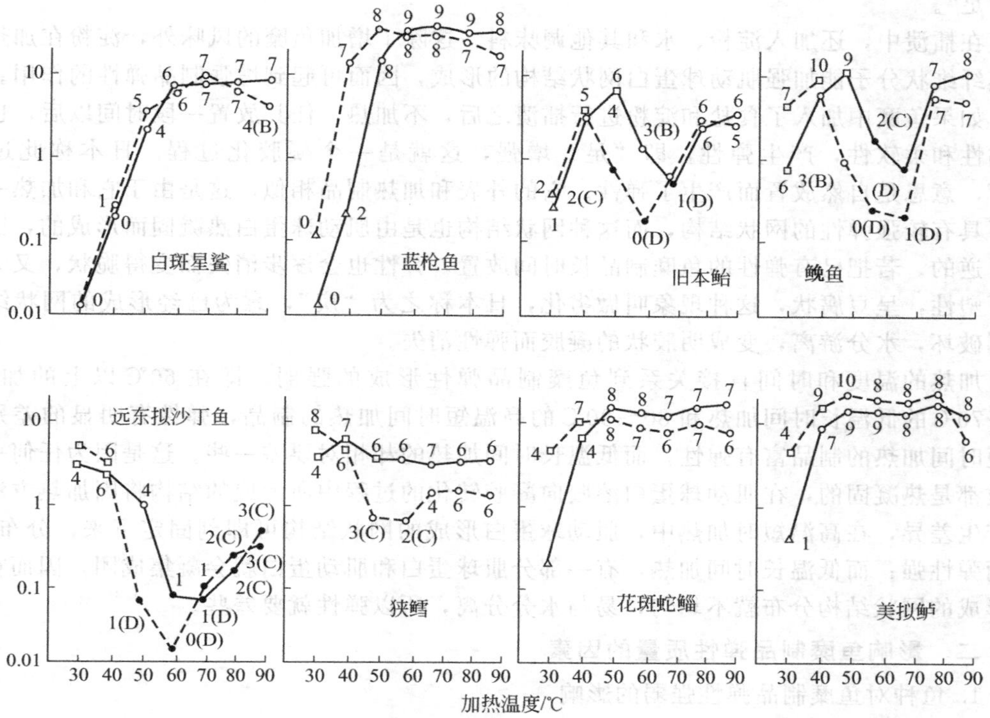

图 7-4 未漂洗盐擂鱼糜的温度-凝胶化曲线（食盐含量 3%、pH=6.8）

实线—加热 20min；虚线—加热 2h；△—浆状；□—魔芋状凝胶；○—鱼糕状凝胶；●—凝胶劣化凝胶；

图中数字—弹性强度的感官评分（10 分制）；字母—折叠试验结果，将 5mm 厚的样品对折；

A—无异常（图中省略）；B—有折痕；C—弯折；D—分离成两片

形成很强的凝胶。拟沙丁鱼和鲅鱇等迅速形成凝胶，但其凝胶强度差。旗鱼、细鳞鲗凝胶化速度低，但凝胶强度大[1]。

根据研究资料表明，鱼体凝较强度的强弱有以下倾向：①白色肉鱼和软骨鱼类中，强弱均有；②红色肉鱼类中，较弱；③介于红色肉鱼和白色肉鱼之间的鱼种，如旗鱼、鲹鱼等，多数较强；④鲽类、鲑、鳟类较弱；⑤淡水鱼类强弱均有。

（3）凝胶劣化性　凝胶劣化也具有鱼种特异性。各鱼种间变动幅度甚大，从 60℃只要加热 20min 就几乎能分解成烂泥状，有时即使加热 2h 也毫不显示劣化的迹象，这与凝胶化难易程度有关。一般白色肉鱼类中有比较容易凝胶劣化的，也有比较难的；红色肉鱼类大部分容易劣化；中间鱼类不容易劣化的较多；鲨鱼一般很难劣化。

3. 鱼糜制品的弹性形成机理

鱼糜制品弹性的强弱是衡量其质量优劣的一个重要标志。那么，鱼糜制品的弹性是怎样形成的呢？下面以鱼糕为例，介绍弹性的形成机理。

弹性是具有鱼糜制品特性的典型代表。当鱼体肌肉作为鱼糜加工原料经绞碎后肌纤维受到破坏，在鱼肉中添加 2%～3%的食盐进行擂溃。由于擂溃的机械作用（搅拌和研磨），肌纤维进一步被破坏，并促进了鱼肉中盐溶性蛋白（肌球蛋白和肌动蛋白）的溶解，它与水混合发生水化作用并聚合成黏性很强的肌动球蛋白溶胶，大部分呈现长纤维的肌动球蛋白溶胶发生凝固收缩并相互连接成网状结构固定下来，然后根据产品的需求加工成一定的形状。把已成型的鱼糜（包含与肌球蛋白结合的水分）进行加热，加热后的鱼糜便失去了黏性和可塑性，而成为橡皮般的凝胶体，因而富有弹性，它是鱼糜制品的重要特性，在日本，则被称为“足”。

在擂溃中，还加入淀粉、水和其他调味料。这除了增加鱼糜的风味外，淀粉在加热过程中其纤维状分子能加强肌动球蛋白网状结构的形成，因而可起到增强制品弹性的作用。

如果鱼糜中加入了食盐和淀粉进行擂溃之后，不加热，任其放置一段时间以后，也会失去黏性和柔软性，产生弹性，即“足”增强，这就是一个凝胶化过程。日本称此过程为“坐”，意思是自然放置而产生了弹性。它的外表和加热制品相似，这是由于它和加热一样形成了具有较强弹性的网状结构，而这种网状结构也是由肌动球蛋白热凝固而形成的，因而是不可逆的。若把已有弹性的鱼糜制品长时间放置，弹性也会逐步消失而变得脆状，又无黏性和可塑性，呈豆腐状，这种现象叫做劣化，日本称之为“戾”，意为已经形成的网状结构可受到破坏，水分游离，变成明胶状的凝胶而弹性消失。

加热的温度和时间直接关系到鱼糜制品弹性形成的强弱，即在60℃以上的加热中，60～70℃的低温长时间加热和80～90℃的高温短时间加热的制品，弹性有明显的差别，高温短时间加热的制品富有弹性，而低温长时间加热的却相对要差一些。这是因为任何一种蛋白质都是热凝固的，在肌动球蛋白溶胶向凝胶转化的过程中所形成的结构将因加热方法不同而产生差异，在高温短时加热中，肌动球蛋白形成的网状结构可即刻固定下来，分布均匀，因而弹性强；而低温长时间加热，有一部分肌球蛋白和肌动蛋白就会凝集成团，因而在制品中形成的网状结构分布就不均匀，易与水分分离，所以弹性就要差些。

二、影响鱼糜制品弹性质量的因素

1. 鱼种对鱼糜制品弹性强弱的影响

鱼种不同，鱼糜的凝胶形成能也不同，因而鱼糜制品弹性的强弱就有差异。一般白色肉鱼类优于红色肉鱼类，硬骨鱼类优于软骨鱼类，海产鱼类优于淡水鱼类。

2. 盐溶性蛋白的影响

不同鱼种鱼糜制品在弹性上的强弱与鱼类肌肉中所含盐溶性蛋白，尤其是肌球蛋白的含量直接有关。表7-1[12]为几种常见鱼类肌肉中肌球蛋白的含量。这些鱼类肌球蛋白含量的多少和它加工成的鱼糜制品的弹性强弱大体是一致的，其中如黄姑鱼、小黄鱼、海鳗、鲨鱼等白色肉鱼类和竹荚鱼、鱿鱼及乌贼，其鱼糜制品的弹性都比较强，它们相应的肌球蛋白含量较高，大部分都在8%～13%的范围内，而鲐鱼、远东拟沙丁鱼等红色肉鱼类肌球蛋白的含量较低，所以弹性较差（但竹荚鱼是例外）。一般来讲，白色肉鱼类肌球蛋白的含量较红色肉鱼类的含量高，所以制品的弹性也就强些。

表7-1　几种常见鱼类肌肉中肌球蛋白的含量

鱼类	干物质含量/%	肌球蛋白含量/%
黄姑鱼	19.22	9.97
小黄鱼	18.96	9.97
鳓鱼	20.40	8.22
海鳗	22.08	8.38
绿鳍金枪鱼	23.27	8.90
鲐鱼	22.29	6.23
远东拟沙丁鱼	23.92	6.60
鲨鱼	24.34	9.99
竹荚鱼	24.05	11.15
鱿鱼	22.59	13.05
乌贼	26.53	9.64

另外，即使是在同一种鱼类中，也存在这种盐溶性蛋白含量与弹性强弱之间的正相关

性，除了盐溶性蛋白含量外，还可用肌球蛋白 Ca^{2+}-ATPase 的全活性来表示，它与弹性强弱之间同样呈正相关性。以反复解冻和冻结的鳕鱼为例，见表 7-2。

表 7-2 鳕鱼盐溶性蛋白、ATPase 活性与弹性的关系

解冻再冻结次数	盐溶性蛋白质含量/(mg/10g)	Ca^{2+}-ATPase 全活性/[μmol Pi/(min·10g 鱼糜)]	肌动球蛋白残留率/%	凝胶强度/N·cm	凝胶强度减少率/%	折叠试验
0	1306	232.2	100.0	7.90	0	AA
1	1250	230.8	99.5	7.55	4.5	AA
2	1218	207.3	89.3	7.05	10.8	AA
3	1210	202.8	87.4	6.84	13.4	AA
4	1239	196.3	84.5	6.59	16.6	AA
5	1116	174.5	75.2	5.46	30.9	A

注：解冻、冻结条件，－20℃贮藏，0℃恒温放置 7h，待中心温度上升到－1.7～1.4℃后再放回到－20℃去冻藏，为解冻再冻结 1 次。Pi 表示磷酸。A 或 AA 表示质量等级。

由表 7-2 可见，肌肉中盐溶性蛋白含量越高，肌动球蛋白 Ca^{2+}-ATPase 活性越大，则其相应的凝胶强度和弹性也越强。

3. 不同鱼种肌原纤维 Ca^{2+}-ATPase 的热稳定性的影响

所谓热稳定性就是指鱼体死后在加工或贮藏中肌原纤维蛋白质变性的难易和快慢而言，稳定性好表明蛋白质变性速度慢，Ca^{2+}-ATPase 失活少。将各种鱼类的肌动球蛋白在 35℃条件下加热时的变化结果列于图 7-5[13]。

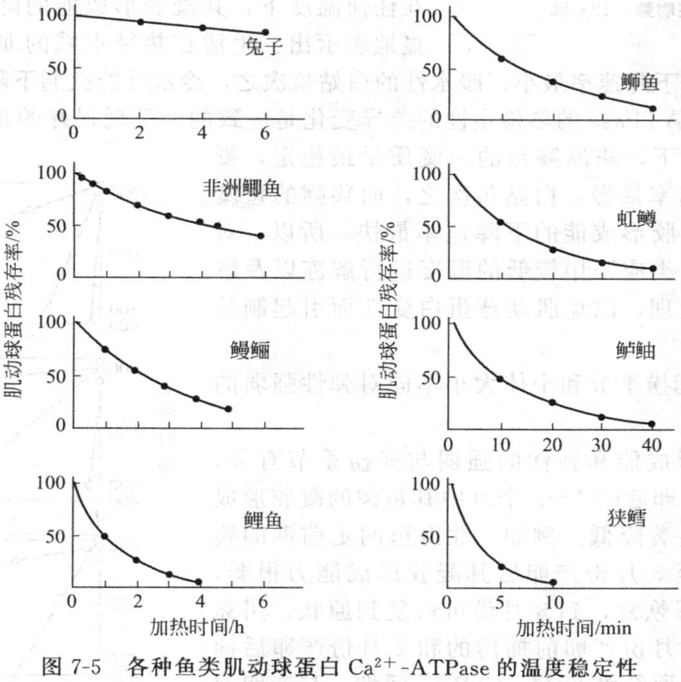

图 7-5 各种鱼类肌动球蛋白 Ca^{2+}-ATPase 的温度稳定性

由图 7-5 可见，肌动球蛋白 Ca^{2+}-ATPase 的活性对热的稳定性（耐热性），由于不同鱼种而有明显差异，以非洲鲫鱼＞鳗鲡＞鲤鱼＞鰤鱼＞虹鳟＞鲈鲉＞狭鳕的顺序减弱。同时观察到 Ca^{2+}-ATPase 活性的热稳定性似乎与这些鱼类栖息环境水域的水温有很强的相关性。为此，测定比较了几种鱼 Ca^{2+}-ATPase 加热失活的速度，在此将 12 种鱼类的比较结果示于

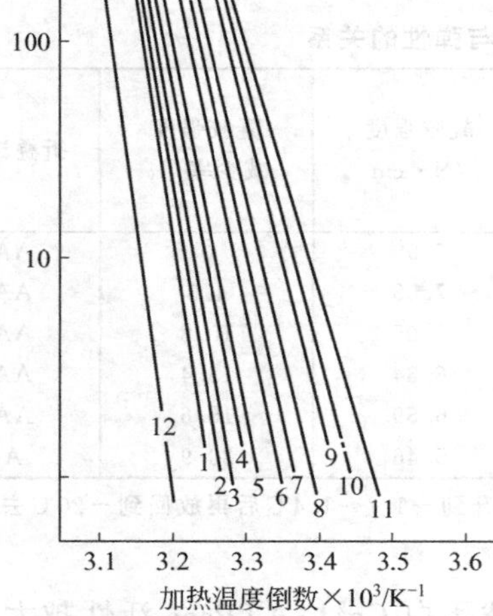

图 7-6　鱼类肌原纤维 Ca^{2+}-ATPase 活性的温度稳定性

1—鲣鱼；2—非洲鲫鱼；3—黄鳍金枪鱼；4—副金枪鱼；5—远东拟沙丁鱼；6—秋刀鱼；7—鲐鱼；8—鲱鱼；9—狭鳕；10—髭鳕；11—长臂突吻鳕；12—鲸

图 7-6。因为 Ca^{2+}-ATPase 活性的加热失活服从于一次反应，求一次反应的变性速度常数（K_D），将其对数值和加热温度的倒数值的关系示于图中，这种作图法叫做阿伦尼乌斯作图法，两值之间呈直线关系。

从图 7-6 可见，表示相同 K_D 值（1×10^{-5}～100×10^{-5}/s）的直线分布位置，鲸的肌原纤维在最高温度区域，接着按热带性鱼类（鲣鱼）、温带性鱼类（远东拟沙丁鱼等）、寒带性鱼类（狭鳕等）及深海性鱼类（长臂突吻鳕等）的顺序向低温区域移动，还有直线的斜率尽管变化不大，但呈缓慢变坦的趋势。这就充分说明了作为肌原纤维蛋白质变性指标的 Ca^{2+}-ATPase 活性有着明显的种特异性，且与栖息水温有着密切的关系，也就是说，生活在热带水域的鱼种 Ca^{2+}-ATPase 的热稳定要高于冷水性环境中生活的鱼种，而且 Ca^{2+}-ATPase 的失活速率较慢。这种差异也同样可以通过凝胶形成能表现出来，图 7-7[13] 为不同鱼在一定温度下保藏时凝胶形成能的降低速度。

由图 7-7 可见，三种鱼类鱼糜都显示直线关系，在任何温度下，其凝胶形成能的降低速度的顺序明显地表示出：生活在热带水域的非洲鲫鱼在贮藏过程中凝胶形成能的下降速率最小，暖水性的白姑鱼次之，冷水性的狭鳕下降速率最快，显然这个顺序与 Ca^{2+}-ATPase 的热稳定性的差异变化是一致的，呈现很好的正相关。并由此图可知，在任何温度下，非洲鲫鱼的鱼糜质量最稳定，凝胶形成能的下降速率最慢，白姑鱼次之，而狭鳕的鱼糜质量最不稳定，凝胶形成能的下降速率最快。所以，对冷水性的狭鳕等鱼类应采用较低的温度进行解冻以及解冻后应及时加工处理，以免肌动球蛋白变性而引起制品弹性的下降。

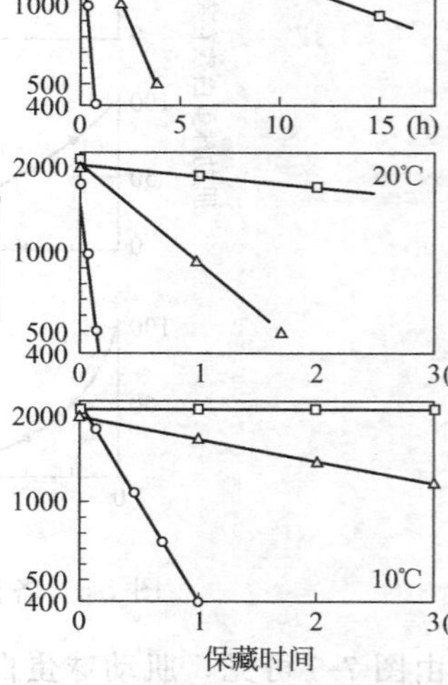

图 7-7　保藏温度对三种鱼类鱼糜凝胶形成能的影响

□—非洲鲫鱼；△—白姑鱼；○—狭鳕

4. 同种鱼因捕捞季节和个体大小不同对弹性强弱的影响

鱼糜的凝胶形成能和弹性的强弱与捕捞季节有关，不论何种鱼，在产卵后的 1～2 个月中其鱼肉的凝胶形成能和弹性都会有显著降低。例如，北海道网走前浜的狭鳕，在 4 月下旬至 5 月份产卵后其凝胶形成能力很弱，6～7 月份肉质慢慢恢复，到 8 月份可恢复到原状。川岛等人[14]观察了 12 月份产卵前捕捞的和 2 月份产卵后捕捞的狭鳕质量和肌原纤维 Ca^{2+}-ATPase 活性，与产卵前的相比，产卵后的鱼质量降低，将其冷冻后其差别变得更大。

关于鱼体大小与凝胶形成能的关系，就大部分鱼类来讲，小型鱼加工成的鱼糜制品的凝胶形成能比大型鱼的要差些。以狭鳕为例，体长在 20cm 左右的小型狭鳕水分较多，凝胶形成能极弱，弹性极差，鲜度的下降也极快；而体长在 50cm 的大型狭鳕和体长 38～42cm 的 3 龄狭鳕中，3 龄狭鳕的凝胶形成能和弹性较强，蛋白质含量也高。白姑鱼也同样，体长在 16cm 和 19cm 的小鱼凝胶形成能弱，弹性差；而体长 23cm 和 27～29cm 的中型鱼其凝胶形成能和弹性比体长 31～33cm 的大型鱼好。鲐鱼也有类似情况。

5. 鱼肉化学组成对弹性强弱的影响

鱼类肌肉的凝胶形成能力和制品的弹性与其鱼肉的化学组成成分密切相关。这表现在白色肉鱼类和红色肉鱼类在弹性上的差异：一般白色肉鱼类蛋白质变性比红色肉鱼类要慢，因而用鲐鱼、沙丁鱼、竹荚鱼和蓝圆鲹等红色肉鱼类作鱼糜制品的原料，常常由于蛋白质的迅速变性而影响到制品的弹性。

红色肉鱼类蛋白质这种容易变性的原因并不一定是由于蛋白质本身的稳定性与白色肉鱼类不同，而是由于血红肉与白色肉在化学组成和性质上的差异，这种差异主要表现在血红肉的 pH 值偏低和水溶性蛋白质含量较高。这种引起肌肉 pH 发生变化的一个重要因素，是由于红色肉鱼类与白色肉鱼类相比含有较多的糖原，红色肉鱼类是洄游性的，为了其激烈的肌肉运动，将糖原酵解生成丙酮酸，当其死亡后丙酮酸变成乳酸蓄积起来，使肌肉的 pH 值降低。

其次，红色肉鱼类肌肉中水溶性蛋白质的含量较白色肉鱼类为多。例如，白色肉鱼类鲤鱼肌肉中水溶性蛋白质对肌动球蛋白含量的百分比[12]为 43%～45%，蛇鲻为 43%～45%，而红色肉鱼类的竹荚鱼占了 50%，鲐鱼占了 73%。水溶性蛋白与肌动球蛋白一起加热时，会影响肌动球蛋白的充分溶出和凝胶网状结构的形成，从而导致鱼糜制品弹性质量的下降。这种对鱼糜制品弹性的影响基本上与水溶性蛋白质的含量成正比。

红色鱼肉与白色鱼肉相比，不仅乳酸含量高，pH 偏低，而且水溶性蛋白含量高，肌动球蛋白含量低，再由于蛋白质变性对温度相当敏感，所以很容易引起蛋白质变性而导致制品弹性的下降。如对原料不进行适当处理，一般是不适宜单独用作制造鱼糜制品的原料，特别是更不适合对弹性要求较高的鱼糕等制品。因此，为保证充分利用渔业资源，同时又要使血红肉的鱼糜制品弹性提高，一般要对血红肉鱼糜进行漂洗，这样既达到提高了鱼糜的 pH 值，又达到了除去水溶性蛋白质而相对提高盐溶性蛋白含量的目的，从而提高了鱼糜制品的弹性。

6. 原料鱼的鲜度对弹性强弱的影响

鱼糜制品的弹性与原料鱼的鲜度有一定的关系，随着鲜度的下降其凝胶形成能和弹性也就逐渐下降。将处于僵硬前、僵硬中和僵硬后的鱼肉冻结贮藏[15]，每隔一段时间取其一部分制作成鱼糜，测定 Ca^{2+}-ATPase 全活性和凝胶形成能，结果如图 7-8 所示，在冻结贮藏中都引起质量的下降，特别是贮藏时间增长时，用僵硬前的鱼肉加工成的鱼糜其 Ca^{2+}-ATPase 全活性和弹性下降幅度小，而用僵硬后的鱼肉制成的鱼糜其质量下降幅度大。这主要是由于随着鲜度的下降，肌原纤维蛋白质的变性也增加，从而失去了亲水性，即在加热后形

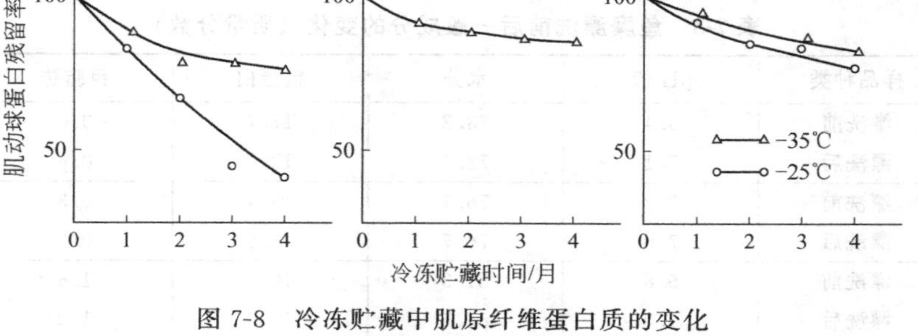

图 7-8 冷冻贮藏中肌原纤维蛋白质的变化

成包含水分少或不包含水分的网状结构而使弹性下降。

这种变性，在红色肉鱼类中比白色肉鱼类更容易发生。如含血红肉较多的鲐鱼、鲣鱼和沙丁鱼等，在鲜度降低时，凝胶形成能力也下降，在僵硬期之后几乎失去了凝胶形成能力，制品弹性较差。与此相反，黄鱼、白姑鱼和海鳗等白色肉鱼类肌原纤维蛋白质就比较稳定，随着鲜度的降低，凝胶形成能力虽然也有所降低，但比红色鱼肉要好得多。即使已出现腐败气味，仍具有凝胶形成能力和弹性，如图 7-9 所示。但是，鳕鱼类、蛇鲻和带鱼等，鲜度下降，凝胶形成能力也随之下降。

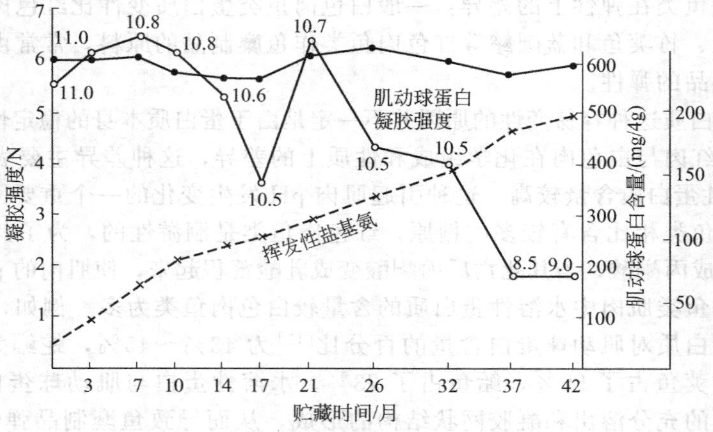

图 7-9 冰藏白姑鱼的鱼糕形成能与鲜度的关系

导致红色肉鱼类肌原纤维蛋白质容易变性的原因主要是鱼体死后肌肉的 pH 向偏酸性方向变化。鱼类在刚捕获时，肌肉 pH 几乎为中性或接近中性，由于红色肉鱼类肌肉中含有较多的糖原，鱼体死后，糖原分解生成的乳酸较多，pH 可降为 5.8～6.0，甚至降为 5.6。相应白色肉鱼类的 pH 为 6.2～6.6，中间类型的 pH 为 6.0～6.2，而凝胶形成能对 pH 的适应范围是 6.0～8.0（最适 pH 为 6.5～7.5），在 pH 低于 6.0 的酸性环境中，肌原纤维蛋白质不稳定易变性，在加热后易发生脱水凝固，不能形成弹性好的凝胶，所以，用红色肉鱼类作原料时，在漂洗液中应加入适量的碱，以提高肌肉的 pH。

红色肉鱼类鲜度下降导致弹性下降的另一因素是其肌动球蛋白溶解度下降，而且溶解出来的肌动球蛋白的某些理化性状也有所改变，从而影响凝胶网状结构的形成。

7. 漂洗对弹性强弱的影响

在鱼糜加工中漂洗是非常重要的一步，鱼糜是否经过漂洗将直接影响到制品的弹性，对红色肉鱼类的鱼糜或鲜度下降的鱼糜尤其如此。

鱼糜经过漂洗后，其化学组成成分发生了很大的变化，见表 7-3、表 7-4。从表中可看出，经过漂洗后，水溶性蛋白质、灰分和非蛋白氮的含量均大量减少。

表 7-3 鱼糜漂洗前后一般成分的变化（质量分数） 单位：%

鱼名	样品种类	pH 值	水分	粗蛋白	粗脂肪	灰分
鲑鱼	漂洗前	6.4	73.2	17.7	0.6	1.4
	漂洗后	7.1	78.9	12.2	0.6	0.8
狭鳕	漂洗前	7.2	76.1	15.4	0.3	1.4
	漂洗后	7.0	76.7	15.6	0.3	0.7
白鲢	漂洗前	6.8	81.3	16.9	1.6	0.7
	漂洗后	7.0	81.7	17.0	1.2	0.2

表 7-4　鱼糜漂洗前后蛋白质组成的变化

鱼名	样品种类	水溶性蛋白质含量/%	盐溶性蛋白质含量/%	碱溶性蛋白质含量/%	肌基质蛋白质含量/%	非蛋白氮含量/(mg/100g)
鲑鱼	漂洗前	4.0	9.8	0.5	0.014	431
	漂洗后	1.6	9.3	0.9	0.023	26
狭鳕	漂洗前	3.0	7.7	2.7	0.3	272
	漂洗后	1.8	9.5	3.8	0.4	20
白鲢	漂洗前	2.4	5.9	—	—	—
	漂洗后	0.5	6.8	—	—	—

(1) 水溶性蛋白质的去除　Lamer[16]表明漂洗能使鱼糜制品的弹性增强，因漂洗能除去鱼肉中的水溶性蛋白质（如肌浆蛋白），这种蛋白质包含着许多蛋白水解酶，它的存在会影响凝胶体的形成，同时起到提高盐溶性蛋白相对含量的作用。

关于水溶性蛋白质影响凝胶形成能的原因，目前有些学者认为可能有下列几种。

① 在鱼肉凝胶形成过程中，水溶性蛋白质和盐溶性蛋白质缠绕在一起，既影响了盐溶性蛋白质被食盐的溶出，又妨碍了盐溶性蛋白质和水分的结合，成为不包水的凝胶结构，从而影响到制品的弹性。

② 水溶性蛋白质与盐溶性蛋白质在鱼肉中一起加热时（50～60℃），会有部分水溶性蛋白质因受热而凝集在盐溶性蛋白质之中，致使盐溶性蛋白质尚未凝固便沉淀，这就影响凝胶网状结构的均匀分布而使制品弹性下降。

③ 水溶性蛋白质中存在着一种活性很强的蛋白酶，当加热经 60℃温度带时其表现出最强的活性并使凝胶劣化，所以成型后的鱼糜要用高温急速加热的方法来破坏这种酶的活性，以尽量缩短通过 60℃左右温度带的时间。

(2) 无机成分的去除　肌肉细胞内的离子强度（生理性离子强度）大致在 0.1～0.15 之间，其中主要是 KCl 和 $MgCl_2$。若通过漂洗除去部分无机盐离子，降低了鱼肉的离子强度，漂洗次数越多，下降得就越严重，同时导致鱼肉吸水而膨胀显著进而不易脱水，蛋白质容易变性。图 7-10 为肌原纤维[17]的变化和离子强度的关系，由图可见，肌动球蛋白 Ca^{2+}-ATPase 的变性速度在离子强度 0.1 以下时没什么变化，但在 0.2 以上时随着离子强度的增加有增大的趋势。如未进行漂洗的鱼糜加入 0.3%复合磷酸盐，则因为离子强度约增加到 0.2，会使鱼肉蛋白质不稳定。因此对于漂洗过的鱼肉，即使添加复合磷酸盐也不能使其离子强度超过 0.2。

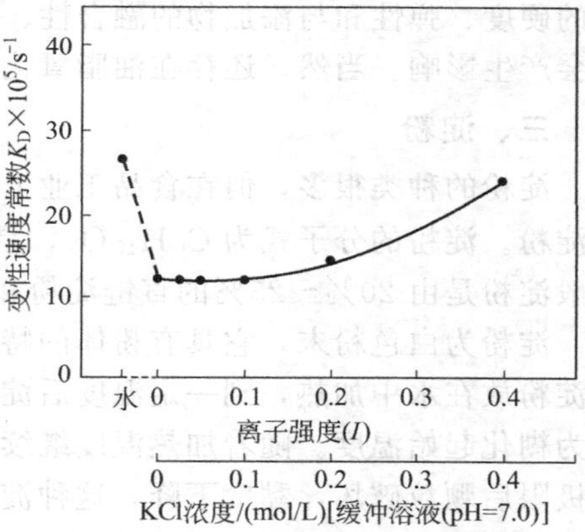

图 7-10　离子强度对鲤鱼肌原纤维变性速度的影响

(3) 除去其他成分　通过漂洗，能除去共存于肌肉细胞中或浸透于肌肉中的各种成分，以提高鱼糜制品的质量。漂洗主要除去的成分有磷虾中的消化蛋白酶；鲨鱼类肌肉中的尿素；鲐鱼、沙丁鱼等红色肉鱼肌肉中能产生乳酸的糖原、脂肪，使脂肪含量明显下降。当然漂洗能使鱼肉中的肌原纤维蛋白质精致浓缩，特别能提高肌球蛋白的含量，但也可能使一部分肌动蛋白、原肌球蛋白及肌钙蛋白溶出流失。

8. 冻结贮藏对弹性强弱的影响

鱼类经过冻结贮藏，凝胶形成能和弹性都会有不同程度的下降，这是因为肌肉在冻结中由于细胞内冰晶的形成产生很高的内压，导致肌原纤维蛋白质发生变性，一般称之为蛋白质冷冻变性。一旦发生冷冻变性，盐溶性蛋白质的溶解度就下降，从而引起制品弹性的下降，但弹性下降的速度则随鱼种而有所不同。下降速度慢的鱼种可以较长时间保藏，称之为耐冻性强的鱼种，反之，凝胶强度下降速度快的鱼，不适合较长时间保藏，称之为耐冻性差的鱼种。根据研究发现，耐冻性强的鱼有：鲨鱼、箭鱼、金枪鱼、日本马头鱼、鲷鱼、鲔鱼、鲕鱼；耐冻性差的鱼有：狭鳕、鲆鱼、鲽鱼、黄花鱼、鲐鱼、旗鱼、白鲢、鳙鱼等[18]。

耐冻性的强弱与红色肉鱼类或白色肉鱼类均无关。如黄花鱼是白色肉鱼类，在鲜度降低甚至已有变质变味时，仍有一定的弹性。但冻结后的黄花鱼，尽管是在僵硬期冻结，解冻后却常会失去弹性[12]。

第二节　鱼糜制品加工的辅料和添加剂

一、鱼糜生产用水

在鱼糜制品生产过程中，水与产品质量的关系十分密切。生产用水包括清洗鱼体外部和腹腔内污物的水、漂洗用水和在擂溃中加入到原料鱼糜以及溶解辅料的水。由于蛋白质会在漂洗和擂溃中因温度上升而变性，导致产品凝胶强度下降，所以生产用水通常用 5～10℃范围内的冷却水或冰水。

鱼糜制品生产用水应符合我国《生活用水水质标准（GB 5749—2006）》。

二、食用油脂

添加于鱼糜制品中的油脂，主要是动物脂肪和植物油。添加动物脂主要为使产品具有类似畜肉的风味，而植物油则多数在油炸产品时使用。加入油脂后对鱼糜的黏度、可塑性、制品的硬度、弹性和与添加物的融合性、分散性、乳化性、亲水性、成型性，与肠衣的接着性都会产生影响。当然，还存在油脂氧化的问题。

三、淀粉

淀粉的种类很多，但在食品工业上应用的一般为马铃薯淀粉、小麦淀粉、山芋淀粉和玉米淀粉。淀粉的分子式为 $C_6H_{10}O_3$，是由许多葡萄糖分子脱水缩合而成的天然高分子物质，一般淀粉是由 20％～25％的直链淀粉和 75％～80％的支链淀粉所组成。

淀粉为白色粉末，它具有粉体的特性（飞散性、流动性等）；无嗅无味，它不溶于冷水，把淀粉放在水中加热，到一定温度后淀粉颗粒开始吸水，黏度上升，透明度增大，这一温度称为糊化起始温度。随着加热温度继续上升，淀粉颗粒继续吸水膨润，体积增大直至达到膨润极限后颗粒破坏，黏度下降，这种淀粉加热后的吸水→膨润→崩坏→分散的过程叫做淀粉的糊化。

高浓度的淀粉糊放冷后会失去流动性，易形成凝胶，其凝胶强度与膨润度呈相关关系，因此，浓度、加热温度和加热时间是很重要的因素。

凝胶化的淀粉糊在放置一段时间后，由于糊化而分散的淀粉分子会再凝集，使凝胶劣化，水分游离出来，出现淀粉老化现象。老化的速度受直链淀粉与支链淀粉的含量比和聚合度及共存物质的影响。对同种淀粉来说，高浓度、低温（2～4℃）、低 pH 及低分散度时老化速度较快。

在鱼糜制品中添加淀粉，即可提高制品的破断强度，增加保水性。根据上海水产品加工中心的实验结果，在添加 15％淀粉时，添加玉米淀粉的制品比添加小麦淀粉的凝胶强度高 5 倍以上。添加淀粉同时也起到增量、降低成本的作用。

四、植物蛋白

植物蛋白在鱼糜制品中主要是作为弹性增强剂使用。日本在20世纪60年代初就开始广泛使用植物蛋白作为鱼糜制品的辅料，我国也已经开始开发植物蛋白制品。植物蛋白从原料上大致可分为大豆蛋白和小麦蛋白两大系列。

大豆蛋白具有热凝固性、分散脂肪性和纤维形成性。在中性附近的大豆蛋白溶液加热后会产生凝胶化，所以加入到鱼糜中后可增强制品的弹性。形成凝胶一般需要15%以上的蛋白浓度和80℃以上的加热温度，且pH值在6.5以上时其保水力可达90%以上。

小麦蛋白又称活性谷蛋白，它是将从小麦除去淀粉后得到的谷蛋白调节成酸、碱后使之溶解，喷雾干燥的制品。小麦蛋白在pH中性附近几乎不溶于水，能形成极有弹性的黏胶，这种黏胶的弹性受pH和食盐浓度的影响。在pH6左右显示出其物性特征，破断强度在pH8～9时达到最高，它随着食盐浓度的增加其伸展性和耐捏性增加，在3%食盐浓度时显示良好物性；小麦蛋白一般可吸水1～2倍，加热后有凝固性或结着性。加热温度需在80℃以上才能显示其物性。

五、明胶和蛋清

明胶和蛋清都是动物蛋白质，在鱼糜制品中也作为弹性增强剂使用。

明胶是加热水解动物的皮、骨、软骨等胶原物质后得到的一种蛋白质，由于缺乏很多必需氨基酸，因此营养价值不高。但明胶凝胶的链状蛋白质在热水中溶解，冷却时能形成特殊的网状结构。

明胶在鱼糜制品中的添加量一般为3%～5%。它能填满肌纤维的间隙，增加切断面的光泽，即使切薄片时也不易崩裂，并使各种辅料和添加剂在鱼糜中均匀分布，不易产生味的分离现象。

蛋清是动物蛋白质，添加在鱼糜制品中作为弹性增强剂使用。对冷冻鱼糜添加各种不同浓度蛋清试验表明：从破断强度来看，添加10%全蛋白最好，而感官鉴定则加20%全蛋白最佳，有柔软感，当加到20%以上则弹性增强效果反而下降。

经研究比较发现：①新鲜全蛋清和冷冻全蛋清的弹性增强效果几乎没有差别，而咀嚼感和光泽前者较好；②干燥蛋清粉比冷冻蛋清的弹性增强效果差，但白度很高；③含5.0%食盐的加盐蛋清比冷冻全蛋清的添加效果差，白度也比较低；④新鲜的浓厚蛋清和水状蛋清的增强效果差别不大，前者较好；⑤添加杀菌蛋清的产品破断强度和凹陷程度比添加冷冻蛋清的差。

六、调味品

鱼糜制品的质量好坏由其外观（表面的形态、色泽、结构和外包装等）、弹性（凝胶强度、质地和口感等）、味道（原料鲜味、调味品和香辛料的调和程度等）所决定。很重要的一点是其必须具有人们容易接受并且喜爱的风味，否则，即使营养丰富也还是难以接受。鱼糜制品生产时所用的调味品包括味精、糖类、食盐、黄酒等。

七、香辛料

香辛料中主要的呈香基团和辛味物质是其中的醛基、酮基、酚基及一些杂环化合物，并以精油的形式存在于香辛料中，其组成极为复杂。香辛料的来源主要是植物的根、茎、叶、果实和种子。

虽然香辛料的种类繁多，但常用于鱼糜制品的种类却很少。在鱼糜制品中常用的香辛料有使制品形成独特香气的胡椒、丁香、茴香；对制品有矫臭、抑臭和增加芳香性的肉桂和花椒；有以增香为主的玉果；有以辣味为主的生姜和以颜色为主的洋葱等。

在鱼糜制品中使用香辛料，一般是使用香辛料的抽提液，或者使用经加工后的香辛料的粉末。

八、食用色素

食用色素可分为合成色素和天然色素两大类，在鱼糜制品中一般使用天然色素。日本鱼糜制品的种类很多，如三色鱼糕和竹轮等，所以色素的使用种类也较多。我国鱼糜制品工业起步较晚。色素的使用方法主要是两种：一种是直接添加到鱼糜制品中去，如鱼红肠；另一种则是给鱼糜制品着色，即在鱼糜制品加工即将完成时，在其外表面涂上不同的色素，以增加产品的色泽，满足消费者的需要，如模拟蟹肉和鱼糕产品表面的红色。目前我国允许使用的天然色素有红曲米、紫胶色素、甜菜红、姜黄、红花黄、β-胡萝卜素、叶绿素酮钠及焦糖等。

九、其他

为了改善和提高鱼糜制品的弹性、食味、外观、保藏期、营养价值等，除了在制品中添加上述辅料外，还可根据产品的要求，添加乳化稳定剂（卵磷脂、蔗糖脂肪酸酯和酪氨酸钠等）、抗氧化剂［维生素 E、L-抗坏血酸、L-抗坏血酸钠、烟酰胺和叔丁基对苯二酚（TBHQ）等］、辅助呈味剂（甘氨酸、天冬氨酸钠等）、保水剂（复合磷酸盐）、pH 调节剂（复合磷酸盐、柠檬酸、葡萄糖酸内脂、富马酸钠等）、发色剂（硝酸钠和亚硝酸钠或其混合物）、防腐剂（山梨酸、山梨酸钾）、营养强化剂（维生素 A、维生素 B、维生素 D、钙盐、赖氨酸等）和抗冻剂（蔗糖、山梨醇、麦芽糖醇和谷氨酰胺转氨酶）等。

第三节 冷冻鱼糜生产技术

冷冻鱼糜是将鱼肉经采肉、漂洗、脱水等工序加工后，又在这种脱水肉中加入糖类、复合磷酸盐等防止蛋白质冷冻变性的添加物，在低温条件下能够较长时间保藏的一种鱼糜制品生产的新型原料。冷冻鱼糜与直接冻结原料相比，具有以下几个方面的优点：①集中在原料产地加工冷冻鱼糜，可以缓冲原料集中上市和分时消费的矛盾；②下脚料便于集中综合利用；③耐冻结贮藏；④减少运输的量和费用；⑤便于污水集中治理。

冷冻鱼糜按其原料的鲜度、生产场地来分，可分为海上鱼糜和陆上鱼糜两种，同样条件下，海上鱼糜的弹性和质量更好；根据是否添加食盐又可分为无盐鱼糜和加盐鱼糜。

一、鱼肉蛋白质的冷冻变性及防止方法

1. 蛋白质的冷冻变性

将鱼肉直接进行冻结贮藏，鱼肉的肌原纤维蛋白质就会发生变化，从而失去凝胶形成能力，这就是蛋白质的冷冻变性。影响鱼糜蛋白质冷冻变性的因素很多，如原料鱼的种类、鲜度、处理方法、冻结温度、贮藏温度和解冻方法等因素。

（1）原料鱼种　在冻结和冻藏中，肌原纤维蛋白质冷冻变性的速度和凝胶强度下降的速度随鱼种不同而不同。这与不同鱼种肌球蛋白和肌动蛋白的特异性有关，也与这些鱼类的栖息环境、水域的温度有很强的相关性[18]。

（2）原料鱼的鲜度和 pH 值　原料鱼的鲜度越好，蛋白质冷冻变性的速度就越慢。反之，处于解僵以后的鱼比处于僵硬前或僵硬初期的鱼容易产生冷冻变性。这对红色肉鱼类来说尤为明显，这与鲜度降低后 pH 值下降有关。在偏酸性条件下冻结，肌原纤维蛋白质容易变性，如图 7-11 所示[13]。

（3）冻结速率和冻藏温度　根据对冻结速率对不同形态鱼肌蛋白质冻结变性的研究显示：冻结速率对肌原纤维未受破坏的完整鱼肌有一定的影响，这与冰晶形成的大小和部位有关。缓冻时，冰晶首先在肌纤维间隙中生成，并逐渐长大，蛋白质的变性也就严重。而速冻时，冰晶在肌纤维内部和间隙中同步生成，形成的冰晶较小，蛋白质的变性也较小。对鱼糜来说，肌纤维大部分已破裂，所以冻结速率对蛋白质变性的影响比较小。

至于蛋白质的变性机理，有很多说法，概括起来有以下三种。

第一种是结合水脱离学说，即由于水分子冻结直接引起蛋白质变性。肌肉组织中的水分按照其与蛋白质结合的关系可分成结合水和自由水。结合水和蛋白质分子上的活性基团牢固地结合在一起，而自由水则不受蛋白质分子的束缚，容易扩散移动。在冻结的时候首先冻结的是自由水，相对地说结合水较难结冰，如果只是在自由水结冰的状态下解冻，则蛋白质和水相互之间几乎不发生变化，但一旦冻结率提高，有一部分结合水也被冻结，蛋白质分子中的侧链和侧链之间的互相结合发生了不可逆的变化，以致蛋白质发生变性。

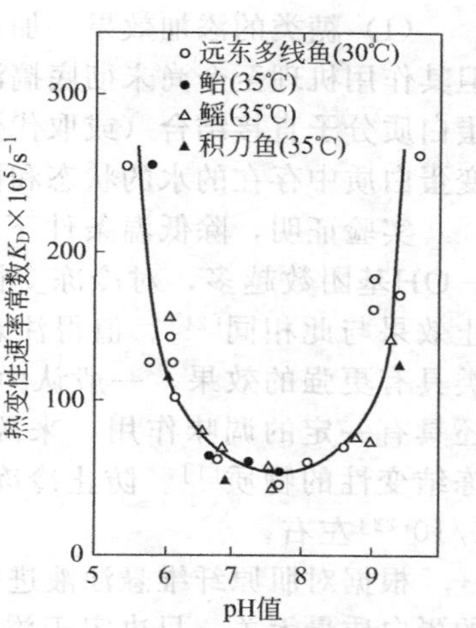

图 7-11　pH 值对鱼类肌原纤维蛋白质变性的影响

第二种是水与结合水相互作用引起蛋白质变性的学说。蛋白质分子复杂的高级结构是由分子内的非极性基团之间的疏水键结合和分子内氢键结合来维持的，这些键的分布与蛋白质周围分子的构造、状态等有密切的关系。冻结时由于冰晶的生成引起结合水和蛋白质分子的结合状态（水合层）被破坏，使蛋白质分子内部有些键被破坏，同时又重新结合成新的共价键。正是因为冰晶的生成，非极性基团周围的水凝聚、疏水结合被破坏，另一方面由于冰晶的相互作用使结合水由于氢键的作用重新和蛋白质结合，组成新的稳定结构。它们之间的氢键结合、断裂、生成涉及蛋白质分子内部结构的变化，从而使蛋白质变性。

第三种是细胞液的浓缩学说。随着冻结温度的降低，鱼肉中的自由水首先生成冰晶而析出，然后是一部分的结合水也析出，在细胞内未被冻结的那部分细胞液，则由于以上两部分冰晶的析出而被浓缩，其结果是使细胞液的离子浓度上升，pH 值也发生变化，从而引起蛋白质的变性，这种说法，说明细胞内外的冰晶生成量和生成状态与蛋白质变性之间有着密切的关系。

2. 防止蛋白质冷冻变性的方法

如何防止蛋白质的冷冻变性是冷冻鱼糜生产技术上的关键问题。日本在 1963～1964 年成功地解决了冷冻鱼糜蛋白质的变性问题之后，使冷冻鱼糜及鱼糜制品工业的发展跃上了一个新台阶，同时对防止蛋白质冷冻变性的抗冻剂的研究也产生了强烈的兴趣。经过多年的研究，研究人员发现了很多可以防止蛋白质冷冻变性的物质。表 7-5 是以鲤鱼肌动球蛋白为研究对象，各种化合物对蛋白质冷冻变性的抑制效果[19]。

表 7-5　不同化合物对鲤鱼肌动球蛋白冷冻变性的抑制效果

类别	效果显著的化合物	中等效果的化合物	效果不明显的化合物
糖类和糖醇类	木糖醇、山梨醇、葡萄糖、半乳糖、乳糖、蔗糖、麦芽糖	木糖、核糖、棉子糖	淀粉、甘露糖
氨基酸类	天冬氨酸、谷氨酸、半胱氨酸、谷胱甘肽	赖氨酸、组氨酸、丝氨酸、丙氨酸	甘氨酸、亮氨酸、苯丙氨酸、谷氨酰胺、色氨酸
羧酸类	丙二酸、乳酸、苹果酸、酒石酸、柠檬酸	己二酸、乙酸	延胡索酸、琥珀酸、草酸
其他	EDTA	3-磷酸甘油	肌酸酐

(1) 糖类的添加效果　加入糖类可以在一定程度上有效地防止鱼糜蛋白质的冷冻变性，但其作用机理至今尚未彻底搞清。从大量的研究报告和实验结果来看，一般认为糖类并非和蛋白质分子直接结合（或取代蛋白质分子表面的结合水而与之结合）发挥作用，而是通过改变蛋白质中存在的水的状态和性质间接地对蛋白质起作用，从而防止其变性[20]。

实验证明，除低温条件下溶解度明显低的甘露醇外，其他的糖类，其分子结构中的—OH基团数越多，对冷冻变性的防止效果（E）也越好。糖类对鱼肉蛋白质热变性的防止效果与此相同[21]。值得注意的是，蔗糖和山梨醇比其他带有同样数目—OH基团的糖类具有更强的效果，一般认为是因为与糖类分子中—OH基团配位有关。由于这两种糖类还具有一定的调味作用，来源广、价格低，所以是实际生产中使用得最多、最广的防止冻结变性的物质[1]。防止冷冻变性所需要的糖类浓度很低，只是防止热变性所需浓度的1/10[22]左右。

根据对肌原纤维悬浊液进行的实验，证实了糖类对鱼肉蛋白质的变性防止效果与悬浊液的蛋白质量无关，只决定于添加的糖类的浓度，即如果与蛋白质共存的水中的糖类浓度相同，则防止蛋白质的冷冻变性的效果就一样。因此，对于水分含量高的鱼糜应多添加一些糖类，对水分含量少的鱼糜添加少量的糖类就能达到目的。因此川岛等人[23]在鱼糜中分别加入3%、5%和8%的砂糖或山梨醇，在18个月中对肌动球蛋白的变性情况进行了研究，其结果如图7-12所示，表明糖的添加越多对蛋白质变性防止效果越强。

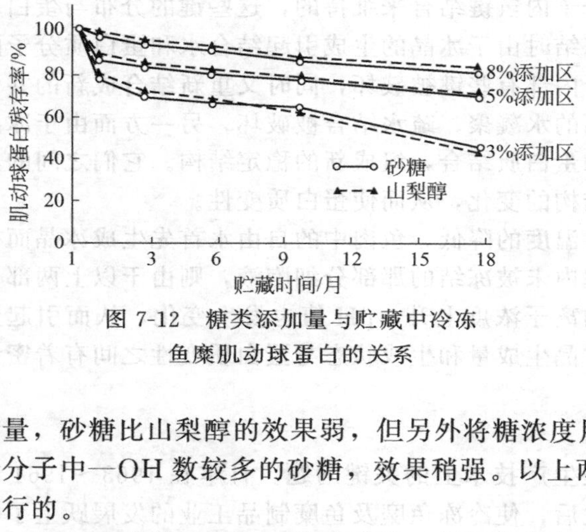

图 7-12　糖类添加量与贮藏中冷冻鱼糜肌动球蛋白的关系

冷冻鱼糜中所加入糖的量一般是脱水肉的5%～8%，如果以鱼肉的水分含量为基准进行换算，这个浓度相当于0.3～0.5mol/L，此时冷冻鱼糜的pH为中性，即7.0，这个浓度正好是蛋白质最稳定的时候，从而起到防止蛋白质冷冻变性的效果。若鱼糜的pH偏酸性时，比在中性时变性明显加快。为了防止其变性，至少要加数倍浓度的糖[24]。对山梨醇和砂糖效果的比较而言，若把添加的糖浓度以对肌原纤维蛋白质的百分数来衡量，砂糖比山梨醇的效果弱，但另外将糖浓度用溶液中的摩尔浓度来衡量的话，结果为1个分子中—OH数较多的砂糖，效果稍强。以上两种糖的效果比较都是在pH相同的条件下进行的。

将鱼糜进行长时间的冷冻贮藏，必须使鱼肉的pH保持在中性，同时尽可能脱水，使含水量减少，在许可的范围内混合高浓度的糖。

(2) 复合磷酸盐的添加效果　为了有效地防止鱼肉蛋白质的冷冻变性，在添加糖类的同时，一般还要添加复合食品磷酸盐。其作用机理主要表现在以下几个方面。首先添加复合磷酸盐可提高鱼糜的pH值并使其保持在中性。复合磷酸盐溶液基本上都呈碱性，如1%含量的焦磷酸钠溶液pH值为10.2，1%含量的三聚磷酸钠溶液pH值为9.5，所以添加0.3%的复合磷酸盐（焦磷酸钠和三聚磷酸钠）后，能使鱼糜的pH值提高至7.1～7.3。对鲜度较差或红色肉鱼类来说，就更为必要。另外，复合磷酸盐本身还具有一定的缓冲作用，所以添加后，可以抵消鱼糜中生成的乳酸对肌原纤维蛋白质和凝胶强度的不良影响，使鱼糜pH保持在中性。而肌原纤维蛋白质的冷冻变性在中性时为最小，鱼肉蛋白质稳定，并且在中性时，糖类防止冷冻变性的效果最佳，变性速度最小，与微酸性的条件相比，效果大约能增强3倍。一般来讲，添加复合磷酸盐以后，使鱼肉的pH值保持在6.5～7.5最好，在此pH范围内，不仅蛋白质变性最小，肉的持水能力最强，制品的弹性也最好。其次复合磷酸盐的加入能引起离子强度增加。肌肉细胞在正常生理条件下的离子强度在0.10～0.15之间，离子强度对鲤鱼肌原纤维变性速度的影响如图6-10所示，肌原纤维蛋白质的水和性与盐浓度的关系如图7-13所示，复合磷酸盐起到了保持漂洗后的脱水肉的保水性，使鱼肉蛋白质稳定性符合最佳生产条件（离子强度在0.1左右）的作用。第三复合磷酸盐还能与各种离子起螯合作用，特别是Ca^{2+}、Mg^{2+}。尽管鱼肉中存在的Ca^{2+}、Mg^{2+}本来极微量，但为了促进漂洗后的脱水，则会有意地向漂洗液中加入一些Ca^{2+}、Mg^{2+}以提高其离子强度，在这种情况下，复合磷酸盐的加入就能与这部分离子生成螯合物，使蛋白质的羧基等极性基团暴露，这样就形成吸水的溶胶，有利于制品弹性的形成。此外，复合磷酸盐还能促进冷冻鱼糜中肌原纤维蛋白质的解胶，在鱼糜pH值的提高、鱼糕的弹性增加以及在解冻时防止“滴水”现象等方面都有明显的作用，所以在糖类抑制冷冻变性时起辅助作用[12]，对冷冻鱼糜来讲，它和糖一样是一种不可缺少的添加物。图7-14是添加复合磷酸盐对防止鱼糜解冻时“滴水”现象的作用。由图可知，鱼糜中加糖量的增加可以防止“滴水”，而在鱼糜中加入磷酸盐0.2%即使加糖量只有5%也完全可以抑制“滴水”现象。

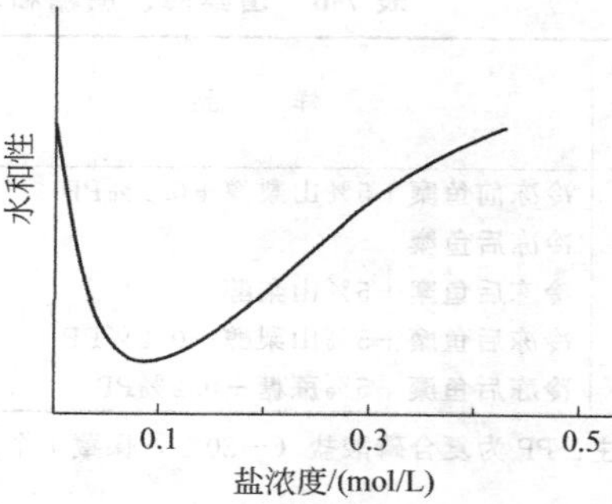

图7-13　肌原纤维蛋白质的水和性与盐浓度的关系

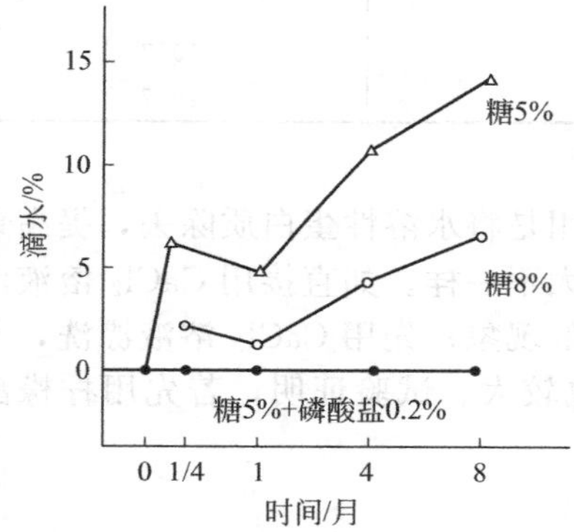

图7-14　滴水随时间的变化

一般冷冻鱼糜中添加的复合磷酸盐主要为三聚磷酸钠和焦磷酸钠的等量混合物。三聚磷酸钠的增加离子强度效果比焦磷酸钠的效果更高。若要将添加了复合磷酸盐的脱水肉的离子强度调节至不大大超过0.1的范围，采用增加离子强度的作用不是很大的焦磷酸钠是最适当的，但往往是焦磷酸钠与其他盐类混合在一起使用更好，在提高冷冻鱼糜的质量上会更令人满意。其原因是：第一，单独使用焦磷酸钠会使pH值提高得太大[25]，缓冲作用差；第二，鱼糜在冷冻过程中复合磷酸盐即使是稍微浓缩，若单独添加也会引起pH的激增；第三，焦磷酸钠同$MgCl_2$共存，且处于高盐浓度（盐擂）下时，会与肌动球蛋白发生强烈的反应而迅速引起变性[26,27]。添加的量为鱼糜量的0.1%～0.3%，当然也可视具体情况适当改变其比例。

以制成的冷冻鱼糜Ca^{2+}-ATPase全活性为指标，测得糖和复合磷酸盐的添加效果，其结果如表7-6、表7-7所示。由表7-6可见，在−20℃温度下冻藏1个月，未添加糖类和复合磷酸盐的鱼糜的Ca^{2+}-ATPase全活性急剧下降，只有冻结前全活性的40%左右。而有上述添加剂的鱼糜，全活性有87%，只下降13%左右。在两种糖类蔗糖和山梨醇之间无明显差异。并由表可见，加入5%的山梨醇和0.2%复合磷酸盐，以冷冻之前鱼糜的值为基准（100%），冷冻贮藏1个月后同样以ATPase全活性进行比较，未添加的鱼糜急剧下降，只有冻结前全活性的40%左右，而添加了糖和复合磷酸盐的鱼糜全活性只下降13%左右。在山梨醇和蔗糖之间无明显差异。另一方面，加盐鱼糜（含2.5% NaCl和10%糖，不含复合磷酸盐）中，添加山梨醇的ATPase全活性的减少量要比添加蔗糖的少。即山梨醇稍微好点。

表 7-6　山梨醇、蔗糖和复合磷酸盐对狭鳕冷冻鱼糜肌动球蛋白量的影响

编号	样　　品	肌动球蛋白 Ca^{2+}-ATPase 全活性 /[μmolPi/(min·10g 鱼糜)]	10g 鱼糜中含盐溶性蛋白质/mg
1	冷冻前鱼糜＋5％山梨醇＋0.2％PP	177.8	1001
2	冷冻后鱼糜	71.2	1204
3	冷冻后鱼糜＋5％山梨醇	154.2	1108
4	冷冻后鱼糜＋5％山梨醇＋0.2％PP	154.8	1048
5	冷冻后鱼糜＋5％蔗糖＋0.2％PP	155.3	1072

注：PP 为复合磷酸盐（－20℃，保藏 1 个月）。

表 7-7　无盐及加盐鱼糜中肌动球蛋白量的比较

编号	样　　品	肌动球蛋白 Ca^{2+}-ATPase 全活性 /[μmolPi/(min·10g 鱼糜)]	10g 鱼糜中含盐溶性蛋白质/mg
	无盐鱼糜		
1	＋5％山梨醇＋0.2％PP	180	1206
2	＋5％蔗糖＋0.2％PP	176	1189
	加盐鱼糜(2.5％NaCl)		
3	＋10％山梨醇	157	1017
4	＋10％蔗糖	131	1077

注：PP 为复合磷酸盐（－20℃，保藏 3 个月）。

（3）适当地漂洗可增加鱼糜蛋白的抗冻性　漂洗的作用是将水溶性蛋白质除去，提高鱼肉蛋白的抗冻性。但不同的漂洗液对鱼糜进行漂洗时结果大不一样。如直接用 $CaCl_2$ 溶液漂洗可能会造成鱼糜中离子强度过高而导致蛋白质变性增加的现象；先用 $CaCl_2$ 溶液漂洗，再用焦磷酸钠或柠檬酸钠溶液漂洗，蛋白质冷冻变性程度也较大。试验证明，若先用柠檬酸钠，后用 $CaCl_2$ 溶液漂洗会提高蛋白质的抗冻性。

二、冷冻鱼糜生产工艺

1. 工艺流程

原料鱼→前处理→水洗→采肉→漂洗→脱水→精滤→搅拌→称量→包装→冻结

2. 工艺要求

（1）原料鱼种的选择　生产鱼糜制品可用的鱼类品种大约有 100 余种。为保证产品的弹性和色泽，一般选用白色肉鱼类如白姑鱼、梅童鱼、海鳗、狭鳕、蛇鲻和乌贼等做原料。但由于红色肉鱼类如鲐鱼和沙丁鱼等中上层鱼类资源丰富，在实际生产中仍是重要的加工原料。为了提高其弹性和改善色泽应对工艺加以改进。另外，我国的淡水鱼资源丰富，产量占渔业总产量的 40％左右，而加工量仅占总产量的 2％[28]，所以必须充分利用我国的淡水鱼资源生产鱼糜制品，它们不仅肉质鲜美，而且弹性和色泽均较好。

鱼类的鲜度也是要考虑的重要因素之一。相同的原料由于鲜度不同而会造成鱼糜质量上很大的差异。原料鲜度越好，鱼糜的凝胶形成能力越强。

鱼类的鲜度、鱼糜的凝胶形成能力与捕捞方法也有一定的关系。一般来说，鱼类在死亡前挣扎少，加工后鱼糜的质量就好，经过剧烈挣扎，鱼体内能量消耗过多，鲜度就差，容易变质。

（2）原料鱼的处理和洗净　原料鱼以刚捕获的新鲜鱼或冰鲜鱼为好，但一般加工厂还是用冷冻鱼糜或冷冻鱼来进行加工。如用冻鱼，应先进行解冻。

目前，原料鱼处理基本上还是采用人工方法。先将原料鱼洗涤，除去表面附着的黏液和细菌。然后去鳞（马面鲀去皮）、去头、剖割除去内脏。再用水进行第二次清洗，将腹腔内残余内脏或血污和黑膜等清洗干净。清洗 2～3 次，水温应控制在 10℃以下，以防止蛋白质变性。

(3) 采肉　鱼肉的采取过去一直用手工操作，自 20 世纪 60 年代后开始使用采肉机，其种类大致可分为滚筒式、圆盘压碎式和履带式 3 种。比较理想的采肉机不仅要求采肉率高且无碎骨皮屑等杂物混入，而且在采肉时升温要小，以免蛋白质热变性。

一般以采肉效率高的滚筒式采肉机为主。采肉时，将洗净的鱼体（或鱼片）送入带网眼的滚筒和与滚筒一起转动的宽平的橡胶皮带圈之间，靠滚筒转动和与橡胶皮带圈之间的挤压作用，鱼肉穿过滚筒的网状孔眼进入滚筒内部，而骨刺和鱼皮粘在滚筒表面被刮刀清除（见图 7-15），从而达到鱼肉与骨刺和鱼皮分离的目的。

采肉机的生产能力与采肉滚筒上的网眼孔径有关，孔径大生产能力高，但采取的鱼肉含细骨、皮屑等杂质多。孔径的范围一般在 3～5mm，实际生产时可根据需要自由选择。另外，同一种鱼的得肉率还可通过橡胶皮带与金属滚筒之间的紧密程度来进行调节，两者之间越紧密，得肉率就越高。

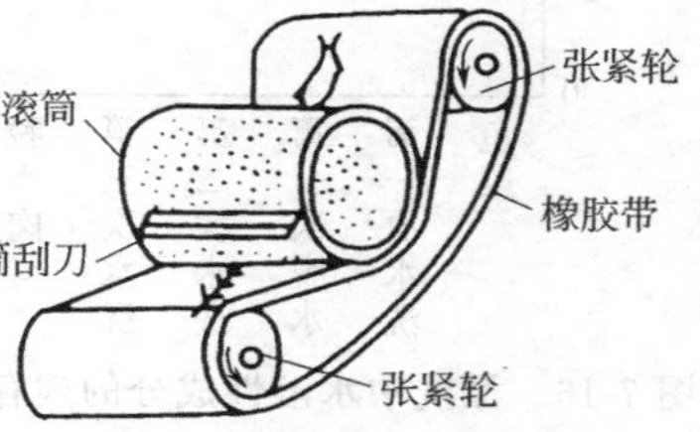

图 7-15　滚筒式采肉机示意图

任何形式的采肉机均不能一次把鱼肉采取干净，即在皮骨等废料中尚残留少量的鱼肉，为了充分利用这些原料应进行第二次采肉，但第二次采得的鱼肉质量要比第一次的差。为此，鱼肉要分别放置，不能混合。

(4) 漂洗　漂洗是指用水或水溶液对所采的鱼肉进行洗涤，以除去鱼肉中的有色物质、气味、脂肪、残余的皮及内脏碎屑、血液、水溶性蛋白质、无机盐类等成分。漂洗是生产冷冻鱼糜及相关鱼糜制品的特殊的工艺技术。它对提高冷冻鱼糜的质量及其保藏性能，扩大生产冷冻鱼糜所需原料的品种范围都起到了很大的作用。此外，对鲜度差的或冷冻的原料鱼以漂洗来改善鱼糜的质量很有效果，弹性和白度都有明显提高。

① 漂洗的方法　漂洗的方法对鱼糜制品的质量有大的影响。Lin 和 Park[29] 用不同浓度的 NaCl 溶液对太平洋白色肉鱼鱼糜进行漂洗，结果表明，肌浆蛋白可溶于水，并可在第一步漂洗中除去，肌原纤维蛋白在进一步漂洗中会变得可溶，而有损失。NaCl 浓度过高或过低，蛋白质损失都严重，而在 0.25%～1%之间，肌原纤维蛋白质损失较少。肌原纤维为盐溶性蛋白，但有试验表明，肌原纤维在水中和低离子强度的溶液中也有一定的溶解能力[30,31]。Hennigar[32] 报道在不使用 NaCl 时，也可使鱼糜形成凝胶，进一步说明鱼肌原纤维蛋白具有溶于水和低离子强度盐液中的作用。

一般漂洗的方法有两种：一种是清水漂洗法，另一种是稀碱盐水漂洗法。如何选择使用要根据鱼类肌肉的性质来决定。一般的白色肉鱼类如海鳗、狭鳕、白鲢等可直接用清水漂洗。而红色肉较多的中上层鱼类如鲐鱼、远东拟沙丁鱼等，由于肌肉组织内含酶量多且活性强，鱼体死后糖原的分解产生乳酸，使鱼肉呈酸性，导致肌原纤维蛋白质不稳定，易产生变性。另外，其水溶性蛋白质因在结构上的特异性而在一般的水溶液中不溶解，用一般常规的清水漂洗不能达到除去的目的，所以只有用稀碱盐水进行漂洗，这样不仅可促进水溶性蛋白质的溶出和除去，而且又可使鱼肉的 pH 提高到 6.8，接近中性，以有效地防止蛋白质的冷冻变性，增强鱼糜制品的弹性。Fretheim[33]、Chawla[34] 分别研究了在海水鱼鱼糜的漂洗过程中加入乙酸、乳酸、柠檬酸、酒石酸等有机酸，发现会增加制品凝胶强度，对微生物还有一定的抑制作用，并有较长的贮存期。

a. 清水漂洗　水的用量为鱼、水比为 1∶(5～10)[12]，根据需要按比例将水注入漂洗池与鱼肉混合，慢速搅拌 8～10min，使水溶性蛋白等成分充分溶出，静置 10min 使鱼肉充分沉淀，倾去表面漂洗液。漂洗 3～7 次。由于清水漂洗，会使肌球蛋白充分吸水，造成脱水困难。为此，最后一次可用 0.15%的食盐水溶液进行漂洗，使肌球蛋白收敛，脱水容易。

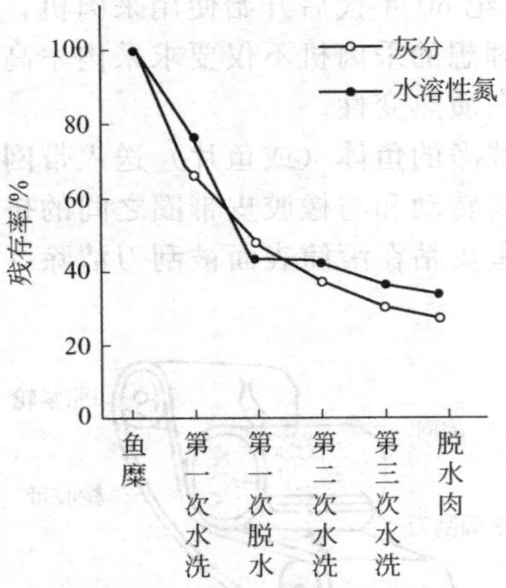

图 7-16 漂洗中水溶性成分的残存率

b. 稀碱盐水漂洗 这种方法主要用于多脂的红色肉鱼类，用水量为鱼、水比为1∶(4～6)[12]。先用清水漂洗1～3次，然后再用0.1%～0.15%食盐水溶液和0.2%～0.5%的碳酸氢钠溶液进行漂洗，可用这两种溶液分别对鱼肉进行漂洗，也可混合在一起进行漂洗。

② 漂洗用水量和次数 一般来讲，用水量越多，鱼糜的质量越好。

在漂洗初期，水溶性成分的溶出约占总溶出量的50%以上，随着漂洗次数的增加，除去的水溶性蛋白质就增加（图7-16），而保留的盐溶性蛋白质则相对增加，鱼肉的色泽变白，所以表现为凝胶强度也随之提高，弹性增强。在冻结和冻藏后也是如此，见表7-8[35]。但盐类和水溶性蛋白质的溶出最后趋向平衡，变化甚微（图7-16），而且过多的漂洗，会使蛋白质损失增多，肉质亲水膨胀显著而不易脱水。所以一般控制在3～4次即可[36]。

表 7-8 漂洗次数对鱼糜凝胶强度的影响

漂洗次数	新鲜	冻结	冻结后凝胶强度的下降率/%	冻藏	冻藏后凝胶强度的下降率/%
1	157	152	3.18	149	5.09
3	189	163	13.76	163	13.76
5	215	195	9.30	192	10.70
7	217	199	8.29	197	9.20

一般来讲，漂洗的用水量和次数视原料鱼的新鲜程度及产品的质量要求而定，也就是说，鲜度极好的原料漂洗与否几乎没有差异，如海上狭鳕鱼糜的漂洗用水量则以2倍于采肉的清水进行2次漂洗。

同样，生产质量要求不高的鱼糜制品，也可降低漂洗用水量和次数。

③ 漂洗用水的水质和水温 水质对鱼糜的光泽、色泽质量和成品率有一定的影响。一般自来水基本上都符合要求，不必再做净化处理，但要避免使用富含钙、镁等的高硬度水及富含铜、铁等重金属离子的地下水。

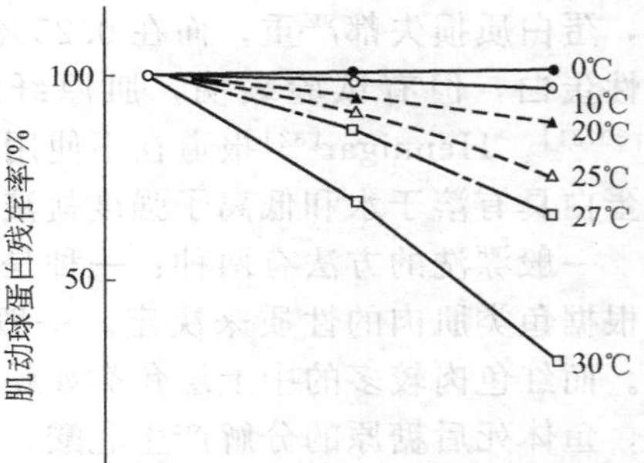

图 7-17 漂洗温度及时间和肌动球蛋白量的关系

关于漂洗水温的影响，川岛[37]等人将切细的狭鳕鱼的鱼肉，保持在0～30℃的各种温度水中，从0～60min测得的肌动球蛋白随时间的变化结果如图7-17所示，由此可见，肌动球蛋白的变性是随漂洗水温的增加而增加，而在10℃以下时变性却极小。但过低的水温不利于水溶性蛋白质的溶出，同时水温升高时鱼肉中的色素等能更充分地溶出，使鱼糜的白度增加。一般水温控制在3～10℃范围内。淡水鱼鱼糜漂洗时，根据其肌肉特性，适当提高淡水鱼糜生产时的漂洗水温[38]，可起到相同的效果。总之，水温不宜高出鱼类生活环境的水温。

④ 漂洗液的pH值和漂洗的时间 pH值是影响肌肉中肌原纤维蛋白质稳定性的重要因素。一般在中性时比较稳定，见表7-9[39]。

资料表明，漂洗可以调节鱼糜的pH值，使鱼肉的pH值达到6.5～7.5，以防止因pH值过低而引起肌原纤维蛋白质变性[32]。其中碱水提高pH值的程度最大，其次是盐水，而清水最低。在生产冷冻鱼糜的工艺中漂洗水的pH为6.8。漂洗的时间一般掌握在每次10min左右。

表7-9 不同pH漂洗液对鲢鱼糜蛋白质冷冻变性的影响

漂洗液pH	盐溶性蛋白溶解度/(mg/g)				
	未冻前	冻结	下降率/%	冻藏	下降率/%
6.0	51.62	33.53	35.04	28.62	44.44
6.5	53.73	38.13	29.03	33.16	38.28
7.0	60.44	47.73	20.03	44.67	26.09
7.5	59.83	36.66	38.73	31.10	48.02
8.0	51.56	32.44	37.08	28.48	44.76

此外，漂洗的效果还与搅拌的时间、搅拌的方法以及肉片大小[40]等因素有关，如图7-18所示。

(5)脱水 水分含量是划分鱼糜等级的一个重要指标，水分过高影响产品质量，水分过低影响产品得率，成本提高。脱水除了可以除去水溶性蛋白质之外，更重要的是为了达到产品的质量要求。

脱水的方法有三种：第一种是用过滤式旋转筛；第二种是用螺旋压榨机压榨除去水分；第三种是用离心机离心脱水，在2000～2800r/min离心20min即可。鱼糜在脱水后要求水分含量在80%～82%。

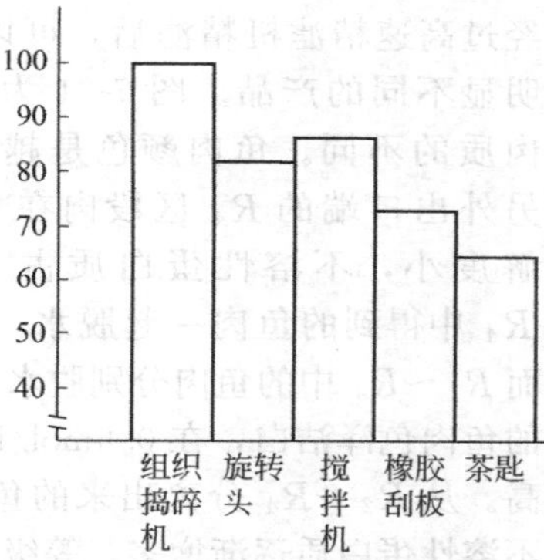

图7-18 采肉漂洗中的搅拌方法和水溶性氮的除去率

影响脱水的因素很多，主要有漂洗液的pH值、盐水浓度和温度等。pH值在鱼肉的等电点（p*I*=5.0～6.0）时脱水性最好，但在生产上不适用，因在此pH范围内鱼糜的凝胶形成能力差。根据经验，白色肉鱼类在pH6.9～7.3较有利，多脂的红色肉鱼类则在pH6.7较好。

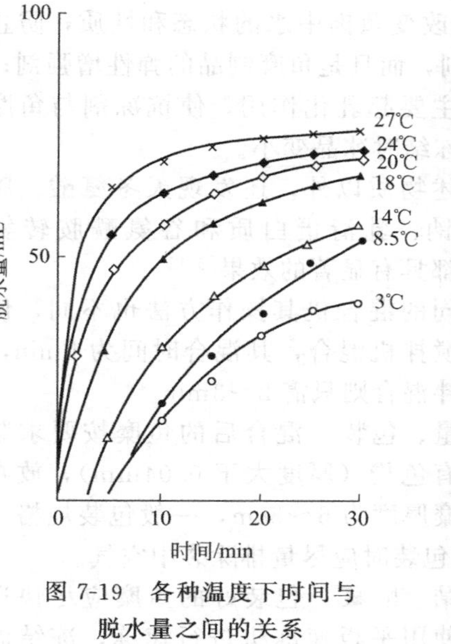

图7-19 各种温度下时间与脱水量之间的关系

NaCl浓度增加，脱水效果会更好，但会导致一部分盐溶性蛋白质的损失，故一般不宜采用。而盐水的浓度一般采用在最后一次漂洗时加入0.1%～0.2%的NaCl脱水效果较好。

温度对脱水效果的影响表现为温度越高，越容易脱水，且脱水速度也越快，但蛋白质容易变性。所以从实际生产工艺考虑，温度在10℃附近较理想，如图7-19所示。

此外，还有原料鲜度、捕捞季节、肉质质量和人为操作等因素也会对脱水效果产生一定的影响。

(6)精滤 精滤的目的是除去残留在鱼肉中的黑膜、鱼皮、筋、小骨刺、鳞等夹杂物，以提高产品质量。精滤操作方式有两类：一类是将漂洗后的鱼肉经预脱水和压榨脱水后（含水量80%左右），用精过滤机精滤；另一类方法是漂洗鱼肉先经回转筛预脱水

(含水量 90%左右),然后采用精制机精滤,最后再通过压榨脱水。该法在精滤时,鱼肉含水量高,摩擦发热少,其产品的色泽和弹性有明显的改善。

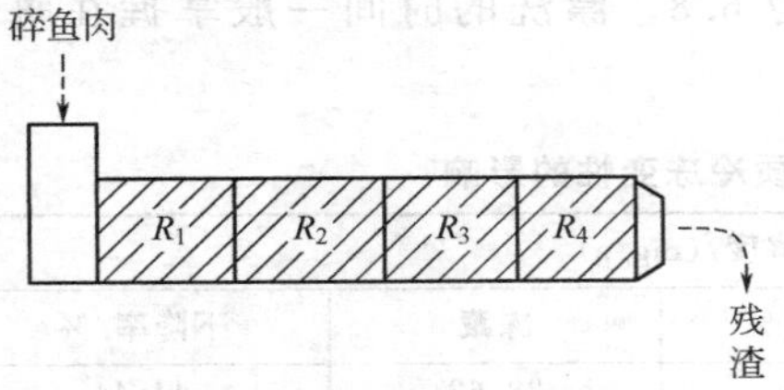

图 7-20 精滤机不同部位的分级情况

中上层红色肉鱼类,如红色肉鱼类的沙丁鱼、鲐鱼等采用漂洗后脱水再精滤的工艺过程。其精滤的方法是用网孔直径为 1.5mm 的过滤机滤出骨刺、鱼皮等杂物,为了防止鱼肉和机械的摩擦发热,经常在冰槽中加入冰块以降低机身温度,确保鱼肉升温不至于太高。过滤后的脱水鱼肉,应尽可能保持在 10℃以下。狭鳕、海鳗、石首鱼等白色肉类的鱼,漂洗之后先经预脱水,然后使用网孔直径为 0.5～0.8mm 高速精制机滤除杂质,同时可以将鱼肉按质量区分等级。最后经压榨脱水,控制水分在 80%左右。图 7-20 显示了精滤机不同部位的分级情况。

经过高速精滤机精滤后,可以得到 3～4 种质量明显不同的产品。图 7-21 为精滤机不同部位中肉质的不同。鱼肉颜色是越靠近出口端越差,另外出口端的 R_4 区段肉在 0.6mol/L KCl 中溶解度小,不溶性蛋白质占 40%左右。把 R_1～R_4 中得到的鱼肉一起脱水,可得到二级鱼糜。而 R_1～R_4 中的鱼肉分别脱水,则 R_1 中分离出来的鱼肉色泽洁白,在 0.6mol/L KCl 中的溶解度也高。从 R_2～R_4 分离出来的鱼肉肉色逐渐变深,不溶性蛋白质逐渐增多,等级越来越差。

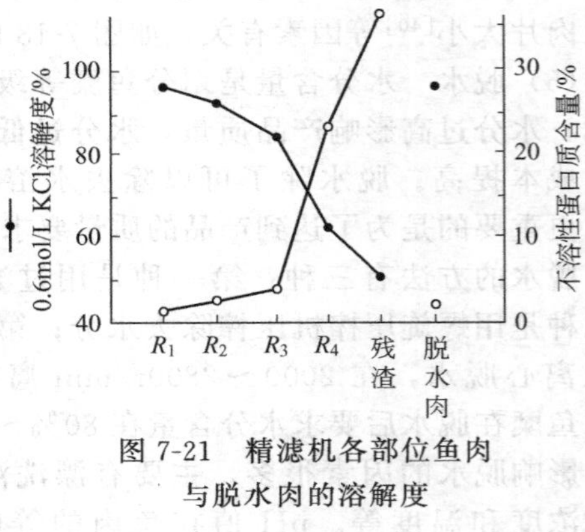

图 7-21 精滤机各部位鱼肉与脱水肉的溶解度

(7) 搅拌 鱼肉在冻结贮藏过程中会产生蛋白质冷冻变性,使其凝胶形成能降低,因此,在生产冷冻鱼糜时必须添加抗冻剂。搅拌的目的主要是将加入的抗冻剂与鱼糜搅拌均匀,以防止或降低蛋白质冷冻变性的程度。在脱水鱼肉中加入 4%砂糖、4%山梨醇、0.2%～0.3%多磷酸盐、0.5%蔗糖脂肪酸酯。加入糖类的目的就是改变鱼肉中水的状态和性质,防止鱼糜冷冻变性;复合磷酸盐不仅是鱼糜冷冻变性的防止剂,而且是鱼糜制品的弹性增强剂;蔗糖脂肪酸酯主要起乳化作用,使抗冻剂与鱼糜充分混匀,使冻结时冰晶变小。

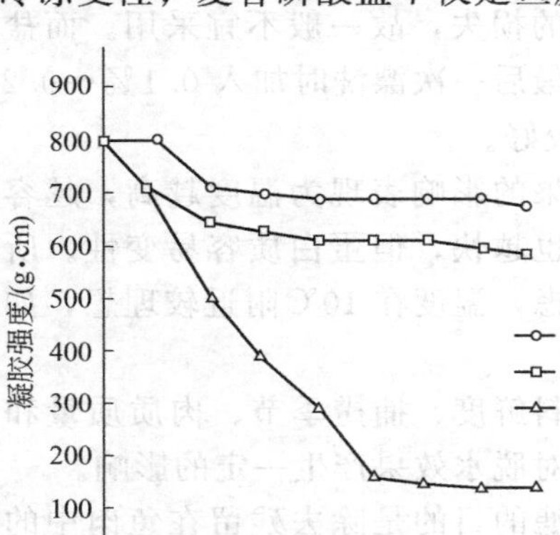

图 7-22 大眼鲷冷冻鱼糜在不同冷藏温度下的质量变化

除了上述物质以外,还发现天冬氨酸、胱氨酸、谷氨酸钠、乳清蛋白质和谷氨酰胺转氨酶(Tgase)等都具有显著的效果[5,12]。

使用不同的混合机其操作方法也不同,使用夹层冷却式搅拌机混合,其混合时间为 5min,而用斩拌机斩拌混合则只需 2～3min。

(8) 定量、包装 混合后的鱼糜按要求装入聚乙烯塑料有色袋(厚度大于 0.04mm),放在冻结盘中,鱼糜厚度为 6～8cm,一般包装规格为每袋重 10kg。包装时应尽量排除袋中空气。

(9) 冻结、贮藏 包装好的鱼糜应尽快送去冻结。通常使用平板速冻机进行速冻,冻结温度为－35℃，时间为3～4h，使鱼糜中心温度降至－20℃。冻结好后，以每箱两块装入硬纸箱，在纸箱外标明原料鱼名称、鱼糜等级、生产日期等相关应注明的事项。

冷冻鱼糜的贮藏要求在－20℃低温条件下。图7-22为大眼鲷冷冻鱼糜在不同冷藏温度下的质量变化情况。

冷冻鱼糜要贮藏一年以上时，一般要求冷藏温度为－25℃。

第四节 鱼糜制品的生产

鱼糜制品的种类繁多，因而生产方法也各不相同，但其基本加工原理是一样的。其生产工艺如下：

冷冻鱼糜→解冻
↓
原料鱼→前处理→水洗→采肉→漂洗→脱水→精滤→擂溃或斩拌→成型→凝胶化→加热→冷却→包装→贮藏

一、解冻

采用冷冻鱼糜生产鱼糜制品时，首先要进行解冻。为了防止蛋白质的热变性和微生物生长繁殖，一般采用3～5℃空气或流水解冻，解冻程度控制在半解冻。为使冷冻鱼糜迅速解冻，也可采用切块机先将冷冻鱼糜切成小块，再用斩拌机斩拌解冻。

二、擂溃或斩拌

擂溃是鱼糜制品生产中的一个重要工序之一。操作过程可分为空擂、盐擂和调味擂溃三个阶段。

(1) 空擂　将鱼肉放入擂溃机内擂溃，通过搅拌和研磨作用，使鱼肉的肌纤维组织进一步破坏，为盐溶性蛋白的充分溶出创造良好的条件。时间一般为5min左右，以冷冻鱼糜为原料时，时间可以稍长一些，一般为10min。因为鱼肉的温度必须上升到0℃以上，否则，加盐以后，温度下降会使鱼肉再冻结而影响擂溃的质量。

(2) 盐擂　在空擂后的鱼肉中加入鱼肉量1%～3%的食盐继续擂溃的过程。经擂溃使鱼肉中的盐溶性蛋白质充分溶出，形成黏性很强的鱼糜糊溶胶，时间一般控制在15～20min。

(3) 调味擂溃　在盐擂后，再加入砂糖、淀粉、调味料和防腐剂等辅料并使之与鱼肉充分搅拌均匀。为了使辅料在鱼肉中分布均匀，一般可将上述添加的辅料先溶于水再加入。另外，还需加入蔗糖脂肪酸酯，使部分辅料能与鱼肉充分乳化，而能促进盐擂鱼糜凝胶化的溴化钾、氯化钾、蛋清等弹性增强剂应该在最后加入。

擂溃所用的设备主要是擂溃机。近几年，许多加工企业开始使用斩拌机。主要是由于斩拌机能使半解冻的鱼糜迅速解冻，盐擂时间缩短至10～15min，辅料的加入很方便，擂溃完毕取肉也很方便，而且制品的弹性光泽等质量指标也不亚于使用擂溃机的效果。

但使用斩拌机时，由于回转速度太快，鱼肉和机器之间产生强烈的摩擦热，使鱼肉温度迅速提高，容易使鱼糜蛋白变性，凝胶形成能降低，所以斩拌前的鱼糜最好是处于半解冻状态的冷冻鱼糜。

影响擂溃的重要因素包括擂溃时间、温度、食盐的浓度和各种辅料添加的方法等。

(1) 擂溃时间　擂溃时间与鱼糜制品的弹性密切相关。如图7-23所示，从感官评定上来看，在擂溃初期，鱼糜的质量较差，而随着擂溃时间的延长，从20～60min内，鱼糜的感官评价一直处于最佳状态，但随着时间的延长，则感官质量却呈下降趋势。所以在实际生

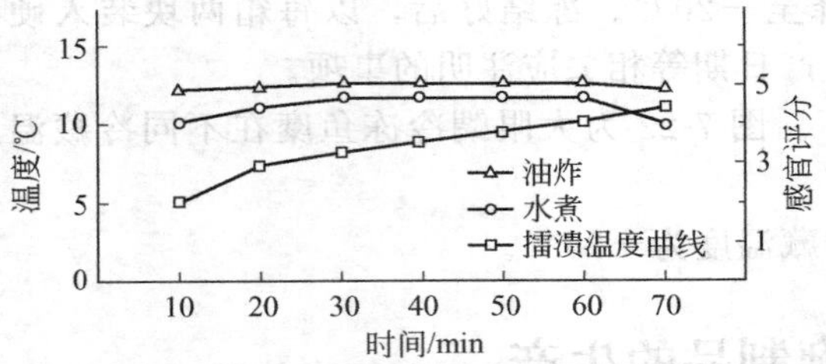

图 7-23 擂溃时间、温度与质量评价的关系

产中，根据原料性质及擂溃条件的不同，要严格控制擂溃的时间。

(2) 擂溃温度 擂溃温度也是影响制品弹性的重要因素之一，必须严格控制。为了防止擂溃中鱼糜的凝胶化，一般认为操作中温度越低越好，温度控制在 0～10℃。在此温度带内鱼肉肌动球蛋白的热变性很小，否则，温度升高容易造成肌动球蛋白变性而影响制品的弹性。根据经验，时间每增加 10min 肉温度就会升高 1℃，以致最终逐步接近环境温度。为控制温度的升高，一般先将鱼肉冷却，在擂溃过程中再适当加入碎冰，这样不仅可降低鱼糜温度，而且使产品柔嫩可口。如使用冷冻鱼糜，则可以控制其解冻程度来达到控温目的。此外，在擂溃机擂体周围可放置大量碎冰以防止操作中温度上升。

(3) 食盐的加入量 在鱼肉中加入适量食盐进行擂溃的主要目的一是调味，二是使鱼肉中的盐溶性蛋白充分溶出，以提高制品的弹性。

一般鱼糜制品生产中食盐的加入量在 2%～3%范围内，无论是食感还是弹性都可满足要求。另外，加食盐时应在空擂后，鱼肉温度在 4℃以上时加入为佳，对冷冻鱼糜在擂溃中的加盐尤其要注意。不宜在 0℃或 0℃以下时加入。

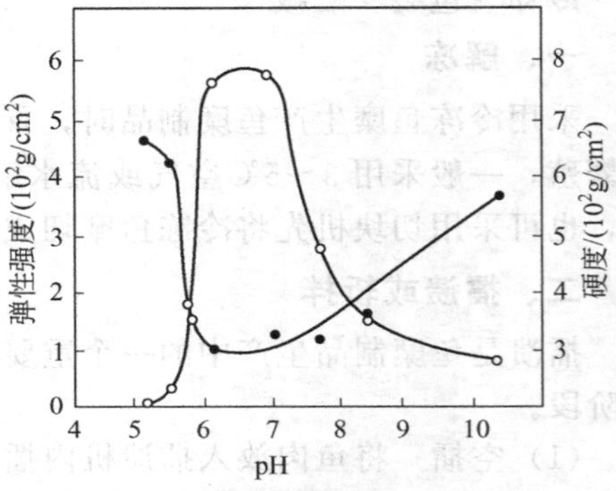

图 7-24 鱼糜制品的弹性与 pH 值的关系

(4) pH 值 鱼糜制品的弹性在很大程度上受鱼糜 pH 的影响，两者的关系如图 7-24 所示。当擂溃过程中鱼糜的 pH 值低于 6.0 时，鱼糜失去黏稠性，加热后大量脱水而无弹性，随着 pH 值的增高，形成有弹性的凝胶，在 pH6.5～7.0 范围弹性最强，pH 值大于 8 时，由于肌动球蛋白分子间的静电排斥作用过强，会妨碍凝胶化进行，使鱼糜制品弹性很差[41]。因此擂溃时，鱼肉 pH 值调节到 6.5～7.0[13]，对增进肌原纤维蛋白质的溶解，增强鱼糜制品弹性是有效的。特别是对鲐鱼、金枪鱼等 pH5.6～6.2 的红色肉鱼有必要进行 pH 调节。

三、成型

经配料、擂溃后的鱼糜，具有很强的黏性和一定的可塑性，可根据各品种的不同要求，加工成各种各样的形状和品种。

鱼糜制品的成型，过去一般依靠手工成型，目前已发展成采用各种成型机成型。

成型时必须注意不能有空气混入，一旦有残留空气，就会引起加热时破裂、变形，降低了制品的商品价值，同时也是造成内部腐败的原因。

值得注意的是，成型操作要与擂溃操作连接进行，两者之间不能长时间间隔，否则，擂溃后的鱼糜在室温下放置会因凝胶化现象而失去黏性和塑性而无法成型。

四、凝胶化

鱼糜在成型之后加热之前，一般需在较低的温度条件下放置一段时间，以增加鱼糜制品的弹性和保水性，这一过程叫做凝胶化。

凝胶化的温度有 35～40℃高温凝胶化、15～20℃中温凝胶化、5～10℃低温凝胶化和二段凝胶化。凝胶化的温度和时间的关系不是一成不变的，可以根据具体情况，如产品的需求、消费的习惯等因素而灵活掌握。

五、加热

加热工序和擂溃一样也是鱼糜制品生产中的重要工艺之一。加热的方式包括蒸、煮、焙、烤、炸五种或采用组合的方法进行加热。

鱼糜制品加热的目的一是使蛋白质变性凝固，形成具有弹性的凝胶体；二是杀灭细菌和霉菌。一般来讲，盐擂鱼糜的加热过程对制品的弹性有很大的影响。而最终达到的温度对制品的保存性又有影响，从弹性角度考虑一般采用使鱼糜慢慢地通过凝胶化的温度带以促进网状结构的形成，再使其快速通过凝胶劣化温度带而避免构造劣化，则能得到弹性较强的制品，两段加热法就是根据这一原理，即将鱼糜选择在一个特定的凝胶化温度带中进行预备加热后，再放入85～95℃温度中进行高温快速加热，时间为30～40min。这样不仅可快速通过凝胶劣化温度带，而且可使鱼糜制品的中心温度达到80～85℃，达到加热杀菌之目的。

陈舜胜等[42]在研究冰藏鲢鱼鲜度变化与鱼肉凝胶作用关系时，将冰藏9天的鲢鱼采肉制成鱼糜后，分别采用30℃低温一段加热、85℃高温一段加热和30℃低温、85℃高温二段加热，所得凝胶体的凝胶强度是不同的，采用二段加热的最高。

加热的设备包括自动蒸煮机、自动烘烤机、鱼丸和鱼糕油炸机、鱼卷加热机、高温高压加热机、远红外线加热机和微波加热设备等。

1992～1993年日本学者柴真开发了欧姆加热连续制作鱼糕装置，并对产品的品质和特性进行了研究。将盐擂后的鱼糜填充入φ30mm×150mm的成型筒内，两端装上铝电极通入100V、5A的电流进行通电加热。作为对照，同样的鱼糜充填于肠衣两端，结扎后于90℃水浴中加热。结果表明，鱼糜中心温度从16℃上升到80℃时，欧姆加热只需40s，水浴加热则需15min 40s，欧姆加热升至140℃也只需1min18s。比较两种不同加热方式的凝胶强度（表7-10）可知，采用欧姆加热方式的弹性要优于传统的水浴加热。

表7-10　两种不同加热方式的凝胶强度比较

原料	加热方式	凝胶强度			曲折法（5分法）	弹性感官法（10分法）
		破断力/g	凹陷度/cm	破断力×凹陷度/g·cm		
狭鳕特A级	欧姆加热	345	1.05	362	5	7.0
	水浴加热	393	0.78	307	4	6.0
狭鳕2级	欧姆加热	332	0.82	272	5	7.0
	水浴加热	194	0.58	113	1	1.0
沙丁鱼鱼糜	欧姆加热	557	0.70	390	5	6.5
	水浴加热	328	0.52	171	1	5.0

另有试验结果表明：欧姆加热时间短，弹性强，随着加热时间的增长，弹性也逐渐有所下降。这也表明欧姆加热同水浴加热一样，如加热时间变长，则也有凝胶劣化现象发生。

六、冷却

加热完毕的鱼糜制品大部分都需在冷水中急速冷却。以鱼糕为例，加热完成后迅速放入10～15℃的冷水中急冷，使鱼糕吸收加热时失去的水分，防止发生皱皮和褐变等现象，并能使鱼糕表面柔软和光滑。加工鱼香肠时，加热后将其投入0～10℃冷水中急速冷却30min再取出。

急速冷却后制品的中心温度仍然较高，通常还要放在冷却架上让其自然冷却。另外，也可通过通风冷却机或自动控制冷却机进行冷却。冷却室的空气要进行净化处理并控制适当的温度，最后用紫外线杀菌灯进行产品表面杀菌。

七、包装与贮藏

对鱼糕和鱼卷以及模拟制品等均需要进行包装。一般都采用自动包装机或真空包装机。包装好的制品再装箱，放入冷库（0℃±1℃）中贮藏待运。

第五节 鱼糜制品的主要品种及其生产工艺

一、传统鱼糜制品的生产

1. 鱼丸

(1) 鱼丸加工工艺流程

原料鱼→去头去内脏→洗涤→采肉→漂洗→脱水→精滤→擂溃或斩拌→成丸→加热→冷却→包装→贮藏

（擂溃或斩拌 ↑ 冷冻鱼糜→解冻；成丸 ↑ 备馅）

(2) 工艺要求 为确保鱼丸的良好质量，应选用凝胶形成能较高、含脂量较低和白色鱼肉比例较高的鱼种，如海鳗、乌贼、白姑鱼、梅童、带鱼等海水鱼以及草鱼、鲢鱼等淡水鱼，此外一般选用鲜活鱼或具有较高鲜度的冰鲜鱼，而淡水鱼以鲜活作为基本要求。涉及去头、去内脏、洗涤、采肉、漂洗、脱水、精滤或解冻等相关处理工序，具体要求可参照前述的冷冻鱼糜生产工艺。鉴于鱼丸产品的不同要求，在前处理工序上也有区别，如对质量要求（弹性、色泽等）较高的水发鱼丸采用一次采肉鱼糜，并需漂洗、脱水等工艺操作。而对油炸鱼丸，则可用多次重复的采肉，而且漂洗脱水工艺操作可以省略。此外如采用冷冻鱼糜为原料进行鱼丸生产时，需先将冻鱼糜块作半解冻处理，或最好配置一台冻鱼糜切削机，将冻鱼糜块切成薄片（2～3cm 厚），该操作既加快了前处理操作和确保了鱼糜的质量，又方便了后续工序。

经擂溃配料的鱼糜盛于洁净的容器中，进行成型。一般大规模（工业化）生产时均采用鱼丸成型机连续生产，生产数量较少时也可用手工成型，大小均匀、表面光滑、无严重拖尾现象的成型鱼丸随即投入一盛有冷清水的面盆或塑料桶中，使其收缩定型。然后进行加热处理。鱼丸的加热有两种方式：水发鱼丸用水煮，油炸鱼丸用油炸。水煮鱼丸常用夹层锅，为确保升温迅速，避免在 60～70℃停留时间过长，每锅鱼丸的投放量要视供气量的大小而定，一般应控制在 5～10min 内鱼丸中心温度必须达到 75℃左右（以杀灭大肠杆菌为最低标准），此时水温大约保持在 85～95℃，其间鱼丸逐渐受热膨胀而上浮，再保持 2～4min 后待全部漂起，表明煮熟，随即捞起，沥出水分。另外也可采用分段加热法，先将鱼丸加热到 40℃保持 20min，以形成高强度凝胶化的网状结构，再升温到 75℃，这类制品比前者好。

油炸制品常用红色肉鱼种原料，其保藏性好，且油炸时可消除腥臭味并产生金黄色。油炸鱼丸如产量较大的连续生产，应设有油温不高（以免因丸子进入油中的先后之差，而引起成品质量的不一致）的鱼丸定型锅（用于鱼丸定型，并可周转用），待鱼丸表面受热凝固定型后，再转入另一锅中进行油炸，油炸开始时豆油或菜籽油的油温须保持在 180～200℃之间。油炸 1～2min，待鱼丸炸至表面坚实，内熟浮起，呈浅黄色时即可捞起，铺在竹帘上沥油片刻（兼有冷却作用）。此外，为节省用油，将鱼丸先经水中煮熟，沥干水分后油炸而成。这种产品弹性较好，缩短了油炸时间，提高了出成率，且可减少或避免成型后直接油炸所出现的表面褶皱、不光滑现象，故常被采用，但该油炸制品的口味略差。鱼丸加热后均应快速冷却，当鱼丸凉透后，按有关质量标准检验鱼丸质量，捡出不成型、焦枯、油炸不透等不合格品，然后按规定分装于塑料袋中封口。包装好的鱼丸应在低于5℃以下保存。

2. 鱼糕

鱼糕是日本传统的鱼糜制品，我国从1984年以后才开始生产，按制作时所用配料、成型方式，加热方式及生产地等加以分类，如单色、双色和三色鱼糕，方形、圆形和叶片形鱼糕，板蒸、焙烤和油炸鱼糕，小田原、大阪和新鸿鱼糕等。

（1）工艺流程

原料鱼→去头去内脏→洗涤→采肉→漂洗→脱水→精滤→擂溃或斩拌→调配→铺板成型→内包装→蒸煮→冷却→外包装→装箱→贮藏

（2）工艺要求　鱼糕属于较高级的鱼糜制品，其弹性、色泽的要求较高，因此应选用新鲜、含脂量少的原料。如选用冷冻鱼糜则应是高品质等级的。鱼糕的加工过程在擂溃之前的预处理与鱼糜制品的一般制造工艺基本相同。在擂溃完成后，对于双色鱼糕、三色鱼糕还需将鱼糜着色调配，如制三色鱼糕，需先将原料、配料分成三份，其中一份加6%鸡蛋清、2.2%红米粉和适量胡椒粉，制成红色并具辣味的鱼肉糜；另一份加8%鸡蛋黄制成黄色肉鱼糜；第三份为微本色（白色）鱼肉糜，然后将上述配料制成的红、黄、白三种不同颜色的鱼肉糜分别放置于三色成型机三个不同的料斗中，供铺板成型用。小规模生产时往往将调配好的鱼糜用菜刀手工成型，而目前工业化生产基本上采用机械成型，如日本的K3B三色付板成型机，每小时可铺300～900块，其原理是由送肉螺旋把调配好的鱼糜按鱼糕形状挤出，连续地铺在松木板上（成半圆形状），再等距切断而成。其大小有不同规格，特大型者为25cm×11cm（250g），大型者为21cm×10cm（200g），中型者为16cm×17cm（130g），小型者为13cm×5.1cm（100g）。

白烤鱼糕在成型时常以专用聚丙烯进行初次包装，可有效防止二次污染和霉变发生，并使鱼糕加热后成为真空状态，以延长保存期，但为了防止内部变质可加入适量山梨酸。鱼糕加热方式有蒸煮、焙烤、油炸三种。最普遍的以蒸煮方式加热，目前已采用连续式蒸煮器，一般蒸煮加热温度在95～100℃，中心温度达75℃以上。加热时间视制品大小控制在20～90min之内。焙烤是将表面涂上葡萄糖的鱼糕以20～30s的时间通过隧道式红外线焙烤机，使表面着色并涂油以使有光泽，然后再烘烤熟制。油炸鱼糕则是先蒸煮再油炸而成。将蒸煮后的鱼糕立即放在10～15℃冷水中急速冷却。将冷却后的鱼糕进行外包装，尤其是未经内包装的，在外包装前应当用紫外线杀菌灯进行鱼糕表面的杀菌，然后用自动包装机进行包装。包装好的鱼糕装箱，放入冷库（0～5℃）中贮藏待运。一般制造好的鱼糕在常温下（15～20℃）可放3～5天，在冷库中可放20～30天左右。

3. 鱼卷

鱼卷是一种传统鱼糜制品，起源于日本，因最初是将调制好的鱼糜用手卷在直径约1cm左右的竹子上经火上炙烤而制成，故又称“竹轮”。目前已实现机械化工业生产，竹子也已被不锈钢管或钢管代替，特点是经调味和呈色后，不仅风味佳、口感好，而且外观诱人。鱼卷虽是一种焙烤类食品，但现行市场上仍以冷冻品流通形式居多。

（1）工艺流程

原料鱼→去头去内脏→洗涤→采肉→漂洗→脱水→擂溃或斩拌→成型→焙烤→冷却→包装→装袋→冻藏

（2）工艺要求　一般以白色肉居多的鱼种为原料，如狭鳕、海鳗、带鱼、石首科鱼类和淡水鱼等，也可用小杂鱼为原料，原料必须处理，以冰鲜鱼为佳，处理与冷冻鱼糜生产方法相同，也可直接用质量较好的冷冻鱼糜。

将擂溃后的鱼糜用手工在一根棍子上搓捏加工成长圆筒形，而后将一根根鱼卷按序放在烤鱼卷机的架子上，或用自动成型机成型，即将80～100g调味鱼糜卷在金属铜管上，在链条输送带上进行一定程度的“凝胶化”，然后输送到烤鱼卷机上。在焙烤前可先在鱼卷表面涂上一层糖液，然后进行焙烤。焙烤机分为两段，最初用文火，使鱼卷表面形成一层没有焙烤色的很薄的皮，目的在于增强成品之弹力；然后用强火（150～170℃）烤制，使表面呈金黄色或深黄色。热源可用煤气、液化气或电，焙烤时间4～5min，当烤制完成后，卷管可自动拔出（脱管），以便反复使用。至此已获得外表为黄褐色的优质鱼卷。需要时还可在焙烤后的制品表面涂上食油。烤熟后的鱼卷，经空气或冷却机冷却后，包装、装箱，在－35～－30℃的冻结室内速冻后再冻藏。

4. 鱼肉香肠、鱼肉火腿

鱼香肠是将调味擂溃后的鱼糜灌装在聚偏二氯乙烯薄膜等制成的肠衣内，两端用金属环铝丝结扎、密封之后，经杀菌制成。由于采用高温杀菌或进行A_w（水分活度）、pH调节，使得香肠可以在常温下流通。因此，鱼香肠具有耐贮藏、易流通、食用简便、营养丰富等特点。鱼糜制品不但味道鲜美，在食感上还给人一种细腻、光滑、有弹性、滋味独特的口感。这两类香肠的生产工艺流程基本上是一样的，仅在原料加工处理上依种类不同有所区别。每一类香肠又可以按香肠外形不同，即直径粗细、制品长短以及形状不同，分为不同的重量规格品种。还可以采用不同调味材料制成不同味觉的鱼肉香肠，以适合广大消费者的品味。另外还可以在辅助材料中增添一些强化物质，制成营养、疗效型鱼肉香肠品种。同日本相比，我国的鱼香肠品种显得单一。在日本一般鱼肉香肠可分为畜肉型香肠和鱼糕型香肠，前者是以畜肉为主，鱼肉为辅；后者恰恰相反。根据日本鱼肉香肠协会的统计来分类的话，可以分为两大类，即鱼肉火腿类和鱼肉香肠类。

（1）鱼肉火腿（fish ham） 鱼肉火腿类又分为两种：一种即为普通型，口感类似一般的香肠或午餐肉；另一种则是在鱼糜中加入煮熟后的碎鱼肉，如金枪鱼的鱼肉。前者，从形式和质感上都同鱼肉的印象相差甚远，而后者由于添加了碎鱼肉，使产品在质感上容易使人联想到鱼肉，别具风味。

（2）鱼肉香肠 ①普通鱼香肠。普通鱼香肠中又分为两种，一种即我们常见的鱼香肠，另一种为维也纳式小香肠，大小如同中指。②特殊鱼香肠。特殊鱼香肠也包括两个类型，第一是汉堡包肉饼型，大小如同鱼肉火腿，但切片后呈鼓状，而不像鱼肉火腿一样呈圆状。另一类为特种鱼香肠，如在鱼香肠加入鱼子、奶酪、洋葱等物或采用牛肠、猪肠以及其他包装容器的产品。

另外，从流通形式分类，往往也可以分为两大类：①常温流通鱼肉香肠类，这类产品包括高温杀菌产品和水分活度、pH调节产品，往往加入防腐剂和水分活度调节剂、pH调节剂等物质；②低温流通鱼肉香肠类，指在冷却状况（10℃以下）保存、流通的产品。

二、水产模拟食品

水产模拟食品主要有模拟蟹肉、模拟干贝等，此外还有人造鱼翅、人造海蜇、人造鱼卵、海洋牛肉等。

模拟蟹肉是日本于20世纪70年代开发的产品，主要以狭鳕鱼糜为原料，辅以淀粉、砂糖、调味料、蟹味调料液等配料，经斩拌、蒸煮、火烤等诸多工序加工而成的产品，又称仿蟹腿肉、蟹足棒。特点是无论在色泽、外形还是风味、口感均可与天然产品相媲美，而且弹性好，是深受消费者喜爱的一种产品，在国际市场上也十分走俏。

1. 工艺流程

鱼糜解冻→斩拌、配料、搅拌→充填涂片→蒸煮→火烤→冷却→轧条纹→成卷→涂色→薄膜包装→切段→蒸煮→冷却→脱薄膜→切小段→定量→真空包装→冷冻→成品

2. 工艺要求

(1) 原料选择与相关前处理　选用色泽白、弹性好、鲜度优良、无特别腥味的鱼肉为佳，在日本主要选用海上冷冻狭鳕特级鱼糜。较高级的模拟蟹肉食品，常加15%～20%的真蟹肉。由于我国淡水鱼资源丰富，正在摸索利用淡水鱼加工模拟蟹肉。

若使用冷冻鱼糜，一般可采用自然空气解冻，解冻的最终温度控制在－3～－2℃较为适宜，也可用切割机直接将冷冻鱼糜切成2mm厚薄片，直接送入斩拌机斩拌配料。

(2) 斩拌、配料　用高速斩拌机进行斩拌磨碎，使盐溶性蛋白充分溶出的同时，又可使各种配料充分搅拌均匀。操作时，可加碎冰或冰水代替加水，以保持低温。

模拟蟹肉的基本配比为：鳕鱼糜180kg、马铃薯淀粉（漂白）10kg、玉米淀粉（漂白）6kg、精盐4.2kg、砂糖8.4kg、调味料2.4kg、蛋白质（粉或新鲜）1.8kg、清水123kg、黄酒900mL、味精1.32kg、蟹味香料液（蟹露）1kg、山梨酸适量。

(3) 涂膜片　将鱼糜送入充填涂膜机的贮料斗内，经充填涂膜机的平口形喷嘴“T形夹缝”形成1.5～2.5mm厚、120～220mm宽的薄带，粘在不锈钢片传送带上。为防鱼糜温度提高，可在贮料斗的夹层内放冰水。

(4) 蒸煮　薄片状的鱼糜随着传送带送入蒸汽箱，经温度90℃、时间30s的湿热处理，使鱼糜形成有弹性并具有一定强度的扁平带状鱼糕（初步定型）。

(5) 火烤　鱼糜薄片随传送带送入火烤箱，进行干热，火源为液化气，火苗距涂片3cm，火烤时间为40s，火烤前要在涂片边缘喷清水，以防火烤后涂片与白钢板相粘连。

(6) 冷却　火烤后带状鱼糕随着传送带的传送开始自然冷却，时间2.25min，冷却后的温度在35～40℃，冷却后涂片富有弹性。

(7) 轧条纹　利用带条纹的轧辊（螺纹梳刀）与涂片挤压以形成深度为1mm×1mm、间距为1mm的条纹，使成品表面接近于蟹腿肉表面的条纹，增加食品的美观。

(8) 起片　白钢铲刀紧贴在正在转动的白钢传送带上将涂片铲下，制品进入下道工序。

(9) 成卷　利用成卷器将薄片自动卷成卷状，卷层为4层。从一个边缘卷起的称为单卷（卷的直径为20mm），也有从两个边缘同时卷起，称为双卷。

(10) 涂色素　色素的颜色与虾蟹的红色素相似，色素直接涂在卷的表面或包装薄膜上，当薄膜包在卷表面时，色素即可附着在制品的表面，使其在外观上更逼真。涂色的面积一般占总表面积的2/5～1/2。

涂色液为食用红色素800g、食用棕色素50g、鳕鱼糜10kg、水9.5kg。将上述原料搅拌均匀后稍呈稠状即可涂用。

(11) 包薄膜　将制品用聚乙烯薄膜包装，薄膜厚度为0.02mm。薄膜为带状，随着制品不断推出，聚乙烯薄膜会自动将其包装并热合封口。

(12) 切段　将薄膜包装的制品切成段，段长50cm，将其整齐地装在干净的塑料箱内，两层一箱，以利于蒸煮和冷却。

(13) 蒸煮　采用连续式蒸箱，温度98℃，时间18min（或80℃，20min）。

(14) 冷却　先用淋水冷却，水温18～19℃，时间3min，冷却后的制品温度约为33～38℃，然后再经阶梯式低温冷却柜（0℃、－4℃、－16℃、－18℃）冷却，制品通过柜内的时间为7min，冷却后的温度为21～26℃。

(15) 脱包衣（薄膜）　制品冷却后将薄膜脱去。脱膜时要防止制品断裂、变形及保持操作卫生，以免受到细菌等的污染。目前也有一些产品不脱包衣直接切段。

(16) 切小段　可有两种切法，一为斜切段，其斜切角为45°，斜切刀距40mm；二为横切段，其刀口切段面垂直于卷柱的轴线，一般段长100mm左右，也可按不同要求切成不同长度的段。切段由切段机完成，以制品的进料速度和刀具旋转速度来调整刀距。

(17) 真空包装　用厚度为0.04～0.06mm的聚乙烯袋按规定装入一定量的制品小段，

整齐排列，并进行真空自动封口包装。出口西欧国家的通常每袋净重470g，销国内的规格为8根×15g/袋。

(18) 整形　经真空封口机封口后，塑料袋内容物易于聚集在一起，影响产品的美观，故利用辊压式整形机整形。

(19) 冷冻　先将袋装制品装入铁盘，分上、下两层，层间用铁板分开，送入平板速冻机，在-40℃条件下冻结2h即可。

(20) 包装、运输与贮存　将冻品装入纸箱，箱外标明产品名称、质量、生产企业和生产日期。因本产品属冷冻食品，因此贮存运输包括销售的温度条件要在-15℃以下。

本章小结

鱼糜制品是指将鱼肉绞碎，经加盐擂溃，成为黏稠的鱼浆（鱼糜），再经调味混匀，做成一定形状后，进行水煮、油炸、焙烤、烘干等加热或干燥处理而制成的具有一定弹性的水产食品。

鱼糜蛋白质凝胶形成过程主要经过凝胶化、凝胶劣化和鱼糕化三个阶段。

凝胶化现象是由于盐溶性蛋白质充分溶出后，其肌动球蛋白在受热后高级结构解开，包括肌球蛋白分子尾部α-螺旋结构的展开以及疏水区的相互作用，在分子间产生架桥形成三维的网状结构，由于肌球蛋白具有极强的亲水性，因而在形成的网状结构中包含了大量的自由水，由于热的作用，网状结构中的自由水被封锁在网目中不能流动，从而形成了具有弹性的凝胶状物。

凝胶劣化是指在一定温度下，鱼糜经凝胶化得到的网状结构被破坏，使鱼糜失去弹性的现象。鱼糜发生凝胶劣化的温度一般在50～70℃。一般是由于内源性组织蛋白酶类引起肌球蛋白的消化。

影响鱼糜制品弹性质量的因素：鱼种对弹性强弱的影响；盐溶性蛋白的影响；不同鱼种肌原纤维Ca^{2+}-ATPase的热稳定性的影响；同种鱼因捕捞季节和个体大小不同对弹性强弱的影响；鱼肉化学组成对弹性强弱的影响；原料鱼的鲜度对弹性强弱的影响；漂洗对弹性强弱的影响；冻结贮藏对弹性强弱的影响。

影响鱼糜蛋白质冷冻变性的因素很多，如受原料鱼的种类、鲜度、处理方法、冻结温度、贮藏温度和解冻方法等因素的影响。防止蛋白质冷冻变性的方法有添加糖类、复合磷酸盐以及适当的漂洗可增加鱼糜蛋白的抗冻性。

漂洗对提高冷冻鱼糜的质量及其保藏性能，扩大生产冷冻鱼糜所需原料的品种范围都能起到很大的作用。此外，对鲜度差的或冷冻的原料鱼以漂洗来改善鱼糜的质量很有效果，弹性和白度都有明显提高。一般漂洗的方法有两种：一种是清水漂洗法，一种是稀碱盐水漂洗法。

鱼糜在脱水时，漂洗液的pH值、盐水浓度和温度等都会影响脱水的效果。

在鱼糜制品生产时，擂溃是鱼糜制品生产中的重要工序之一。其操作过程可分为空擂、盐擂和调味擂溃三个阶段。擂溃时间、温度、食盐的浓度和各种辅料添加的方法等影响到擂溃的效果。

鱼糜在成型之后加热之前的凝胶化温度有35～40℃高温凝胶化、15～20℃中温凝胶化、5～10℃低温凝胶化和二段凝胶化。

加热工序和擂溃一样也是鱼糜制品生产中的重要工序之一。加热的方式包括蒸、煮、焙、烤、炸五种或采用组合的方法进行加热。

思 考 题

1. 什么是鱼糜制品？鱼糜制品的种类主要有哪些？
2. 简述鱼糜制品加工的基本原理。
3. 简述鱼糜制品的弹性形成机理。
4. 影响鱼糜制品弹性质量的主要因素有哪些？
5. 鱼糜生产中漂洗的目的是什么？漂洗的方法有哪些？
6. 简述鱼糜生产中漂洗的工艺条件。
7. 水溶性蛋白质影响凝胶形成能的原因有哪些？
8. 简述鱼糜制品的生产工艺。
9. 简述鱼肉蛋白质冷冻变性的机理及防止蛋白质冷冻变性的方法。
10. 简述鱼丸、鱼糕、模拟蟹肉的生产工艺。

参 考 文 献

[1] 须山三千三，鸿巢章二编. 水产食品学. 吴光红等译. 上海：上海科学技术出版社，1992.
[2] Sano T，et al. Thermal Gelation Characteristics of Myosin Subfragments. J Food Sci，1990，55：55-58，70.
[3] Ziegler G R，Foegeding E A. The Gelation of Proteins，Adu. Food Nutr Res，1993，34：203-297.
[4] Yamashita M，Konagaya S. Purification and Characterization of Cathepsin L from the White Muscle of Chum Salmon. Comp Biochem Physiol，1990，96B：247-252.
[5] 沈月新. 水产食品学. 北京：中国农业出版社，2001.
[6] Wu M C. Akahane T T，Lanier T C，Hamann D D. Thermal transitions of actomyosin and surimi prepared from Atlantic croakeras studied by differential scanningcalorimetry. J Food Sci，1985，(50)a：10-14.
[7] 王靖国. 鱼糜制品及加工技术. 食品工业，1993，1：14-15.
[8] Haejung An. Margo Y，Peters Thomas A Seymour. Roles of endogenous enzymes in surimi gelation. Trends in Food Science & Technology，1996，7：321-327.
[9] Wojtwicz M B，Odesn P H. Comparative Study of the Muscle Catheptic Activity of some Marine Species. J Fish Res Bd Can，1972，29：85-90.
[10] Goll D E，Otsuka Y，Nagainis P A，Shannon J D，Sathe S K，Muguruma M. Role of Muscle Proteinases in Maintenance of Muscle Integrity and Mass. J Food Biochem，1983，7：137.
[11] Kirschke H，Barrett A J. Chemistry of Lysosomal Protease. London：Academic Press，1987：193-238.
[12] 汪之和. 水产品加工与利用. 北京：化学工业出版社，2003.
[13] 新井健一，山本常治著. 冷冻鱼糜. 万建荣等译. 上海：上海科学技术出版社，1991.
[14] 川岛孝省. 水ねり技研会. 1983，8：447-451.
[15] 中村全良等. 產卵前後におけるかまぼこ形成能の変化. 北水試月報，1980，37 (3)：57-69.
[16] Lanier T C. Functional properties of surimi. Food Technol，1986，40 (3)：107-112.
[17] 八木浩等. 低イオン強度下におけるコイ筋原纖維たんぱく質の熱変性に及ぼす重合リン酸塩の影響. 日水誌，1985，1：667-675.
[18] Siriporn R. Physicochemical Changes of Seabass (lates calcarifer) Muscle Proteins during Iced and Frozen Storage. Master Thesis of Science in Fishery Products Technoloty，Prince of Songkla University，Thailand，2000.
[19] 周爱梅等. 冷冻鱼糜蛋白在冻藏中的物理化学变化及其影响因素. 食品科学，2003，3：153-157.
[20] 上平初穗. 蛋白質構造の安定性に及ぼす糖の作用. 纖維学会誌，1981，37 (12)：436-443.
[21] 大泉徹等. 魚類筋原纖維の加熱変性に対する糖および糖アルコールの保護効果の定量的考察. 日水誌，1981，47：901-908.
[22] 松本行司等. ユイ筋原纖維たんぱく質の冷凍変性と熱変性に対する糖類の保護効果の比較. 日水誌.
[23] 川岛孝省. スケトウダラ冷凍すり身の品質と糖含量の關係. 北水勢月報，1977，34 (5)：11-16.
[24] 松太行司等. ユイ筋原纖維たんぱく質の冷凍変性に及ぼす糖の保護効果. 日水誌，1985，51：833-839.

[25] 八木浩等. 高イオン強度下におけるコイ筋原纖維たんぱく質の熱変性に及ぼす重合リン酸塩の影響. 日水誌, 1985, 51: 1899-1905.
[26] 八木浩等. ピロリン酸塩 MgとCl_2との存在下で起るコイ・ミオシンBの変性機構. 日水誌.
[27] 邱澄宇等. 鲮鱼肌肉热变性特点的研究. 集美大学学报, 2005, 3: 8-11.
[28] 吴燕燕等. 草鱼加热过程中肌肉蛋白质的热变性. 水产学报, 2005, 29 (1): 133-136.
[29] Lin T M, Park J W. Extraction of proteins from pacific whiting mince at various washing conditions. Food Sci, 1996, (61): 432-438.
[30] Stefansson G, Hultin H O. On the solubility of cool muscle in water. J Agric Food Chem, 1994, (42): 2656-2664.
[31] Wu Y J, A taliah M T, Hultin H O. The proteins ofwashed, minced fish muscle have significant solubility in water. J Food Biochem, 1991, 15: 209-218.
[32] Hennigar G J, Buck B M, Hultin H O. Effect of washing and sodium chloride on mechanical properties of fish muscls gels. J Food Sci, 1998, 53: 963-964.
[33] Fretheim, et al. Slow Lowering of pH Inducts Gel Formation of Myosin. Food Chem, 1985, 18: 169-178.
[34] Chawla, et al. Gelation of Proteins from Washed Muscle of Threadfin Bream under Mild Acidic Conditins. J Food Sci, 1996, 61 (2): 362-368, 371.
[35] 汪之和等. 漂洗条件对鲢糜凝胶强度的影响. 水利渔业, 1999, 19 (3): 46-47.
[36] 周爱梅等. 冷冻鱼糜蛋白在冻藏中的物理化学变化及其影响因素. 食品科学, 2003, 24 (3): 153-157.
[37] 川岛孝省等. スクトウダラ肉質の水晒し温度と筋肉中のアクトミオシン量との關係. 北水試月報, 1975, 32 (2): 8-15.
[38] 王利琴等. 漂洗水温对淡水鱼鱼糜蛋白质热变性的影响. 上海水产大学学报, 2001, 6: 134-137.
[39] 汪之和等. 漂洗条件对鲢鱼糜蛋白质冷冻变性的影响. 上海水产大学学报, 1999, 9: 210-214.
[40] 川岛孝省等. 魚肉の水晒しによる溶出蛋白質について. 北水試月報, 1967, 24 (11): 50-58.
[41] 陈申如等. 擂溃条件对鱼糜制品弹性的影响. 大连水产学院学报, 2004, 9: 194-197.
[42] 陈舜胜等. 冰藏鲢的鲜度变化对其鱼糜凝胶作用的影响. 上海水产大学学报, 2000, 9 (1): 45-50.

第八章　海藻加工食品

学习要求

1. 掌握食用海藻的预处理方法及要求。
2. 掌握海藻食品生产工艺及操作要点。

海藻，是指生长在海洋里的含叶绿素或含其他辅助色素的低等植物，即通常所说的海洋蔬菜。在我国辽阔的海域中，生长着多种茂盛的海藻，这些海藻分为褐藻、红藻、绿藻和蓝藻四大类。

海藻是一种纤维素高、脂肪含量低、微量元素丰富以及活性成分多的食品，具有较高的营养价值，我国将海藻作为食物利用已有二千多年的历史。日常食用的藻类，主要是一些大型藻类，如常见的海带、裙带菜、紫菜、江篱、石花菜等。这些海藻不仅可以作为食品食用，还具有较好的保健和药用价值。如日本人食用的海藻数量占食物的18%，朝鲜、菲律宾、印度尼西亚等国家也大量食用海藻。在美国市场上，以海藻为原料制作的海藻饮料、海藻色拉、紫菜卷等十分畅销。日本学者研究发现，长期食用海藻的人患高血压、心脏病、便秘以及肠癌和甲状腺肿大等疾病的概率较低。海藻不仅是低脂肪食品，也是低热量食品。当前，老年性高血压、心脏病、便秘等病在我国也越来越多，人们开始希望减少脂肪、糖类的摄取量，增加食物纤维的摄取量。对此，海藻类食品是比较好的选择。海藻纤维虽不能被吸收，但它能促进肠道蠕动，增加消化腺分泌，使食物在肠道中运行加快，从而减少有害物质的滞留和吸收，减少中毒症和肠癌发生。海藻属碱性食物，而常食碱性食物有助于改善人们的酸性体质，强化人的免疫机能，增强人体抗病防癌能力。另外，海藻纤维素还能与血浆中游离脂肪酸结合，从而防止胆固醇形成。海藻中还含有丰富的维生素与矿物质，若每天食用100g海藻，可以满足一个成人每天所需维生素C、维生素A、维生素B_2、维生素B_{12}以及所需的无机元素。

从目前海藻资源利用的情况来看，除了一部分用于加工海藻化工产品以外，其他主要用来加工海藻食品，如盐渍海带、调味海带丝、富碘营养食品、海带复合饮料、海带营养保健茶、调味紫菜片、紫菜冰淇淋等几百种海藻食品。随着对海带研究的不断深入，其营养价值和功能性已越来越多地被人们所认识，其加工产品也已越来越多地被人们所接受。

第一节　食用海藻的预处理

由于海藻不同程度地带有其原有的颜色和独特的风味，因而当人们食用时很自然地会感到海藻的腥味和不佳口感，从而给产品推广带来了一定的困难。为了更好地促进海藻产业的发展壮大，对其的脱腥与脱色就成了亟待解决的问题。另外，在海藻食品的生产中，可根据需要对原料进行软化处理，使海藻组织变软，并可使色泽复绿。

一、海藻脱色

海藻是一类具有不同色泽的自养植物，必须通过光合作用维持生命，因此，含有各种不同的色素。在一些特殊要求的食品中，需要对海藻进行脱色处理。据报道，海藻较好的脱色剂为过氧化氢，但单纯使用过氧化氢很难实现脱色的目的，通常需要添加其他化学物质，增强过氧化氢的脱色作用。在碱性或中性条件下，海藻中的一部分糖类成分可能发生溶解；而在酸性条件下，脱色过程需要1～2周时间，也不适用。但在乙酐存在下，用过氧化氢法可使海藻在几小时内完成脱色过程，脱色后海藻的形状、硬度等性状均不受损害。采用乙酐与过氧化氢混合脱色时，在处理液中再适量加入醋酸、冰醋酸，以便提高处理效果，在日光下处理时，可以加快海藻脱色速度。使用后的处理液再适量添加乙酐和过氧化氢，可以反复使用。

二、海藻软化

海带、裙带菜、羊栖菜等海藻类在进行食品加工时，往往需要进行软化处理。

常见的软化方法有碱液浸泡、磷酸盐处理、醋酸处理、高压蒸煮处理等方法。使用碳酸氢钠或多磷酸钠等方法软化处理海藻，味道不好，海藻浸泡处理后必须水洗，水洗过程中，海藻中可溶性呈味成分溶出，而且水洗后海藻容易腐败。酸性条件下，海藻的组织状态保持比较完整，脱腥效果理想，但较硬，处理时间较长。用醋酸处理后的海带口味良好，且碘含量损失较少。高压蒸煮是日常生活中人们常采用的一种软化方法，经试验表明这种方法对碘的损失作用较大，损失较严重，脱腥效果不甚理想，加之在工业中，高压蒸煮耗能过大，具有使制品成本提高等诸多缺点，故加工工业不宜采用。

日本发明了两项海藻软化新技术，其中之一是使用3%甘氨酸水溶液浸泡海藻。以甘氨酸作为软化剂，可以用于海带、裙带菜、羊栖菜等食用海藻的软化处理。其方法是用3%甘氨酸水溶液将海带软化至手指压裂的程度，水温30℃时需6h，60℃时需4h，90℃时需0.5h。甘氨酸软化液中可以添加有机酸类或食盐，有机酸类对软化有促进作用，食盐虽有抑制软化的效果，但可以使海藻梗、叶软化均匀，3%的甘氨酸水溶液中加入2%～5%的食盐后软化海带至手指压裂的程度，30℃时需12h，60℃时需6h，90℃时需1h 25min。利用甘氨酸溶液浸渍海藻，可以改善海藻的口感，并且在软化处理后不必将其除去，不仅可以防止海藻中的风味物质在水洗过程中损失，还可以避免整个水洗或者水洗后干燥过程中，海藻发生腐败现象。用甘氨酸软化海藻，海藻的软化程度主要取决于：①处理液中的甘氨酸浓度、溶液的温度及溶液中其他可溶性物质（主要是海盐）的浓度。一般认为，甘氨酸的浓度和溶液的温度越高，海藻的软化速度越快。如果甘氨酸的浓度低于1%则软化作用较小，如果超过20%，则海藻中甘氨酸味道太浓，并且处理费用过高。②处理液中的食盐对软化过程有一定的抑制作用。③为防止软化时处理不均匀，可在处理液中加入适量食盐，可以抑制这种不均匀现象，得到软化程度均匀的藻体。

另一项海藻软化处理新技术是使用小球藻粉末或者小球藻的热水提取液，与盐水混合[比例为1～(10∶100)]，加热至80～100℃浸煮海藻，处理后的海藻叶、梗柔软，色泽鲜明，味道可口，改善了海藻的口味与色泽。

三、海藻脱腥

由于新鲜的海藻本身有令人不悦的腥味，这种特有的气味影响了产品的质量，因此在加工过程中应采取措施，除去海藻中的腥味。据文献报道，形成海藻的特有风味的主要成分有六氢吡啶衍生物、胺类物质、萜类物质，除此之外还含有甲基吡咯、溴代戊烷、间甲基异丙基苯、邻甲基乙基苯、5,6-二甲基己内酯和苯乙醛等成分[1]，其中萜类物质、胺类物质和吡啶类物质是形成海藻腥味的主要成分。脱腥方法主要有以下几种。

1. 微生物转化法

通过微生物的新陈代谢作用，小分子的腥味物质参与合成代谢转变成无腥味的大分子物质，或者在微生物酶的作用下发生分子结构的修饰，转化成为无腥味的成分，从而达到脱腥的目的。以紫菜为原料，通过乳酸菌发酵脱腥，可以制成口感良好且无腥味的饮料[2]；对海带脱腥时，采用海带质量的0.4%酵母，在30～40℃温度下处理0.5h，然后升温到80～100℃加热0.5h，可以脱除海带的腥味[3]；采用0.25%酵母处理羊栖菜1h，然后升温至100℃维持15min，可以除去羊栖菜的腥气味[4]；谢林明[5]用干酵母脱腥螺旋藻时，酵母的添加量为0.6%，发酵温度32℃，发酵时间90min，在此条件下得到的发酵液感觉不到藻腥味的存在，具有淡淡的清香味，颜色为淡黄色。关于酵母粉脱腥的机理目前还不是很清楚，可能是由于酵母疏松的结构对腥臭物质的吸附作用，酵母粉利用腥臭物质如醛、酮等大分子物质，并且其中含有的多种酶可能以腥臭物质为底物转化为无腥臭物质，同时发酵过程中产生一些含有香味的中间代谢产物，对腥味有一定的掩蔽作用[6]。阳晖[7]采用发酵法脱除螺旋藻腥味时发现脱腥效果较好，发酵后的藻液几乎没有腥味，具有淡淡的清香味，但会使藻液变为淡黄色，且如果长时间发酵，会产生较浓的发酵味。所以利用酵母做脱腥处理时，要根据原料不同，控制好酵母的用量和处理条件。

2. 物理吸附法

一种物质聚集在另一种物质的表面，一般称之为吸附作用，起吸附作用的物质被称为吸附剂。在日常生活和工业生产中，用于脱除令人不愉快气味的吸附剂主要有两类：一类是活性炭、活性氧化铝、分子筛、硅胶等，这类吸附剂对腥臭物质的吸附限于其表面，叫做物理吸附。另一类是离子交换树脂类，这类吸附剂对不良气味物质的吸附，称为化学吸附。在上述两类吸附剂中，活性炭使用最为广泛，因为活性炭的多孔结构和特殊的表面，可以产生高效的吸附作用[8]。活性炭的稳定性好，对多种腥臭成分都有很高的吸附力。例如，在对马尾藻进行脱腥处理时，发现活性炭的脱腥效果最好，方法简便，其处理工艺为2.0%活性炭，浸泡处理2h[9]。活性炭脱腥虽可脱去腥味，但没有选择性，同时将颜色、香味及部分碘质一同脱去，使之成为无色的淡盐水。因此使用时必须注意选择活性炭的型号和控制操作条件。

3. 酸碱盐处理法

利用腥味物质与酸碱发生化学反应生成无腥味的物质，而盐的作用一般认为主要是促进腥味物质的析出，从而实现脱腥。江洁[10]利用淡干海带加工即食海带过程中对海带进行脱腥的结果表明，使用碱法对海带进行处理，效果最差；醋酸对海带有良好的脱腥效果，常温下海带于1.0%醋酸溶液脱腥20min后，所得产品无腥臭味、色泽翠绿、口感脆嫩，同时酸能软化海带，并且海带经酸浸渍后pH达到4左右，在后期产品贮藏过程中能抑制微生物生长、提高防腐能力；俞静芬[11]进行了用淡干海带加工即食海带过程中的脱腥研究，通过正交试验比较了氢氧化钙、柠檬酸、醋酸对海带脱腥的效果，结果表明，氢氧化钙的脱腥效果最差，柠檬酸和醋酸脱腥效果较好，但酸味无法消除；孔繁东[12]用4.5%的柠檬酸溶液煮沸后加入裙带菜，再沸后改用小火保持微沸状态并不断搅拌让腥味充分挥发，约1.5h，冷却后用NaOH溶液将其pH值调整至5.0，得到色泽为浅黄绿色的裙带菜汁液；孙向军[13]在螺旋藻溶液中加入多聚磷酸盐，95℃条件下水解，之后再加入2%柠檬酸煮沸20min，考察脱腥效果，结果表明，随着多聚磷酸盐加量的提高和水解时间的延长，脱腥效果逐渐显著，但水解过度会导致异味的出现。这类方法都是使用酸碱等化学试剂作为脱腥剂，但过量使用酸碱后的废水如果直接排放可能会涉及到环保问题。

4. 溶剂萃取法

利用有机溶剂对腥味成分的溶解萃取原理，达到脱腥的作用。在日常生活中，利用添加料酒的方法烹饪水产食品，以达到去腥的目的。以马尾藻为原料研制饮料时，需要对其腥味进行脱除，研究表明，用50%乙醇与20%乙酸乙酯混合液浸泡处理30min，基本可以脱腥；谢林明[5]用乙醇、丙酮和乙醚三种萃取剂对螺旋藻进行脱腥，结果表明，乙醇、丙酮和乙醚都有理想的脱腥效果，但体积分数95%的乙醇、体积分数100%的丙酮处理后对螺旋藻有脱色作用，体积分数100%的乙醚处理后，脱腥的效果最理想，螺旋藻的颜色基本不变，且具有海藻鲜味。

5. 分子包埋法

β-环状糊精（β-CD）由7个葡萄糖分子通过α-1,4-糖苷键连接，分子呈环形和中空的圆柱结构，其空穴内壁具疏水性，而环的外侧是亲水的，当β-环糊精加到蛋白质水解液中，一些疏水小肽和疏水性氨基酸往往被包络到β-环糊精的空穴内部，从而起到脱腥的作用。考虑到β-环糊精单独处理时通常用量较大，所以一般需要和其他方法配合使用。利用β-环状糊精处理海带，能使海带中的腥味较有效地除去，但由于β-环状糊精具有内部憎水性、外部亲水性的环状结构，也将掩蔽海带中的颜色，这都将对海带食品的品质产生一定的影响[14]。姚兴存[15]在紫菜复合饮料中添加1.0%～1.5%的β-环状糊精能够既保持紫菜饮品特有的风味而又无不愉快的腥味；崔海辉[16]采用β-环糊精处理石花菜，能很好地去除石花菜的腥味；吴克刚[17]用β-环糊精对紫菜汁进行脱腥效果的研究，结果表明，加入1.0%的β-环糊精就可掩盖其不愉快的腥味，且保留了紫菜特有的悦人风味，加入过多的β-环糊精在掩盖其不愉快腥味的同时，也掩盖了其特有的紫菜悦人风味，从实验结果来看，添加1.0%～1.5%的β-环糊精较为适宜。

6. 掩蔽法

掩蔽法是采用食物烹饪学方面的原理，利用其他的香辛味成分来掩盖水产食品的腥味，达到去腥目的。何晋浙[14]在海带脱腥研究中发现甘草掩蔽脱腥效果比较好，可能是由于加入甘草粉进行中和，使其中的甘草酸和石花菜中的碱性物质生成甘草二钠，甘草二钠盐味甜，具有天然的芳香味，可改变其涩、腥等异味，此外，甘草是一种具有解毒、祛痰、止痛、解痉以至抗癌、助消化、护肝等功能的中药，对人体具有医疗和保健的作用；迟玉森[18]采用甘草、八角、桂皮按1∶0.3∶0.3的比例配比，并加入10倍的水煮汁后，按海带浸提汁的1%加入，有效地掩蔽了海带汁的腥味，同时还具备了甘草八角等调味剂特有的香气，并保证含碘量基本不变；俞静芬[11]发现甘草液脱腥效果非常理想，遗留的甘草味也很宜人，加上甘草是天然植物，所以最终被选为海带脱腥剂；王颖[19]在海带制品的脱腥研究中采用桂皮和甘草共同掩盖法，此方法不仅简便易行，而且得到的制品具有很好的口感；谢林明[5]研究发现白砂糖、八甘桂等对螺旋藻也都有理想的脱腥效果。另外，生姜、茶叶等[20]对海藻也具有脱腥作用。

7. 加热脱腥

加热对海藻有脱腥效果，但加热温度不能太高，否则易产生异味，变色严重，且有沉淀产生。变色的主要原因是叶绿素受热后变为脱镁叶绿素，沉淀是由于海藻蛋白受热变性引起。谢林明[5]对螺旋藻的脱腥研究结果表明，在60℃条件下加热30min，螺旋藻溶液的腥味已很淡，如温度超过60℃，溶液产生异味，变色严重，且有沉淀产生，因此加热脱腥的温度最好不超过50℃。

8. 复合脱腥法

基于单一的脱腥技术不能完全或很好地把海藻食品的腥味成分除去，采用两种或两种以上的脱腥技术，使不同的脱腥原理得到集成，从而发挥出更好的脱腥效果。如在双歧杆菌螺旋藻酸乳的工艺研究中，采用柠檬酸和β-环状糊精混合对螺旋藻粉进行脱腥处理，将螺旋藻粉配制成10%溶液，添加β-环状糊精（0.5%）和柠檬酸（0.15%），充分搅拌，备用。螺旋藻粉脱腥效果较好，但还是有少许腥味，如果采用真空脱腥，效果会更好一些[21]。孙向军等[13]研究表明，β-环状糊精、酒精与蛋白酶联合使用，脱腥效果较理想。这是因为β-环状糊精是环状低聚糖同系物，是由7个葡萄糖单体经α-1,4-糖苷键结合生成的环状物，其分子间存在0.7～0.8nm的含有—CH和糖苷结合的含有—O—原子的环状空穴，可以将腥味物质包埋起来，起到脱腥的作用。螺旋藻的腥味物质主要是由螺旋藻蛋白产生，由于其分子较大，环状糊精对其包埋效果不理想，脱腥效果受到限制，当螺旋藻蛋白被蛋白酶进行适当水解后，环状糊精能充分对其进行包埋，与食用酒精联合使用脱腥效果较理想，还可保持螺旋藻色素不受破坏。鲁玉侠等[22]在螺旋藻巧克力果冻的研制中，通过加蜂蜜调配、美拉德反应和用巧克力掩盖的三种方法联合使用，对营养丰富但有腥味的螺旋藻进行了风味改良。螺旋藻巧克力的开发不仅保留了螺旋藻本身的绝大多数营养成分，消除了螺旋藻的腥味，而且提高和丰富了巧克力本身的营养价值。

除了以上脱腥方法以外，也可采用酶解脱腥[13,23]，这主要是由于蛋白酶的降解作用，使腥味逐渐降低。真空脱腥，该方法并不改变藻类的物理性状，但操作简单，真空度越高，温度越高，脱腥效果越好，但温度超过 70℃，也会引起脱色[7]。在螺旋藻储存过程中，加入脱氧剂避光保存，能对腥味物质的产生起到抑制作用。首次尝试利用臭氧氧化技术对螺旋藻进行脱腥处理，得到了适宜的螺旋藻臭氧氧化脱腥工艺为：螺旋藻液的料液比为 1∶25，温度为 50℃，通入臭氧时间为 10min。超滤脱腥，采用截留分子量为 4000 的超滤膜进行超滤，操作压力为进压 0.15MPa、出压 0.05MPa，可以有效地去除部分腥味。采用微胶囊技术，利用壁材掩盖芯材的不良气味、色泽，对螺旋藻进行包埋达到脱腥效果，既保护了营养成分，又可掩蔽不良风味，扩大其应用范围。

第二节　海带食品加工

一、概述

海带属褐藻门，褐藻纲，海带目，海带科。海带是海带属海藻的总称，又称昆布、江白菜，通体橄榄褐色，干品为深褐色、黑褐色，并附有白色粉状盐渍，是一种营养价值极高的“海中蔬菜”。据测定，每 100g 干海带含蛋白质 8.2g、脂肪 0.1g、糖 57g、灰分 12.9g 及多种维生素等。海带与菠菜、油菜相比，除维生素 C 外，其粗蛋白、糖、钙、铁的含量均比它们高出几倍至几十倍。海带的含碘量在海藻中也是最高的。碘是人体必需的元素之一，缺碘会患甲状腺肿大，多食海带能防治此病。海带还能防治动脉硬化、降低胆固醇与脂肪的积聚。海带的食用方法很多，冷拌、炒食、做汤、做馅，可素可荤，可中可西，美味可口，方便实惠。近年来，在国外用海带制作的方便食品已发展到 200 余种。我国也有近 40 种，如属调味食品的有糖醋海带丝、辣子海带丝、酸味海带丝、盐渍海带丝；属烹调食品的有原汁海带、海灵糕等。

二、淡干海带的加工

1. 工艺流程

采收→干燥→腌蒸→卷整→二次罨蒸→展平→整形→切断→包装

2. 工艺要点

(1) 采收　选择晴天采收。

(2) 干燥　上午 7～8 时将海带按根部或者尖部朝同一方向平摊在晒场上，11 时进行翻晒；到下午 1 时左右将海带摆成一圈，根部在外、尖部朝内，以便用草席对尖部及边部遮阴；下午 4 点半左右，根部就会晒成八成干，水分含量 20%～25%，尖部达 15%左右，即可进入腌蒸室。

(3) 罨蒸　在腌蒸室内铺上一层草席，将海带整齐堆放在上面，再盖上一层一层草席，适当开窗，保持室内湿度 80%左右，腌蒸两天。进行罨蒸的目的在于使海带各部位以及内外干燥均匀，水分基本一致。

(4) 卷整、展平、整形　将腌蒸变软的海带从根部开始卷好，再次腌蒸2天，使根部和尖部水分趋于一致；然后展平，剪去黄边、枯叶，用两层木板压住，将海带展平。

(5) 切断、包装　根据压平后海带的长短、大小、颜色、甘露醇的附着量以及褶皱等指标进行分级、包装。

新方法是将海带置于干燥室中，藻体间保持一定的间距，以便与空气充分接触。流动空气温度控制在20～40℃范围内，从低温到高温，再到低温，呈交替变化。空气流动速度为25～40m/s，相对湿度为45%～50%。新方法的优点是干燥后海带呈绿色，表面硬化，复水性强，干燥效率高。

三、调味快餐海带丝

1. 工艺流程

原料选择→整理→水洗→切丝→蒸煮→调味料浸渍→烘干→包装

2. 工艺要求

(1) 原料海带　选用符合国家标准的淡干一、二级海带，水分含量在20%以下，无霉烂变质。

(2) 整理　去除附着于海带表面的泥沙等杂物，并剪去颈部、黄白边梢和菜体较薄的梢部。

(3) 水洗　将整理好的海带用水洗净，该工艺应严格控制水分含量，避免海带吸附太多的水分和营养成分的流失。

(4) 切丝　将海带切成宽约5mm、长约10cm的丝，一般采用横切法。

(5) 蒸煮　将海带丝用蒸汽干煮30min，取出备用。

(6) 调味料浸渍　按配方调好调味料，并加热煮沸30min，然后将煮过的海带丝倒入调味液浸泡，浸泡时间为2～3h，浸泡过程中应保持调味液的温度在90℃以上。调味液配方为：干海带1kg，精盐20g，酱油40g，白糖100g，白醋40g，味精40g，辣椒粉15g，生姜、芝麻适量。

(7) 烘干　将调味液浸泡过的海带取出晒干，80℃烘干，烘干过程应避免杂物混入。

(8) 包装、杀菌　计量包装，然后高压杀菌，杀菌终了时，立即用冷水冷却至室温。

四、海带发酵饮料[24]

1. 工艺流程

乳粉、蔗糖、稳定剂
↓
干海带→清洗浸泡→脱腥→打浆→过胶体磨→均质→配制发酵基质→接种→发酵→调配→二次均质→脱气→灌装→杀菌→成品
↑
白砂糖、柠檬酸

2. 工艺要点

(1) 原料挑选与清洗　选择完整的干海带，用流动清水反复清洗，将附着在海带上的泥沙洗净。

(2) 浸泡　将清洗后的海带放入20℃水中，浸泡1.5h。

(3) 脱腥　将浸泡好的海带放入质量分数为1.5%的绿茶水中，继续浸泡20min，温度保持在60℃。

(4) 打浆：过胶体磨　将脱腥后的海带打成浆状，加水稀释至原质量的5倍后，过胶体磨，得海带原汁。

(5) 发酵基质的配制　在海带原汁中分别加入其质量5%的乳粉、7%的蔗糖和0.1%

的CMC。

(6) 灭菌、冷却 将配制好的发酵基质灭菌，冷却到39℃。

(7) 发酵 将活化后的保加利亚乳酸杆菌和嗜热链球菌按照1∶1的质量比接入发酵基质中发酵。发酵时间为12h，发酵温度39℃，菌种接入量6%。

(8) 过滤 将发酵结束后的发酵液放入抽滤机中进行抽滤。

(9) 调配 海带发酵原汁的添加量为50%，柠檬酸添加量为0.085%，白砂糖添加量为2%。

(10) 均质 在温度60℃、压力25MPa的条件下，将调配好的饮料均质。

(11) 脱气 将均质好的饮料在压力0.5MPa的真空下脱气15min。

(12) 杀菌灌装 将饮料加热到温度80℃以上，趁热注入已经消毒的玻璃瓶中。灌装时温度不低于70℃，灌装后立即封口。

(13) 杀菌 在温度80℃下杀菌20min。

(14) 冷却 采用分段快速冷却技术，将冷水分3～4个阶段温差进行喷淋冷却，冷却到室温。

五、海带口服液[25]

1. 工艺流程

干海带→浸泡→打浆→加酶水解→过滤酶解液→脱腥处理和灭酶→粗滤→风味调配→精滤→灌装→封口→杀菌→成品

2. 工艺要点

(1) 原料预处理 挑选整齐、无霉烂的干海带，洗净表面泥沙，切块，在清水中浸泡3～4h，使其充分吸水。

(2) 酶解 将海带与水按料液比1∶40打浆，然后投入酶解罐中，加入纤维素酶和木瓜蛋白酶 (1∶1)，添加量为海带浆质量的3%～4%。柠檬酸调节pH5.0～5.5，控制温度50～55℃，固定搅拌器叶轮转速30r/min，酶解3～4h。

(3) 过滤 将海带酶解液与海带渣过滤分离。

(4) 脱腥和灭酶 酶解液中加入等量的桂皮、甘草，各自用量为1%～1.5%，加热至100℃，恒温10～15min，一方面达到除腥的目的，一方面使酶灭活。

(5) 粗滤 过滤掉海带液中的桂皮、甘草及其他不溶性物质。

(6) 风味调配 过滤后的海带提取液中加入2%～3%蜂蜜、3%～4%白砂糖、0.2%～0.3%柠檬酸，搅拌均匀。

(7) 精滤 澄清调味后的海带液，经硅藻土过滤机进行精滤，除去液体中细小固体颗粒物质，以保证产品的澄清透明。

(8) 灌装、封口 灌装采用20mL棕色口服液玻璃瓶，灌装前需对空瓶和瓶盖进行清洗消毒。

(9) 杀菌 采用热力杀菌，100℃杀菌15min。

六、海带凉粉[26]

1. 工艺流程

海带清洗去杂→脱腥→纯碱软化→乙酸中和→洗至中性→煮沸熔化→凝固成型→冷却调味→海带凉粉→真空包装

2. 工艺要点

(1) 清洗去杂 将一定量的干海带冲洗数遍以除去沙子等杂物，将水沥干后，将海带切成丝并准确称取200g作进一步脱腥处理。

(2) 脱腥　采用β-环糊精脱腥法脱腥，β-环糊精用量为2.5%，80℃的水中浸泡60min条件下脱腥效果最好。

(3) 纯碱软化　脱腥后的海带丝加入质量浓度为0.4%的碳酸钠水溶液1000mL，60℃恒温水浴加热60～80min，间断性搅拌，直至海带丝含有褐藻酸钙的褐色表层基本脱落完全，沥干。

(4) 乙酸中和　加入浓度为0.5%食用乙酸（可用白醋）对海带丝进行中和调节至pH值中性。

(5) 洗至中性　用去离子水清洗海带丝至洗出液pH值在6.5～7.0，沥干。

(6) 煮沸熔化　将海带丝放入锅中，再向锅内加入1000mL去离子水加热煮沸后在温度为100℃的条件下恒温水浴3～4h，直至海带丝基本熔化，过滤，收集滤液。滤渣烘干称重。

(7) 凝固成型　将海带滤液装于特制容器中，加入0.5～1.0g卡拉胶助凝固，在室温条件下静置3～4h即可完全凝固。小心取出后用刀将其切成长、宽、高分别为5cm、3cm、1cm的长方体型。

(8) 冷却调味　先加10mL红糖水，再放入8块标准规格（5cm×3cm×1cm）的海带凉粉，再放3g细白糖，再加上5mL醋和1g薄荷粉。

(9) 真空包装　用复合软塑袋装入8块经过调味的海带凉粉，经微波消毒封口，即得一定保质期的袋装海带凉粉。

七、新型即食海带纸加工[27]

1. 工艺流程

捣碎→海带碎组织→脱腥
↑　　　　　　　　↓
盐渍海带下脚料→脱盐→分类　　　　　　　　混匀→调味→成型→烘烤→包装→成品
↓　　　　　　　　↑
碱消化→海带浆→脱腥

2. 工艺要点

(1) 脱盐　采用浸泡法脱盐，将初洗后的海带在冷水中浸泡50min。

(2) 分类　将脱盐后的海带大致分类，一类是组织很软的海带，另一部分是组织较硬的海带。

(3) 碱消化、捣碎　将组织较软的海带按一定比例加入0.25%的碳酸钠溶液，沸水浴2min，使海带充分软化至浆状液体；将组织较硬的海带切成小块后加入适量水放入组织捣碎机中捣碎成海带碎组织，粒度约0.5cm左右。一般碳酸钠溶液添加量为3倍于软组织原料质量，海带碎组织添加量为4倍于软组织原料质量。

(4) 脱腥　在处理过的海带碎组织和海带浆中分别加入0.4%高活性干酵母，30℃下发酵0.5h，加热至沸后冷却。用纱布沥去海带碎组织中的水分，备用。

(5) 混匀、调味　将脱腥后的海带碎组织和海带浆按一定比例充分混匀，然后调味。

(6) 成型、烘烤　称取适量混匀的海带浆，在不锈钢平底盘上摊成厚度约0.8cm的薄片，厚薄应均匀一致。然后在电热鼓风干燥箱中，于80℃温度下烘烤。

八、即食彩色海带丝[28]

1. 工艺流程

海带→水洗→烘干→脱色脱腥→烘干→染色→漂洗→晾干→切丝成型→蒸煮→（加入调味料）搅拌混合→包装→杀菌→冷却→成品

2. 工艺要点

(1) 水洗　在清洗池中用自来水将海带洗净，并挑出霉烂变质海带。清洗过程中不要让海带在水中浸泡太久，避免海带吸附太多水分和营养成分流失。

(2) 烘干　海带在60～70℃热风干燥箱中烘干4～6h。

(3) 脱色脱腥　将烘干的海带投入脱色池中，然后倒入脱色脱腥液，使海带完全浸泡其中。这一过程应经常翻动海带，利于脱色脱腥过程的散热。当海带褐色褪成淡黄绿色时，捞出用水漂洗，再用1%的抗坏血酸溶液浸泡15～20min，用自来水冲洗即可得到洁白无腥味的海带。

(4) 染色　脱色脱腥海带烘干后，投入盛有染色液的染色池中浸泡10～15min即可染成所需的颜色。

(5) 漂洗　海带染色后，捞出沥干，用自来水洗去表面的染液。漂洗时不要在水中长时间浸泡，以免色素重新溶出。

(6) 晾干　漂洗干净的染色海带自然晾干5～6天，以海带有一定柔软度为宜。

(7) 切丝成型　用刀切成0.5mm宽的海带丝，或用专用的成型器械切割成各种形状。

(8) 蒸煮　将海带丝用蒸汽干蒸15～20min，取出摊开、冷却备用。

(9) 调味　按每千克海带丝100g调味料在混合搅拌桶中拌入调味料，并混合均匀。

(10) 包装杀菌　计量后真空包装，然后高压杀菌。杀菌结束，冷水冷至室温。

九、海带营养豆腐

1. 工艺流程

(1) 海带→浸泡→高压蒸煮→磨浆→过滤→汁液

(2) 大豆→热风烘干→去皮→热水磨浆→煮沸→豆乳

(3) 豆乳中加入海带汁液→超高温加热（或煮沸5min）→真空脱臭→调制→加葡萄糖酸内酯凝固剂→保温装填→冷却→成型

2. 操作要点

(1) 海带豆腐的配方：豆乳（5∶1），海带汁（4∶1），胡萝卜汁5%，葡萄糖酸-δ-内酯0.2%，蜂蜜适量。

(2) 海带浸泡除盐分及泥沙后，采用动态水浸泡，使汁液保留更多营养成分，特别是适当浓度钾盐及黏性蛋白使海藻类与豆乳易乳化。

(3) 大豆采用100～105℃热风烘干杀菌，0.25% $NaHCO_3$液浸泡10h（20℃），80～82℃热水磨浆（水豆比为7∶1）。

(4) 真空脱臭除去一些挥发性异味。

(5) 调配海带豆乳混合液，趁热在70～80℃条件下加入胡萝卜汁、天然蜂蜜等添加剂，然后添加葡萄糖酸-δ-内酯作为凝固剂，并趁热保温使混合体系凝固，凝固时间在20min以上。

十、风味海带酱[29]

1. 工艺流程

干海带→挑选→浸泡清洗→切丝→海带脱腥→护绿→漂洗→高压蒸煮→打浆→煮制→调味→装罐→排气→密封→杀菌→冷却→成品

2. 工艺要点

(1) 海带预处理　选择深褐色且肥厚的无霉烂干海带，用流水快速洗净泥沙，放入一定量水中浸泡3h，至海带充分吸水膨胀，取出切丝待用。

(2) 脱腥处理　将海带丝放入质量分数为1%的柠檬酸溶液中浸泡1min，再放入沸水中热烫60s。

(3) 护色　调柠檬酸pH值为5.0，脱腥后的海带丝在质量浓度为250mg/L的$ZnCl_2$溶液中煮沸10min，进行护色处理。

(4) 高压蒸煮　将漂洗后的海带丝在压力0.08MPa、温度115℃的夹层锅中隔水高压蒸煮10min，以达到软化和部分脱腥。

(5) 打浆　将软化好的海带丝和适量的水一起放入打浆机中打浆2～3min，即得海带原浆。

(6) 稳定剂的准备　将选择的海带酱稳定剂加入一定量水，待充分浸胀后，置于温度65℃的水浴锅中搅拌，使其完全溶解，备用。

(7) 煮制调味　在锅中加入少量花生油，待油温至120～130℃时，倒入海带浆，并不断翻炒，之后加入浸胀溶解的稳定剂；待海带酱炒熟后，加入食盐、酱油、白糖、味精、花椒、辣椒、五香粉、咖喱粉等调味料，继续翻炒1min左右，最后加入适量抗氧化剂即可出锅。

(8) 装瓶、封口、杀菌　将制作好的海带酱装瓶，并置于温度95℃水浴锅中，待瓶中心温度达80℃时，排气10～15min即可封口，对封口后的海带酱进行40min/115℃灭菌，冷却至室温即可。不同风味海带酱配方见表8-1。

表8-1　不同风味海带酱配方

味型	海带酱/mg	调味料添加量/%											
		花生油	食盐	味精	酱油	米醋	料酒	白糖	花椒	辣椒	咖喱粉	五香粉	维生素C
原味	250	7.5	1.5	0.5	2.5	0.05	0.5	0.5	—	—	—	—	0.01
咖喱	250	7.5	1.5	0.5	2.5	0.05	0.5	0.5	—	—	0.6	—	0.01
香辣	250	7.5	1.5	0.5	2.5	0.05	0.5	0.5	0.05	0.2	—	—	0.01
五香	250	7.5	1.5	0.5	2.5	0.05	0.50	0.5	—	—	—	0.4	0.01

第三节　紫菜食品加工

一、概述

紫菜属红藻门、紫菜目、红毛藻科。紫菜分布于世界各地，种类很多，中国紫菜约有10多种，广泛分布于沿海地区，是仅次于海带的第二大类海藻，比较重要的有甘紫菜、条斑紫菜、坛紫菜等。我国福建、浙江沿海多养殖坛紫菜，北方则以养殖条斑紫菜为主。紫菜是蛋白质含量最丰富的海藻之一，通常蛋白质质量分数占紫菜干质量的25%～50%，消化率为70.8%，系海藻之首。近年来的研究显示，紫菜多糖具有多种生物活性，条斑紫菜多糖具有增强免疫功能、抗衰老、抗凝血、降血脂、抑制血栓形成等作用，对坛紫菜多糖的研究也表明，坛紫菜多糖具有抗氧化和抗衰老作用；紫菜脂肪的质量分数为藻体干质量的1%～3%。紫菜中不饱和脂肪酸比例较高，二十碳五烯酸（EPA）在福建产坛紫菜中占总脂肪酸含量的24.0%；紫菜中维生素含量比较丰富，维生素C的含量比橘子高，胡萝卜素和维生素B_1、维生素B_2及维生素E的含量均比鸡蛋、牛肉和蔬菜高，紫菜是天然维生素B_{12}的理想来源，每100g条斑紫菜含51.49μg±1.51μg维生素B_{12}。紫菜中灰分的质量分数为7.8%～26.9%，高于陆地植物及动物产品。紫菜的呈味成分复杂，其鲜味取决于呈味氨基酸的含量，主要包括呈鲜味的谷氨酸、呈甜味的丙氨酸和甘氨酸、呈蘑菇味的鸟氨酸，以及呈木鱼汤味的肌苷酸。紫菜的香味是由多种挥发性物质决定的，如硫化物中的甲硫醚、甲醛、乙醇、萜烯、酚类以及有机酸中的甲酸、丙酸、醋酸等十多种。

紫菜加工一般以条斑紫菜为加工原料，主要有淡干散菜和淡干饼菜两种，产品以两面具有光泽为佳。近几年随着养殖产量的增加和采用了先进技术，紫菜加工发展很快，从粗加工转向精加工，由淡干散菜和饼菜转为加工各种小包装和调味紫菜，如花生紫菜、蛋卷紫菜、鱼糜紫菜、快餐紫菜汤、银耳紫菜冲剂、紫菜酱等产品。

二、淡干紫菜饼

1. 工艺流程

鲜紫菜→清洗→切碎→洗净→调和配液→浇饼→脱水→干燥→剥离→挑选分级→包装

2. 工艺要点

（1）原料保鲜处理　紫菜越新鲜，加工出来的菜饼质量越好。但由于机械加工量大，后加工的紫菜需要存放一段时间，为防止或尽量减少紫菜的鲜度下降，必须将收回的紫菜在阴凉通风处摊晒。最好将收回的紫菜在5℃温库中保存。

（2）切菜　①保持刀口锋利，防止紫菜的氨基酸和核苷酸等鲜味物质的流失。②根据不同生长期的紫菜选择适当的切菜孔板，对机制菜饼来说，孔眼大小和密度会影响到菜饼的柔软性与光泽度，通常“三水”以前的紫菜选用3mm左右的孔眼，密度约4～5孔/cm^2，“四水”以后可选择大些的孔眼。③注意避免切菜螺杆堵塞引起发热，中期采收的紫菜，由于叶体尺寸增加，经常出现长紫菜缠绕输送螺杆和切菜杆的情况，导致堵塞，所以一般采用人工粗切或配备粗切机械，将紫菜切成3～5cm长的短条。

（3）制饼　①随时调整紫菜浆的浓度，使紫菜饼厚薄适宜、无孔洞。②制饼用水应符合饮用水标准，对水必须进行软化处理，以保证成品光泽良好。③注意制饼机技术状态的调整。

（4）脱水及烘干　①脱水时应注意调整机组的运行速度。②烘干时应控制好烘箱的温度、湿度和烘干速度，避免菜饼的破碎和皱缩。③干燥温度在40～50℃，烘干时间为2.5～3h。

（5）挑选分级　对剥下的菜饼按标准分级，若水分不能满足出口要求，则需进行二次干燥。

三、调味紫菜片

1. 工艺流程

淡干紫菜→烘烤→调味→二次烘烤→挑选分级→切割→包装

2. 工艺要求

（1）烘烤　将淡干紫菜放入金属烘干机的输送带上，于130～150℃烘烤7～10s后取出。

（2）调味　将配制好的调味液装入储液箱，经喷嘴注入海绵滚筒，当干紫菜片由输送带经过滚筒时，滚筒作相对运动并将吸附在海绵中的调味液均匀压入到干紫菜片中，每片约吸收1g调味液。调味液参考配方为：食盐4%，白糖4%，味精1%，鱼汁75%，虾头汁10%，海带汁6%。

（3）二次烘烤　为了延长干紫菜的保藏期，可用热风干燥机进行二次干燥，干燥机的温度一般设定为4个阶段，每一阶段有若干级，逐级升温，实际生产时，4个阶段的温度控制在40～80℃，烘干时间为3～4h，经二次烘干后，干紫菜水分含量可由一次烘干时的10%下降至3%～5%。

（4）挑选分级　按标准进行挑选分级。

（5）切割与包装　将调味紫菜片切割成2cm×6cm的长方形，每小袋装4～6片，一张塑料袋一般可压12小袋。由于调味紫菜片的水分含量很低，其A_w大大低于空气相对湿度，因而极易从空气中吸收水分，所以二次烘干后应立即用塑料袋包装，加入干燥剂后封口，再将小包装放入铝膜牛皮纸袋，封口。为了减少氧化作用，可在袋内充氮气或二氧化碳，然后装入瓦楞纸箱密封。

四、紫菜冰淇淋

1. 工艺流程

紫菜原汁的制备：干紫菜→清洗→浸泡→破碎→榨汁→过滤→杀菌→贮存（−18℃以下）。

冰淇淋生产工艺：原辅料预处理→搅拌混合→杀菌→均质→冷却→老化→凝冻→包装→硬化→冻藏→成品。

2. 工艺要求

(1) 浸泡　用相当于干紫菜质量15倍的水浸泡紫菜2h，浸泡水温为70℃，浸泡期间应经常翻动紫菜，以使其充分吸水。

(2) 破碎和榨汁　先用粉碎机将紫菜破碎，再用螺旋榨汁机榨汁，然后用60目的筛网进行加压过滤，过滤后用列管式瞬时杀菌器，在120℃下保温10s，制得紫菜汁，冷藏贮存。

(3) 搅拌混合　将参考配方中的物料慢慢加热，在杀菌缸中搅拌混合加热水至100kg，充分搅拌至混合均匀。

(4) 杀菌　一般采用巴氏杀菌，将上述混合料液于70～72℃保温30min。

(5) 均质　将杀菌后的冰淇淋在19～20MPa、70℃进料条件下进行均质。

(6) 冷却与老化　均质后的物料迅速冷却至10℃以下，搅拌老化，老化温度为1～4℃，保温8～12h，搅拌1～2h，搅拌速度保持在15～30r/min。

(7) 凝冻　在−18℃左右，高压保持在0.2～0.3MPa、低压保持在0.1～0.15MPa条件下进行凝冻，膨胀率一般控制在80%～110%。

(8) 硬化　在−25～−23℃条件下，强制吹冷风25～60min。

(9) 参考配方　紫菜原汁62%、白糖12%、甜蜜素0.03%、棕榈油4%、全脂淡奶粉15%、明胶0.2%、柠檬酸0.2%、香精0.1%、淀粉4.0%、CMC-Na 0.2%、单硬脂酸甘油酯0.3%、蔗糖脂肪酸酯0.2%，水补足。

五、紫菜苹果汁复合饮料[15]

1. 工艺流程

干紫菜→加水浸泡→调整pH→浸提→粗过滤→离心过滤→冷却→澄清紫菜汁→加苹果汁等调配→均质→杀菌→灌装→检验

2. 工艺要点

(1) 原料选择　选择表面有光泽、光滑、具有紫菜特殊香气的优质干紫菜。

(2) 加水浸泡　按照一定的料水比加水浸泡紫菜，并充分搅拌。

(3) 调整pH　用柠檬酸调整pH至4.0。

(4) 加热浸提　浸提紫菜汁的料水比为1∶50，所需温度60℃，浸提时间5h，以充分提取紫菜中的碘等有效成分。

(5) 粗滤　用双层纱布滤掉紫菜渣，保留紫菜汁。

(6) 离心过滤　在5000r/s离心机中离心过滤15min。

(7) 调配　紫菜汁与苹果汁的配比为7∶3，β-环状糊精用量为1.5%，白砂糖用量为8%，柠檬酸用量为0.35%，以及与0.2%瓜尔豆胶的配比进行调配。

(8) 预热、均质　均质的目的是防止果肉颗粒过大而产生分层或沉淀，保持饮品均匀稳定。将混合后的料液升温至70℃，高压均质2次，均质压力为20MPa以上。

(9) 杀菌、冷却　紫菜汁的杀菌工艺不仅影响产品的保藏性，而且影响产品质量。将均质后的复合饮品80℃杀菌14min，无菌条件下装入洗净并消毒的玻璃瓶中密封，冷却到40℃以下，常温存放15天，检验。

第四节 裙带菜加工食品

一、概述

裙带菜隶属褐藻门，翅藻科，是一种温带性褐藻，主要产于我国北方沿海。裙带菜营养丰富，口味较海带鲜美，是一种经济价值较高的海味食品。它的营养成分为粗蛋白含量11.2%，粗脂肪含量0.32%，碳水化合物37.80%，灰分18.93%，水分31.35%。日本人均年食用裙带菜的量达500多克，除盐渍裙带菜、调味裙带菜丝、裙带菜粉外，还将裙带菜加入面粉中制成裙带菜荞麦面条、裙带菜拉面、裙带菜面包等面制品。我国北方沿海居民也习惯食用裙带菜，但大部分裙带菜是用于出口外销。每年2～4月份是裙带菜质量最佳时期，要适时收割，迅速加工。

除营养丰富外，从裙带菜中分离出的褐藻糖胶在抗血栓、抗肿瘤、抗凝血、降血脂、解重金属中毒和抗HIV方面均有重要作用；裙带菜的黏液中含有的褐藻酸和岩藻固醇能降低血液中的胆固醇，利于体内多余金属离子的排出，有预防血栓、改善和强化血管、预防动脉硬化及降血压的作用，其根部的藻朊酸有排毒作用，含有的多种维生素有祛斑护肤的美容效果。

二、盐渍裙带菜

1. 工艺流程

原料收割→原料处理→漂洗沥水→漂烫→冷却→二次冷却→沥水→拌盐→盐渍→脱水→去茎→再次脱水→去盐→选择修正→装袋→成品

2. 操作要点

(1) 原料采集　在海上收割裙带菜以后，用罩布遮盖，防止阳光直射，0.5h内运回工作车间。

(2) 原料处理　把裙带菜运回车间后，迅速切去根部，用洁净海水漂洗，冲去泥沙杂质，然后沥水。

(3) 漂烫　漂烫时要严格控制温度在90～95℃，时间一般为27～34s，具体视裙带菜老嫩而定。菜体与海水的比例为30kg∶400kg。漂烫时间过短，菜体不熟，达不到要求；时间过长，烫后菜质软化，会出现褪色、变质现象。

(4) 冷却　漂烫后用海水冷却，所用海水为洁净海水，以流动方式冷却，冷却温度达到18℃以下。一般要进行二次冷却。

(5) 沥水　冷却后，把菜装入带孔周转箱内充分沥水3～4h。

(6) 拌盐　在无搅拌装置的情况下，在工作台上或塑料箱内，将盐均匀地撒在裙带菜中，加入盐量与菜的比例一般为1∶3.5/4。加入盐量不能过低，否则会引起裙带菜变质。

(7) 盐渍　将拌盐后的裙带菜投入盐渍池中，盐渍时间一般为48～52h之间。盐渍过程中，要用盐水比重计测量盐渍池四角，使盐水浓度达到22%～24%之间。若低于该盐度，需补加盐直至达到为止，在盐渍过程中应在裙带菜上加布帘等遮盖物，以防阳光直射。

(8) 脱水　盐渍后，用饱和盐水洗去菜体表面杂质，装入带孔空箱中或堆积，靠自重脱水2天。

(9) 去茎修整　将脱水后的菜体放在工作台上，首先除去根部，包括锯状叶部分，然后将菜体从茎中间劈开去茎，叶上只保留0.15～0.2cm粗细的细茎连着菜体，菜体的梢部除去10～15cm。

（10）再次脱水　去根茎后，为保证裙带菜质量，要再次脱水。方法是下铺帘子，每铺10～20cm的菜体要撒入少许食用盐，一般在5%左右，铺完后上面加重石脱水48h，也可以用离心机脱水。国家标准规定，裙带菜叶的一二级品水分含量应小于58%～62%，茎的一二级品的水分含量应小于65%。菜含水量多，会给细菌繁殖创造机会，使裙带菜霉变，不便于贮藏。

（11）脱盐　将再次脱水的裙带菜放在大网台上（网目为2cm×2cm），去掉盐和碎菜体，并检查有无枯叶、变色叶、锯状叶菜。

（12）分级包装　小包装为0.5kg/袋，大包装为15kg/袋。将袋装品装箱后置于－15～－5℃的冷库中贮藏。

三、脱水裙带菜粒

1．工艺流程

漂烫盐渍裙带菜→去杂质→脱盐→离心脱水→一次干燥→切割→整形→二次干燥→二次整形→选拣→成品

2．操作要点

① 漂烫盐渍裙带菜经淡水脱盐后，会发生复水现象，含水量大大提高。如果直接干燥耗能太大，因此先用离心机脱去外表水分。

② 将脱去外表水分的裙带菜再经一次热风干燥，水分含量减为50%左右，便于整形。

③ 整形后的裙带菜因水分含量均匀，结构紧密，干燥速度加快。干燥后藻体坚实，不易破碎。最后进行二次干燥。

④ 脱水裙带菜制品的水分≤10%，含盐≤11%，粗蛋白含量为25.64%。

四、调味裙带菜

1．工艺流程

漂烫盐渍的裙带菜→洗净→沥干→干燥→调味→二次干燥→冷却→成品

2．操作要点

① 将经沸水漂烫盐渍后的裙带菜，用淡水或海水洗去盐、沙粒或其他杂质，然后浸泡在波美度小于2的淡水中，并换水2～3次脱盐，如盐分含量高，调味干燥后，制品表面收缩，质地变硬。

② 将脱盐后的裙带菜沥干。为防止干燥过程中裙带菜收缩变硬，可以在沥干后裙带菜中直接加入一种或多种单糖或低聚糖类，加入量为裙带菜初始质量的2%～20%，加糖后搅拌均匀放置5min以上，以便使糖类充分溶解，然后将裙带菜置于50～70℃的温度下缓慢干燥，使其水分达到15%以下。

③ 用酱油、酒精性调味料、香料以及砂糖为主的调味液，以雾状喷洒或浸渍，使干燥的裙带菜表面调味液均匀一致，再进一步加热干燥，温度控制在70～90℃范围内。最后产品为色泽美观、质地柔软、适口的调味食品。

五、裙带菜梗食品

1．工艺流程

裙带菜→切梗→漂烫→冷却→盐渍→脱盐→调味→成品

2．操作要点

① 在采收时将裙带菜梗切下，用盐水（或海水）洗净并切成适当的长度，浸入10%的盐水中，以抑制发酵作用。

② 用每100kg的水加入碳酸钠140g、消石灰700g配制的溶液，在70℃下漂烫裙带菜梗数分钟后用水冷却，此时裙带菜梗由浓褐色变为鲜绿色。

③ 将漂烫后冷却的裙带菜梗拌入质量30%的食盐浸渍。

④ 将盐渍裙带菜梗脱盐，纵向切成细条，捆成适当大小的扎束，然后用经85℃加热杀菌5min的豆酱浸渍3～7天，即得到硬度适当、口感好的裙带菜梗制品。

六、裙带菜发酵饮料[12]

1. 工艺流程

酵母菌液、葡萄糖（加入发酵工序）

裙带菜→清洗浸泡→打浆→均质→脱腥→配制发酵基质→发酵→调配→二次均质→灌装→杀菌→成品

蔗糖、甜蜜素、苯甲酸钠（加入调配工序）

2. 工艺要点

（1）裙带菜选择　选择色绿、肥厚的盐渍半干裙带菜，反复冲洗后浸泡复水至总重达干菜的3～4倍，浸泡期间每隔1～2h换水，这样不仅可以脱盐，而且可以充分除去砷。脱盐、复水后经组织捣碎机捣细，得到裙带菜浆液。

（2）脱腥　将4.5%的柠檬酸溶液煮沸后加入裙带菜，再沸后改用小火保持微沸状态并不断搅拌让腥味充分挥发，约1.5h，冷却后用NaOH溶液将其pH值调整至5.0，得到色泽为浅黄绿色的裙带菜汁液。

（3）发酵基质的配制　在裙带菜原汁中加入其质量5%的葡萄糖，pH值调至5.0。

（4）灭菌、冷却　将配制好的发酵基质灭菌，冷却到室温。

（5）发酵　将活化后的葡萄汁酵母菌接入发酵基质中发酵。发酵的条件为：酵母菌的接种量为8%，发酵时间24h，发酵温度30℃。

（6）过滤　将发酵结束后的发酵液进行抽滤，得到裙带菜发酵后的原汁。

（7）调配　配方为裙带菜发酵原汁50%、6%蔗糖、0.05%甜蜜素、0.05%苯甲酸钠。

（8）均质　在温度60℃、压力25MPa的条件下，将调配好的饮料均质。

（9）灌装　将饮料加热到温度80℃以上，趁热注入已经消毒的玻璃瓶中。灌装时温度不低于70℃，灌装后立即封口。

（10）杀菌　在90℃杀菌15min。

第五节　螺旋藻加工食品

一、概述

螺旋藻（Spirulina）是一种主要分布于热带、亚热带地区淡水或盐碱性湖泊中的多细胞丝状蓝藻，属蓝藻门、颤藻目、顺藻科、螺旋藻属，共有36种，其中32种为淡水种、4种为海水种。它是最古老的多细胞低等水生植物，细胞内没有真正的细胞核，在显微镜下可见其形态为螺旋丝状，故而得名。在世界上所有动植物中，螺旋藻蛋白质含量堪称之最，占干重的58.7%～71%，并含有人体必需的8种氨基酸，且含量接近或超过FAO标准，被推荐为人类21世纪最理想的食品之一。在我国亦被学生营养促进会推荐为5种营养食品之一。除此之外，螺旋藻还含有丰富的维生素、γ-亚麻酸及其他不饱和脂肪酸，以及多种人体必需的矿物质，尤其是有机锗及硒的含量较高，蓝藻多糖和蓝藻蛋白及甾醇类化合物为其独特的营养及活性成分。螺旋藻除了具有较高的营养价值外，还兼具有多种奇特功能，如调节人体生理机能、增强人体免疫功能、促进细胞新陈代谢，对糖尿病、心血管系统疾病、肥胖症、消化道疾病等均有预防效果。而且其中的矿物质在藻体内以螯合状态存在，易于消化吸收，消化利用率高。基于此，螺旋藻的营养成分是作为人类优良保健品和饲料添加剂的物质基础。

螺旋藻作为食品，已在我国开发成很多品种，其中螺旋藻饮料、螺旋藻冰淇淋、螺旋藻面制品等，已在市场上销售。作为保健品或药品的补充形式，螺旋藻普通食品业将不断得到更新。

二、螺旋藻果冻[30]

1. 工艺流程

果冻粉溶解→加热→冷却→加螺旋藻粉末、白砂糖→过滤→加柠檬酸→加热→调配→灭菌→冷却

2. 工艺要点

(1) 果冻粉溶解　将果冻粉加水，加热煮沸约 10min，使果冻粉完全溶解。

(2) 螺旋藻预处理及掩腥处理　将螺旋藻片研磨成粉末，按比例向螺旋藻粉中加水，同时加入 2%的脱脂奶粉，加热煮沸约 10min，使螺旋藻完全溶解，改善螺旋藻的风味。

(3) 混合　待果冻粉液降到 70℃时，加入螺旋藻粉末和白砂糖，边加入边搅拌至均匀，以免影响产品质量。

(4) 过滤　用 120 目的滤布过滤，以除去其中微量的杂质及泡沫，即制得透明澄清、黏滑的混合溶液。

(5) 调配　混合溶液先采用 65℃水浴加热，时间 20min。将柠檬酸等辅料分别用适量水溶解后加入，边煮沸边搅拌 10min 后取出。

(6) 灭菌　将制作好的果冻放入灭菌锅中杀菌。

螺旋藻果冻的参考配方为：果冻粉 1.0%，螺旋藻 0.05%，柠檬酸 0.04%，白砂糖 8%，全脂奶粉 2%。

三、螺旋藻营养饮料[23]

1. 工艺流程

螺旋藻浆液→均质处理→酶解→离心→调配→装瓶→杀菌→冷却→成品

2. 工艺要点

(1) 配制　称取 6g 螺旋藻粉，加入 100mL 水中，搅打分散后，加热至 55～60℃。

(2) 均质　25～30MPa 下均质。

(3) 酶解　调节螺旋藻浆液的 pH 值为 6.5 左右，按螺旋藻质量的 1%加入木瓜蛋白酶(酶活力为 1.0×10^{6}U/g)，在 55～60℃保温 2h，升温至 95℃灭酶，再降温至 40℃左右。

(4) 离心分离　3500～4000r/min 离心 15～20min 得上清液，用水稀释 3～5 倍。

(5) 调配、装瓶　加入 8%蔗糖、0.05%～0.08%琼胶、20～30mg/kg 乙基麦芽酚，混合均匀后，加热至 80～85℃，热装后封口。

(6) 杀菌　121℃杀菌 20min，杀菌后冷却至常温。

四、螺旋藻酸奶[31]

1. 工艺流程

螺旋藻干粉→5%螺旋藻水溶液→超声波破壁→活性炭脱腥
→高速离心机分离→抽滤→螺旋藻提取液
↓
全脂奶粉和白砂糖干混后溶解→调配→均质→杀菌→冷却→接种→控温发酵→后熟→螺旋藻酸奶

2. 工艺要点

（1）溶解 将螺旋藻干粉溶于一级水中，配成0.05g/mL的螺旋藻溶液。

（2）破壁 用超声波发生器在180W功率下对螺旋藻破壁30min，冷却。

（3）脱腥 加入活性炭粉末，活性炭与螺旋藻质量比为1∶1，静置30min。

（4）离心 将脱腥后的螺旋藻放入离心机中，2000r/min离心15min。

（5）抽滤 除去残余的细胞壁、活性炭粉末和杂质沉淀物质，取上清液备用。

（6）发酵剂的制备 将保加利亚乳杆菌和嗜热链球菌分别扩大培养至第3代，按1∶1比例配制成混合菌种发酵剂。

（7）调配 将全脂奶粉与65℃的热水按照1∶8的比例充分溶解，形成复原乳，然后按照优化配方加入螺旋藻液和蔗糖。

（8）均质 采用二级均质，一级均质压力为20MPa，二级均质压力为30MPa，在65℃下均质10min。

（9）杀菌 采用90～95℃、保持5min的处理方法，有助于酸乳成品的稳定性，防止乳清析出。

（10）接种及发酵培养 杀菌后的原料基液应迅速冷却到40～45℃，以便接种发酵剂。在无菌条件下，将3%的发酵剂接种于混合基液中，在恒温培养箱中43℃培养4.5h。

（11）冷却后熟 将发酵后的物料立即转入0～4℃冰箱中冷藏12h。

五、螺旋藻冰淇淋[32]

1. 工艺流程

原料检验与称重→配方计算→混合原料配制→巴氏杀菌→冷却→螺旋藻、β-环状糊精+10%水混匀后加入→均质→加入香精，冷却成熟→搅拌凝冻→灌装→速冻→入库→成品检验

2. 工艺要点

（1）原料检验与称重 对一批原料进行检验后，按配方准确称取物料备用。

（2）原料处理与混合 将冰全蛋和水适量搅拌均匀并稍加热，然后把砂糖、炼乳、奶粉、奶油等与水混合搅拌均匀，再将明胶与沸水单独配制，使之完全溶解后，把上述原料加到配料缸内，补足配方规定水量的90%，充分搅拌，使其均匀。

（3）料液杀菌 将混合好的料液通过泵进入瞬时杀菌器，杀菌温度90℃，时间15s，杀菌后冷却至55℃。

（4）均质 杀菌冷却后的料液直接泵入均质机内，同时把剩余的10%水和螺旋藻混匀后也一起加入，进行均质；控制均质压力18～20MPa、温度55℃左右，连续均质2次，均质时要控制料液的酸度在18～20°T。均质压力过高时，料液黏度反而降低，影响冰淇淋的膨胀率；均质压力过低时，又造成冰淇淋质地粗糙，稳定性降低。酸度＞20°T，对色泽有不利影响。

（5）冷却成熟 冰淇淋料液经均质后及时输送到冷却缸内，同时加入香精，使之充分成熟，冷却成熟温度为5℃左右，时间12h。

（6）搅拌凝冻 经过充分物理成熟的冰淇淋料液泵入冰淇淋机内（凝冻），搅拌2～3min，料液温度降到2～3℃，并有大量空气混入，继续搅拌7～8min，料液温度降到－6～－4℃，冰淇淋体积内的空气含量已接近饱和程度时，即可灌装。整个过程要注意调整料液进入量和冰淇淋出口量，控制好空气调节阀和冰淇淋出口温度，才能生产出质地细腻、松软、润滑、膨胀率高的冰淇淋。

（7）灌装、速冻、入库 凝冻后的冰淇淋立即灌装或包装，在－24℃条件下速冻3～8h，然后转入－18℃冷库内贮藏。

3. 参考配方

生产1000kg螺旋藻香草冰淇淋的物料配比为：全脂甜炼乳20％、全脂淡奶粉2％、砂糖8.6％、明胶0.7％、螺旋藻1％、冰全蛋4％、人造奶油7.5％、奶油1％、香精0.1％、β-环状糊精0.1％、水55％。

第六节 其他藻类加工食品

我国经济海藻大多能食用，有些作为化工产品原药的药品原料，如红藻小石花菜、鸡毛菜、江蓠、麒麟菜、琼枝、海萝、绿藻礁膜、石莼、蛎菜、浒苔、蓝藻发菜、螺旋藻、褐藻昆布、马尾藻、萱藻、羊栖菜等。

石花菜是一类具有重要经济价值和药用价值的海藻，我国人民首先知道利用石花菜熬制凝胶食用，该凝胶俗称“凉粉”，又名琼胶。琼胶在食品工业中应用广泛，可与砂糖、豆沙混合制成红豆羹，可作为辅助原料用于糖果、面包、果酱、冰淇淋、肉罐头等食品中。近年来还利用石花菜作为原料开发了保健饮料。

江蓠也是含琼胶丰富的红藻，同样也可以生食。日本人利用江蓠作海藻色拉和生鱼片的配菜。在我国北方是用来熬制凉粉加调料食用，在南方则将江蓠熬成冻，加适量糖食用，作为降温防暑的饮料。近年来，江蓠的应用研究发展迅速，江蓠已由原来的只用于提取琼胶和作为鲍鱼饲料，发展到开发成即食风味食品，直接食用其藻体，这是非食用藻类被直接食用的一次突破。

麒麟菜因含卡拉胶，一直是被当成重要的经济海藻。麟麟菜盐腌后可直接生食。从麒麟菜提取的卡拉胶可用于乳酪、面包、蛋糕、豆沙馅、果冻、果酱等多种奶制品、点心、调味品。

绿藻一般生长在中潮带、低潮带和岩礁上。这些绿藻藻体鲜嫩，很适合当蔬菜吃，供鲜炒、作包子馅、汤料等。也可混入面粉制成菜饼、面条等。我国广东沿海居民，在夏季采集浒苔、蛎菜等煮汤作消暑解毒的饮料。也可以用这些绿藻做海藻酱食品。

蓝藻中发菜的藻体是由珠形细胞组成的单列藻丝，外面有胶质鞘，许多藻丝聚在一起，形成一大群体。干品呈黑色片状或块状。发菜营养丰富，蛋白质、维生素、微量元素含量高。主要食用方式是制成汤食用。

羊栖菜是马尾藻属的一种褐藻，经加工可制成各种风味的茶。例如将经清洗、日晒干燥后的羊栖菜500g，在淡水中浸泡1.5h，用热风干燥机在50℃下干燥2h，再溶入用30g食盐、10g谷氨酸钠、3L水混合配制的调和液中浸渍1h，然后炒1h，最后磨成粉末状即得到500g羊栖菜茶。

本章小结

海藻，是指生长在海洋里的含叶绿素或含其他辅助色素的低等植物，即通常所说的海洋蔬菜。在我国辽阔的海域中，生长着多种茂盛的海藻，这些海藻分为褐藻、红藻、绿藻和蓝藻四大类。

海藻含有各种不同的色素，在一些特殊要求的食品中，需要对海藻进行脱色处理。海藻较好的脱色剂为过氧化氢，但单纯使用过氧化氢很难实现脱色的目的，可采用乙酐与过氧化氢混合脱色，并在处理液中适量加入醋酸、冰醋酸，以提高处理效果。

海带、裙带菜、羊栖菜等海藻类在进行食品加工时，往往需要进行软化处理。常见的软化方法有碱液浸泡、磷酸盐处理、醋酸处理、高压蒸煮处理等。

海藻软化处理新技术之一是用甘氨酸软化海藻，海藻的软化程度主要取决于：①处理液中的甘氨酸浓度、溶液的温度及溶液中其他可溶性物质（主要是海盐）的浓度。②处理液中的食盐对软化过程有一定的抑制作用。③为防止软化时处理不均匀，可在处理液中加入适量食盐，可以抑制这种不均匀现象，得到软化程度均匀的藻体。第二是使用小球藻粉末或者小球藻的热水提取液，与盐水混合［比例为（1～10)：100]，加热至80～100℃浸煮海藻。

海藻所含有的风味物质主要有六氢吡啶衍生物、胺类物质、萜类物质，除此之外还含有甲基吡咯、间甲基异丙基苯、邻甲基乙基苯、5,6-二甲基己内酯和苯乙醛等成分，其中萜类物质、胺类物质和吡啶类物质是形成海藻腥味的主要成分。脱腥方法主要有微生物转化法、物理吸附法、酸碱盐处理法、溶剂萃取法、分子包埋法、掩蔽法、加热脱腥和复合脱腥法等几种。

思　考　题

1. 简述食用海藻的前处理。
2. 简述各种海带食品的加工工艺。
3. 简述紫菜食品的加工工艺。
4. 简述裙带菜食品的加工工艺。
5. 简述螺旋藻食品的加工工艺。

参考文献

[1] 黄梅丽编著. 食品色香味化学. 北京：中国轻工业出版社，1987.
[2] 梁茂文，王呈，靳永亮，景莉，赵瑞生. 脱腥紫菜饮料的研制. 山西农业科学，2000，28 (4)：77-80.
[3] 颜栋美，于兰. 脱腥海带饮料的研制. 食品科学，1994，176 (8)：36-39.
[4] 陈显群，郑晓杰. 羊栖菜面包的研制及开发. 食品研究与开发，2002，23 (1)：40-41.
[5] 谢林明，励建荣. 螺旋藻的脱腥研究. 食品与发酵工业，2003，29 (11)：67-71.
[6] 邓尚贵，章超桦. 双酶法在水产品水解蛋白制作工艺中的应用. 水产学报，1998，22 (4)：354-356.
[7] 阳晖，方遂，邹霞，赵昌琼. 螺旋藻脱腥工艺的筛选. 食品研究与开发，2009，30 (7)：106-110.
[8] 段振华，汪菊兰，王志国等. 水产品加工过程中的脱腥技术. 渔业现代化，2005，(5)：48-49.
[9] 吴燕燕，李来好，陈培基，杨贤庆. 马尾藻脱腥技术的研究. 广州食品工业科技，1999，57 (15)：14-16.
[10] 江洁，陈兴才. 即食海带的脱腥与杀菌工艺. 福建农林大学学报（自然科学版)，2007，36 (1)：106-109.
[11] 俞静芬，凌建刚，周安渊，郭斯统，潘巨忠. 海带脱腥工艺的研究. 农产品加工，2009，170 (4)：20-21，26.
[12] 孔繁东，徐冰，祖国仁，孙浩，刘兆芳. 裙带菜发酵饮料加工工艺的研究. 中国酿造，2011，226 (1)：186-189.
[13] 孙向军，姚晓敏，陆卫锋. 螺旋藻饮料脱腥工艺的探讨. 食品研究与开发，2001，22 (2)：38-40.
[14] 何晋浙，孙培龙，丁玉庭，周德兴. 海带的脱腥研究. 食品研究与开发，2004，25 (1)：65-66.
[15] 姚兴存，舒留泉，张瑛. 紫菜苹果汁复合饮料工艺技术研究. 饮料工业，2009，12 (6)：21-24.
[16] 崔海辉. 石花菜保健饮料的加工工艺. 浙江农业科学，2011，(3)：590-592.
[17] 吴克刚，柴向华. 紫菜汁的提取及其脱腥护色研究. 食品工业科技，2006，(5)：126-127.
[18] 迟玉森等. 富碘无腥海带饮料的研制. 食品科学，1996，204 (12)：28-32.
[19] 王颖，李晓，孙元芹，卢珺. 海带口服液加工工艺研究. 食品科技，2009，34 (1)：77-80.
[20] 刘铁玲，马姗姗. 苹果海带复合饮料的研制. 食品研究与开发，2007，28 (2)：90-93.
[21] 张一江，贾长虹，张小乐等. 双歧杆菌螺旋藻酸乳的工艺研究. 食品研究与开发，2006，27 (10)：89-91.
[22] 鲁玉侠，钟广泉，叶琼兴等. 螺旋藻巧克力果冻的研制. 食品工业科技，2006，(1)：137-139.
[23] 徐建样，赵谋明，彭志英. 螺旋藻营养饮料的研制. 食品科学，1998，19 (9)：42-43.
[24] 秦杰等. 海带发酵饮料加工工艺的研究. 农产品加工·学刊，2010，205 (4)：42-44.
[25] 王颖，李晓，孙元芹，卢珺. 海带口服液加工工艺研究. 食品科技，2009，34 (1)：77-80.
[26] 范利洪，方旭波. 海带凉粉的脱腥和制作工艺. 粮油食品科技，2009，17 (1)：62-65.
[27] 田宝兰，秦瑜丽，刘秀河. 新型即食海带纸加工工艺研究. 食品与机械，2010，26 (5)：155-158.

[28] 吴克刚，杨连生，魏衍超. 即食彩色海带丝的生产工艺技术. 广州食品工业科技，2000，17（1）：40-41.
[29] 王小军，刘昌衡，袁文鹏，孟秀梅，赵晓华. 风味海带酱的研制. 农产品加工·学刊，2008，139（6）：39-41.
[30] 窦勇. 螺旋藻保健果冻的研制. 食品工业，2011，1：19-21.
[31] 刘莎莎，任国谱. 螺旋藻酸奶生产工艺及配方优化研究. 食品与机械，2010，26（6）：83-85.
[32] 陈天仁. 螺旋藻冰淇淋生产工艺研究. 中国乳业，2003，2：35-36.

第九章 水产品加工新技术

学习要求

1. 了解玻璃化贮藏理论及其在水产品加工中的应用。
2. 了解超高压加工技术对水产品成分和微生物的影响以及在水产品中的应用。
3. 理解辐射的基本原理。

第一节 玻璃化转移

一、食品的玻璃化贮藏理论

1. 食品聚合物科学

近年来，随着人们生活水平的不断提高，对冷冻和速冻食品质量的要求也越来越高，但由于冻结速度及贮藏、运输设备等问题，解冻后冷冻和速冻食品的质量均有不同程度的下降。如何提高冻结食品的质量，早已成为食品科学家和工程师们感兴趣的课题。

1966 年，White 和 Cakebread[1] 综述了含糖食品的玻璃态及玻璃化转变温度问题。他们认为，在各种含水的食品体系中，玻璃态、玻璃化转变温度以及玻璃化转变温度与贮藏温度的差值，对于食品加工、贮藏的安全性和稳定性都是十分重要的；水，作为一种无处不在的增塑剂，对玻璃化转变温度影响很大，食品含水量越大，玻璃化转变温度越低，玻璃化的实现也越困难。实际上，White 和 Cakebread 的这篇文章间接地说明了玻璃态及橡胶态对含水食品的质量、安全性和贮藏稳定性的影响，它被看作是“食品聚合物科学”理论的前导。

进入 20 世纪 80 年代，越来越多的食品科学家和工程师们认识到了 White 和 Cakebread 的思想的重要性，并对此进行了大量的研究工作。其中，以美国的 Levine 和 Slade 较为突出，他们在深入的实验研究基础上，提出了“食品聚合物科学”理论[2]。该理论认为，食品在玻璃态下，造成食品品质变化的一切受扩散控制的反应速率均十分缓慢，甚至不发生反应，因此，食品采用玻璃化保藏，可以最大限度地保存其原有的色、香、味、形以及营养成分。

进行食品聚合物科学研究时，首先应认识以下问题：

① 食品和食品材料是典型的聚合物系统。

② 玻璃化转变温度是十分重要的物理化学参数，它能决定食品系统的质量、安全性和稳定性。

③ 水，作为一种无处不在的增塑剂，在天然和人造食品系统中都起着举足轻重的作用。

④ 水对玻璃化转变温度的影响。

⑤ 玻璃态和橡胶态对食品质量的重要影响作用。

自提出冷冻食品的玻璃化贮藏理论后，立即受到了许多食品科学家和工程师的重视，越来越多的人在进行这方面的理论研究工作和应用开发工作，出现了一些不冻结的冷冻食品和冷冻新工艺[3]。

2. 玻璃化及玻璃化转变温度

玻璃是指不具有结晶构造的非晶态固体，但玻璃也被看作是一种过冷的液体，它的黏度如此之高（$\eta>10^{14}\text{Pa}\cdot\text{s}$），以至于它似乎以一种亚稳定的固体形态存在，对酶促反应和重结晶现象都很稳定。

无定形聚合物在较低的温度下，分子热运动能量很低，只有较小的运动单元，如侧基、支链和链节能够运动，而分子链和链段均处于被冻结状态，这时的聚合物有与玻璃相似的力学性质，这种状态称为玻璃态（glass state）。玻璃态固体具有良好的结构和化学稳定性。当温度升高到某一温度时，链段运动受到激发，但整个分子链仍处于冻结状态，在受到外力作用时，无定形聚合物表现出很大形变，外力解除后，形变可以恢复，此时黏度仅为1kPa·s，这种状态称为高弹态，又称橡胶态，或晶态。温度继续升高，不仅链段可以运动，整个分子链都可以运动，无定形聚合物表现出黏性流动的状态，即黏流态。玻璃态、高弹态（橡胶态）、黏流态是无定形聚合物的三种力学状态[3]。其外观似固体，结构似液体，分子间排列为近程有序而远程无序，又可看作为具有较大黏度的"过冷液体"。

物质在玻璃态情况下，其自由体积非常之小，造成分子流动阻力较大，体系具有较大的黏度。同样由于这个原因，食品体系中的分子扩散速率很小，分子间相互接触和反应速率亦很小。这就是食品处于玻璃态时各成分不易发生理化反应、保质期得以延长的原因。食品的玻璃态结构可由多种方法得到，快速冷却、高剪切研磨或挤压、焙烤和烹饪等都可以形成玻璃态[4]。

玻璃态与高弹态之间的转变，称为玻璃化转变（glass transition），发生转变的临界温度就是玻璃化转变温度 T_g。近年来的结构化学研究表明，玻璃化转变并非是聚合物特有的现象，几乎所有物质都具有玻璃化转变现象[5]。在"食品聚合物科学"理论中，根据食品材料含水量的多少，玻璃化转变温度有两种定义[6]：对于低水分食品（LMF，水的质量分数小于20%），其玻璃化转变温度一般大于0℃，称为 T_g；对于高水分食品或中等水分食品（HMF或IMF，水的质量分数大于20%），除了对极小的样品，降温速率不可能达到很高，因此一般不能实现完全玻璃化，此时，玻璃化转变温度指的是最大冻结浓缩溶液发生玻璃化转变时的温度，定义为 T'_g。因为大多数需冻结保存的食品含水量均较大，所以 T'_g 就成为食品聚合物科学中研究应用较多的一个物理量。

包括水和含水溶液在内的几乎所有凝聚态物质都能形成玻璃态固体，但由于玻璃化转变是一个非平衡的动力过程，所以对一定的物质，玻璃的形成主要取决于动力学因素，即冷却速率的大小。从理论上说，只要冷却速率足够快，即在不发生晶化情况下迅速通过 $T_g<T<T_m$ 的结晶温区，且达到足够低的温度（$T<T_g$），几乎所有材料都能从液体过冷到玻璃态的固体，实现完全的玻璃态固化。

在不同的冷却条件、不同的初始浓度下，溶液样品可能达到两种不同的玻璃态：一是完全的玻璃态；另一是部分结晶的玻璃态。完全的玻璃态指整个样品都形成了玻璃态，是食品低温保存的最理想状态，因为此时细胞内外完全避免了结晶以及由此引起的各种损伤。但是由于其他因素的影响，实现完全玻璃化几乎是不可能的。

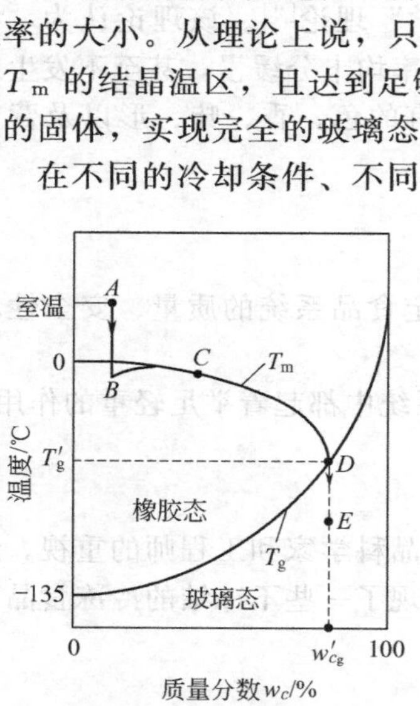

图 9-1 溶液补充相图示意

溶液浓度对玻璃化转变温度的影响较大，图9-1为溶液的补充相图示意图，图中，T_m 线为溶液的熔融曲线或冻结曲线，T_g 线为玻璃化转变曲线，玻璃化转变温度 T_g 随溶液浓度而变化。若直接将食品完全冷却为玻璃态并保存是最理想的方法，但食品中的水溶液浓度较小，要完全实现玻璃化，冷却速率必须高达 10^6K/s左右[7]，由于食品材料体积较大，传热不充分，这么高的冷却速率几乎是不可能实现的[8]。但在溶液浓度较大时，其玻璃化转变温度也高，容易实现玻璃化，如图 9-1 所示，当溶液慢速冻结时，随着水分不断结为冰晶，溶液浓度增大（如图 9-1 所示中的 $A \rightarrow B \rightarrow C$），到达 D 点后，溶液中的水分将不再结晶，此时的溶液达到最大冻结浓缩状态（maximally freeze-concentrated state），浓缩的基质（matrix）包围在冰晶周围，这时的溶液浓度已较高（质量浓度大于 60%），如果进一步降低温度，基质即转变成为玻璃态的固体（图 9-1 中从 $D \rightarrow E$）。最大冻结浓缩基质的玻璃化转变温度 T'_g 相应的溶液浓度定义为 w'_{C_g}。如果溶质不容易发生共晶，则（T'_g，w'_{C_g}）点即为 T_m 线与 T_g 线的交点。T'_g、w'_{C_g} 是冻结食品玻璃化保存的两个关键参数。

3. 玻璃态与橡胶态的区别

上述已讲到，在图 9-1 中溶液慢速冻结的结果，是形成了包围在冰晶周围的、浓缩的非晶态基质，它们在 $T_m > T > T'_g$ 时为橡胶态，在 $T < T'_g$ 时固化为玻璃态。橡胶态和玻璃态虽然都是受动力控制的亚稳定状态，却有着显著的区别[9]。玻璃态的黏度大约为 $10^{12} \sim 10^{14}$ Pa·s，而橡胶态的黏度却要低得多，仅为 10^3 Pa·s，这是由两种状态下聚合物链运动的差别引起的；玻璃态的自由体积分数为 0.02～0.113，橡胶态的自由体积却由于热膨胀系数的增大而显著增大。由于玻璃态的高黏度和小的自由体积，其中的扩散速度十分小，从而使玻璃态中一些受扩散控制的反应速率变得十分缓慢，甚至不会发生；相反，在橡胶态中这些反应却非常快。

根据 Slade 和 Levine 的观点[10]，结晶、再结晶和酶活性等都是受扩散控制的。而冻结食品的质量与水的结晶和再结晶有直接的关系，同时也受酶活性的影响，如果冻结食品在橡胶态中，则基质中结晶、再结晶和酶活性就十分活跃，这些过程的进行减小了贮藏稳定性，降低了食品的质量，这些反应的速率却相当快；而在玻璃态中，一些受扩散控制的反应速率是十分缓慢的，甚至不会发生，使得食品在较长的贮藏时间内处于稳定状态，质量很少或不发生变化。

由上面的分析可知，实现冻结食品玻璃化贮藏的必要条件是贮藏温度在 T'_g 以下，达到这一要求可通过两种途径：一是实现尽可能低的贮藏温度；二是采取措施提高食品的 T'_g[11]。从实用的角度分析，由于降低贮藏温度受经济条件的制约，从而如何采取措施提高食品的 T'_g，成为人们感兴趣的研究课题。

二、影响食品 T'_g 的因素

1. 冷冻速率对食品 T'_g 的影响

热力学平衡和非平衡途径冷冻过程中体系组成的变化路径见图 9-2。从图中可以看出，对于给定体系 a，随着温度的降低到达 b 时，其中的水分在其冰点下趋向于结晶，但受晶核生成所需高于平衡蒸气压的限制，一般会出现过冷现象。因此，即使在较低的冷冻速率下体系也趋向于沿 bc 方向前进而偏离平衡态。到达 c 点以后，在不同的冷冻条件下，体系就会按照不同的途径实现玻璃化，而且不同途径获得的产品有不同的组成[1]。

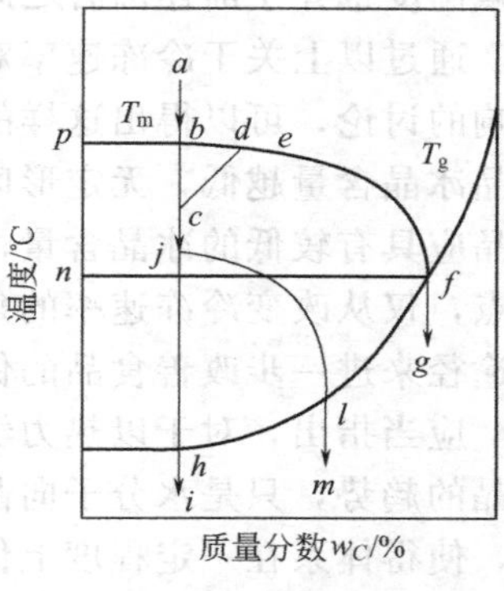

图 9-2　不同冷冻条件体系组成变化途径

首先，在极低的冷冻速率下，体系过冷到达 c 点以后，开始有晶核形成和长大，结晶放出的热量使得体系温度回升[12]；继而体系分成两相，即结晶相和溶液相，溶液相沿 $d \rightarrow e \rightarrow f$ 这一平衡相转变曲线方向进行。在到达 f 点所对应的温度之前的阶段，体系实际是在由 pfn 围成的区域里变化，这一区域是典型的两组分液-固相图的一部分。随着温度

的下降，冰晶不断析出，溶液相的浓度不断增大，大分子的玻璃化转变温度也就沿着 T_g 曲线随之不断升高。

当溶液相到达 f 点时，体系所处的温度正好是该溶液浓度下大分子的玻璃化温度 T'_g，与之相对应的大分子浓度为（w'_{C_g}）。T'_g和 w'_{C_g}是与大分子本身结构有关的理化参数，而与大分子的起始浓度无关[1]。从图 9-2 中可以看出，f 点是三相共存点，冰晶、溶液与无定形区共存，体系的自由度为零。因此，在极低的冷冻速率下，体系温度保持不变直至溶液相完全转变为无定形的玻璃态。继续降温，无定形区到达 g 点，在低于 T'_g的温度下保藏以提高食品产品的稳定性。

相反，如果无限增大冷冻速率，体系在远离平衡的状态下实现完全玻璃化。这一过程可以用图 9-2 中 $a \rightarrow b \rightarrow c \rightarrow j \rightarrow h \rightarrow i$ 路径来描述。在冷冻过程中，对于给定体系 a，随着温度下降至 b 时，晶核形成困难，过冷到达 b 点，由于冷冻速率极高，体系温度下降很快，过冷会延续到 j 点仍没有出现结晶。继续降低温度，一方面水分子在低温下热运动的能量和速度降低，扩散入晶格的速度很慢；一方面降温时高弹态体系的黏度遵循 WLF 方程，随 ΔT 的减少呈指数上升[13]，黏度的迅速增大进一步抑制了水分子向晶格的迁移；另外，由于大分子的玻璃化转变是一个松弛过程，降温速率加快会使 T_g 升高，玻璃化的体系进一步抑制冰晶的生长。因此，如果降温速率足够大，体系就会在几乎不出现冰晶的情况下到达 h 点，即在与初始大分子溶液浓度相等的状态达到玻璃化温度并随冷冻的继续而实现体系的完全玻璃化。可见，在无限增大冷冻速率的条件下，可以最大限度地降低体系的冰晶含量[14]。但这种冷冻条件实际上是很难达到的。同时，在此状态下实现的玻璃化，玻璃化温度很低，所以要求的玻璃化保藏温度也很低，通常的冷冻条件很难满足这种低温要求。

上述两种冷冻途径是冷冻速率的两个极限，都是实际操作中不可实现的方法。但从上面的分析可以预见，冷冻速率的提高有利于体系结晶的减少，但要求的玻璃化保藏温度下降。通常所采用的冷冻速率介于两者之间，对于给定体系 a，随温度降低到达 b 点，并因为过冷现象的存在而在不出现结晶的情况下继续以单相的形式降温到 j 点。在 j 点虽开始有冰晶形成，但由于降温速率高于平衡相转变所需的冷冻速率，在相同温度下体系的冰晶量就会低于平衡态体系的冰晶含量。同时，冰晶量的减少也使得溶液的浓度增加相对减慢。因此，在降温过程中，体系中的溶液相将沿着图 9-2 中 $j \rightarrow l$ 的方向变化，直至在 l 点时与高分子的 T_g 曲线相交，然后随着冷冻过程的继续，溶液相由高弹态转变成玻璃态，再继续降温至无定形区就到达 m 点。从 m 点的大分子浓度高于 i 点而低于 g 点可知，在通常的冷冻速率下，玻璃化保藏的食品产品中的冰晶含量介于前两种冷冻速率所得产品之间，而且，所需的玻璃化保藏温度也介于前述两者之间。

通过以上关于冷冻速率对食品玻璃化保藏时产品中冰晶含量和玻璃态区组成以及 T_g 的影响的讨论，可以得出这样的结论：对于给定体系，冷冻玻璃化时降温速率越高，所得到的产品冰晶含量越低，无定形区的 T_g 越低，所需的玻璃化保藏温度越低。一般来说，理想的食品应具有较低的冰晶含量，同时应在通常所能提供的冷藏温度下保持玻璃态。而要做到这一点，仅从改变冷冻速率的角度来改善食品玻璃化贮藏的质量是有限的，还必须考虑结合其他途径来进一步改善食品的保藏质量。

应当指出，对于以热力学非平衡冷冻速率得到的玻璃化冷冻食品，其中水分子有进一步结晶的趋势，只是水分子向晶格的迁移由于体系的高黏度和大分子的刚性而在动力学上受阻，使得体系在一定程度上保持稳定。但随着时间的延长和贮藏温度的波动，水分子有进一步结晶并破坏食品质构的倾向。

2. 添加剂对食品冷冻玻璃化的影响

使用添加剂的目的是改变体系的热力学相图，从而调整（T'_g，w'_{C_g}）的位置，以使得冷冻过程中玻璃化转变点有理想的温度和无定形区组成。

通常使用的添加剂可分为两种：一种称为冷冻稳定剂，它的使用可以改变体系的 T_g 曲线，使大分子的玻璃化温度升高，如图 9-3 中 T_{g2} 曲线所示，体系在较高的温度下保持玻璃态而稳定；另一种称为冷冻保护剂，具有较高的 T'_g 和高持水性，它的使用会改变体系水的冰点下降曲线，如图 9-3 中 T_{m2} 曲线所示，使得体系玻璃化时冰晶含量降低。

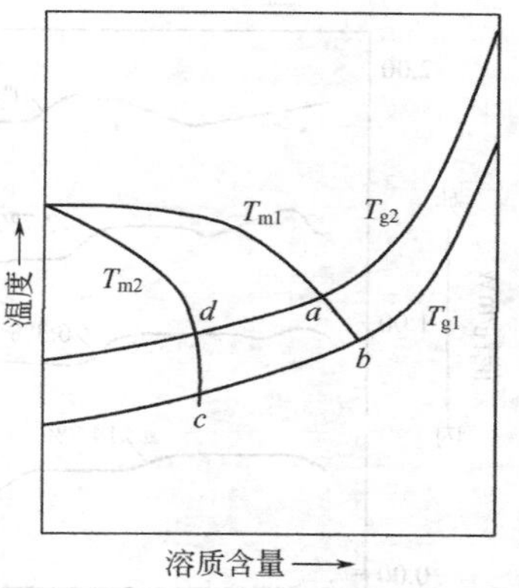

图 9-3 添加剂对体系相图的影响

冷冻稳定剂是一类具有高 T'_g 和低持水性的食品配料[15]。从图 9-3 来看，稳定剂的加入使得体系中大分子 T_g 变化曲线由 T_{g1} 变成了 T_{g2}，在相同的浓度下，大分子的玻璃化温度升高。假定稳定剂的加入不影响水的冰点下降曲线，体系的最大冷冻浓缩点就会由 b 变化到 a。也就是说，玻璃化保藏所需的保藏温度会因稳定剂的加入而上升，从而降低对冷冻条件的要求。

冷冻保护剂是一类具有高持水性和低 T'_g 的物质，常见的食品冷冻保护剂有蔗糖和山梨醇，它们安全、易得又便宜，且不易发生 Maillard 褐变[16]。海藻糖也可作为冷冻保护剂，与其他双糖相比，含海藻糖体系的玻璃化温度要高得多[17]。保护剂的加入可以在相同的总水分含量的情况下，降低体系的水分活度。而较低的水分活度会导致体系水蒸气分压下降，冰点进一步降低。如图 9-3 所示，加入保护剂，体系中水的冰点下降曲线由 T_{m1} 变化到 T_{m2}，最大冷冻浓缩点由 b 变化到 c。也就是说，保护剂的加入会增加玻璃化保藏时体系中处于无定形区的水分含量，从而相应地减少冰晶的析出，形成理想的柔软冻结质构。

无论是冷冻稳定剂还是冷冻保护剂，它们对玻璃化冷冻保藏食品的保藏质量的作用效果都是双重的，稳定剂可提高 T'_g，但持水能力差；保护剂可提高持水能力，但会降低 T'_g。还有一些物质既具有较高的 T_g 值，又有较好的持水性。可以预见，此类添加剂的使用可以同时提高高分子的玻璃化温度和降低水的冰点，使最大冷冻浓缩点由 b 变化到 d。也就是说，既提高了玻璃化保藏所需的温度，又减少了冰晶的含量，使食品的玻璃化保藏质量提高。

三、水产品的玻璃化转变及应用前景

1. 水产品的玻璃化转变

水产品的玻璃化转变温度，与组成水产品的蛋白质、糖类等高分子化合物和低分子化合物的含量有关，而水产品组分的玻璃化转变温度又与其相对分子质量有关。对于多组分组成的水产品而言，由于组分间的相互作用，使得玻璃化情况变得十分复杂，尤其是水产品的含水量对 T'_g 的影响较大。一般来说，水分含量增加 1%，T'_g 下降 5～10℃[18]。

此外，由于水产品组织是一个极其复杂的体系，它的玻璃化转变行为与均质的糖溶液和单一的高分子有较大的差异。这可以通过鲣节和鳕鱼肉等不同品种水产品的玻璃化转变特性来加以说明。

鲣节是保存性极好的日本传统水产品，甚至可以说是世界上最坚固的食品，而一经加热就软化得像橡胶一样，具备玻璃化食品的特征。

如图 9-4 所示[19]，所有的水分含量曲线都有着可以说明玻璃化转移的能耗的阶梯变化。一般鲣节的含水量约为 15%时，玻璃化转变温度为 120℃。当鲣节吸水膨胀时，最高只能达

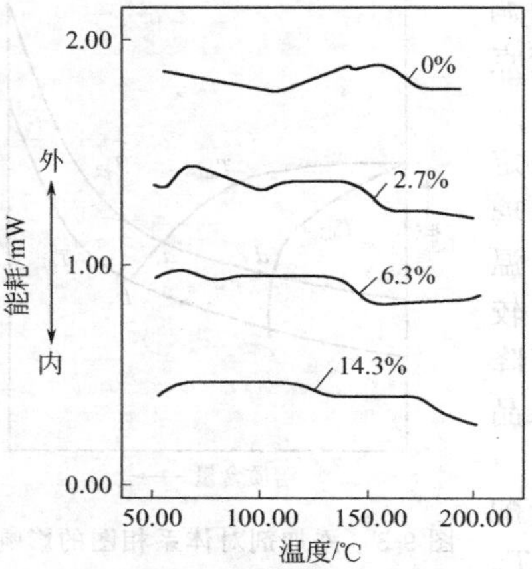

图 9-4 不同含水量鲣节的 DSC 升温曲线

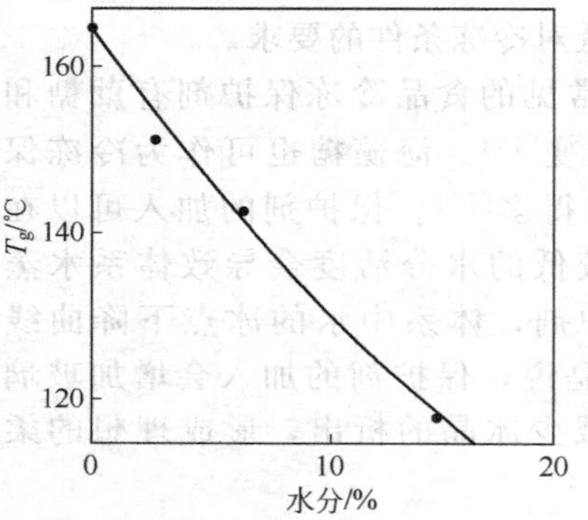

图 9-5 水分含量对鲣节玻璃化转变温度的影响

到 20%左右的含水量，水分再多则不被吸收，这意味着在图 9-5 的玻璃化转变曲线上存在着一个下限，认为可能是在与蛋白质水体系的相分离曲线相交的地方。

表 9-1 给出了鳕鱼肉玻璃化转变温度与水分含量的关系[20]，显示了鳕鱼肉与普通高分子化合物不同的情况，即随着水分的增加，玻璃化转变温度是上升的，并且当含水量为 19%时，其转变温度达到最低，为−89℃。这个结果说明了水产品内部组织结构的复杂性，不同的水产品，其玻璃化转变情况是不同的。因而，水产品的冷冻玻璃化贮存的研究应针对不同水产品的特点而进行。

2. 应用前景

一般水产品冷冻保鲜时，普遍认为温度越低越好，但从经济的角度看，常将贮藏温度定为−30～−20℃是可取的，并且现在实际生产中也是这样做的。从玻璃化转变理论分析，对水产品可以找出冷冻贮藏的最佳温度 T'_g。由图 9-1 可知，水产品在被冷冻时也要 T'_g点与玻璃化转变曲线相交，则残留的浓缩物即向玻璃化转变。如果鱼肉处于玻璃化状态则比较稳定，在 T'_g以下贮藏期间，首先质量劣化不大，其次，包围着冰晶的玻璃状成分还可以阻止水分的流失并抑制冰晶的长大。所以 T'_g应该作为冷冻贮藏的最佳温度。但找到 T'_g点非常困难，不同的水产品，其 T'_g的差异也会很大。尤其是当 T'_g低于−30～−20℃时，就要通过添加剂来改变体系的热力学相图，提高 T'_g。对添加剂的选择不但要考虑它们对于提高 T'_g的作用，还要注意对水产品有无毒副作用。以上所提及的诸方面的研究工作还有待于进一步深入。

表 9-1 鳕鱼肌肉玻璃化转变温度与水分含量的关系

水分/%	81	65	58	49	44	40	19
T_g/℃	−77	−75	−77	−81	−86	−87	−89

最新研究认为：T'_g并不能作为食品材料安全贮存的唯一临界参数，水分含量、水分活度和反应底物的浓度也是食品材料安全贮藏的重要参数[21]。对于水产品来说，T'_g以下贮藏及 T'_g以下温度波动对贮藏质量影响的研究将是今后要做的一项极为艰难的工作。

水产品作为食品中易于腐败的品种，其低温保存将带来显著的经济效益。对于不同的水产品，可以通过不同的冷冻条件和添加剂使其达到玻璃态，从而改善水产品低温贮藏的质量。

第二节 食品高压加工技术

高压食品加工技术，就是利用 100MPa 以上的压力，在常温或较低温度下，使食品中的酶、蛋白质和淀粉等生物大分子改变活性、变性或糊化，而食品的天然味道、风味和营养价值不受影响或很少受影响，并可能产生一些新的质构特点的一种加工方法。同时它能在较低温度下达到杀菌效果[22]。

利用高压来处理食品由来已久。早在1895年，H. Royer就进行了利用高压处理杀死细菌的研究[23]。在1899年美国西Virginia大学化学家Bert Hite首先报道了利用450MPa的高压能延长牛奶的保存期。美国物理学家P. W. Bridgman在1914年提出了静水压下蛋白质变性、凝固的现象，以后相继有很多报道证实了高压对各种食品和饮料的灭菌效果[24]。但限于当时的条件，这些研究成果很长一段时间一直被食品工业所忽视。直到1986年日本京都大学的林力丸教授首次发表采用非热高压加工食品的报道，才开始引起食品界极大的关注。1991年4月世界上第一号高压食品——果酱（7个风味系列）问世，并在日本取得良好的试售效果，引起了整个日本国内的轰动，被人们誉为"二十一世纪的食品"。

高压技术在我国还处于起步、理论研究阶段，国内超高压杀菌技术的研究报道仅局限在果汁及果汁饮料的灭酶及杀菌中，还未投入实际生产应用之中，目前尚无高压食品商品问世。

一、高压对食品成分的影响

1. 高压对蛋白质和酶的影响

Bridgman在1914年观察了高压下（700MPa，30min）鸡蛋蛋白的凝结现象。1989年Hayashi分析了压力对鸡蛋蛋黄的影响。蛋白质的一级结构是由多肽链中的氨基酸顺序决定的，迄今为止还没有关于高压对蛋白质一级结构影响的报道。二级结构是由肽链内和肽链间的氢键等维持，高压有利于这一结构的稳定。维持蛋白质三级结构的作用力主要是范德华力、氢键、静电相互作用和疏水相互作用，在200MPa以上的压力下，可以观察到三级结构的显著变化。1987年Weber等指出主要由疏水相互作用维持的四级结构对压力非常敏感[25]。

高压对蛋白质和酶的影响可以是可逆或不可逆的。一般地，在100～200MPa压力下，蛋白质和酶的变化是可逆的，这包括酶的活性、对小分子的结合力等[26]以及构象变化和蛋白质单元间的相互作用的变化等。当压力超过300MPa时，蛋白质和酶的变化可能是不可逆的，即酶的永久性失活和蛋白质的永久变性。Masson和他的同事们于1990年利用电泳技术研究高压下蛋白质单元间的相互作用时发现解离伴随着亚基的聚合或沉淀作用[27]。Weber于1986年的研究表明压力离解的亚基随着时间的变化构象发生变化。压力释放后单体的变性复原作用非常缓慢[28]。

高压除了使酶失活外，也可以使某些在常压受到抑制的酶激活，从而提高一些酶的活性。Fukuda和Kungi[29]报道胰蛋白酶和羧基肽酶Y的活性在高压下受到抑制，而嗜热菌蛋白酶和纤维素酶在高压下则被激活。

2. 高压对食品维生素的影响

维生素C是容易在加工中受破坏的维生素。励建荣[30]等研究了草莓等果蔬的还原性维生素C在高压下的变化，结果显示，橙子、黄瓜的还原性维生素C在高压下上升，而草莓和西瓜则出现下降。草莓中铁离子含量很高，会催化维生素C的降解，而西瓜中铜离子含量较高，有激活维生素C酶的可能，这两种水果中维生素C的降解量超过了转化量，因而维生素C含量下降。高压处理对维生素C的总体影响很小。

同时，选择的热处理条件为80℃、30min和121℃、20min。因为80℃、30min为酸性食品的巴氏杀菌安全条件；121℃、20min为中性食品的高温杀菌安全条件。热处理与加压后维生素C的保存率对比见表9-2。

由表9-2可以看出，121℃、20min处理后保存维生素C为40%左右，80℃、30min处理后保存维生素C约为50%左右，与高压处理相比较明显低得多。

表 9-2 热处理后与加压后还原型维生素 C 的变化

条件	维生素 C 的保存率/%			
	橙汁	草莓酱	黄瓜汁	西瓜汁
121℃、20min	43.3	35.9	33.7	37.4
80℃、30min	52.9	47.0	43.2	50.0
250MPa、15min	106.4	98.0	104.0	93.5
400MPa、45min	102.2	93.7	105.5	91.0

3. 高压对淀粉的影响

在常温下把淀粉加压到 400～600MPa，并保持一定的作用时间后，淀粉颗粒将会溶胀分裂，内部有序态分子间的氢键断裂，分散成无序的状态，即淀粉糊化为α-淀粉，并呈不透明的黏稠糊状物，同时吸水量也发生变化，如图 9-6 所示。淀粉的糊化与压力、水分含量等密切相关，一般高压能降低淀粉的糊化温度，而糊化温度随着水分含量的增加而降低[31]。

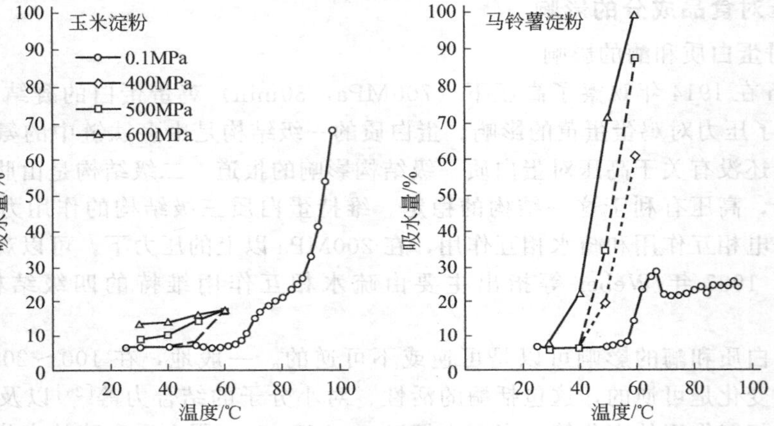

图 9-6 压力对淀粉吸水量的影响

Mercier 等[32]研究了高压对淀粉粒结构的影响以及高压处理后淀粉粒对淀粉酶的敏感性的变化，高压可提高淀粉对淀粉酶的敏感性，从而提高淀粉的消化率。

4. 高压对脂类的影响

脂肪氧化可以破坏制品的风味和营养价值。另外，食品中脂肪过氧化物的增加对健康有危害，脂质过氧化产物含量过高会导致冠心病和癌症等疾病。

高压对脂肪的影响是可逆的，对脂质的形态而言，在常温下加压到 100～200MPa，液体的油基本上变成了固体，发生相变结晶，但在压力解除以后固体仍能恢复到原状。

高压对油脂的氧化有一定的影响。沙丁鱼加压处理后在贮藏中（5℃）过氧化物价（POV）随时间变化的情况参见图 3-20。从图中可见沙丁鱼碎肉的 POV 随处理压力的增加而增高，当压力高于 200MPa 时，POV 值高于空白组，这意味着经 200MPa 以上的压力处理，脂质会发生氧化。但如果将从沙丁鱼中提出的脂质加压处理，即使是 500MPa 以上的压力对其脂肪的氧化程度的影响也不大。已有证据证明纯鱼油自动氧化对高压的反应是比较稳定的（Ohshima，1993）。Wong 等利用拉曼光谱和红外线光谱研究多种脂类状态的变化，发现主要临界温度在压力每升高 100MPa 时升高 20℃，且呈线性关系。因此高压对脂类的影响是显而易见的。

5. 高压对食品感官特性和营养特性的影响

Shimada 等[33]报道，在常温或低温下对多种食品如鱼类、肉类、水果、果汁、调味品类高压加工的研究显示，高压对食品的原有风味没有影响。但食品的颜色在高压下有可能改变，类胡萝卜素、叶绿素、花青素对高压具有抵抗力，而肌红蛋白对压力则较为敏感，新鲜肉在 300MPa 以上压力下便失去原有的光泽。美拉德反应在高压下的反应速度降低，但多酚褐变却反而加快。

高压处理一般有助于食品营养特性的提高，如胡萝卜和番茄经 600MPa、20min 处理后变得柔软而富有弹性，番茄的细胞壁和细胞膜受到损伤，因而其类胡萝卜素的吸收可能提高。牛肉经高压处理后，肉质变得松软可口，而且胰蛋白酶的消化率也有所提高，这可能是由于组织蛋白酶作用而使肌原纤维破碎所致。

Thevelein 等[34]发现高压可使多种淀粉糊化温度升高，淀粉酶的易感性提高，提高了淀粉的消化率。

二、高压对微生物的影响

食品中的微生物是食品加工过程中主要考虑对象之一，也是衡量食品贮存期的关键指标。大量实验证明，高压具有良好的灭菌效果。

1. 对微生物细胞结构的影响

细胞壁是维持细胞形状和强度的部分，细胞膜则是细胞与外界进行物质、能量交换的门户。一旦细胞壁和细胞膜的结构发生变化，其功能势必随之变化，并最终导致细胞死亡。实验结果表明，高压可以引起细胞形状、细胞膜及细胞壁的结构和功能发生变化。Chong 和 Cossins 发现[35]，在高压下，随着细胞膜磷脂分子的横切面的减少，细胞膜的双层结构的体积也随之降低，细胞膜的通透性将被改变。高压杀菌正是通过高压破坏其细胞膜、抑制酶的活性和 DNA 等遗传物质的复制来实现的。

Osumi 等[36]利用透射电子显微镜（TEM）和扫描式电子显微镜（SEM）研究了在 0～400MPa 的压力下双型热带念珠菌（dimorphic *Candida tropicalis*）的细胞结构及骨架变化，他们发现在 200MPa 的压力下，细胞壁遭到破坏，细胞的亚显微结构也发生变化，线粒体的嵴受到不同程度的损伤，核膜孔张开且被破坏。

2. 影响高压灭菌效果的主要因素

高压对微生物的致死作用主要是通过破坏细菌的细胞膜、抑制酶的活性和 DNA 等遗传物质的复制等实现的。影响高压灭菌的主要因素有压力大小和受压时间、种间差异、温度、pH 值、培养基等。

三、高压技术在水产品加工中的应用

利用高压可以达到杀菌、灭酶和改善水产品品质等目的，从目前对高压技术的研究来看，在低温范围内的高压处理已成为高压处理技术研究的一个重要方向。

1. 高压杀菌

将食品物料包装密封后，置于 200MPa 装置中加压处理，可使细菌灭活。这是因为高压导致了微生物的形态结构、生物化学反应、基因机制以及细胞壁膜发生了多方面的变化，从而影响微生物原有的生理活动机能，使原有功能被破坏或发生了不可逆变化。

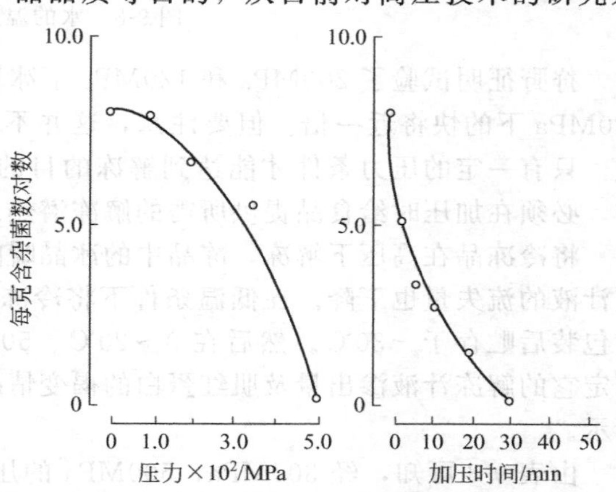

图 9-7 鲤鱼肉浆经加压处理后细菌总数变化情况

图 9-7 列出了鲤鱼鱼糜经加压处理后细菌总数的变化情况，发现 350MPa 左右总菌

数减少很快，达到 500MPa 时，杀菌效果特好。加压时间对细菌的影响与热力杀菌时相似。

2. 高压速冻和不冻冷藏

（1）高压速冻　速冻是采用快速降温以越过最大冰晶生成带，使组织内只能生成细小冰晶，这是降低冷冻应力、提高冻品质量的关键。目前一般采用－30℃以下低温快速冷冻法，然而因热阻的存在冻结有一个过程，相变就不可能瞬间完成，结果生成的冰晶较大，冻品组织产生不可逆破坏和变性。

针对这一问题，有学者提出"压力移变冻结法"（pressure-shift freezing method，PSE 法），即根据高压冰点下降原理和压力传递可瞬间完成的原理进行的。

高压速冻时先将欲冻结的水产品原料加压，达到一定的压力后再降温。实际处理过程中也可先将传压介质降低到所需的低温，然后放入欲冻结的食品，迅速加压，这样可以缩短高压维持的时间，并适于设备的连续使用[37]。由于加压使水的冻结点降低，此时水产品的温度下降到常压下溶液（水）的冻结点下而不会冻结，当温度达到预定的冻结温度时，迅速释放压力，水产品内部的水分瞬间进入过冷状态而迅速产生大量的极细微的冰晶核，进而形成大量细小而均匀的冰结晶，避免了冻品组织的破坏和变性，真正实现了速冻。

（2）高压解冻　高压解冻可以被认为是高压冻结过程的逆过程，通过加压使冻结食品中的冰结晶融化，然后再提高融化后食品的温度（即提供适当的融化潜热），使食品的温度达到常压时的冻结点之上，完成解冻过程[38]。从图 9-8 可知，要达到解冻条件，只有加压后达到图中所示的不冻结区域的压力、温度条件才能达到解冻的目的。以纯水为例，只有在冰的温度高于－21.99℃、以冰-Ⅰ状态存在的冰，依靠加压的方法才能解冻。对冻藏的食品而言，只有当温度在冻结点曲线中对应于图 9-8 的 A 点之上的温度时，依靠加压的方法才能解冻[39]。

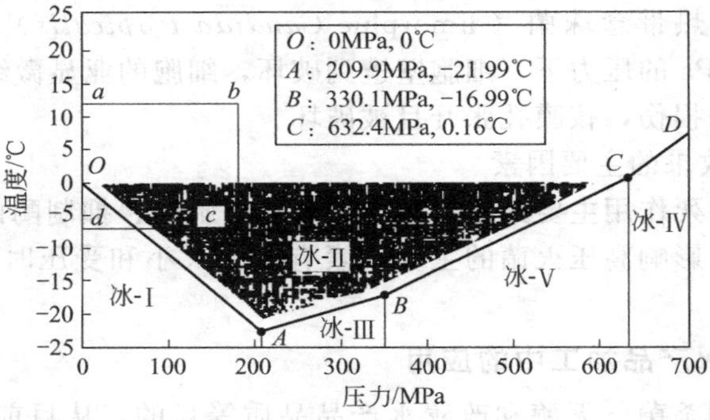

图 9-8　水的温度-压力状态图

狩野征明试验了 200MPa 和 120MPa 下冰块解冻的情况，发现 200MPa 下的解冻时间比 120MPa 下的快将近一倍。但要注意，这并不是意味着高压解冻时压力愈高愈好，如前所述，只有一定的压力条件才能达到解冻的目的，而且要使压力卸去后食品中的水分不再冻结，必须在加压时给食品提供所需的解冻潜热。

将冷冻品在高压下解冻，冻品中的冰晶瞬间就会液化，减小了冰晶对细胞的损伤，从而使汁液的流失量也下降。在低温条件下将冷冻金枪鱼切成 3cm×3cm×10cm 的柱状物，真空包装后贮存于－30℃。然后在 0～20℃、50～500MPa 的操作条件下，加压 30～60min，测定它的解冻汁液渗出量及肌红蛋白的褐变情况（甲基化率），其结果如图 9-9 所示和表 9-3 所示。

由表 9-3 可知，经 300MPa、500MPa 的压力处理后，褐变很显著，甲基化率约 74%，而由图 9-9 可知，当压力在 50MPa 以上时，游离渗出液量急降为 1%以下，压力越高，游离渗出液越少。虽然总渗出液量的变化并不比游离渗出液量减少得明显，但是高压下解冻仍有减少的趋势。

对海胆（生殖腺）和鱼白（精）等水产品来说，冻结和解冻的操作往往会引起形体上的破损，从而失去或降低商品价值。这种破损是由于冻结与解冻的机械作用造成细胞膜破裂引起的。把海胆在－50℃冻结后，真空包装，在10℃下加压解冻。结果发现60MPa左右解冻的压力与常压解冻相比，形体破损严重，而100MPa下解冻破损则很小。

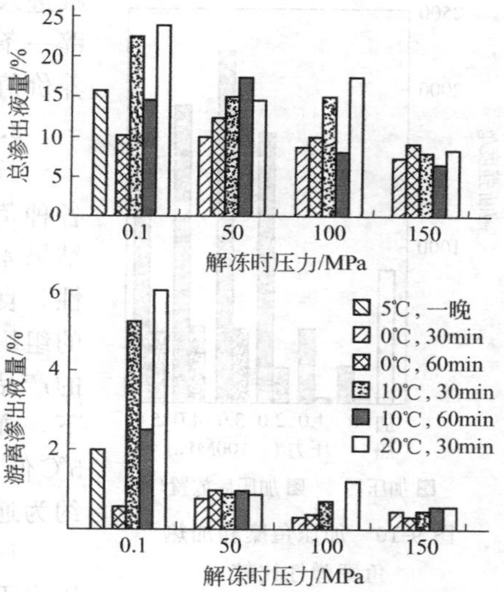

图9-9　高压解冻时金枪鱼渗出液量

鲜虾蟹等甲壳类水产品的保鲜难度很大，即使是冷冻，在解冻后也存在着与鲜品一样的难题，就是发生黑变。防止的方法有加入亚硝酸钠，或加热使酶失活。最近的研究结果表明，高压处理可以抑制酪氨酸酶的活力。在600MPa的压力下处理虾蟹甲壳素，两者的外观与加热的一样，只是虾稍显发白，蟹则变得更红一些。为了使酪氨酸酶完全失活，在600MPa的高压下处理10min是必要的，这个条件保持了虾、蟹的色、香、味，但蛋白质发生了变性，其组织质地也发生了相应的变化。

表9-3　高压解冻（15min）过程中金枪鱼肉甲基化率的变化

处理压力/MPa	0.1	50	100	150	300	500
甲基化率/%	37.7	32.8	42.0	40.8	73.1	73.7

（3）低温高压下的不冻冷藏　在常压下进行冻藏会使水产品组织内形成冰晶，引起组织的破坏，造成汁液流失、蛋白质失水过多而变性严重等，在高压条件下这个问题可以得到有效地解决。如图9-8所示的水的温度-压力状态图能解释其原理。

低温高压下的不冻结贮藏需要控制好压力和温度，使它们处在如图9-8所示的不冻结区域内。对贮藏温度而言，在0～209.9MPa范围内，贮藏的温度愈低，所对应的压力就愈高。不冻结贮藏过程中水产品始终是处在压力容器中，降温前首先将欲贮藏的水产品加压，然后在保持压力的情况下对其进行冷却，直至所需的贮藏温度。贮藏结束时必须是先升温，然后再卸压。

狩野征明对低温高压不冻结贮藏有关特性的研究表明[40]，加压后冷却降温时，水产食品中水的温度将沿着水的等比容线下降，温度的降低对容器内的压力有一定影响（使其略微下降），但这种影响很小。此外，压力容器具有良好的密封性能是进行低温高压不冻结贮藏的前提，贮藏过程中可能会出现压力泄漏，必要时需要补充压力，此时应注意，压力的瞬间变化可能会影响到水产食品的温度和水产食品中水分的存在状态。对绝热条件下压力容器内纯水的研究显示，瞬间的减压最多可导致约25%的水冻结，而瞬间的加压则可使约2%的冰融化。

大出昭夫[41]比较了冷藏、冻藏和不冻结贮藏鲤鱼的情况，发现尽管在－15℃和－18℃不冻结贮藏鱼肉中ATP的降解较－18℃冻藏的快，但肌苷酸和核苷的生成量在50天内相差不大，只有肌苷和次黄嘌呤等物质的生成。而微生物的生长繁殖停止，酶反应速度下降。均较在5℃下冷藏的情况好很多。

采用高压技术产生的高压速冻、高压解冻和不冻冷藏三者结合，可使水产食品的冷冻保

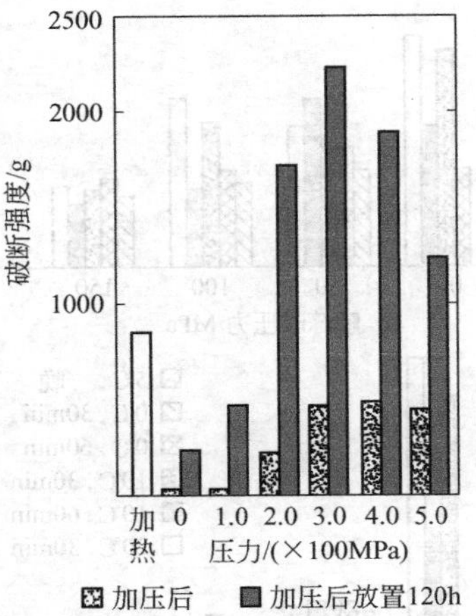

图 9-10 加压鱼糜和加热鱼糜弹性比较

藏进入一个全新的时代，高压技术将为水产食品的冷冻开辟一条新的途径，这样既可以保持产品的质地、风味和营养价值，也有一定的抑菌作用。

3. 其他

石川等人[42]把鲣鱼、金枪鱼、沙丁鱼、狭鳕、鱿鱼等各种鱼糜经高压处理，探讨了得到良好凝胶的加压条件。结果400MPa的加压得到的凝胶具有常压下不能得到的物性，食感爽滑。加压后的鱼糕有透明感和光泽，保持致密的组织性，破坏强度达1.2kgf/cm²，其鱼糕的弹性比加热的产品高出50%。另外，加压处理后的鱼糕放置于低温下，弹力会进一步增强，如将300MPa加压处理的凝胶在5℃低温下放置120h，凝胶强度约为加压完成后的4倍，约为通常加热的3倍，如图9-10所示。

Ishikawa和Carlez等都发现，和热诱导凝胶一样，在压力下要获得性质良好的凝胶需要加入盐[43]。使用高压加工制作鱼酱（surimi），发现室温下高压可以抑制原料的内源性蛋白酶活性。

第三节 辐照杀菌保鲜

一、概述

辐照保鲜食品是利用射线辐照食品，引起食品中的微生物、昆虫等发生一系列物理、化学反应，使有生命物质的新陈代谢、生长发育受到抑制或破坏，达到抑制发芽、杀虫、灭菌、调解熟度、保持食品鲜度和卫生、延长货架期和贮存期，从而达到减少损失、保存食品目的的一项技术。

食品辐照保藏与许多传统保藏法相比具有不可比拟的优点：①射线穿透力强，可对预先包装好的或烹调好的食品通过剂量控制和辐照工艺进行均匀彻底处理，相比于热处理杀菌，辐照过程较易控制；②辐照处理是"冷加工"，因而易于保持食品的香味和外观品质，有的甚至可提高食品的工艺质量；③辐照食品是物理加工过程，不需添加化学药物，不污染环境，可提高食品卫生质量并有利于环保；④节省能源，与热处理、干燥和冷冻保藏食品法相比，能耗降低几倍到十几倍；⑤可对包装、捆扎好的食品进行杀菌处理，消除了在食品生产和制备过程中可能出现的严重交叉污染问题；⑥杀菌效果好，并可通过调整辐照剂量达到对各类食品杀菌的要求；⑦辐照灭菌速度快，操作简便，加工易控制，可连续加工，既经济，又省力，适于大规模加工。

1895年W.K.Roentgen发现X射线，1896年Minck用X射线杀死食品中的微生物。1898年P.Villard发现γ射线，1904年英国公开第一项γ射线杀菌专利[44]。20世纪40年代，美国军事当局为解决军用食品供给开始此项研究。1953年美国科学家希尤博士进行的辐照贮存可行性研究获得成功。1974年美国首先在实验室研究高能电子辐照保藏食品的机理。第一家食品辐照工厂是Newfield Product Inc.，专用于马铃薯辐照处理，辐照源是^{60}Co-γ射线。1976年，FAO/WHO/IAEA（联合国粮农组织、世界卫生组织、国际原子能机构）在日内瓦召开国际辐照食品会议，对辐照食品的安全性进行了讨论与评价。1980年FAO/WHO/IAEA联合专家委员会在日内瓦确定，任何食品经10kGy（1Mrad）以下剂量辐照后，不存在毒理学的危害，不再需要对经此剂量辐照处理的食品再进行毒理学评价。

此后，日本、荷兰、比利时、匈牙利、英国、南非等国分别对马铃薯、香辛料、酶制食品、冻虾、洋葱、芒果、荔枝、草莓等进行辐照处理。法国、意大利、智利、以色列、捷克等国家相继建立了辐照站。目前，全世界已有40多个国家和地区，批准了80多种辐照食品。马铃薯、洋葱、大蒜、冻虾、调味品等10多个品种已实现了商业化。

我国的食品辐照研究始于1958年，在中国科学院同位素应用委员会组织下的12个单位对稻谷的辐照杀虫、马铃薯辐射抑芽的研究，取得了重要进展。1984年国家卫生部正式颁布了马铃薯、洋葱、大蒜、大米、香肠、蘑菇、花生等7种辐照食品的卫生标准，并批准上市销售。1996年颁布了"辐照食品管理办法"，进一步鼓励对进口食品、原料以及六大类食品进行辐照处理。农业部在2002年4月成立了辐照产品质量监督检验测试中心，以加强全国辐照产品和辐照设施的管理。这些都为我国辐照食品与国际接轨，逐步纳入法制管理的轨道，确保辐照食品质量，促使食品辐照行业健康发展创造了良好的条件[45]。

二、辐照的基本原理

1. 放射性同位素

原子核是由质子和中子组成的，质子和中子的总和等于原子核的质量数。质子数就等于核的电荷数。同位素是由质子数相同而中子数不同的原子所组成的元素。在轻原子核范围内，中子和质子数大致相等，往往是稳定的，而原子序数在84以上及质子数和中子数相差较大的原子核是不稳定的，它们能以一定的速率放出射线，由这种原子组成的元素称为放射性同位素，或称为放射性核素。

放射性同位素能放射出α射线、β射线和γ射线。α射线是从原子核中放出的带正电的高速粒子流；β射线是从原子核中射出的带负电荷的高速粒子流；γ射线是一种原子核从高能态跃迁到低能态时放射出的光子流。这些射线都有不同程度的穿透物质和使被辐射物质的原子或分子发生电离作用的能力，因此又称为电离辐射能。α射线有很强的电离能力，但它穿透物质的能力很小；β射线穿透物质的能力比α射线强，但电离能力不如α射线；γ射线是波长非常短的电磁波束（0.001～1nm），其本质与可见光、紫外光和X射线相同，但γ射线的能量较高，穿透物质的能力很强，其电离能力较α射线和β射线小。

（1）放射性同位素的衰变　放射性元素放出射线后，它们的原子核就转变成另一种原子核。射线是从原子核内放射出来的，放射性是原子核转变的结果，通常把这种原子核的转变过程称为放射性衰变。

① 放射性活度。放射性活度的定义是单位时间内发生核衰变的次数，$A=-\mathrm{d}N/\mathrm{d}t$。它还可以进一步改变成放射性同位素的总原子数乘以常数，即：

$$A=\tau N \tag{9-1}$$

式中，A 表示 t 时间（min）内的活度；N 表示 t 时间内该放射性同位素含有的总原子数；τ 表示衰变常数，为平均寿命的倒数。

放射性活度是衡量放射性强弱程度的一个物理量，其单位为贝可［勒尔］（Bq），以前曾用居里（Ci）。一个居里即每秒有 3.7×10^{10} 个原子衰变。1贝可［勒尔］（Bq）表示每秒有一次原子衰变。因此，$1\mathrm{Ci}=3.7\times10^{10}\mathrm{Bq}$。

② 半衰期。是指放射性活度因衰变而降低到原来一半时所需的时间。放射性同位素的放射性活度按指数规律衰减。

在选择γ射线源作辐照器时，必须考虑同位素的半衰期。因为半衰期决定了经过一段时间后还余下多少源的初始活度。这反过来又确定了在给定生产量的条件下，在不增加新同位素量时的源的寿命。

知道了同位素的半衰期和初始源的活度，就可以用下式求出以后任何时期源的活度。

$$A=A_0/2^{(n/T)} \tag{9-2}$$

式中，A_0 是同位素源的初始活度；A 是源经过 n 年后余下的活度；T 是同位素的半衰期，年；n 是源活度从 A_0 降至 A 经过的时间，年。

(2) 放射性同位素的辐射能量　辐射能量单位用电子伏特（eV）表示，相当于一个电子在真空中通过电位差为1V的电场中被加速所获得的动能。

可见，不同的放射性同位素放出的相同类型的射线，所具有的辐射能也可有很大差异。

食品辐射时供电离辐射用的放射性同位素只有β射线和γ射线源，经常采用的为^{60}Co，也有的采用^{137}Cs。^{60}Co辐射源在自然界中不存在，是人工制备的一种同位素源。制备^{60}Co辐射源的方法就是将自然界存在的稳定同性素^{59}Co金属根据使用需要制成不同形状，置于反应堆活性区，经中子一定时间的照射，少量^{59}Co原子吸收一个中子后即生成^{60}Co辐射源，其核反应是：

$$^{59}Co \rightarrow {}^{60}Co + \gamma \text{光子}$$

^{60}Co辐射源可按使用需要制成不同形状，便于生产、操作与维护。

^{60}Co辐射源在衰变过程中每个原子核放射出1个β粒子（即β射线）和2个γ光子，最后变成稳定同位素镍。由于β粒子能量较低，仅为0.306MeV，穿透力弱，对被辐照物质不起作用。而放出的两个γ光子能量较高，分别为1.17MeV和1.33MeV，穿透力很强，因此它适合于食品等体积大的反应体系中应用。在辐照过程中能引起物质内部的物理、化学和生物化学变化。

^{137}Cs是一种重要的裂变产物，由核燃料的渣滓中抽提制成。一般^{137}Cs中都含有一定量的^{134}Cs，并用稳定铯制成硫酸铯-137或氯化铯-137。^{137}Cs的显著特点是半衰期长（30年）。缺点是：①它的γ射线的能量低，只有0.66MeV，从而穿透力也弱。②虽然是废物利用，但分离麻烦，费用很大。③在水进式辐射室中，防护的安全不如^{60}Co把握性大。因为它通常以粉末状态的化合物形式出现，如果装封它的不锈钢套管密封性不好，那么这种化合物就会慢慢溶入水进的防护水中，不仅处理困难，而且很不安全。因此，^{137}Cs作辐射使用不及^{60}Co那样广泛。

(3) 人工放射性同位素　放射性同位素可以是天然存在的。但是目前所知的约1700多种放射性同位素中，绝大多数是人工制造的。人工放射性同位素主要是用核反应堆或加速器制备的。通过反应堆制备同位素的途径有两条：一是利用堆中子流照射靶核，靶核俘获中子而生成放射性同位素；二是利用中子引起重核裂变，从裂变产物中提取放射性核素。用加速器制备主要是通过带电粒子引起的核反应来获得放射性同位素。利用反应堆生产同位素，产量大，成本低，是人工放射性同位素的主要来源。

2. 电子加速器

电子加速器是利用电磁场使电子获得较高能量，将电能转变成辐射能，产生高能电子束或X射线的装置。加速器产生的电子流与放射性同位素中的β射线具有相同性质，因此，也称人工β射线源。电子加速器作为辐照保藏食品应用时，为保证食品的安全性，电子加速器的能量多数是用5MeV，个别用10MeV。如果将电子射线转换为X射线使用时，X射线的能量也要控制在不超过5MeV。以下介绍电子加速器的基本组成及工作原理。

电子加速器有许多种类，适用于食品照射的主要有静电加速器、绝缘磁芯变压器、直线加速器、高压倍加器及高频高压发生器等。

电子加速器主要由电子源、加速段、功率供应系统、真空系统、冷却系统等组成。由电子源产生的电子流，在加速段的高压电场或电磁场中被加速，电子获得能量和形成一定电子束流形状，经加速段达到要求的流速。在加速器中产生的电子束流的直径一般在1cm以下，为了有效利用电子束，扩大照射面积，在加速器的出口处安装有扫描装置。

现以静电加速器为例，说明高能电子束流产生的原理。静电加速器使用最广泛的是范德格拉夫（Vande Graaff）加速器，示意图如图9-11所示。其工作原理为：喷电针联结在数万伏的负高压电源上，在针尖附近形成强电场，使周围气体电离，产生电晕放电，电子从针尖喷到输电带上，输电带一般由几层棉织物或丝绸夹氯丁橡胶制成，在主马达带动下高速运转，把负电荷运送到高压电极内侧，在那里有一套与高压电极内壁相连的刮电针排，在附着于输电带上的电荷作用下，在刮电针尖附近形成强电场，使气体产生电离，正电荷被输电带上负电荷吸引并与之中和，在针尖上聚集的负电荷迅速传向高压电极。按照静电学原理，这些负电荷立即转移到电极表面，并在不断积累中产生越来越高的电压。如果高压电极积累的电荷量为 Q，高压电极对地电容为 C，则高压电极上的电压为 $V=Q/C$。

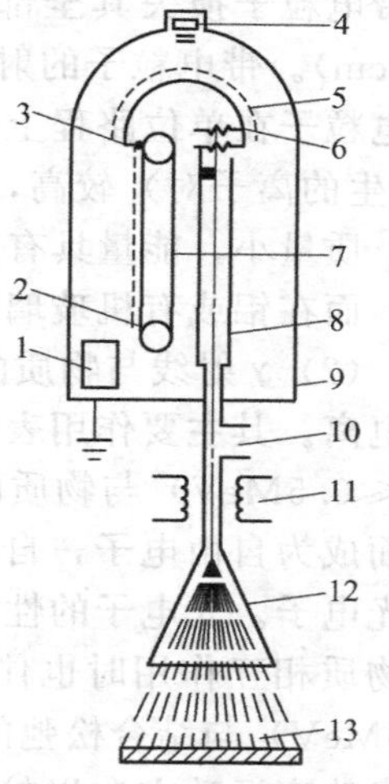

图 9-11　静电加速器

1—喷电电源；2—喷电排针；3—刮电排针；4—感应伏特计；5—高压电极；6—电子枪；7—绝缘输电带；8—加速管；9—耐压钢管；10—抽真空口；11—扫描线圈；12—扫描窗；13—样品

加速器中间安装的一根加速管是由硬质玻璃或磁质圆环与电极片相间封接而成，在加速管上端安置电子枪，具有与高压电极相同的电位。电子枪由钨丝或钽丝构成，当通电加热时能发射电子，这些电子在强电场作用下向加速管的另一端高速运动，形成高能电子。为了降低高速电子与空气碰撞的概率，加速管内气压必须在 10^{-6} mmHg（1mmHg=133.322Pa）以下。

为了建立稳定的高压，在绝缘支柱上装有分压环、分压片、分压电阻等，使电场分布均匀。钢筒内充以绝缘性能良好的 10～20atm（1atm=101325Pa）的干燥气体，如氮与二氧化碳的混合气体、空气、六氟化硫等。

3. 放射线与物质的相互作用

放射线通过物质时与物质发生相互作用，使物质产生物理和化学变化，放射线本身逐步损失了能量，最终被物质吸收。因此，放射线与物质的相互作用是利用放射线进行探测、辐照防护、食品保藏的基础。了解放射线引起物质的变化机理对理解和掌握辐照技术是十分必要的。

（1）带电粒子与物质的相互作用　带电粒子与物质发生相互作用时由于受到电子和核的静电作用，粒子便会发生能量损失（表现为电离和激发）和改变运动方向（弹性散射）。此外，还会产生韧致辐射、湮没辐射、切伦科夫辐射、核反应等化学变化。

当高能带电粒子传入物质时，带电粒子自身的部分能量传给壳层电子并使其逸出成为自由电子，从而形成正离子和电子组成的离子对，这一过程称为直接电离，也称初级电离。由直接电离产生的高能电子能进一步引起物质原子的电离，将这一过程称为次级电离。通常次级电离占总电离的 60%～80%。另一方面，如果带电粒子传递给作用物质壳层电子的能量不足以克服原子核的束缚时（即小于结合能时），则带电粒子只能使电子从低能态跃迁到高能态，即电子处于激发态，这一过程称为激发。处于激发态的原子是不稳定的，会放出特征X射线而跃迁到较低的能态或基态。此外，带电粒子还会产生如下作用：①散射（scatter）。带电粒子通过物质时，由于核电场的作用粒子与核发生弹性碰撞而改变方向，但总动能保持不变，这一现象称为散射。②韧致辐射（brems strahlung）。与散射的弹性碰撞相反，带电粒子产生非弹性散射，当高速带电粒子掠过原子核时，在核库仑力的作用下粒子产生加速度，其部分甚至全部动能将转变为具有连续能谱的电磁辐射，该辐射被称为韧致辐射。③湮没辐射（annihilation radiation）或光辐射。一个带电粒子与其相应的反粒子发生碰撞时，其质量可能会转化成 γ 射线辐射。正负电子碰撞时产生 2 个能量为 0.511MeV 的光子。④切伦科夫辐射（cherenkov radiation）。当高速的带电粒子通过折射率较大的物质时，它在该物质中的传播速度有可能大于光的速度。带电粒子的能量会有一部分以可见光或接近可见光的形式释放出来。如 ^{32}P 在水中会产生切伦科夫辐射。

无论何种带电粒子，其能量在与物质的相互作用中将不断损失，最终被物质吸收。一般将带电粒子损失其全部能量所通过的距离称为射程。在固体物质中用质量厚度表示射程(g/cm)。带电粒子的射程与粒子的电荷、质量等性质，初始能量、吸收物质的性质，以及带电粒子在单位路程上转移到物质中的能量等有关。α粒子因电荷多、质量大，电离比度(产生的离子对)较高，能量损失快，因而α粒子的射程短。与α粒子不同，β粒子因电荷少，质量小，能量具有连续性，因而射程也相对较长。在空气中β粒子的射程为几米到几十米，而在铝或有机玻璃中仅为几毫米到2cm。

(2) γ射线与物质的相互作用　γ射线是不带电的电磁波，它通过物质时不能使物质直接电离。其主要作用表现为光电效应、康普顿效应及电子对效应。当一个低能的光子($0 \leqslant E_r \leqslant 0.5$MeV)与物质的原子作用时，它可能将全部能量转移给原子的壳层电子，使电子逸出而成为自由电子，自身则被吸收，此称为光电效应(photoelectric effect)。逸出的电子称为光电子。光电子的性质与β粒子相类似，也能使径迹中的原子电离或激发。此外，γ射线与物质相互作用时也伴随有X射线及俄歇电子的发射。而中等能量的γ射线($0.5 < E_r \leqslant 0.5$MeV)与结合松弛的轨道电子发生弹性碰撞作用，将一部分能量传给电子使其射出，而自身改变运动方向以较低能量散射，这种现象称为康普顿效应(Compton effect)。发生康普顿效应的概率随入射光子能量的增加而减少。当减弱的γ射线在失去其全部能量前，可发生多次上述的碰撞、散射，最终通过光电效应被吸收。当光子能量大于1.022MeV(即2个电子静质量相应的能量)时，它和物质作用(原子核或电子附近)会发生一对能量可有不同组合的正负电子而自身被吸收，此过程称为电子对效应(electron pair effect)。产生的正负电子沿各自方向运动，又会引起物质原子的电离或激发。当γ光子的能量很高时(>7MeV)，它可直接与原子核作用，引起核子激发，继而引起粒子的发射，通常为中子，即发生了核反应，使一种核素转变成另一种核素。

(3) 中子与物质的相互作用　中子是电中性的粒子，略重于质子。当其通过物质时不与壳层电子作用而直接进入原子核内，与核子相互作用发生弹性或非弹性散射及核反应。无论哪种能量的中子，都能与重核或轻核发生弹性散射。而弹性散射是中子与物质作用损失能量的重要方式。弹性散射发生时中子改变方向，并将一部分能量转变成原子核的动能。原子核越轻中子转移给它的能量越多，如中子与氢核相碰撞将损失近一半的能量，与碳碰撞则损失14%，与铅碰撞仅损失2%。因此，轻元素(尤其是氢)是快中子的良好减速剂。

当入射中子的能量大于所碰撞核的最低激发能级的能量时，中子可使该核激发，处于激发态的核发射γ射线，即中子的部分能量变成了γ辐射，中子发生了非弹性碰撞。另一方面，中子与核作用时，还可能被核吸收而发生核反应。即原子核俘获中子后，形成一个新的不稳定核，自发地放出α射线、β射线、γ射线转变成另一种核或发生新的核裂变。

4. 辐照剂量单位

(1) 照射剂量　照射剂量是指X射线或γ射线在单位质量空气中产生的全部次级电子被完全阻留在空气中时所产生的同一符号离子的总电荷量，表示X射线或γ射线在空气中电离能力的大小。如果X射线或γ射线在质量为dm的体积单元空气中逐出的所有次级电子的能量完全被吸收时，产生的同种离子总电荷为dQ，则照射剂量X定义为：$X = dQ/dm$。

照射剂量的单位是库[仑]/千克(C/kg)，以前使用的是伦琴(R)。伦琴是非国际单位，1R是0.00129g空气[$1cm^3$干燥空气在0℃、760mmHg(1mmHg=133.322Pa)时的质量]中，产生正负电荷总量各为一静电单位离子的X射线或γ射线的照射剂量，精确值为$1R = 2.58 \times 10^{-4}$C/kg。

在物质被照射过程中，物料接受的辐照剂量非常重要。即使在同一辐照源辐照下做同样的时间处理，物料不同，其吸收辐照能的程度也不同。因此，常用吸收剂量和吸收剂量率来表示物质被照射的程度。

（2）吸收剂量　在辐照源的辐照场内单位质量被辐照物质吸收的辐照能量称为吸收剂量，通常以 D 表示。若电离辐射给予某一体积内物质的平均能量为 dE，该体积内物质的质量为 dm，则 $D=dE/dm$，其单位是戈［瑞］（Gy），以前用拉德（rad）表示，但拉德是非国际单位。1Gy＝1J/kg＝100rad。

吸收剂量反映的是被照射物质吸收辐照能量的程度，适用于任何类型的电离辐照。而照射量为 X 射线或 γ 射线辐照场的量度，描述的是电磁辐射在空气中的电离能力。

照射剂量和吸收剂量既有联系又有不同，同样的照射量被不同的物质吸收，获得的能量可能不同，如 1g 水接受 1R 照射相当于吸收 83erg（$1erg=10^{-7}J$），1g 空气照射 1R 系吸收 87erg，1g 骨骼吸收 1R 获得 150erg。

三、食品辐照的化学与生物学效应

1. 化学效应

辐照对食品及其他生物物质的化学效应，至今仍有许多机理未弄清。由电离辐照使食品成分产生变化的基本过程有二，即初级辐照和次级辐照。初级辐照是指辐照使物质形成了离子、激发态分子或分子碎片，也称为直接效应。次级辐照是指初级辐照的产物相互作用，形成与原物质成分不同的化合物。故将这种次级辐照引起的化学效果称为间接效应。初级辐照一般无特殊条件，而次级辐照与温度、水分、含氧等条件有关。氧气经辐照能产生臭氧。氮气和氧气混合后经辐照能形成氮的氧化物，溶于水可生成硝酸等化合物。可见，在空气和氧气中辐照食品时臭氧和氮的氧化物的影响也足以使食品产生化学变化。

（1）水　食品中含有水分也可以因辐照而产生辐照效应。水分子对辐照很敏感，当它接受了射线的能量后，水分子首先被激活，然后由活化了的水分子和食品中的其他成分发生反应。水辐照的最后产物是氢气和过氧化氢等，其形成的机制很复杂。现已知的中间产物有三种：①水合电子（e_{aq}）；②氢氧基（OH·）；③氢基（H·）。后两个是自由基（游离基，free radical）。这些中间产物能在不同的途径中进行反应。e_{aq} 是一个还原剂，OH·是一个氧化剂，H·有时是氧化剂有时是还原剂。其反应的可能途径如下：

$$e_{aq}+H_2O = H\cdot+OH\cdot$$
$$H\cdot+OH\cdot = H_2O$$
$$H\cdot+H\cdot = H_2$$
$$OH\cdot+OH\cdot = H_2O_2$$
$$H\cdot+H_2O_2 = H_2O+OH\cdot$$
$$OH\cdot+H_2O_2 = H_2O+(HO_2\cdot)$$
$$H_2+OH\cdot = H_2O+H\cdot$$
$$H\cdot+O_2 = HO_2\cdot$$
$$HO_2\cdot+HO_2\cdot = H_2O_2+O_2$$

这些中间产物很重要，因为它们可以和其他有机分子接触而进行反应，特别是在稀溶液中或含水的食品中，氧化还原反应大多是由于水被辐照产生了间接反应而引起的。

表示物质辐照化学效应的数值称 G 值，即物质吸收 100eV 能量所产生化学变化的分子数（即能传递 100eV 能量的分子数）。

（2）氨基酸与蛋白质　对氨基酸的辐照研究有助于了解对复杂的蛋白质分子的辐照变化。若辐照干燥状态的氨基酸，其主要反应是脱氨基作用而产生氨。例如：

$$e^-+{}^+NH_3CH_2COO^- \longrightarrow NH_3+-CH_2COO^-$$（氨的 G 值约为 2）

在含硫氨基酸中经氧化可产生 H_2S（H_2S 的 G 值为 1.5）：

$$e^- + \overset{+}{N}H_3CH\ (CH_2SH)\ COO^- \longrightarrow H_2S + NH_2CH\ (\overset{|}{C}H_2)\ COO^-$$

半胱氨酸也会形成胱氨酸（其 G 值为 5）：

$$e^- + \overset{+}{N}H_3CH(CH_2SH)COO^- \longrightarrow NH_3 + -CH(CH_2SH)COO^-$$

$$RSH + -CH(CH_2SH)COO^- \longrightarrow RS + CH_2(CH_2SH)COO^-$$

$$e^- + \overset{+}{N}H_3CH(CH_2SH)COO^- \longrightarrow H_2S + NH_2CH(CH_2)COO^-$$

$$RSH + NH_2CH(CH_2)COO^- \longrightarrow RS + NH_2CH(CH_3)COO^-$$

$$2RS \longrightarrow RSSR(\text{胱氨酸})$$

辐照氨基酸水溶液时，由于水分子的存在，就会产生辐照的间接效应。如具有环状结构的，可能在环上断裂。有的氨基酸还可能形成胺类、二氧化碳、脂类及其他酸类等。用放射线照射氨基酸时发现氨基酸的种类、放射线剂量的不同以及有无氧气和水分，所得的生成物及其收率均有所不同。

含有巯基和二硫键的含硫氨基酸对放射线有极高的敏感性，由于含硫部分被氧化及与游离基反应而引起分解。例如半胱氨酸经照射后，氧化生成了胱氨酸、NH_3、H_2S、丙氨酸以及游离的硫黄。芳香族和杂环氨基酸的辐照敏感性强弱依次为组氨酸＞苯丙氨酸＞酪氨酸＞色氨酸，它们经辐照后会发生羟基化、脱氨、氧化及脱羧反应。

蛋白质分子随照射剂量的不同，会因硫键、氢键、醚键断裂，产生脱氨、脱羧、苯酚和杂环氨基酸游离基氧化等反应而引起一级结构和高级结构变化，产生分子变性、凝聚、黏度下降和溶解度变化等。

由于酶是蛋白质，所以它对辐照的反应与蛋白质相似，如变性作用等。纯酶的稀溶液对辐照很敏感，还会因有—SH 基团的存在而增加它对辐照的敏感性。但在复杂的食品体系中的酶很容易被保护起来，钝化时就需要相当大的辐照剂量。

（3）糖类　低分子糖类在进行照射时，不论是在固态或液态，随辐射剂量的增加，都会出现旋光度降低、发生褐变、还原性及吸收光谱变化等现象，在辐照过程中还会有氢气、一氧化碳、二氧化碳和甲烷等气体生成。

多糖经照射后也会发生熔点降低、旋光度下降、吸收光谱变化、褐变和结构变化。在低于 200kGy 的剂量照射下，淀粉粒的结构几乎没有变化，但直链淀粉、支链淀粉、葡聚糖的分子断裂、碳链长度降低。直链淀粉经 200kGy 照射，其平均聚合度从 1700 降低到 350；支链淀粉的链长降低到 15 个葡萄糖单位以下。

由于放射线照射使多糖的结构发生变化，增强了酶作用的敏感性，同时生成了 H_2、CO、CO_2 气体，也偶尔有 α-1,4-键开裂。

（4）脂类　食品中脂类成分辐照分解所产生的化学物质和从天然脂肪或脂肪模拟体系辐照所形成的化学物质在性质上是相似的，主要是辐照诱导自氧化产物和非氧化的辐照产物，因而饱和脂肪酸比较稳定，不饱和脂肪酸容易氧化，出现脱羧、氢化、脱氨等作用。辐照过程和随后的储存中，有氧存在，也会促使自动氧化作用。辐照促进自动氧化过程可能是由于促进自由基的形成和氢过氧化物的分解，并使抗氧化剂遭到破坏，辐照诱发的氧化变化程度主要受剂量和剂量率影响，此外，非辐照的脂肪氧化中的影响因素（温度、有氧与无氧、脂肪成分、氧化强化剂、抗氧化剂等）也影响脂肪的辐照氧化与分解。

（5）维生素　不同维生素对射线的敏感性不同。一般认为维生素 E 及维生素 A 是脂溶性维生素中对辐照最敏感的维生素。而维生素 D 在鲑鱼油中经几万戈［瑞］剂量照射时未发现被破坏[22]。

水溶性维生素中，虽然维生素 B_1 和维生素 C 对辐照最敏感，但在辐照剂量低于 5kGy 时，维生素 C 通常的损失很少超过 20％～30％。

维生素辐照损失数量受剂量、温度、氧气存在与食品类型等影响。一般来说，在无氧或低温条件下辐照可减少食品中任何维生素的损失。

2. 生物学效应

食品或水产品中的有害微生物和昆虫是造成食品腐败变质的重要污染源。食品经辐照后，附着在食品上的微生物和昆虫发生了一系列生理学与生物学效应而导致死亡，其机理是一个十分复杂的问题。主要与以下几点有关：

一是遗传物质DNA被损伤。生物体细胞中对射线最为敏感的是脱氧核糖核酸和核糖核酸，辐照造成DNA遗传物质的缺失、断裂、错位等损伤，会引起遗传过程中的中断、生长发育异常，这可能是造成细胞死亡的直接原因。

二是辐照化学效应的产物与细胞组成发生反应。如前所述，生物体细胞在射线作用下，水、蛋白质、脂肪、糖类等分子发生一系列化学变化，其变化产物会与细胞组成进一步发生反应。如水分子经辐照发生电离和激发，产生具有高度活性的自由基和具有很强氧化性的H_2O_2等中间产物，它们能继续与机体组织发生作用，使生物体的许多大分子发生氧化作用，从而破坏这些大分子在正常新陈代谢过程中应起的作用，造成生理活动失调、机体损伤、新陈代谢中断、生长发育停止，直至细胞、组织和个体死亡。

电离辐照杀灭微生物一般以杀灭90%微生物所需的剂量（Gy）来表示，即残存微生物数下降到原菌数10%时所需用的剂量，并用D_{10}值来表示。当知道D_{10}值后，就可以按下式确定辐照灭菌的剂量（D值）。

$$\lg N/N_0 = -D/D_0 \tag{9-3}$$

式中，N_0为最初微生物数；N为使用D剂量后残留的微生物数；D为辐照剂量；D_0为微生物残存数减到10%时的剂量。

辐照对细菌的杀灭作用与辐照剂量的大小、菌种及其菌株、菌数及其浓度、培养基的化学组成和物理状态、食品辐照后的贮藏条件等诸多因素有关。例如，大肠杆菌在肉汁培养基中的D_{10}值为0.1～0.2kGy；金黄色葡萄球菌在肉汁培养基中的D_{10}值为0.1kGy；荧光杆菌在肉汁培养基中的D_{10}值为0.02kGy；鼠伤寒沙门菌在肉汁培养基中的D_{10}值为0.6kGy。带芽孢的细菌对射线有较强的抵抗力，如梭状肉毒芽孢杆菌B53型在咸肉罐头中的D_{10}值为2.04kGy，而在咸鸡肉罐头中则为3.69kGy。

辐照并不能除去微生物毒素，如黄曲霉素对γ射线相当稳定，以300Gy大剂量辐照后毒素没有大的变化。

病毒对辐照具有很高的抵抗力，必须使用高达30kGy的剂量才能抑制脊髓灰质炎病毒及传染性肝炎病毒的活动，在干燥状态下辐照剂量则需要40kGy。为了避免高剂量对食品产生不利的影响，往往采用加热与辐照双重措施，以便降低辐照的剂量。

昆虫和寄生虫的细胞对射线很敏感，尤其是幼虫的细胞。成虫的性腺细胞对射线也相当敏感，所以低剂量辐照就可造成其雄性不育和遗传紊乱，稍高的剂量就可将昆虫杀死。

四、辐照保鲜技术在水产品中的应用

水产品辐照保鲜技术诞生于20世纪中叶，1950年，美国科学家J. T. R. Nickcraon等以15×10^5R能量的^{60}Co对鲭鱼进行辐照的报道，开创了水产品辐照保鲜的研究和应用先河。随后美国军方、美国原子能委员会及渔业协会等国家机构先后投巨资，开始相关的研究工作。这些研究覆盖面极广，且带有极强的商业倾向，在巨额资金资助下，研究人员除全面地进行了辐照剂量对水产品中微生物的数量和种类，对水产品营养成分和可保鲜期的影响，辐照水产品的病理、毒理等基础研究外，还进行了吨级规模的水产品船载保鲜和辐照水产品长途鲜活运输的试验，取得了大量重要的数据。

水产品具有丰富的营养和鲜美的风味。但因受生长环境的影响，其体内外常有大量微生物生长、繁殖，当其离水死亡后，这些微生物便造成水产品的腐烂变质。因此，杀死水产品中的各种微生物，是防止水产品变质的重要措施[46]。在保藏前的辐照处理主要是为了杀菌。辐照杀菌依所采用的剂量和杀菌程度的不同，有以下三种类型：

（1）耐藏辐照　这种辐照处理的主要目的是降低食品中腐败微生物及其他生物数量，延长新鲜食品的后熟期及保藏期（如抑制发芽等）。一般剂量在 5kGy 以下。

（2）辐照巴氏杀菌　这种辐照处理使食品中检测不出特定的无芽孢的致病菌（如沙门菌）。所使用的辐照剂量范围为 5～10kGy。

（3）辐照阿氏杀菌　所使用的辐照剂量可以将食品中的微生物减少到零或有限个数。经过这种辐照处理后，食品在无再污染条件下可在正常条件下达到一定的贮存期，剂量范围大于 10kGy。

水产品既可以用高剂量处理，也可以用低剂量处理。辐照可以杀死鱼体中的部分微生物，达到延缓鱼体腐败的目的，但微生物的酶和鱼体自身的酶对辐照极不敏感。据报道，酶的 D_{10} 值为 5kGy[47]，此剂量比肉毒芽孢的 D_{10} 值还要高[48]。另外，酶的活性随温度的增高而增强，故此 30℃条件下保存的辐照水产品在短时间内即变质，变质时微生物指标无明显异常，其原因可能是由组织酶和微生物酶引起的。在室温下保存的水产品辐照剂量应在 40kGy 以上[47]，或先将水产品加热，使酶灭活。在低温条件下，酶的活性会受到抑制，从而可以延缓试样的腐败，故此 10kGy 以下辐照的水产品应在冷藏条件下保存。为了防止辐照产品的再污染，辐照前应将产品真空密封于不透水气、空气、光线和微生物的容器中。

世界上许多国家对水产品的辐照保鲜进行了研究，如抑制、杀灭水产品微生物的试验；射线对水产品品质影响的分析；辐照水产品的包装和包装材料的试验；辐照水产品的保藏条件和水产品辐照装置的试验研究等。通过对这些研究的综合分析，世界卫生组织、联合国粮农组织、国际原子能机构共同认定并批准，以（10～20）×10^4 Gy 辐照剂量来处理鱼，可以减少微生物，延长鲜鱼在 3℃以下的保鲜期。关于辐射保藏水产品的试验研究情况见表 9-4。

表 9-4　辐照保藏水产品的试验研究情况

水产品	辐照源	照射剂量/kGy	照射效果
淡水鲈鱼	10MeV 电子射线	1.00～2.00	延长保藏时间 5～25d
淡水马哈鱼	10MeV 电子射线	1.00	延长保藏时间 9～23d
淡水鳟鱼	10MeV 电子射线	0.50	延长保藏时间 15～21d
淡水鲤鱼	10MeV 电子射线	5.00	光谱分析未见核苷酸、核酸含量异常
	$^{60}Co\gamma$ 射线	4.00	
鲭鱼	$^{60}Co\gamma$ 射线	2.50	延长保藏时间 18～20d
大洋鲈		2.50	延长保藏时间 18～20d
鳕鱼		1.50～2.50	延长保藏时间 18～20d
鳖鱼类		1.50	延长保藏时间 18～20d
比目鱼	$^{60}Co\gamma$ 射线	1.00～2.00	延长保藏时间 14～35d
鲶鱼	$^{60}Co\gamma$ 射线	4.00	光谱分析未见异常
鲽鱼	$^{60}Co\gamma$ 射线	0.50～1.00	保藏性明显提高
小虾		1.00～2.00	延长保藏时间 35～42d
龙虾		1.50	延长保藏时间 18～20d
荷兰虾		0.50～3.00	电泳法分析蛋白质未见异常
螃蟹		2.50	延长保藏时间 56d
牡蛎		20.00	延长保藏时间到几个月
海扇		2.50	延长保藏时间 3 倍
软壳蛤		3.50	延长保藏时间 18～20d
蛤		1.00～2.00	延长保藏时间 5d
嘉鱼块		1.00～2.00	延长保藏时间 6d
熏制鳟鱼	γ 射线	50.00	安全灭菌，长期保藏
鱼类罐头		15.00～20.00	安全灭菌

五、辐照食品的安全性和卫生性

辐照食品的卫生安全性关系到食用者的健康和食品辐照技术的前途，因此受到许多国家卫生部门的高度重视，其范围包括5个方面：①有无残留放射性及诱导放射性；②辐照食品的营养卫生；③有无病原菌的危害；④辐照食品有无产生毒性；⑤有无致畸、致癌、致突变效应。

食品在进行辐照时是外照射，没有直接接触放射性核素，因此不会污染放射性物质，这与核爆炸和核源泄漏事故截然不同，故不存在残留问题。至于诱导放射性即指因辐照引起食品的构成元素变成放射性元素问题，经过广泛的研究发现，γ射线和X射线的能量小于5MeV、电子辐照的能量小于10MeV时不会诱导食物产生放射性。在电子辐照能量大于20MeV时会产生可测得的放射性，特别是Na、P、S、Fe的同位素产生的放射性，但是它们的剂量比美国国家标准局所规定的安全性最大基准点低。

国内外科学家通过大量长期与短期动物饲喂试验，观察临床症状、血液学、病理学、繁殖及致畸等项目，没有发现辐照食品致突变现象出现，将辐照的饲料用于家畜饲养以及免疫缺陷的动物长期食用辐照的农产品及其制品，也未发现有任何病理变化。这其中美国进行的两项动物饲喂试验辐照牛肉及辐照鸡肉的毒理研究试验研究时间最长，耗资最大。从受试动物胚胎期起直至死亡都需对选中的动物进行试验和观察，测试项目包括受试动物的生长及体重、饲料消耗、生殖机能、寿命、病状、眼睛检查、小便分析、精液检查，有的还进行血液及肝功能测试以及畸变和诱变试验等，其结果证明是安全的。我国华西医科大学用经过^{60}Co γ射线26kGy和52kGy辐照处理鲜猪肉饲喂亲代（F_0）大鼠，试验结果表明，各代大鼠健康状况良好，体态活泼，体重增长持续上升；各代动物受孕、活产率、哺乳存活率及平均产仔数与对照组很接近；组织病理检查，其心、肝、肺、肾、脑、肠、睾丸、子宫等组织病理形态不具特殊性，病理变化无显著的分布差异。摄食辐照食物与畸胎无关，无显著致死性、致突变作用，也不会引起微核异常改变。武汉市卫生防疫站等单位用^{60}Coγ射线1.0kGy辐照处理猕猴桃后，常温储藏120d，饲喂18～22g的昆明健康小白鼠进行急性毒性试验，结果表明受试物无毒级；微核试验，其微核出现率均在正常范围；Ames试验，实验菌株系由卫生部食品卫生监督检验所提供的TA_{97}、TA_{98}、TA_{100}、TA_{102}4株，S-9用多氯联苯诱导，Wistar雄性青年大白鼠制备。菌种鉴定合格后，采用平回渗入法测试，反复两次，测试结果无论是否经S-9代活化均为阴性。经过致突变试验结果表明，不论在体内外，还是对体细胞、生殖细胞均无致突变性的潜在危害，同时进行肝、肾、睾丸的病理组织学检查，也均未见明显病理损害。

关于辐照食品的营养问题，和其他食品加工技术一样，辐照也将对食品的理化性质产生影响，但并不显著。美国对经辐照完全杀菌（47～71kGy）处理后牛肉的18种氨基酸和总氨基酸量进行分析，发现它的蛋白质与采用冷冻防腐（－18℃）或热法消毒法在营养价值上无明显差别。我国对采用γ射线辐照保藏的稻谷进行分析，发现它的蛋白质、氨基酸营养价值的破坏很少或几乎没有。国内外大量研究单位通过对辐照前后食品中的碳水化合物、脂肪、蛋白质、氨基酸和维生素等的数据分析表明，在指定的加工条件下，采用辐照加工法对营养的破坏并不比采用冷冻、加热、腌渍等普通方法大。

随着辐照效应研究的进展，已能够测出辐照食品中辐照分解产物数量，并研究它们在毒理学上的影响。美国对经辐照完全杀菌牛肉进行测试，鉴别出辐照分解产物有65种，它们是含有2～27个碳原子的脂肪族化合物和某些醇、醛和酮的衍生物，3种芳烃类及某些含硫、氮、氯的化合物。各种化合物的浓度范围为每千克牛肉1～100μg，总浓度为每千克牛肉9.4mg。分析结果指出，没有任何理由怀疑这些辐照分解化合物会造成任何有损于人类健康的不良影响。特别应指出，许多分解物在天然食品中本身就存在，人们从辐照食品中摄入的辐照分解产物量比食品添加剂、环境化学污染、烹调加工分解的带入要低许多。

从微生物学角度看，在批准的剂量下，辐照杀菌过的食品是安全的。在食品辐照的条件下，没有资料证明辐照能够增加微生物的致病性、毒性或诱发抗菌力。可以认为食品辐照不增加细菌、酵母和病毒的致病性。

国内外大量试验的结果（无论是动物试验或人体进食试验）一致认为，“辐照过的食品对人体健康是适宜的，即十分安全和富有营养”。1995 年，WHO 在“辐照食品在安全营养上的有效性”的研究报告中再次强调：只要按照良好生产操作规程，辐照食品在安全性上和营养上可以说是安全可靠的。因为从毒理学的观点来说，辐照处理在食品组成上所引发的变化对人体健康无害，辐照也不会改变食品中微生物菌丛的平衡，以致消费者遭受微生物的危害。此外，辐照亦不会导致食品中的营养成分大量损失，使个人或社会整体的营养状况受损。通过数十年全面、细致的多方位研究，世界卫生组织已经于 1997 年取消了 10kGy 辐照剂量的上限限制，为辐照食品的大规模工业化生产奠定了基础。

本章小结

“食品聚合物科学”的理论认为，食品在玻璃态下，造成食品品质变化的一切受扩散控制的反应速率均十分缓慢，甚至不发生反应，因此食品采用玻璃化保藏，可以最大限度地保存其原有的色、香、味、形以及营养成分。

玻璃态、高弹态（橡胶态）、黏流态是无定形聚合物的三种力学状态。玻璃态与高弹态之间的转变，称为玻璃化转变（glass transition），发生转变的临界温度就是玻璃化转变温度 T_g。

实现冻结食品玻璃化贮藏的必要条件是贮藏温度在 T'_g 以下，达到这一要求可通过两种途径：一是实现尽可能低的贮藏温度；二是采取手段提高食品的 T'_g。影响食品 T'_g 的因素主要有冷冻速率和添加剂。

高压食品加工技术，就是利用 100MPa 以上的压力，在常温或较低温度下，使食品中的酶、蛋白质和淀粉等生物大分子改变活性、变性或糊化，而食品的天然味道、风味和营养价值不受或很少受影响，并可能产生一些新的质构特点的一种加工方法。

没有关于高压对蛋白质一级结构影响的报道，有利于二级结构的稳定，在 200MPa 以上的压力下，可以观察到三级结构的显著变化，四级结构对压力非常敏感。

高压对蛋白质和酶的影响可以是可逆或不可逆的。一般地，在 100～200MPa 压力下，蛋白质和酶的变化是可逆的，当压力超过 300MPa 时，蛋白质和酶的变化可能是不可逆的。高压处理对维生素 C 的总体影响很小。高压对淀粉粒结构的影响以及高压处理后淀粉粒对淀粉酶的敏感性的变化，高压可提高淀粉对淀粉酶的敏感性，从而提高淀粉的消化率。高压对油脂的氧化有一定的影响。

高压对微生物的致死作用主要是通过破坏细菌的细胞膜、抑制酶的活性和 DNA 等遗传物质的复制等实现的。影响高压灭菌的主要因素有压力大小和受压时间、种间差异、温度、pH 值、培养基等。

辐照保鲜食品是利用射线辐照食品，引起食品中的微生物、昆虫等发生一系列物理、化学反应，使有生命物质的新陈代谢、生长发育受到抑制或破坏，达到抑制发芽、杀虫、灭菌、调解熟度、保持食品鲜度和卫生、延长货架期和贮存期，从而达到减少损失、保存食品目的的一项技术。

食品中含有水分对辐照很敏感，当它接受了射线的能量后，水分子首先被激活，然后由活化了的水分子和食品中的其他成分发生反应。

放射线照射氨基酸时发现氨基酸的种类、放射线剂量的不同以及有无氧气和水分，所得的生成物及其收率均有所不同。含有巯基和二硫键的含硫氨基酸对放射线有极高的敏感性，由于含硫部分被氧化及游离基反应而引起分解。

蛋白质分子随照射剂量的不同，会因二硫键、氢键、醚键断裂，产生脱氨、脱羧、芳香族和杂环氨基酸游离基氧化等反应而引起一级结构和高级结构变化，产生分子变性、凝聚、黏度下降和溶解度变化等。

低分子糖类在进行照射时，不论是在固态或液态，随辐射剂量的增加，都会出现旋光度降低、发生褐变、还原性及吸收光谱变化等现象，在辐射过程中还会有氢气、一氧化碳、二氧化碳和甲烷等气体生成。多糖经照射后也会发生熔点降低、旋光度下降、吸收光谱变化、褐变和结构变化。在低于 200kGy 的剂量照射下，淀粉粒的结构几乎没有变化，但直链淀粉、支链淀粉、葡聚糖的分子断裂、碳链长度降低。

不同维生素对射线的敏感性不同。一般认为脂溶性维生素中维生素 E 及维生素 A 是对辐照最敏感，水溶性维生素中，维生素 B_1 和维生素 C 对辐照最敏感。

思 考 题

1. 玻璃态与橡胶态有哪些区别？
2. 影响食品 T'_g 的因素有哪些？
3. 简述高压食品加工技术的概念。
4. 高压对食品成分有何影响？
5. 影响高压灭菌效果的主要因素有哪些？
6. 高压技术在水产品加工中有哪些应用？
7. 辐照保藏的优点是什么？
8. 辐照对食品成分有什么影响？

参 考 文 献

[1] White G W, Cokelbread S H. The G1assy State in Certain Suger-Containing Food Products. J of Food Technol, 1966, 1: 73-82.

[2] Levine H, Slade L. Water as a Plasticizer Physico-Chemical Aspects of low-moisture Polymeric SystemS. In: Franks F ed. Water Science Reviews. Cambrige: Cambrige University Press, 1988, 3: 79-185.

[3] 殷小梅等. 冷冻食品体系的玻璃化转变. 食品工业, 1998, 3: 44-46.

[4] Bhandari B R, How T, et al. Glass transition in processing and stability of food. Food Australia, 2000, 52 (12): 579-585.

[5] 曼君编著. 高分子物理. 上海: 复旦大学出版社, 1991.

[6] Levine H, Slade L. Principles of Cryostabilization Technology From Structure Propert Relationships of Carbohydrate/water System-A Review. Cryo-letters, 1988, 9 (1): 21-63.

[7] 俞国新等. 低温技术在电镜生物样品制备中的应用. 制冷学报, 1991, 3: 39-44.

[8] 韩润虎. 小样品在过冷液氮中淬冷过程的传热研究. 华东工业大学博士论文, 1994.

[9] Nelson K A, Labuza T P. Water activity and food polymer science: implications of state on arrhenius and WLF models in predicting shelflife. J Food Eng, 1994, 22: 271-289.

[10] Slade L, Levine H. Water and glass transition-dependence of the glass transition on composition and chemical structure: special implications for flour functionality in cookie baking. J Food Eng, 1994, 22: 143-188.

[11] Slade L, Levine H. G1ass transitions and water-food structure interactions. Advances in food and Nutrition Research, 1994: 38.

[12] Franks F，Water A. Conprehensive Trearise. New York：Plenum Press，1982.
[13] Louise Slade，Harry Levine. Crtical Reviews. Food Science and Nutritionm，1991，30（2-3）：115.
[14] Goff H D. Food Res Int，1992，(25)：317-327.
[15] Slade L，kvine H，Finley J W. Protein Quality and the Effect of Processing. New York：Marcel Dekker，1989.
[16] MacDonald G A，Lanier T. Food Technology，1991，(3)：150-159.
[17] Roser B. Trends Food Sci. Technol，1991，(5)：166-169.
[18] Atkins A G. Food Structure and Behavior. London：Academic Press，1987.
[19] 矶直道等．食品のしォロッ一．日本东京：成山堂书社，1998.
[20] 林洪等．水产品保鲜技术．北京：中国轻工业出版社，2001.
[21] 晏绍庆等．食品玻璃化保存的研究进展及存在的问题．低温工程，1999，3：46-50.
[22] Balny C，et al. High pressure and biotechnology. John Libbey and Company Ltd，1992.
[23] Royer H. Arch Physiol Normal Pathol，1895，7：12.
[24] Hite B H，et al. The effects of pressure on certain micro-organisms encountered in the preservation of fruits and vegetables. Bull，1914，146：1-67.
[25] Weber G. High Pressure Chemistry and Biochemistry. R van Eldik，Jonas J，eds. D Reidel，Dordrecht，1987.
[26] Balny C，et al. Some recen aspects of the use of high pessure for protein investigations in solution. High Pressure Research，1989，2：1-28.
[27] Masson P，et al. Electrophoresis at elevated hydrostatic pressure of multiheme hydroxylamine oxidoreductase. Electrophoresis，1990，11：128-133.
[28] Frauenfelder H，et al. J Phys Chem，1990，94：1024.
[29] Fakuda M，et al. Mecharism of caboxypeptidase-Y-catalyzed reaction deduced froth a presure-de-pendence study. Eur J Biochem，1985，149：657-662.
[30] 励建荣等．高压技术在食品工业中的应用研究．食品与发酵工业，1997，23（6）：9-14.
[31] Muhr A H，Wetton R E，Blanshard J M V. Effect of hydrostatic pressure on starch gelatination as determined by DTA. Carbohydr Polym，1982，2：91-102.
[32] Mercier C，et al. Influence of a pressure treatment of the granular structure and susceptibility to enzymatic amylolysis of various starches. Starch/Staerke，1968，20：6.
[33] Shimada A，et al. Changes in the palatability of foods by hydrostatic pressuring. Nippon Shokuhin Kogyo Gakkaishi，1990，37：511-519.
[34] Thevelein J M，et al. Carbohydr Res，1981，93：304-307.
[35] Chong G，et al. A differential polarised fluoromeric study of the effects of high hydrostatic pressure upon the fluidity of cellular membrane. Biochemistry，1983，22（2）：409.
[36] Osumi M，et al. Pressure effects on yeast cell ultrastructure：change in the ultrastructure and cytoskeleton of the dimorphic yeast，Candida tropical high pressure and biotechnology. John Libbey and Company Ltd，1992，9：9-18.
[37] Fuchigami M，Teramoto A. J of Food Sci，1997，62：828-832，837.
[38] Kalichevsky M T，Knorr D，Lillford P J. Trends Food Sci Technol，1995，6：253-259.
[39] Schlueter O，Heinz V，Knorr D. IFT Annual Meeting，1998：33-37.
[40] 狩野征明．食品と容器，1995，36（7）：370-375.
[41] 大出昭夫．食品と容器，1995，36（9）：490-495.
[42] 许钟等．超高压技术在水产加工中的研究和应用现状．渔业现代化，1998，1：22-24.
[43] Carlez A. High pressure gelation of fish microfibrillar proteins. Food Macromolecules and Colloids ed. England：Royal Society of Chemistry Cambridge，1995：400-409.
[44] 杨学先．核农学大事记．核农学通报，1995，16（2）：96-99.
[45] 施培新．辐照农产品质量标准和监督体系建设．中国食物与营养，2003，(6)：10-11.
[46] 陈科文．辐射保藏食品．北京：科学出版社，1982：120-133，194-200.
[47] Norman N，Potter Ph D. Food science. 2nd ed. New York：Aui Pub Comp Inc，1973：299-321.
[48] Thayer DW. Effect of ionizing radiation and anaerobic refrigerated storage on indigenous microflora salmonella and clostridium botulinum types A and B invaccum-canned mechanically deboned chicken meat. Food Prot，1995，58（7）：752-757.

第十章　化学保鲜技术

学习要求

1. 掌握水产食品化学保藏的有关概念、原理及其应用原则。
2. 熟悉常用食品防腐剂和抗氧化剂的种类及使用方法。
3. 掌握腌制与烟熏保藏的基本原理。
4. 掌握常用的腌制和烟熏方法，常用腌制剂的种类及作用。
5. 掌握烟熏的成分及作用。
6. 了解影响海产品的腌制加工质量的因素。

化学保鲜技术是食品科学研究中的一个重要领域。它有着悠久的历史，如盐腌、糖渍、酸渍和烟熏都是化学保鲜方法。人们真正应用人工化学制品于食品保藏时间还不长，始于20世纪初期，随着化学工业和食品科学的发展，天然提取的和化学合成的食品保藏剂逐渐增多，食品化学保藏技术也获得新的进展，成为食品保藏的重要部分。

第一节　化学保鲜及其应用

一、化学保鲜及特点

化学保鲜就是在食品生产和贮运过程中使用化学制品（食品添加剂）提高食品的耐藏性和达到某种加工目的。它的主要作用就是保持或提高食品品质和延长食品保藏期。其优点在于，在食品中添加了少量的化学制品，就能在室温条件下延缓食品的腐败变质。和其他食品保藏方法相比，具有简便而又经济的特点。不过化学保鲜这种方法只能在有限的时间内保持食品原有的品质状态，它属于一种暂时性的或辅助性的保藏方法。另外在食品中使用化学制品时还要考虑到其安全性，首先，添加到食品中的化学保藏剂必须符合食品添加剂法规，并严格按照食品卫生标准规定控制其用量和使用范围，以保证广大消费者的身体健康。

二、化学保鲜的应用

化学保鲜的应用受到许多方面的限制。第一，添加到食品中的化学制品在用量上受到限制，因为人工合成的化合物或多或少对人体存在着一定的副作用，而且这些化合物大多对食品品质本身也有影响，过多添加时可能会引起食品风味的改变。即使是天然提取的化合物，也需严格控制提取工艺，确保其安全性。第二，化学保鲜的方法并不是全能的，它只能在一定时期内防止食品变质。第三，化学保鲜剂添加的时机需要掌握，时机不当就起不到预期的作用。

过去，化学保鲜仅局限于防止或延缓由于微生物引起的食品腐败变质。随着食品科学技术的发展，化学保鲜已不只满足于单纯抑制微生物的活动，还包括了防止或延缓因氧化作用、酶作用等引起的食品变质。目前化学保鲜已应用于食品生产、运输、贮藏等方面。

化学保鲜中使用的化学保鲜剂种类繁多，它们的理化性质和保鲜的机理也各不相同。有的化学保鲜剂作为食品添加剂直接参与食品的组成，有的化学保鲜剂则是以改变或控制食品外环境因素对食品起保藏作用。化学保鲜剂有人工化学合成的，也有是从天然物体内提取的，一般来说按照化学保鲜剂保藏机理的不同，大致可以分为三类，即防腐剂、抗氧（化）剂和保鲜剂，其中抗氧化剂又分为抗氧剂和脱氧剂。

第二节 防 腐 剂

一、防腐剂的作用机理

从广义上讲，凡是能抑制微生物的生长活动，延缓食品腐败变质或生物代谢的化学制品都是化学防腐剂，也称抗菌剂。而狭义的防腐剂是指经过毒理学鉴定，证明在使用范围内对人体无害，可直接添加到食品中起防腐作用的化学物质，不包括有防腐作用的调味品，如食盐、糖、醋、香辛料等。本节所述的防腐剂是指广义的防腐剂。按照抗微生物的作用程度，可以将食品防腐剂分为杀菌剂和抑菌剂。具有杀菌作用的物质称为杀菌剂，而仅具有抑菌作用的物质称为抑菌剂。

杀菌剂和抑菌剂的最大区别是，杀菌剂在其使用限量范围内能通过一定的化学作用杀死微生物，使之不能侵染食品，造成食品变质。而抑菌剂在使用限量范围内，其抑菌作用主要是使微生物的生长繁殖在一定时间内停止在缓慢繁殖的滞留适应期，而不进入急剧增殖的对数期，从而延长微生物繁殖一代所需要的时间，即起到所谓的“静菌作用”。

杀菌剂按其灭菌特性可分为三类：氧化型杀菌剂、还原型杀菌剂和其他杀菌剂。

氧化型杀菌剂的作用就在于它们的强氧化性。例如过氧化物和氯制剂，都是具有很强氧化能力的化学制品。过氧化物在分解时会释放出具有强氧化能力的新生态氧［O］，使微生物被其氧化致死，而氯制剂则是利用其释放出的有效氯［Cl］成分的强氧化作用杀灭微生物的。有效氯渗入微生物细胞后，会破坏微生物酶蛋白及核蛋白的巯基，或者抑制对氧化作用敏感的酶类，从而使微生物死亡。常用的有过氧乙酸、漂白粉、漂白精等。直接用在水产品中的很少，而是用在与水产品直接接触的容器、工具等的灭菌上。

还原型杀菌剂的杀菌机理是利用还原剂消耗环境中的氧，使好气性微生物缺氧致死，同时还能阻碍微生物生理活动中酶的活力，从而控制微生物的繁殖。常用的还原型杀菌剂有亚硫酸及其钠盐、硫黄等。在水产品中使用此类化学保鲜剂的目的更侧重于防止产品表面产生褐变[1]。

除了上述两大类型的杀菌剂之外，还有像醇、酸等其他杀菌剂，它们的杀菌机理既不是利用氧化作用也不是利用其还原性，例如醇类可以通过和蛋白质竞争水分，使蛋白质因脱水而变性凝固，从而导致微生物的死亡。

但是，一种化学或生物制剂的作用是杀菌或抑菌，通常是难以严格区分的。同一种抗菌剂，浓度高时可杀菌（即致微生物死亡），而浓度低时只能抑菌；又如作用时间长可以杀菌，短时间作用只能抑菌；还有由于各种微生物的生理特性不同，同一种防腐剂对某一种微生物具有杀菌作用，而对另一种微生物仅具有抑菌作用。所以两者并无绝对严格的界限，在食品保藏和加工中往往笼统地称为防腐剂。

食品防腐剂的防腐原理大致有如下三种：①干扰微生物的酶系，破坏其正常的新陈代谢，抑制酶的活性；②使微生物的蛋白质凝固和变性，干扰其生存和繁殖；③改变细胞浆膜的渗透性，使其体内的酶类和代谢产物逸出导致其失活。

作为食品的防腐剂必须具备的条件：①应该经过充分的毒理学鉴定，证明在使用限量范围内对人体无害；②防腐效果好，在低浓度下仍有抑菌效果；③性质稳定，对食品的营养成分不应有破坏作用，也不应影响食品的质量及风味；④使用方便，经济实惠；⑤本身无刺激性异味。

食品防腐剂种类很多，主要分为化学合成的和天然提取的两大类。

二、常用的化学合成防腐剂

化学合成防腐剂是由人工合成的，种类繁多，包括有机防腐剂和无机防腐剂。我国常用的化学合成防腐剂主要有苯甲酸钠、山梨酸钾、对羟基苯甲酸酯等。

1. 苯甲酸及苯甲酸钠

苯甲酸和苯甲酸钠又称为安息香酸和安息香酸钠。Salkowski 于 1875 年发现苯甲酸及其钠盐有抑制微生物生长繁殖的作用，其抑菌机理是阻碍微生物细胞的呼吸系统，使三羧酸循环（TCA 循环）中乙酰辅酶 A→乙酰乙酸及乙酰草酸→柠檬酸之间的循环过程难以进行，并阻碍细胞膜的正常生理作用。

由于苯甲酸难溶于水，食品防腐时一般都使用苯甲酸钠，但实际上它的防腐作用仍来自苯甲酸本身，为此，保藏食品的酸度极为重要。一般在低 pH 范围内苯甲酸钠抑菌效果显著，最适宜的 pH 值为 2.5～4.0，pH 值高于 5.4 则失去对大多数霉菌和酵母的抑制作用。

苯甲酸及其钠盐作为广谱抑菌剂，相对较安全，摄入体内后经肝脏作用，大部分在 9～15h 内与甘氨酸或葡萄糖醛酸结合生成马尿酸排出体外，而不在体内蓄积，但对肝功能衰弱者不太适宜[1]。

苯甲酸的抑菌作用主要针对酵母菌和霉菌，细菌只能部分被抑制，对乳酸菌和梭状芽孢杆菌的抑菌效果很弱。

使用该防腐剂时需注意下列事项：

① 苯甲酸加热到 100℃时会升华，在酸性环境中易随水蒸气一起蒸发，因此操作人员需要有防护措施，如戴口罩、手套等。

② 苯甲酸及其钠盐在酸性条件下防腐效果良好，但对产酸菌的抑制作用却较弱，所以使用该防腐剂时应将食品的 pH 值调节到 2.5～4.0，以充分发挥防腐剂的作用。此外，苯甲酸溶解度低，使用时需加入适量碳酸氢钠或碳酸钠，并以 50℃以上的热水溶解[2]。

③ 严格控制使用数量，以保证食品的卫生安全性。联合国粮农组织和世界卫生组织（FAO/WHO）规定苯甲酸或苯甲酸钠的每日允许摄入量（ADI）为每千克体重 0～5mg。

2. 山梨酸及山梨酸钾

山梨酸和山梨酸钾又称为花楸酸和花楸酸钾。Gooding 于 1645 年发现山梨酸对微生物的抑制作用。其抑菌机理为抑制微生物尤其是霉菌细胞内脱氢酶系统活性，并与酶系统中的巯基结合，使多种重要的酶系统被破坏，从而达到抑菌和防腐的要求。此外，它还能干扰传递机能，如细胞色素 c 对氧的传递，以及细胞膜表面能量传递的功能，抑制微生物繁殖。

山梨酸及其钾盐对污染食品的霉菌、酵母和好气性微生物有明显抑制作用，但对于能形成芽孢的厌气性微生物和嗜酸乳杆菌的抑制作用甚微。值得注意的是，在有少量霉菌存在的介质中，山梨酸及其钾盐表现出抑菌作用，甚至还会表现出杀菌效力。但霉菌污染严重时，它们会被霉菌作为营养物摄取，不仅没有抑菌作用，相反会促进食品的腐败变质。

山梨酸及其钾盐的防腐效果同样也和被保存食品的 pH 值有关，pH 值升高，抑菌效果降低。试验证明山梨酸及其钾盐的抗菌力在 pH 值低于 5～6 时最佳[5]。曾名涌等采用 0.1%山梨酸钾冰（调节 pH 为 5.5）保鲜非鲫，与纯水冰相比，能够显著地延缓非鲫的腐败变质过程，保鲜期通常可延长 6 天左右[3]。

山梨酸摄入人体后能在正常的代谢过程中被氧化成水和二氧化碳，一般属于无毒害的防腐剂。联合国粮农组织和世界卫生组织（FAO/WHO）规定山梨酸及其钾盐的每日允许摄入量（ADI 值）为 0～25mg/kg 体重。我国规定山梨酸及其钾盐在鱼、肉、蛋、禽制品中的最大使用量为 0.075g/kg。

根据山梨酸及其钾盐的理化性质，在食品中使用时应注意下列事项：

① 山梨酸容易随着加热的水蒸气挥发，所以在使用该防腐剂时应先将食品加热后再按规定用量添加山梨酸；

② 山梨酸及其钾盐对人皮肤和黏膜有刺激性，要求操作人员佩戴防护眼镜，一旦进入眼内，立即用清水冲洗；

③ 山梨酸对微生物污染严重的食品防腐效果不明显；

④ 为防止氧化，溶解山梨酸时不得使用铜、铁等容器，因为这些离子的溶出会催化山梨酸的氧化进程；

⑤ 山梨酸不宜长期与乙醇共存，因为乙醇与山梨酸作用形成 2-乙氧基-3,5-己二烯，从而影响食品风味。

3. 对羟基苯甲酸酯

对羟基苯甲酸酯又称为对羟基安息香酸酯或泊尼金酯。由于对羟基苯甲酸的羧基与不同的醇发生酯化反应而生成不同的酯，目前在食品中使用的有对羟基苯甲酸乙酯、对羟基苯甲酸丙酯、对羟基苯甲酸异丙酯、对羟基苯甲酸丁酯和对羟基苯甲酸异丁酯 5 种，其中对羟基苯甲酸丁酯的防腐效果最佳。其抑菌机理与苯甲酸类似，主要使微生物细胞呼吸系统酶和电子传递系统酶的活性受到抑制，并能破坏微生物细胞膜的结构，从而起到防腐作用。

对羟基苯甲酸酯的抑菌作用受 pH 值影响较小，适用的 pH 值范围为 4～8。该防腐剂属于广谱抑菌剂，对霉菌和酵母作用较强，对细菌中的革兰阴性杆菌及乳酸菌作用较弱。根据动物毒理试验的结果表明对羟基苯甲酸酯的毒性低于苯甲酸，是较为安全的抑菌剂。联合国粮农组织和世界卫生组织（FAO/WHO）规定对羟基苯甲酸酯的 ADI 值为 0～10mg/kg 体重。

三、生物防腐剂

生物防腐剂是指从植物、动物和微生物代谢产物中提取的具有防腐作用的物质，也称天然防腐剂，是食品防腐剂开发的主要方向。

1. 微生物代谢产物

微生物在生长时能产生一些影响其他微生物生长的物质——抗生素。目前我国食品防腐剂标准只允许将乳酸链球菌素、纳他霉素等用于食品的防腐。

乳酸链球菌素又名乳链菌肽、尼辛（Nisin)、乳酸菌肽，是某些乳酸链球菌产生的一种多肽物质，由 34 个氨基酸组成。

乳酸链球菌素能有效抑制革兰阳性菌，如对肉毒杆菌、金黄色葡萄球菌、溶血链球菌及李斯特菌的生长繁殖，尤其对产生孢子的革兰阳性菌和枯草芽孢杆菌及嗜热脂肪芽孢杆菌等有很强的抑制作用。但乳酸链球菌素对革兰阴性菌、霉菌和酵母的影响则很弱。曾有实验表明：Nisin 具有延迟熏制鱼中存在的肉毒梭菌芽孢之毒素形成的功用[4]。

纳他霉素（Natamycin）也称匹马菌素（Pimaricin)、游链霉素，是一种重要的多烯大环内酯类抗真菌素剂。其生产菌种主要有纳塔尔链霉菌（*Streptomyces natalensis*)、恰塔努加链霉菌（*Streptomyces chmanovgensis*）和褐黄孢链霉菌（*Streptomyces gilvosporeus*)。作为一种天然的食品添加剂，纳他霉素对真菌的抑制和杀灭具有广谱和高效的特点。

纳他霉素几乎对所有真菌具有抑制和杀灭活性，能有效地抑制酵母菌和霉菌的生长，阻止丝状真菌中黄曲霉毒素的形成，但没有抗细菌、病毒和其他一些微生物（如原虫）的活性。纳他霉素对真菌的抑菌作用比山梨酸钾强 50 倍左右，绝大多数霉菌在纳他霉素浓度为 0.5～6μg/mL 时即被抑制，个别菌种在 10～25μg/mL 时被抑制，多数酵母菌在 110～510μg/mL 时即被抑制。

纳他霉素是一种高效、广谱的真菌抑制剂。纳他霉素能与甾醇化合物相互作用且具有高度亲和性，可抑制真菌的活性。其抗菌机理在于它能与细胞膜上的甾醇化合物反应，由此引发细胞膜结构改变而破裂，导致细胞内容物的渗漏，使细胞死亡。但有些微生物（如细菌的细胞壁及细胞质膜）不存在这些类甾醇化合物，所以纳他霉素对细菌没有作用。

由于纳他霉素难溶于水和油脂，因此很难被消化吸收，大部分摄入的纳他霉素会随粪便排出。经卫生学调查和皮肤斑点试验，表明纳他霉素无过敏性反应，经降解处理后的纳他霉素在急性毒理、短期毒性试验中均无对动物的损害。慢性毒理和致突变繁殖试验也未发现不良影响。纳他霉素作为天然食品防腐剂，既可以抑制各种霉菌、酵母菌的生长，也可抑制真菌毒素的产生，已被批准应用于食品工业中。其在食品中的使用量一般为每千克几十到几百毫克。根据我国《食品添加剂使用卫生标准》(GB 27607) 规定，纳他霉素在食物中最大残留量为10mg/kg。FDA/WHO 规定人体每天纳他霉素最大摄入量（ADI）为 0.3mg/kg 体重。

枯草杆菌素是枯草杆菌的代谢产物，也为一种多肽类物质，在酸性条件下比较稳定，而在中性或碱性条件下，即迅速被破坏。枯草杆菌素对革兰阳性菌有抗菌作用。对于耐热性的芽孢菌能促使它们的耐热性降低，能抑制厌氧性芽孢菌生长。因此，有人认为枯草杆菌素应用于罐装食品是合适的。同时，枯草杆菌素在消化道中可很快地被蛋白酶完全破坏，对人体无害，但并未列入我国食品添加剂标准中。

2. 酶类

(1) 溶菌酶 (lysozyme)　又称细胞壁质酶或 *N*-乙酰胞壁质糖水解酶，属于碱性蛋白酶，等电点 10.5～11.0（鸡卵溶菌酶），最适 pH 为 5～9。

溶菌酶是一种化学性质非常稳定的蛋白质，pH 在 1.2～11.3 的范围内剧烈变化时，其结构几乎不变。酸性条件下，溶菌酶遇热较稳定，pH 为 4～7，100℃处理 1min，仍保持原酶活。但在碱性条件下，溶菌酶对热稳定性差，用高温处理时酶活会降低，不过溶菌酶的热变性是可逆的。

溶菌酶是一种专门作用于微生物细胞壁的水解酶。利用溶菌酶对水产品进行保鲜，只要把一定浓度的溶菌酶溶液喷洒在水产品上，即可起到防腐保鲜效果。Myrnes 和 Johansen 研究了北极扇贝中溶菌酶的抗菌活性，在 4℃时酶活为 37℃时酶活的 55%，显示了溶菌酶的低温有效性[5]。陈舜胜等[6]利用溶菌酶复合保鲜剂对水产品进行保鲜实验，在用浓度为 0.05%的溶菌酶以及其他成分的共同作用下有效地抑制了微生物的生长，延长保鲜时间达 1 倍以上。另外一些新鲜水产品（如虾、鱼等）在含甘氨酸（0.1mol/L）、溶菌酶（0.05%）和食盐（3%）的混合液中浸渍 5min 后，沥去水分，保存在 5℃的冷库中，9 天后无异味、色泽无变化。在应用溶菌酶作为食品保鲜剂时，必须注意到酶的专一性。对于酵母、霉菌和革兰阴性菌等引起的腐败变质，溶菌酶不能起到防腐作用。

(2) 葡萄糖氧化酶　葡萄糖氧化酶是在有氧条件下能催化葡萄糖氧化成与其性质完全不同的葡萄糖酸-δ-内酯。该酶对 β-D-葡萄糖具有高度专一性，就连与葡萄糖结构很相似的其他己糖、戊糖和双糖，该酶也几乎不能催化（小于 1%）。由于葡萄糖氧化酶催化过程不仅能使葡萄糖氧化变性，而且在反应中消耗掉一个氧分子，因此，它可作为除葡萄糖剂和脱氧剂，广泛应用于水产品保鲜。

葡萄糖氧化酶用在鱼类冷藏制品的保鲜，一是利用其氧化葡萄糖产生的葡萄糖酸，从而使鱼制品表面 pH 降低，抑制了细菌的生长；二是防止水产品氧化，氧化是造成水产品色、香、味变坏的重要因素，含量很高的氧就足以使水产品氧化变质。将葡萄糖氧化酶和其作用底物葡萄糖混合在一起，包装于不透水而可透气的薄膜袋中，封闭后置于装有需保鲜水产品的密闭容器中，当密闭容器中的氧气透过薄膜进入袋中，就在葡萄糖氧化酶的催化作用下与葡萄糖发生反应，从而达到除氧保鲜的目的。利用葡萄糖氧化酶可防止虾仁变色，如果将虾仁在葡萄糖氧化酶、过氧化氢酶溶液中浸泡一下，或将酶液加入到包装的盐水中，对阻止虾仁颜色的改变和防止酸败的产生效果更好。此外在水产品的罐头加工中，也可以用葡萄糖氧化酶，能有效地防止罐装容器内壁的氧化腐蚀。

（3）其他酶

① 谷氨酰胺转氨酶　又称转谷氨酰胺酶（蛋白质-谷氨酸-γ-谷氨酰氨基转移酶），可以催化蛋白质分子内的交联、分子间的交联、蛋白质和氨基酸之间的连接以及蛋白质分子内谷氨酰氨基的水解。Venugopal 等人利用谷氨酰胺转氨酶处理鱼肉蛋白后，可生成可食性的薄膜，可直接用于水产品的包装和保藏，提高产品的外观和货架期[7]。另外谷氨酰胺转氨酶可以用于包埋脂类和脂溶性物质，可以防止水产品氧化腐败[8]。

② 脂肪酶　甘油三酯水解酶，水解底物一般为天然油脂，其水解部位是油脂中脂肪酸和甘油相连接的酯键，反应产物为甘油二酯、甘油单酯、甘油和脂肪酸。国内开发脂肪酶用于含脂量高的鱼类中，如宁波大学开发的脱脂鲐碎肉和福建师范大学研制的脱脂鲭鱼片[9,10]等，其本质是水解部分脂肪即脱去鱼类的部分脂肪，延长鱼产品的保藏时间。

3. 肽类

鱼精蛋白（protamine）是一种天然肽类，在食品中主要用作防腐剂。自 1937 年 McClean[11]报道了鱼精蛋白具有抑菌活性以来，Miller 等[12]于 1942 年，Negroni 和 Fischer 等[13]于 1944 年先后研究发现鱼精蛋白具有阻止细菌生长的功能。从 20 世纪 80 年代后期开始，鱼精蛋白作为一种化学防腐剂的替代品出现在食品添加剂行列。与一般的化学合成防腐剂相比，鱼精蛋白具有安全性高、防腐性能好、热稳定性好等优点。而且，作为精氨酸含量丰富的蛋白类物质，鱼精蛋白具有很高的营养性和功能性，如降血压、助呼吸、促进消化、抑制肿瘤、抗血栓、强化肝功能、抑制血液凝固等功能。另外，鱼精蛋白在医学领域也得到了广泛的应用，如延迟或阻止胰岛素的释放，或作为肝素的解毒剂等[14,15]。

鱼精蛋白具有广谱抑制活性，能抑制枯草杆菌、巨大芽孢杆菌、地衣形芽孢杆菌等的生长。对革兰阳性菌、酵母、霉菌也具有明显抑制效果[11,16,17]。另外，鱼精蛋白能抑制好气性细菌孢子发芽后的发育，若与加热灭菌法并用，则效果更好，而且能有效地抑制肉毒梭状芽孢杆菌中的 A 型、B 型及 E 型菌的发育。

对各种微生物来说，因菌种与性状差异，鱼精蛋白的最小抑制浓度（MIC）也不同。如霉菌、酵母，125mg/kg 的鱼精蛋白浓度就可以达到抑制效果；枯草杆菌、金黄色葡萄球菌、蜡样芽孢杆菌的 MIC 为 500mg/kg；而大肠杆菌、沙门菌则为 800mg/kg。在 *Bacillus* 属中，*Lactobacillus* 属细菌的最小抑制浓度为 100～200μg/mL，*Streptococcus* 属为 400μg/mL，*Enterobacter* 属为 650～700μg/mL。但因食品原料种类、加工方法和加工环境的不同造成杀菌的所处环境差异，致使对各种菌种的最小抑制浓度有所改变。

鱼精蛋白存在游离型和盐类型，游离型鱼精蛋白的抗菌效果比盐类型鱼精蛋白抗菌效果见效更快，但稳定性不如后者，因而在高温处理时盐类型的活性比游离型高。鱼精蛋白的抗菌所表现的是杀菌效应，而非静菌效应，其抗菌效果迅速，在 5～10min 内就可以看出效果。

鱼精蛋白的抗菌活性，在食品环境的 pH 值为 6.0 以上时有明显的效果，随着 pH 值的增加活性增强，如在 pH6～9 的范围内，鱼精蛋白对金黄色葡萄球菌的 MIC 均小于 500mg/kg，且随着 pH 的升高 MIC 又逐渐减小，但 pH 值为 5.0 以下时其抗菌效果微弱。

食品中含有多种无机盐，可解离出大量金属离子，它们对鱼精蛋白的抗菌效果影响较大。李来好等在鱼糕制品中添加 0.8%鱼精蛋白于 12℃和 24℃的有效保存期分别为 7 天和 5 天，达到添加 0.3%苯甲酸钠或 0.2%山梨酸钾的效果[18]。

4. 甲壳质类

甲壳素（chitin），也称几丁质。化学名称为 *N*-乙酰-2-氨基-2-脱氧-D-葡萄糖。将甲壳素分子中 C2 上的乙酰基脱除后可制成脱乙酰甲壳质，称为壳聚糖。壳聚糖具有成膜性、人体可吸收、抗辐射和抑菌防霉作用。

甲壳素和壳聚糖作为天然高分子多糖，早在 1991 年国际甲壳素大会上就被誉为人体所必需的第六大生命要素；同时甲壳素及其衍生物作为一种天然的抗菌剂近年来备受瞩目，其在抗细菌、抗真菌方面效果非常明显，而且其资源丰富、性质独特、安全无毒，应用范围已相当广泛，尤其在食品、医药、化妆品、农业、环保等方面最为活跃。

壳聚糖对微生物的抑制作用除了与壳聚糖的脱乙酰度（以下简称为 DD 值）、分子量大小、浓度、来源有关外，还与对象菌的种类、环境温度和 pH 值等因素有关。这些因素对壳聚糖抑菌作用的影响是：①分子大小相近的壳聚糖，抑菌能力随其 DD 值增加而增加[19,20]。②大分子壳聚糖的抑菌能力比小分子壳聚糖强[21,22]。③壳聚糖对革兰阳性菌的抑制作用比对革兰阴性菌强[21,23]；细菌容易受到壳聚糖的抑制，酵母菌次之，而壳聚糖对真菌的抑制作用则相对较弱[20,22]。④壳聚糖的抑菌能力随其浓度升高而增强[24]，随环境介质的 pH 值升高而降低[20～23,25]。⑤溶剂对壳聚糖的抑菌能力也有一定的影响，一般来说以醋酸为溶剂比其他溶剂强[26]。

张伟等[27]对水溶性壳聚糖的抗菌性进行了实验，发现水溶性壳聚糖的抗菌活性随其浓度的增加而增强，且它的抗真菌性要强于其抗菌性。陈忻[28]测定了氨基葡萄糖盐酸盐对普通变形杆菌等 21 种微生物的抗菌作用，发现氨基葡萄糖盐酸盐对细菌的抑制作用最强，酵母菌次之，而对霉菌的抑制作用较弱。

据报道[29～31]，甲壳质及其衍生物在鱼虾等类水产品中具有良好的保鲜效果。

5. 贝壳提取物的抗菌性

根据曾名勇的实验[32,33]和国外文献报道[34]，从海洋贝壳中提取的天然保鲜剂也具有较好的抗菌作用。

贝壳提取物对根霉、枯草芽孢杆菌、白色念珠菌等有很好的抑制效果，其最小抑菌浓度分别为 0.0215%、0.043%、0.043%。此外，对假单胞菌、嗜热脂肪芽孢杆菌、大肠杆菌和毛霉也有较好的抑制作用，对金黄色葡萄球菌、沙门菌、副溶血弧菌、肠链球菌也有一定的抑制作用。贝壳提取物的抑菌作用随浓度的增大而增强。

6. 植物中的天然抗菌物质

植物中的抗菌物质大致可以分为四类：植物抗毒素类、酚类、有机酸类和精油类。这些化合物由植物受到微生物侵袭诱导产生的远前体合成，或由植物被天然的或人造化合物诱导出的远前体合成。

目前天然植物中存在的抗菌物质尚未商业化使用，主要是其杀菌有效性和大剂量使用时有特殊气味之间存在矛盾。

第三节　抗 氧 化 剂

抗氧化剂是防止或延缓食品氧化变质的一类物质。水产品所含有的高不饱和脂肪酸特别容易被氧化，从而使水产品的风味和颜色劣化，并且产生对人体健康有害的物质。为了防止食品氧化变质，除了可对水产食品原料、加工和贮运环节采取低温、避光、隔氧或充氮等措施以外，配合添加适量的抗氧化剂能有效地改善其贮藏效果。

作为抗氧化剂，其应具备以下几个条件：①对食品具有良好的抗氧化效果，用量适当；②使用时和分解后都无毒、无害，对于食品不会产生怪味和不利的颜色；③使用中稳定性好，分析检验方便；④容易制取，价格便宜。

抗氧化剂的种类繁多，抗氧化的作用机理也不尽相同，现已研究发现的机理如下：①抗氧化剂本身极易被氧化，从而降低介质中的含氧量，抑制食品成分的氧化；②抗氧化剂本身可释放出氢离子，破坏或终止油脂在氧化过程中所产生的过氧化物，使之不能继续被分解成醛或酮类等低分子物质，如各种酚类抗氧化剂；③有些抗氧化剂是自由基吸收剂（游离基清除剂），可能与氧化过程中的氧化中间产物结合，从而阻止氧化反应的进行；④抗氧化剂能阻止或减弱氧化酶的活性；⑤金属离子螯合剂，可通过对金属离子的螯合作用，减少金属离子的促进氧化作用；⑥多功能抗氧化剂如磷脂和美拉德反应产物等的抗氧化机理。

常用的抗氧化剂分为脂溶性和水溶性两种，脂溶性抗氧化剂包括二丁基羟基甲苯（BHT）、维生素 E、没食子酸丙酯等，水溶性抗氧化剂包括异抗坏血酸及其钠盐、植酸、乙二胺四乙酸（EDTA）等。

水产品在保鲜过程中单独使用抗氧化剂的效果并不明显，只有与其他保鲜方法共同使用才能达到抗氧化的目的，一般是在干制、冷藏、辐照时辅以抗氧化剂来共同抑制产品表面的氧化作用。

一、脂溶性抗氧化剂

脂溶性抗氧化剂易溶于油脂，主要用于防止食品油脂的氧化酸败及油烧现象，常用的种类有丁基羟基茴香醚、二丁基羟基甲苯、没食子酸丙酯及生育酚混合浓缩物等。此外，正在研究和使用的脂溶性抗氧化剂还有愈疮树脂、正二氢愈疮酸、没食子酸及其酯类（十二酯、辛酯、异戊酯）、特丁基-对苯二酚、2,4,5-三羟基苯丁酮、乙氧基喹、3,5-二特丁基-4-茴香醚以及天然抗氧化剂如芝麻酚、米糠素、胚芽油、褐变产物和红辣椒抗氧化物质等。

1. 丁基羟基茴香醚

丁基羟基茴香醚（BHA）又称为特丁基-4-羟基茴香醚，简称 BHA。

BHA 热稳定性强，是可用于焙烤食品的抗氧化剂。BHA 吸湿性微弱，并具较强的杀菌作用。试验证明 BHA 与其他抗氧化剂并用可以增加抗氧化效果。BHA 比较安全，为国内外广泛使用的抗氧化剂，其 ADI 值为 0～0.5mg/kg。在油脂、油炸食品等中最大使用量为 0.2g/kg。

2. 二丁基羟基甲苯

二丁基羟基甲苯（BHT）又称为 2,6-二特丁基对羟基甲苯，或简称 BHT。

BHT 热稳定性强，对长期贮藏的食品和油脂有良好的抗氧化效果，基本无毒性，其 ADI 值为 0～0.5mg/kg，在食品中最大添加量为 0.2g/kg。

3. 没食子酸丙酯

没食子酸丙酯（PG）又称为酸丙酯，或简称 PG。

PG 热稳定性强，但易与铜、铁离子作用生成紫色或暗紫色化合物。PG 有一定的吸湿性，遇光则能分解。PG 与其他抗氧化剂并用可增强效果。PG 摄入人体可随尿排出，比较安全，其 ADI 值为 0～0.2mg/kg，在食品中最大添加量为 0.1g/kg。

按照国家规定，没食子酸丙酯可用于油脂、油炸食品、干鱼、饼干、速食面、速食米、干制食品、罐头、腌制肉制品、果蔬罐头、果酱、冷冻鱼、啤酒、瓶装葡萄酒、果汁肉及肉制品、油脂火腿、糕点。

4. 生育酚混合浓缩物

维生素 E 又称为生育酚，广泛分布于动植物体内，已知的同分异构体有 7 种，经人工提取后，浓缩即成为生育酚混合浓缩物。该抗氧化剂热稳定性强，耐光、耐紫外线和耐辐射性也较强。除用于一般的油脂食品外，还是透明包装食品的理想抗氧化剂，也是目前国际上应用广泛的天然抗氧化剂。焙烤及油炸食品可按其含油量的 0.01%～0.1%（质量分数）添加，肉制品、水产加工品、脱水蔬菜、果汁饮料、冷冻食品、方便食品可按其含油量的

0.01%～0.2%（质量分数）添加，效果显著。其ADI值为0～2mg/kg。对人体无毒害。

5. 叔丁基对苯二酚

叔丁基对苯二酚（TBHQ）的抗氧化活性与BHT、BHA或PG相等或稍优于它们。TBHQ的溶解性能与BHA相当，超过BHT和PG。TBHQ对其他的抗氧化剂和整合剂有增效作用，例如，对PG、BHA、BHT、维生素E、抗坏血酸棕榈酸酯、柠檬酸和EDTA等有增效作用。TBHQ最有意义的性质是在其他的酚类抗氧化剂都不起作用的油脂中有效，柠檬酸的加入可增强其活性。

TBHQ对大多数油脂，尤其是植物油来说，较其他抗氧化剂有更有效的抗氧化稳定性[35]。此外，它不会因遇到铜、铁而发生颜色和风味方面的变化，只有在有碱存在时才会转变为粉红色。对蒸煮和油炸食品有良好的持久抗氧化能力，但它在焙烤制品中的持久力不强，除非与BHA合用。在植物油、膨松油和动物油中，TBHQ一般与柠檬酸结合使用。

叔丁基对苯二酚的ADI为0～0.2mg/kg（FAO/WHO，1991）。LD_{50}＝700～1000mg/kg（大鼠，经口）。何碧烟在研究抗氧化剂对鲢鱼糜的脂质氧化影响中发现，添加0.01%的TBHQ对鱼糜脂质氧化有明显作用，且抗氧化性能稳定[36]。

二、水溶性抗氧化剂

水溶性抗氧化剂主要用于防止食品氧化变色，常用的种类是抗坏血酸类抗氧化剂。此外，正在研究和使用的水溶性抗氧化剂还有许多种，如异抗坏血酸及其钠盐、植酸、乙二胺四乙酸二钠以及氨基酸类、肽类、香辛料和糖苷、糖醇类抗氧化剂。

1. 抗坏血酸

抗坏血酸又称维生素C。抗坏血酸能防止褐变及品质风味劣变现象。此外，还可作为α-生育酚的增效剂，防止动物油脂的氧化酸败。在肉制品中起助色剂作用，并能阻止亚硝胺的生成，是一种防癌物质，其添加量约为0.5%（质量分数）左右。抗坏血酸及其钠盐对人体无害，抗坏血酸的ADI值为0～15mg/kg。

2. 植酸

植酸对热比较稳定。植酸有较强的金属螯合作用，因此具有抗氧化增效能力。

用于水产品罐头，植酸可以防止鸟粪石结晶的形成和变色的产生。在大马哈鱼、鳟鱼、虾、金枪鱼及墨斗鱼等罐头中，经常发现有玻璃状结晶，即鸟粪石的磷酸铵镁（$MgNH_4PO_4 \cdot 6H_2O$），添加0.1%～0.2%的植酸以后，不再产生这种物质。贝类罐头在加热杀菌时可产生硫化氢等，与肉中的铁、铜以及从罐头铁皮溶出的铁、锡等特别是铁结合，产生硫化物而变黑，为防止变黑可添加0.1%～0.5%的植酸。另外添加植酸也可以防止蟹肉罐头出现蓝斑。蟹是节足动物，其血液中含有血蓝蛋白，是一种含铜的血色素蛋白。加热杀菌时所产生的硫化氢与铜反应，容易发生变蓝现象。添加0.1%的植酸和1%的柠檬酸钠可防止出现蓝斑。

植酸可以防止鲜虾变黑。鲜虾变黑严重影响其外观质量，为防止其变黑，可使用亚硫酸钠，但会使二氧化硫残留量过高。若添加0.01%～0.05%的植酸与0.3%的亚硫酸钠，效果甚好，且可避免二氧化硫残留量过高。也有采用0.05%～0.10%的植酸与0.05%的维生素E组合配方，对连头对虾防黑变效果显著[37]。

3. 乙二胺四乙酸二钠

乙二胺四乙酸二钠（EDTA-2Na）也是一种重要的螯合剂，能螯合溶液中的金属离子。利用其螯合作用，可保持食品的色、香、味，防止食品氧化变质。

4. 氨基酸

一般认为氨基酸既可以作为抗氧化剂，也可以作为抗氧化剂的增效剂使用，如蛋氨酸、色氨酸、苯丙氨酸、丙氨酸等，均为良好的抗氧化增效剂。主要是由于它们能螯合促进氧化作用的微量金属。色氨酸、半胱氨酸、酪氨酸等有二电子的氨基酸，对食品的抗氧化效果较大。

5. 茶多酚

茶多酚（green tea polyphenols，GTP），又称茶单宁、茶鞣质，是一类以儿茶素为主的具有抗氧化作用的酚类化合物。它在油脂、食品、医药、日化、轻化、化妆品、保健等诸多方面具有广阔的应用前景，并被专家誉为21世纪将对人类健康产生巨大影响的化合物。

茶多酚可抑制气相氧自由基引起的膜脂类分子的过氧化，维护细胞的流动性；一定浓度的茶多酚可抑制铬参与的膜蛋白巯基构象变化；同时能防止由^{60}Co辐射诱发的DNA损伤。茶多酚的抗氧化活性是由于对过氧化自由基的强清除能力和它对铁离子的结合作用引起的[38]。实验表明，1mg绿茶多酚具有相当于9μg小牛铜-锌超歧化酶清除超歧氧化自由基的作用，可见其抗氧化能力之强[39]。由于茶多酚是一种高效低毒的天然抗氧化保鲜剂，因而在食品工业中得以应用，主要用于油脂及其制品、油炸及烘烤食品、鱼及肉制品的保鲜。可代替现在食品工业中常用的化学合成抗氧剂BHT、BHA，加适量茶多酚于油脂中，可有效地防止油脂“酸败”。

关于茶多酚对水产品的抗氧化作用是多方面的，各种水产品经茶多酚处理后保存，能使水产品保鲜效果更好，使鱼体外观保持鲜度，防止鱼体脂肪的氧化和“油烧”，抑制鲜鱼因自身氧化而引起肉质软化和风味降低的速度，从而保持其鲜度。加入茶多酚比传统的抗坏血酸钠效果更好[35,40～44]。

三、食品抗氧化剂使用注意事项

（1）食品抗氧化剂的使用时机要恰当　食品中添加抗氧化剂需要特别注意时机，一般应在食品保持新鲜状态和未发生氧化变质之前使用抗氧化剂，否则，在食品已经发生氧化变质现象后再使用抗氧化剂则效果显著下降，甚至完全无效。根据油脂自动氧化酸败的连锁反应，抗氧化剂应在氧化酸败的诱发期之前添加才能充分发挥抗氧化剂的作用。

（2）抗氧化剂与增效剂并用　增效剂是配合抗氧化剂使用并能增加抗氧化剂效果的物质，这种现象称为“增效作用”。例如油脂食品，为防止油脂氧化酸败，添加酚类抗氧化剂的同时并用某些酸性物质，如柠檬酸、磷酸、抗坏血酸等，则有显著的增效作用。

（3）对影响抗氧化剂还原性的诸因素加以控制　如前所述，抗氧化剂的作用机理是以其强烈的还原性为依据的，所以使用抗氧化剂应当对影响其还原性的各种因素进行控制。光、温度、氧、金属离子及物质的均匀分散状态等都影响着抗氧化剂的效果。紫外线及高温能促进抗氧化剂的分解和失效。所以在避光和较低温度下抗氧化剂效果容易发挥。

氧是影响抗氧化剂的敏感因素，如果食品内部及其周围的氧浓度高，则会使抗氧化剂迅速失效。为此，需要在添加抗氧化剂的同时采用真空和充氮密封包装，以隔绝空气中的氧，能获得良好的抗氧化效果。

第四节　水产品腌渍和烟熏

一、水产品腌渍的基本原理

腌渍食品是一种传统的食品保藏技术，它是利用食盐等腌渍材料处理食品原料，使其渗透到食品组织内部，提高其渗透压，降低其水分活性，或通过微生物的正常发酵降低食品的pH值，从而抑制有害菌和酶的活动，延长保质期。

食品在腌渍过程中，需使用不同类型的腌制剂，常用的有盐、糖等。腌制剂在腌制时首先形成溶液，才能通过扩散和渗透作用进入食品组织内，降低食品内的水分活性，提高其渗透压，借以抑制微生物和酶的活动，达到防止食品腐败的目的。

1. 溶液的扩散

食品的腌制过程，实际上是腌制液向食品组织内扩散的过程。扩散是在浓度差存在的条件下，由于分子无规则热运动而造成的物质传递现象，是一个浓度均匀化的过程。扩散的推动力就是渗透压，物质分子总是从高浓度向低浓度处转移，并持续到各处浓度平衡时才停止。

在扩散过程中，通过单位面积 A 的物质扩散量 $\mathrm{d}Q$ 与浓度梯度成正比，即：

$$\mathrm{d}Q=-DA\frac{\mathrm{d}c}{\mathrm{d}x}\mathrm{d}\tau \tag{10-1}$$

式中 Q——物质扩散量；

$\mathrm{d}c/\mathrm{d}x$——物质的浓度梯度；

τ——扩散时间；

D——扩散系数。

爱因斯坦假设扩散物质的粒子为球形时，扩散系数 D 的表达式可写成：

$$D=\frac{RT}{6N\pi d\eta} \tag{10-2}$$

式中 R——气体常数；

N——阿伏伽德罗常数；

T——温度；

η——介质黏度；

d——扩散物质微粒直径。

由上式可知，扩散系数的大小与温度、介质性质等有关。扩散系数随温度的升高而增加，温度每增加1℃，各种物质在水溶液中的扩散系数平均增加2.6%（2.0%～3.5%）。浓度差越大，扩散速率亦随之增加，但溶液浓度增加时，其黏度亦会增加，扩散系数随黏度的增加会降低。因此，浓度对扩散速率的影响还与溶液的黏度有关。扩散系数本身还与腌制剂的种类有关，一般来说，溶质分子越大，扩散系数越小。

2. 渗透

渗透是指溶剂从低浓度处经过半透膜向高浓度溶液扩散的过程。半透膜是只允许溶剂通过而不允许溶质或一些物质通过的膜。羊皮膜、细胞膜等均是半渗透膜。

溶剂的渗透作用是在渗透压的作用下进行的。溶液的渗透压，可由下面的公式计算出：

$$p_0=\frac{\rho_1 RTc}{100M_2} \tag{10-3}$$

式中，p_0为渗透压，Pa或kPa；ρ_1为溶剂的密度，kg/m^3或g/L；R为气体常数；T为绝对温度，K；c为溶质浓度，mol/L；M_2为溶质的分子质量，g或kg。

进行食品腌制时，腌制的速度取决于渗透压，而渗透压与温度及浓度成正比。为了提高腌制速度，应尽可能提高腌制温度和腌制剂的浓度。但在实际生产中，很多食品原料如在高温下腌制，会在腌制完成之前出现腐败变质。一般鱼类食品在10℃以下（大多数情况下要求在2～4℃）进行腌制。

食品腌制过程中，溶剂的密度和溶质分子量对腌制速度的影响相对较小，因为在实际生产中，能够选用的腌制剂和溶剂都有限，但是，从上式可看出，渗透压与腌制剂的分子及浓度有一定的关系，而且与其在溶液中的存在状况（是否呈离子状态）有关。

在食品的腌制过程中，食品组织外的腌制液和组织内的溶液浓度会借溶剂渗透和溶质的扩散而达到平衡。所以说，腌制过程其实是扩散与渗透相结合的过程。

3. 腌制剂在水产品保藏中的作用

(1) 食盐　水产品腌制时，使用的主要腌制剂是食盐。食盐除具有调味作用外，另一个重要作用是具有防腐性，食盐的防腐作用主要是通过抑制微生物的生长繁殖来实现的。

① 食盐溶液对微生物细胞的脱水作用　微生物正常的生长繁殖需要在等渗的环境中进行。如果微生物处在低渗的环境中，则环境中的水分会穿过微生物的细胞壁并通过细胞膜向细胞内渗透，使微生物细胞呈膨胀状态，如果内压过大，就会使原生质胀裂，微生物无法生长繁殖；如果微生物处于高渗的溶液中，细胞内的水分就会透过原生质膜向外渗透，结果是细胞的原生质因脱水而与细胞壁发生质壁分离，并最终使细胞变形，微生物的生长活动受到抑制，脱水严重时还会造成微生物的死亡。

食盐溶液具有很高的渗透压，1%食盐溶液可以产生 61.7kPa 的渗透压，而大多数微生物细胞内的渗透压为 30.7～61.5kPa。食品腌制时，腌制液中食盐的浓度要大于 1%，因此腌制液的渗透压很高，对微生物细胞会产生强烈的脱水作用，导致质壁分离，使微生物的生理代谢活动呈抑制状态，造成微生物停止生长或者死亡，从而达到防腐的目的。

② 食盐溶液能降低水分活度　盐溶于水后会离解为钠离子和氯离子，并在其周围聚集一群水分子，形成水合离子。食盐的浓度越高，所吸引的水分子也就越多，这些被离子吸引的水就变成了结合水状态，导致自由水的减少，水分活度下降。溶液的水分活度随食盐浓度的增大而下降，在饱和食盐溶液（26.5%）中，由于水分全部被离子吸引，没有自由水，因此，所有的微生物都不能生长。

③ 食盐溶液对微生物产生生理毒害作用　食盐溶液中含有 Na^+、Mg^{2+}、K^+、Cl^-，这些离子在高浓度时能对微生物产生毒害作用。酸能加强 Na^+ 对微生物的毒害作用。一般情况下，酵母菌在 20%的食盐溶液中才会被抑制，但在酸性条件下，14%的食盐溶液就能抑制其生长。

氯化钠对微生物的毒害作用也可能来自氯离子，因为氯离子也会与细胞原生质结合，从而促使细胞死亡。

④ 食盐溶液中氧的浓度下降　食品腌制时使用的盐水或渗入食品组织内形成的盐溶液其浓度很大，使得氧气的溶解度下降，从而造成缺氧环境，一些好气性微生物的生长受到抑制。

(2) 糖　糖同样可以降低水分活度，减少微生物生长、繁殖所能利用的水分，并借渗透压导致细胞质壁分离，抑制微生物的生长活动。腌制常用糖类有葡萄糖、蔗糖和乳糖。蔗糖在水中的溶解度高，25℃时饱和溶液的浓度可达 67.5%，产生高渗透压。蔗糖作为砂糖中的主要成分（含量在 99%以上），是一种亲水性化合物，蔗糖分子中含有许多羟基，可以与水分子形成氢键，从而降低了溶液中自由水的量，水分活性也因此而降低。浓度为 67.5%的饱和蔗糖溶液，水分活性可降到 0.85 以下。

糖渍时，由于高渗透压下的质壁分离作用，微生物生长受到抑制甚至死亡。糖的种类和浓度决定了其所抑制的微生物的种类和数量。

在高浓度的糖液中，霉菌和酵母的生存能力较细菌强，因此用糖渍方法保藏加工的食品，主要应防止霉菌和酵母的影响。

4. 影响食盐渗透速率的因素

食品腌制的主要目的是防止腐败变质，但同时也为消费者提供了具有特别风味的腌制食品。为了达到这些目的，就应对腌制过程进行合理的控制。扩散渗透速率和发酵是腌制过程的关键，若对影响这两者的因素控制不当就难以获得优质腌制食品。这些因素主要有食盐的纯度、食盐的浓度、原料的性质、温度和空气等。

(1) 食盐的纯度　食盐中除含 NaCl 外，尚含有 $CaCl_2$、$MgCl_2$、Na_2SO_4 等杂质，这些杂质在腌制过程中会影响食盐向水产品内部渗透的速率。有人曾用去头和内脏的鲍鱼腌制时的食盐纯度对食盐的内渗速度进行了研究，用不同纯度的食盐干腌后测定皮下 0.5～1.0cm 深处肌肉内氯含量，结果见图 10-1。结果表明，如果食盐中含有杂质，会阻碍食盐向鱼体内渗透。因此为了保证食盐迅速渗入水产品内，应尽可能选用纯度较高的食盐，以便防止水产品的腐败变质。食盐中硫酸镁和硫酸钠过多还会使腌制品具有苦味。

食盐中不应有微量的铜、铁、铬存在，它们对制品中脂肪氧化酸败会产生严重的影响。

（2）盐水浓度　扩散渗透理论表明，扩散渗透速率随盐分浓度而异。雷伊用各种浓度食盐水腌制鲱鱼进行了试验，其结果见图 10-2。干腌时用盐量越多或湿腌时盐水浓度越大，则渗透速率越快，水产品中食盐的内渗透量越大。但是，盐水渍时，尽管加入充分的食盐并长时间的浸渍，但鱼肉中的盐浓度不能达到盐水的浓度。这是由于鱼肉中的一部分水分不能作为溶剂。

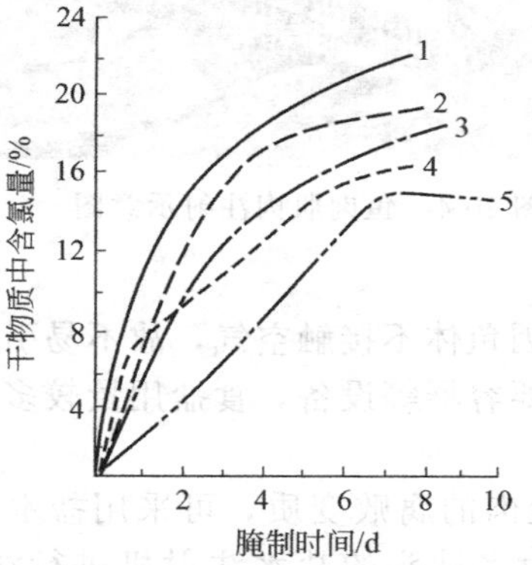

图 10-1　鲍鱼腌制时食盐纯度对食盐内渗速度的影响

1—纯 NaCl；2—99%NaCl+1%$MgCl_2$；3—95.3%NaCl+4.7%$MgCl_2$；4—90%NaCl+10%Na_2SO_4；5—99%NaCl+1%$CaCl_2$

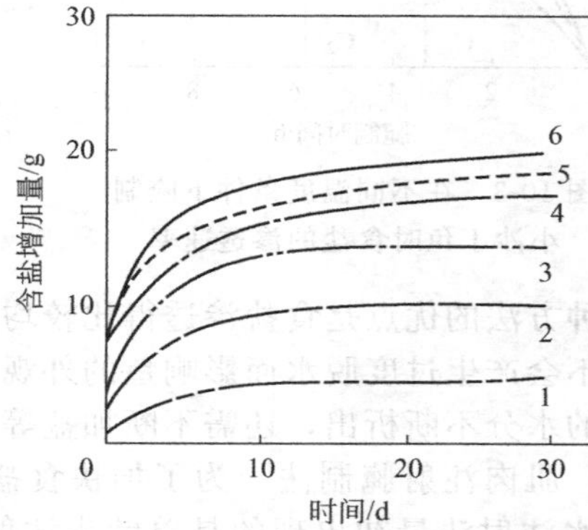

图 10-2　在不同浓度盐水中腌制鲱鱼时食盐的内渗量

1—4.2%盐水；2—9.0%盐水；3—18.0%盐水；4—22.4%盐水；5—24.4%盐水；6—干盐

（3）盐渍温度　食盐的渗透速率自然随温度提高而加快。有人以小沙丁鱼做盐渍实验，结果见图 10-3，表明 0℃盐渍所需要的时间约为 15℃时所需要时间的 2 倍，为 30℃时所需要时间的 3 倍，平均每提高 1℃就可缩短时间约 13min[45]。虽然提高温度可缩短盐渍的时间，但实际操作时必须谨慎对待。对于肉层很厚或脂肪较多的鱼体，较适宜的盐渍温度是 5～7℃。对于小型鱼类可以在较高的温度下盐渍，因为食盐的渗透相对较快。

（4）原料鱼的性状　食盐的渗透因原料鱼的化学组成、比表面积及其形态而异。对全鱼而言，皮下脂肪层薄、少脂性的鱼或无表皮的时候渗透速率快，鱼片比全鱼渗透快。一般新鲜的鱼渗透要快。解冻鱼的食盐渗透速率与冻藏时间有关，短期冻藏比未冻鱼渗透快，长期冻藏反而慢。

5. 腌制方法

水产品的腌制方法很多，按照用盐方式不同，可分为干腌法、湿腌法和混合腌制法等。

（1）干腌法　又称盐渍法、撒盐法。它是将盐直接撒在鱼体上，利用食盐产生的高渗透压使鱼体脱水，同时食盐溶化为盐水并渗入其组织内部。干腌法的优点是操作简便，处理量大，盐溶解时吸热降低了物料温度而有利于贮藏。它的缺点是用盐不均匀，油脂氧化严重，因此比较适合于低脂鱼的腌制。另外，由于卤水不能即时形成，推迟了食盐渗透到鱼体中心的时间，使得盐渍过程被延长。

(2) 湿腌法　又称盐水渍法，它是将鱼体浸没在盛有一定浓度的食盐溶液容器中，利用溶液的扩散和渗透作用使盐液均匀地渗入其组织内部。由于鱼体的相对密度小于盐水的相对密度而使鱼上浮，所以鱼的上面要加重物。该法制备的物料适应于供应做干制或腌熏制的原料，既方便又迅速，但不宜用于生产咸鱼。

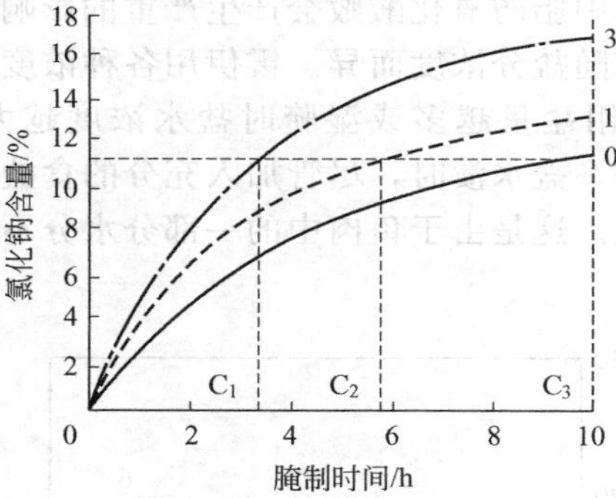

图 10-3　在不同温度条件下腌制小沙丁鱼时食盐的渗透速率

图 10-4　鱼肉肌肉注射示意图

这种方法的优点是食盐渗透得比较均一，盐腌过程中因鱼体不接触空气，故不易引起氧化，且不会产生过度脱水而影响鱼的外观。不足之处是需要容器等设备，食盐用量较多，由于鱼体的水分不断析出，还需不断加盐等。

(3) 肌肉注射腌制法　为了加快食盐的渗透，防止鱼肉的腐败变质，可采用盐水注射法。盐水注射法最初出现的是单针头注射，进而发展为由多针头的盐水注射机进行注射。用盐水注射法可以缩短腌制时间，提高生产效率，降低生产成本，但是其成品质量不及干腌制品，风味略差。注射多采用专业设备，一排针头可多达 20 枚，每一针头中有多个小孔，平均每小时可注射 6 万次之多，由于针头数量大，两针相距很近，因而注射至肉内的盐液分布较好（图 10-4）。

另外，为进一步加快腌制速率和盐液吸收程度，注射后通常采用按摩或滚揉操作，即利用机械的作用促进盐溶性蛋白质抽提，以提高制品保水性，改善肉质。

注射腌制的制品水分含量高，产品需冷藏。或常与其他方法结合使用，才能达到保藏的目的。

(4) 混合腌制法　是将干腌和湿腌相结合。该方法是预先将食盐擦抹在鱼体上，装入容器后再注入饱和盐水，鱼体表面的食盐随鱼体内水分的析出而不断溶解，这样一来盐水就不至于被冲淡，克服了干法易氧化、湿法速率慢的缺点。

也可将盐液注射入鱼肉后，再按层擦盐，按层堆放在腌制架上，或装入容器内加食盐或腌制剂进行湿腌。盐水浓度应低于注射用盐水浓度，以使肉类吸收水分。

混合腌制法的特点为：混合腌制的产品色泽好、营养成分流失少、咸度适中。

(5) 腌制方法的发展

① 预按摩法　腌制前采用 60～100kPa/cm^2 的压力预按摩，可使肌肉中肌原纤维彼此分离，并增加肌原纤维间的距离使肉变松软，加快腌制材料的吸收和扩散，缩短总滚揉时间。

② 无针头盐水注射　不用传统的肌肉注射，采用高压液体发生器，将盐液直接注入原料肉中。

③ 高压处理　高压处理由于使分子间距增大和极性区域暴露，提高了肉的持水性，改善了肉的出品率和嫩度，据 Nestle 公司研究结果，盐水注射前用 200MPa 高压处理，可提高 0.70%～2%出品率。

④ 超声波　作为滚揉辅助手段，促进盐溶性蛋白质萃取。

6. 腌制过程中水产食品品质的变化

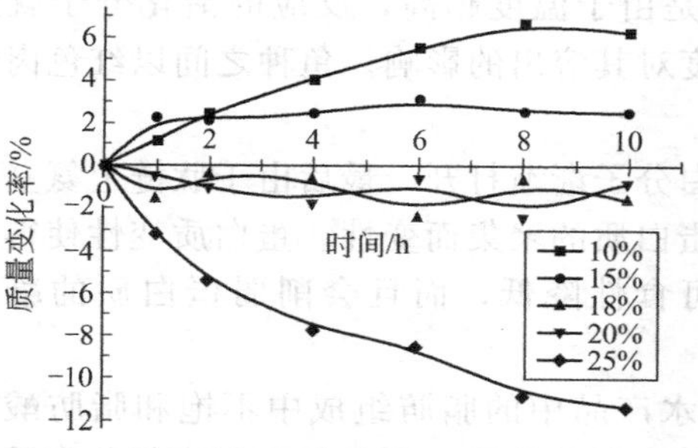

图 10-5　食盐浓度对海鳗鱼体质量变化的影响（22℃）

（1）水产品中水分、盐分的变化　水产品在盐渍过程中，鱼体水渗出的同时盐分等则渗入，同时还有其他溶质的变化，因而使鱼体总体质量增加或减少。干腌渍法，不管何种条件鱼体总是脱水，因而质量减少，其程度与用盐量成正比。盐水腌渍时，食盐浓度是影响鱼体质量变化的关键因素，随着腌渍时间的延长，食盐渐渐地被鱼肌肉所吸收，而鱼体本身在渗透溶液中会脱水，但是脱水的程度与食盐的获得随着渗透液浓度的变化而发生变化，在低的渗透浓度下，脱水程度低于食盐获得的量，因而总体表现为质量的增加；在高的渗透浓度下，食盐获得程度小于脱水程度，同时因为鱼肌肉中的可溶性物质如氨基酸等的溶解于盐卤中因而总体表现为质量的减少，图 10-5 为腌渍海鳗时的质量变化情况[46]。

在不同的食盐浓度下进行盐渍时，伴随着水分的渗出和食盐的渗入以及肌肉组织中的组分在盐卤中的溶出，鱼体在组织外观上有明显变化，当鱼体总体质量为减少时，鱼体有一定程度的组织收缩（见图 10-6），组织结构紧密、较硬。质构分析表明，随着腌制鱼中食盐含量增加，其硬度和内聚性明显增加，而弹性随着减小。

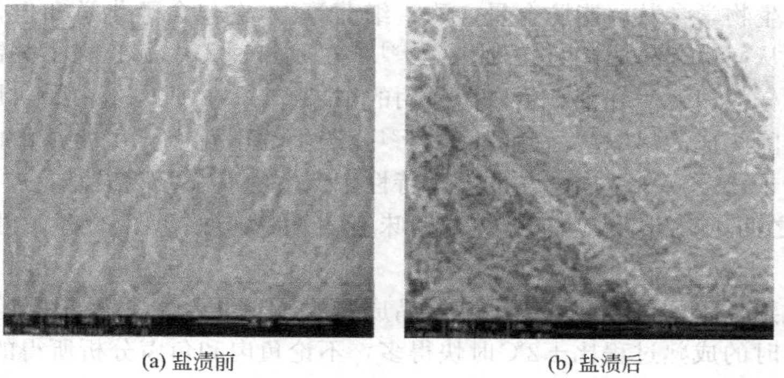

(a) 盐渍前　(b) 盐渍后

图 10-6　盐渍前后海鳗肌肉的变化

对白鲢腌制过程研究[47]显示腌制条件与成分的相关性分析结果见表 10-1，从表中可知鱼肉中氯化钠含量与腌制时间和盐水浓度呈极显著正相关；与腌制温度显著正相关；盐卤中的可溶性蛋白含量与腌制时间呈极显著正相关、与盐水浓度呈极显著负相关关系；盐卤中氨基态氮含量与腌制时间和温度极显著正相关，与盐水浓度显著负相关。由此可知，为降低成品中的氯化钠含量和控制肌肉中蛋白质等营养成分的析出，应降低腌制温度、缩短腌制时间、提高盐水浓度。

表 10-1　腌制条件与成分含量的相关性（r/α①）

腌制条件	鱼肉食盐含量	盐卤中可溶性蛋白	盐卤中氨基态氮
时间/h	0.555/0.000	0.499/0.000	0.581/0.000
温度/℃	0.091/0.049	0.074/0.109	0.437/0.000
盐水浓度/%	0.677/0.000	−0.592/0.000	−0.094/0.043

① $\alpha \leqslant 0.01$ 极显著相关；$\alpha \leqslant 0.05$ 显著相关；$\alpha \leqslant 0.1$ 相关。

(2) 营养成分的变化　由于盐渍时鱼体和微生物酶的作用，蛋白质被分解，分解的程度与食盐的浓度成反比，这是因为高浓度的食盐对鱼体中的蛋白酶具有较强的抑制作用，浓度越大，抑制也越大。温度越高，分解程度越大，这是由于温度越高，反应的活化分子就越多，反应就越容易进行，但浓度的影响明显大于温度对其溶出的影响。鱼种之间以红色肉鱼分解大，同一种鱼以全鱼比去内脏的鱼分解程度大。

随着腌鱼制品食盐含量渐渐增大，其肌动球蛋白分子渐渐打开，最后由于肽链上氨基酸侧链间的键桥变化及疏水性区域的局部变化，形成蛋白质的聚集而变性。蛋白质变性使得腌鱼制品的口感变差，使鱼的组织结构韧性增加，可食性降低，而且会削弱蛋白质的凝胶性能。

水产品中的脂肪在盐渍过程中也被分解，同时水产品中的脂肪组成中不饱和脂肪酸较多，易被空气氧化，并发展为油哈。氧化产物中存在着毒性物质。食盐具有促进氧化变质的作用。防止脂质的氧化，可添加抗氧化剂并采用低温盐渍。

(3) 腌制品的成熟　腌制品的成熟就是除腌制剂渗透扩散过程外，同时还存在化学和生物化学变化的过程。

由于微生物和鱼体组织酶类的作用，在较长时间的盐渍过程中逐渐失去原来鲜鱼肉的组织状态和风味特点，肉质变软，氨基态氮含量增加，形成咸鱼特有的风味，此过程即为咸鱼的熟成或称腌制熟成。只有经历成熟过程后，腌制品才具有它自己特有的风味、色泽和质地。腌制品经历成熟时间越长，质量越佳。

成熟是一个复杂的过程，决定于成熟物化条件的各种参数（温度、pH、离子强度和水分活度）和鱼的生物学参数（脂肪含量、酶、细菌等）。它包含了化学和生化反应使得鱼组织特性发生变化从而引起鱼的感官特性变化[48]，在成熟过程中酶起到了关键作用，是由于如组织蛋白酶那样的内源酶和细菌蛋白酶作用的结果[49~51]，肌肉蛋白酶对肌浆蛋白质和肌纤维蛋白质进行降解成为组织蛋白酶的底物[52]。产生的生化变化主要是蛋白质组分和脂肪的降解形成低分子化合物赋予了产品的感官特性，产生的肽和氨基酸以及进一步酶解的产物还有涉及它们之间的化学反应构成了对风味有重大影响的重要的挥发性和非挥发性化合物[53~56]。

腌制品在成熟过程中，温度愈高，腌制品成熟的速度也愈快。根据小沙丁鱼腌制时分析结果表明，10℃时的成熟过程比±2℃时快得多，不论鱼肉和鱼卤分析所得的结果都是如此。成熟过程中鱼卤中蛋白质（球蛋白）和非蛋白质氮也同样均有所增加，并随温度而异。含盐量为8%～12%的咸鲱鱼在−5℃温度下虽然成熟很慢，但成熟腌制品却具有香浓味美的特色，若在高温下成熟就会出现酸味。咸度高的鱼成熟很慢，而且不能形成咸度低的鱼成熟后具有的美味。脂肪含量对成熟腌制品的风味也有很大的影响，多脂鱼腌制后的风味胜过少脂鱼。有人认为脂肪在弱碱性条件下将分解成甘油和脂肪酸，而后者与碱类化合物化合和皂化，少量皂化将增加鲜味，少量的甘油可使腌制品润泽，略带甜味。甘油不能过多，否则会回潮和发霉。

腌制过程中腌制品内常会有一部分可溶性物质外渗到盐水中去，如肌动球蛋白、肌球蛋白、肌白蛋白会外渗入盐水内，这些营养物质就成为微生物生长活动的基础，它们的分解物就成为成熟腌制品风味的来源。因此处于自然盐水中成熟的咸鲱鱼所获得的风味胜于处在经常更换人工盐水中成熟的腌制品。

长期腌制过程中形成的挥发性醛类也是腌制品香味来源之一。它的聚积和 pH 值逐渐向中性变化的过程同时发生。例如腌制 21 日后，腌制品的 pH 值为 6.5～7.5，时间增长后 pH 可增加到 6.7～7.0。

二、烟熏制品

烟熏水产品可以起到保鲜的作用，同时也可以获得特有的色泽和特殊的香气。在烟熏过程中，当温度达到40℃以上时，就能有效地杀死细菌，降低微生物总菌数。在烟熏时水产品表面的水分大量蒸发，降低了水分活度，抑制了微生物的生长繁殖，从而达到了保鲜的目的。

烟熏制品在国内外均有悠久的历史。人们已经发现烟熏可使鱼、肉制品脱水，并产生怡人的香味，且可以改善其的颜色，减少腐败变质等。随着罐装、冷冻、冷藏技术的发展，烟熏作为储藏手段已不重要，更重要的作用是改善鱼、肉的颜色和提高鱼、肉的风味。

1. 烟熏的目的

烟熏的目的概括有以下五个方面。

(1) 使制品产生特有的烟熏风味　烟熏的初始目的仅仅是为了提高食品的保藏性，随着人们生活水平不断提高，食品的安全性以及消费者对其嗜好性成为烟熏的重要因素，所以现在烟熏的目的已经发生了很大变化，烟熏的目的也逐渐从延长保藏期转变到增加制品的风味和美观上来。

(2) 抑制微生物的生长　在烟熏的过程中，苯酚和羰基化合物等会渗透、蓄积在食品中，其中有些物质具有杀菌作用。但是，由于不同的微生物具有不同的生长条件和致死条件，所以相同的烟熏方法，对其的杀菌效果存在差异。例如，无芽孢细菌经过几小时的烟熏几乎都会被杀死，但芽孢细菌具有很强的抵抗力，就不易杀死。

食品中蛋白质和盐的存在影响熏烟的杀菌能力。蛋白质的存在会减弱烟熏的杀菌能力；食盐对烟熏杀菌作用的影响依据盐含量的不同产生差异，但在5%的含量范围内，会加强细菌的抵抗力，降低杀菌力。烟熏的温度对熏烟的杀菌能力也有一定的影响，如温度为30℃时较淡的熏烟就对细菌有很大影响，温度13℃时而浓度较高的熏烟能显著地降低微生物数量；温度为60℃时不论淡的还是浓的熏烟都能将微生物数量下降到原来的0.01%。因此，烟熏方法不同，杀菌效果也不一样，伴有加热作用的烟熏，杀菌效果更为明显。

烟熏时制品还会失去部分水分能延缓细菌生长、降低细菌数。但是，烟熏却难以防止霉菌生长，故烟熏制品仍存在长霉的问题。

(3) 形成熏制品特有色泽　烟熏制品表面上形成的特有的红褐色主要是由于褐变或美拉德反应。虽然对美拉德反应确切的机理还不是很清楚，但起反应的基本条件是必须存在蛋白质或其他含氮化合物中的游离氨基和糖或其他碳水化合物中的羰基。羰基是木材发生熏烟中的主要成分，因此，褐变或美拉德反应是肉制品烟熏时产生红褐色的主要原因。

烟熏产品呈现红褐色的另一个原因是熏烟本身具有颜色。不同的材料和燃烧状态会产生不同的颜色。

随着烟熏时间的延长烟熏制品颜色会越来越重，而且烟熏温度越高，呈色也越快。

(4) 抗氧化作用　烟熏对延缓鱼肉中脂肪的氧化也有作用。这是由于熏烟中所带的抗氧化性烟成分渗透于鱼肉中，使鱼肉产生了抗氧化性。通过对烟中成分的抗氧化性实验，确认苯酚类和水溶性物质丙二醇等具有很强的抗氧化性。

脂肪氧化主要是由于高度不饱和脂肪酸受到湿气、光、空气等因素影响引起分解产生的。鱼肉制品中的不饱和脂肪酸易导致脂肪氧化。因此，烟熏可以增加鱼肉制品的抗氧化性。

(5) 改善质地　烟熏一般是在低温下进行的，具有脱水干燥的作用。有效地利用干燥可以使制品的结构良好，但如果干燥过于急剧，鱼肉制品表面就会形成蛋白质的皮膜，使内部水分不易蒸发，达不到充分干燥的效果。不同的制品需要有不同的烟熏温度和时间，此外，制品在烟熏的同时，保持一定的空气湿度对肉制品干燥极为重要。

2. 熏烟的主要成分及其作用

熏烟是由水蒸气、气体、液体和微粒固体组合而成的混合物，其成分常因燃烧温度、燃烧条件、形成化合物的氧化变化及其他因素的变化而异。至今已从木材烟雾中分离出了300多种化合物，虽然这并不意味着这些成分都能在某一种烟熏食品中检测出来，而且就对食品风味和保藏所起的作用而言，烟雾中的许多成分都微乎其微。

在木材熏烟里所发现的化学成分中，最重要的包括酚、有机酸、醇、羰基化合物、烃和一些气体，如CO、CO_2、O_2、N_2、N_2O，这些化合物直接关系到食品的风味、货架期、营养价值和有效成分。

(1) 酚类物质　从木材熏烟中分离出来并经鉴定的酚类达20种之多，其中有邻甲氧基苯酚、4-甲基愈创木酚、4-乙基愈创木酚、丁香酚等。

在鱼肉制品烟熏中，酚类有三种作用：抗氧化剂作用；对产品的呈色和呈味作用；抑菌防腐作用。其中酚类的抗氧化作用对烟熏鱼、肉制品最为重要。

熏烟中单一酚对食品的重要性还没有确实的结论，但有许多研究认为多种酚的作用要比单一种酚重要。

酚对于鱼、肉制品的抗氧化作用最为明显，高沸点酚的抗氧化性要强于低沸点酚的。木材烟雾中的微粒相比气相的抗氧化作用强。

酚对熏制鱼、肉制品特有的风味和颜色有影响，如4-甲基愈创木酚、愈创木酚、2，5-二甲氧基酚等。熏烟风味与酚有关，还受其他物质的影响，它是许多化合物综合作用的效果。熏烟色是烟雾气相中的羰基与肉的表面氨基反应的产物。酚对熏烟色的形成也有影响。美拉德反应和类似的化学反应是形成熏烟色的原因。熏烟色的深浅与烟雾浓度、温度和制品表面的水分含量等有关，因此，在鱼、肉制品烟熏时，适当的干燥有利于形成良好的熏烟色。

气味则主要是来自于丁香酚。香草酸的令人愉快的气味也与甜味有关。应该说，烟熏风味是各种物质的混合味，而非单一成分能够产生。

酚类具有较强的抑菌能力。正由于此，酚系数常被用作为衡量和酚相比时各种杀菌剂相对有效值的标准。高沸点酚类杀菌效果较强。但由于熏烟成分渗入制品的深度有限，因而主要对制品表面的细菌有抑制作用。烟熏对细菌的抑制作用，实际上是加热、干燥和烟雾中的化学物质共同作用的结果，当熏烟中的一些成分如乙酸、甲醛、杂酚油附着在肉的表面时，就能防止微生物生长。酚向制品内扩散的深度和浓度有时被用来表示熏烟渗透的程度。

(2) 醇类物质　木材熏烟中醇的种类繁多，其中最常见和最简单的醇是甲醇或木醇，称其为木醇是由于它为木材分解蒸馏中主要产物之一。熏烟中还含有伯醇、仲醇和叔醇等，但是它们常被氧化成相应的酸类。

木材熏烟中，醇类对色、香、味并不起作用，仅成为挥发性物质的载体。醇类的含量低，所以它的杀菌性也较弱。

(3) 有机酸　熏烟组分中存在有含1～10个碳原子的简单有机酸，通常1～4个碳的酸存在于熏烟的蒸汽相中，而5～10个碳的酸存在于熏烟的微粒相中，因此，在蒸汽相中的酸为甲酸、乙酸、丙酸、丁酸和异丁酸，而戊酸、异戊酸、庚酸、辛酸、壬酸存在于微粒相中。

有机酸对熏烟制品的风味影响甚微，但可聚集在制品的表面，呈现一定的防腐作用。实验证明，酸对肉制品表面蛋白质的凝结起重要的作用，表面蛋白质的凝结对于肉制品的质量十分重要。此外，不论是蒸还是煮，由于在肉制品的外表形成了较致密、结实，有弹性的凝结蛋白质层，均可有效地防止制品开裂，当然，加热也有助于蛋白质凝结。挥发性的或可用蒸汽蒸馏出的酸对形成凝结的蛋白质十分重要。

(4) 羰基化合物 熏烟中存在有大量的羰基化合物。现已确定的有20种以上的化合物。同有机酸一样，它们存在于蒸汽蒸馏组分内，也存在于熏烟内的颗粒上。虽然绝大部分羰基化合物为非蒸汽蒸馏性的，但是蒸汽蒸馏组分内的羰基化合物在烟熏制品的气味和由羰基化合物形成的色泽方面起重要作用。短链简单的化合物对制品的色泽、滋味和气味的影响最重要。

熏烟中的许多羰基化合物可从众多烟熏食品中分离出来。尽管食品中的某些羰基化合物关系到烟熏制品的滋味和气味，但是，熏烟中高的羰基化合物浓度是赋予食品烟熏味的重要原因。不论机理如何，烟熏制品的烟熏味和色泽主要来自于熏烟中的蒸汽蒸馏部分的成分。

(5) 烃类化合物 从熏烟食品中能分离出许多多环烃类化合物，包括：苯并［*a*］蒽、二苯并［*a*,*h*］蒽、苯并［*a*］芘以及4-甲基芘等。动物试验证明，这当中至少有两种化合物，苯并［*a*］蒽和二苯并［*a*,*h*］蒽是致癌物质。

在烟熏食品中，其他多环烃类，尚未发现它们有致癌性。多环烃对烟熏制品来说无重要的防腐作用，也不能产生特有的风味，它们附在熏烟内的颗粒上，可以过滤除去。

虽然，苯并［*a*］蒽和二苯并［*a*,*h*］蒽在大多数食品中的含量相当低，但在烟熏鲑鱼中的含量较高（2.1mg/1000g湿重），在其他熏鱼中，苯并［*a*］芘的含量较低，如在鳝鱼和红鱼中各为0.5mg/1000g和0.3mg/1000g。

几种液体熏剂里已没有苯并［*a*］蒽和二苯并［*a*,*h*］蒽。制备不含有害烃类的烟熏剂是完全可能的。事实上，现在这种无致癌物的液体熏剂已广泛应用于肉制品的生产中。

(6) 气体物质 熏烟中产生的气体物质如CO_2、CO、O_2、N_2、N_2O等，其作用还不甚明了，大多数对熏制无关紧要。

气相中的N_2O与烟熏食品中亚硝胺（一种致癌物）和亚硝酸盐的形成有关。N_2O直接与食品中的二级胺反应可以生成亚硝胺，也可以通过先形成亚硝酸盐进而再与二级胺反应间接地生成亚硝胺。如果肉的pH值处于酸性范围，则有碍N_2O与二级胺反应形成*N*-亚硝胺。

3. 烟熏方法

过去烟熏是用直接燃烧木材和锯屑在烟熏室内完成的，这种古老的方法非常简便，但有其自身的缺点，因为熏烟中含有苯并芘和二苯并蒽等致癌物质，并且直火烟熏，几乎不可能保持烟熏室内的均匀状态。为了提高烟熏制品的质量，减少有害物质在制品上的沉积，提高烟熏效率，人们一直在对烟熏方法进行研究和改进，但是不管如何改变，烟熏的基本方式和效果没变。目前常用的烟熏方法主要有以下几种。

(1) 冷熏法 是在低温（15～30℃）下进行的烟熏法。原料在熏制前必须经过较长时间的腌制。这种烟熏方法的缺点是烟熏时间长，产品的重量减少大。但是由于进行了干燥和后熟，提高了保藏性，增加了风味。在温暖地区由于气温关系，这种方法很难实施。

(2) 温熏法 是在30～50℃范围内进行的烟熏法，此温度范围超过了脂肪熔点，所以脂肪很容易流出来，而且部分蛋白质开始凝固，肉质变得稍硬。由于这种烟熏法的温度范围利于微生物繁殖，如果烟熏时间过长，有时会引起制品腐败，烟熏的时间不能太长，一般控制在5～6h，最长不能超过2～3天。

(3) 热熏法 是在50～80℃范围内进行烟熏的方法。但是一般在实际工作时温度大多在60℃左右，在这个范围内，蛋白质几乎完全凝固，所以，在完成烟熏后，制品的形态与经过冷熏和温熏的制品有相当大的差别。这类制品表面的硬度很高，而且内部的水分含量也较高，并富含弹力，一般烟味很难附着。熏制时间一般为4～6h。由于熏制的温度较高，制品在短时间内就能形成较好的熏烟色泽，但是熏制的温度必须缓慢上升，否则会出现着色不均匀。

(4) 焙熏法　是超过80℃的烟熏方法，有时温度甚至高达140℃。用这种方法熏制的肉制品不必再进行热加工就可以直接食用。烟熏时间也不必太长。

(5) 电熏法　电熏法是应用静电进行烟熏的一种方法。在烟熏室配有电线，电线上吊挂原料后，给电线通（1～2)万伏高压直流电或交流电，进行电晕放电，熏烟由于放电而带电荷，可以更深地进入肉内，以提高风味，延长贮藏期。

电熏法的优点有：①贮藏期增加，不易生霉；②缩短烟熏的时间，只有温熏法的1/20；③原料内部的甲醛含量较高，使用直流电时烟更容易渗透。但用电熏法时在熏烟物体的尖端部分沉积物较多，会造成烟熏不均匀，再加上需要装置费、电费及用电困难等因素，目前电熏法还不普及。

(6) 液熏法　不是直接利用木材过热产生的烟，而是将在制造木炭、干馏木材过程中产生的烟收集起来，进行浓缩，再加以利用的方法。有以下几种方法。

① 蒸气吸附法，此方法不是将木材加热，而是加热熏液，使其蒸发，吸附在制品上。这种方法没有燃烧的热量，温度比较稳定。但是成分对制品的浸渍同常规法没有多大变化。

② 浸渍法，是将制品浸于熏液中进行烟熏的方法。

③ 添加法，是将熏液直接添加入制品中进行混合的方法。

使用天然烟熏液具有如下优点：经过科学的加工，不含多环烃类物质，特别是3，4-苯并芘，熏制的食品安全可靠；减少传统方法在设备方面的投资，能实现机械化、电气化、连续化生产作业，生产效率高；生产工艺简单，操作方便，熏制时间短；劳动强度低，不污染环境，且对产品有防腐、保鲜作用；产品风味均匀，质量稳定。

三、腌制品加工

1. 咸黄鱼

(1) 原料选择　选择鲜度良好、规格一致的黄鱼为原料。

(2) 加盐　根据不同情况可选择抄盐法、拌盐法和擅盐法。

抄盐法：是将鱼倒在抄鱼板或船甲板上，撒盐用竹制鱼耙抄拌，使食盐均匀附着在鱼体上。该法省时省工，但制品质量差，不易保藏。

拌盐法：将鱼倒在拌盐板上，逐条揭开两鳃盖，腹部朝上，把鱼重8%的食盐放入鳃内，再压闭鳃盖，将鱼放在盐堆里拌盐，使鱼体黏附盐粒，待腌。

擅盐法：将鱼和盐倒入操作台上，鱼背部朝左手内侧，揭开鱼鳃盖，右手持小木棒穿插鳃膜，往腹腔伸进直达肛门抽出，用木棒末端将盐塞进腹腔数次。同时往鳃内塞盐（用盐量为鱼重的10%左右)，合闭鳃盖，再放入盐堆里粘拌，使鱼附着盐粒。

(3) 腌渍　将池或船舱洗净，底部撒一层1cm厚的盐，放入待腌鱼。一层鱼一层盐，至九成满加封盐。总用盐量为冬季32%左右，春夏季35%左右。

(4) 压石　腌渍鱼经1～2天后铺上1层破竹片，上压石块，石块重量为鱼重的15%～20%。至卤水淹没鱼体不露出卤水面为宜。

(5) 生产关键点　①黄鱼体大肉厚，保藏中要防止变质，特别是抄盐法生产时更应注意。②有气泡上冒时，加重压石。③卤水浑浊发黑或有臭气，鱼体肌肉松软，腹部充气时，及时换卤或翻池处理。④咸鱼感染有色的好盐性细菌后，分解蛋白质，使咸鱼鳞片上出现红色斑点，并逐渐蔓延到鱼体内部，俗称“变红”。防止发生“变红”的方法是将鱼体放在含4.5%的醋酸盐水中浸泡20～30min；已感染的鱼品可以先用盐液洗涤再用上述方法进行处理。保持环境、容器及工具的卫生可以预防咸鱼变红。

2. 盐渍海参肠

海参肠是加工海参时的下脚料。海参肠的加工季节是3～5月份。每吨活海参约可加工出海参肠16kg。

操作要点：①在海上捕获海参必须放入网箱暂养，待船回港后，立即把活海参移入蓄养网箱，该网箱应置于离海底40～100cm水层中，蓄养一夜，让其吐尽泥沙。如无网箱，可将活海参放入槽中蓄养一夜，得换水3～4次。②采肠时，把海参放在操作盘内，用刀在距肛门1/3体长处腹部开口，首先摘出门端的白色肠，然后取出上端的蛋黄色肠和白色的呼吸树，一并放入操作盘内，割采时要尽量保持肠管的完整。③用右手捞出肠管，用左手大拇指和中指捏住肠管，轻轻往下挤出肠内泥沙污物。如果一次挤不干净，可重复操作，直至挤干净为止。将排出污物的肠管和呼吸树放入笊篱网兜中，用干净海水冲洗数次，并用手按一个方向搅动，直至肠内没有污物。④将洗净的肠管和呼吸树捞出，放在网板上沥水，至不滴水时称重。⑤把称重后的肠管和呼吸树放在网板上，加入其重15%的优质精盐，用手按一个方向搅拌均匀后，在网板上沥水数小时。⑥内包装用双层聚乙烯塑料薄膜袋，包装时先排出袋内气体，内层袋需与内容物紧贴，扎紧袋口。外包装用木箱或纸箱。在−15℃以下冷库中存放。

3. 海蜇制品

海蜇属腔肠动物门，钵水母纲，根口水母目，根口水母科，海蜇属。体呈蘑菇状，分伞体（胴体）和口腕两部分。通常将两部分切开分别加工，称为海蜇皮和海蜇头。新鲜海蜇体内水分含量高达95%～98%，夏季温度高，单用食盐腌制不足以迅速脱水阻止腐败变质，因而在食盐中加入一定量的明矾则可加速脱水腌制，并使制品形成特有的口感。用明矾与食盐复合腌制海蜇是中国特有的传统腌制加工方法。海蜇经三次盐矾加工，即制成三矾制品。明矾的作用主要是利用硫酸铝在水溶液中解离形成的弱酸性和三价铝离子，对鲜蜇体组织蛋白质有很强的凝固力，使组织收缩脱水；初矾与二矾期间的脱水及弱酸性的抑菌作用和维持质地挺脆尤为重要。腌制前先用竹刀将口腕和胴体割开，刮除血衣并清洗后，然后用盐矾水或使用过的二矾卤水对其进行腌渍脱水。用盐量约4%～6%，用矾量为0.2%～0.6%（对鲜海蜇重），腌渍时间10～40h，称为初矾。二矾采用撒布食盐和矾粉的方法，用盐量为12%～20%，用矾量为0.4%～0.6%（对初矾海蜇重），视初矾的脱水程度而增减，腌渍时间为4～10天。三矾仍用撒布法。用盐量为10%～30%，用矾量为0.1%～0.3%（对二矾海蜇重），视二矾海蜇的脱水程度而增减，腌渍时间为5～10天。经三矾后沥干盐卤即提干然后装桶、封盐、包装。三次盐矾盐渍后可使海蜇的水分降到70%以下，水分活度达到0.75左右。成为具有良好保藏性的制品。海蜇腌制需要选用优质的渔盐和明矾，掌握适当用量，如用矾过多制品易发酥。加工过程中防止雨淋日晒。器具要洁净。优质的海蜇皮（或海蜇头）形状完整，呈鲜润白色或淡黄色（海蜇头一般为淡红色），肉质坚脆，具特有风味。

本章小结

化学保鲜就是在食品生产和贮运过程中使用化学制品（食品添加剂）提高食品的耐藏性和达到某种加工目的。

作为食品的防腐剂必须具备的条件有：①应经过充分的毒理学鉴定，证明在使用限量范围内对人体无害；②防腐效果好，在低浓度下仍有抑菌效果；③性质稳定，对食品的营养成分不应有破坏作用，也不应影响食品的质量及风味；④使用方便，经济实惠；⑤本身无刺激性异味。

抗氧化剂是防止或延缓食品氧化变质的一类物质。水产品所含有的高不饱和脂肪酸特别容易被氧化，从而使水产品的风味和颜色劣化，并且产生对人体健康有害的物质。为了防止食品氧化变质，除了可对水产食品原料、加工和贮运环节采取低温、避光、隔氧或充氮等措施以外，配合添加适量的抗氧化剂能有效地改善其贮藏效果。

抗氧化剂抗氧化的作用机理现已研究发现的如下所述：①抗氧化剂本身极易被氧化，从而降低介质中的含氧量，抑制食品成分的氧化；②抗氧化剂本身可释放出氢离子，破坏或终止油脂在氧化过程中所产生的过氧化物，使之不能继续被分解成醛或酮类等低分子物质，如各种酚类抗氧化剂；③有些抗氧化剂是自由基吸收剂（游离基清除剂），可能与氧化过程中的氧化中间产物结合，从而阻止氧化反应的进行；④抗氧化剂能阻止或减弱氧化酶的活性；⑤金属离子螯合剂，可通过对金属离子的螯合作用，减少金属离子的促进氧化作用；⑥多功能抗氧化剂如磷脂和美拉德反应产物等的抗氧化机理。

腌渍食品是利用食盐等腌渍材料处理食品原料，使其渗透到食品组织内部，提高其渗透压，降低其水分活性，或通过微生物的正常发酵降低食品的 pH 值，从而抑制有害菌和酶的活动，延长保质期的贮藏方法。

食品的腌制过程，实际上是腌制液向食品组织内扩散的过程。扩散的推动力就是渗透压，物质分子总是从高浓度向低浓度处转移，并持续到各处浓度平衡时才停止。

渗透是指溶剂从低浓度处经过半透膜向高浓度溶液扩散的过程。半透膜是只允许溶剂通过而不允许溶质或一些物质通过的膜。溶剂的渗透作用是在渗透压差的作用下进行的。

食盐的防腐作用：①食盐溶液对微生物细胞的脱水作用；②食盐溶液能降低水分活度；③食盐溶液对微生物产生生理毒害作用；④食盐溶液中氧的浓度下降。

影响食盐渗透速度的因素：食盐的纯度，盐水浓度，盐渍温度，原料鱼的性状等。

烟熏的目的概括为使制品产生特有的烟熏风味；抑制微生物的生长；形成熏制品特有色泽；抗氧化作用和改善质地等几个方面。

熏烟的成分包括酚、有机酸、醇、羰基化合物、烃和一些气体，如 CO、CO_2、O_2、N_2、N_2O 等，这些化合物直接关系到食品的风味、货架期、营养价值和有效成分。

目前常用的烟熏方法主要有冷熏法、温熏法、热熏法、焙熏法、电熏法和液熏法等。

思考题

1. 简述食品防腐剂的防腐原理。
2. 简述作为食品防腐剂必须具备的条件是什么？
3. 简述常用食品防腐剂的作用原理。
4. 简述抗氧化剂应具备的条件及抗氧化作用机理。
5. 使用苯甲酸及其钠盐、山梨酸及其钾盐时应注意的事项是什么？
6. 展望食品化学保藏剂的应用前景。
7. 水产食品腌制的基本原理是什么？
8. 食盐对微生物的影响主要表现在哪些方面？
9. 影响食盐渗透速度的因素有哪些？
10. 常用的水产品腌制方法有哪些？
11. 烟熏的目的是什么？
12. 熏烟的主要成分及其在食品生产中起什么作用？
13. 简述烟熏的方法及其优缺点。

参考文献

[1] 曾庆孝. 食品加工与保藏原理. 北京：化学工业出版社，2002.

[2] 赵晋府. 食品工艺学. 北京：中国轻工业出版社，1999.

[3] 曾名涌等. 化学冰保鲜非鲫的研究. 水产学报，1997，21 (4)：443-447.

[4] 王岁楼. 天然食品防腐剂 Nisin 的研究. 食品科学，1990，(4)：48-51.

[5] Myrrzs B，Johansen A. Preparative Biochemistry，1994，(24)：69-80.

[6] 陈舜胜等. 溶菌酶复合保鲜剂对水产品的保鲜作用. 水产学报，2001，25 (3)：254-259.

[7] 陈小娥等. 酶技术在水产品工业中的应用. 食品与发酵，2002，28 (1)：60-63.

[8] 陈坚等. 谷氨酰胺转氨酶的发酵生产及应用研究. 中国食品添加剂，1999，(3)：7-12.

[9] 吴汉民等. 碱性脂肪酶酶解鲐碎肉脂肪的研究. 中国水产科学，2001，8 (3)：81-84.

[10] 郑毅等. 脂肪酶在鲭鱼片脱脂中的应用研究. 福建师范大学学报，1999，15 (1)：85-89.

[11] Uytlendale M，Debevere J. Evaluation of antimicrobial activities of protamine. Food Microbiology，1994，(11)：417-427.

[12] Miller B，Abrams F. Antibacterial properties of protamine and histone. Science，1942，(96)：428-430.

[13] Negroni P，Fischer I. Estudios sobre laacion actibiotica delas. Protamine and histones. Revistagela Socieded Argentia Biological，1944，(20)：487-495.

[14] Jaques L B. Protamine-antagonist to heparin. Canadian Medical Asscciation Joumal，1973，(108)：1291-1297.

[15] Brange J. Galenics of Insulin. Berlin：Springer-Verlag，1987：34-36.

[16] Kamal M，Motohiro T. Effect of pH and metal ions on the fungicidal action of saltnine sulfate. Nippon Suisan Gakkaishi，1986，(52)：1843-1946.

[17] Islam N M D，et al. Antibacterial spectra and minimum inhition concentration of clupeine and salmine. Bulletin of the Japanese Society of Science of Fisheties，1984，(50)：1705-1708.

[18] 李来好等. 鱼精蛋白对延长鱼糕制品有效保存期的作用. 广州食品工业科技，1998，14 (2)：27-29.

[19] 王鸿等. 不同脱乙酰度壳聚糖的抑菌性. 上海水产大学学报，2001，10 (4)：380-382.

[20] 夏文水等. 甲壳低聚糖抗菌作用及其在食品保藏中的应用. 无锡轻工大学学报，1998，17 (4)：10-14.

[21] Hong Kyoon No，Na Young Park，Shin Ho Lee，Samucl P Meyers. Antibacterial Activity of Chitosans and Chitosan Oligomers with Different Molecular Weights. International Journal of Food Microbiology，2002，(74)：65-72.

[22] 胡瑛等. 壳聚糖抗菌性与分子量和环境介质相关性研究. 分析科学学报，2003，19 (4)：305-308.

[23] Jeon Y J，Park P J，Kim S K. Antimicrobial Effect of Chitooligosaccharides Produced by Bioreactor. Carbohydrate Polymers，2001，44：71-76.

[24] Akazawa H，Yajima M. Food preservatives containing profamine mixture. Jp，Kokai Tokkyo Koho，1988，63 (17)：679.

[25] Sudharshan N R，Hoover，D G Knorr D. Antibacterial Action of Chitosan. Food Biotechnol，1992，6：257-272.

[26] Hong Kyoon No，Na Young Park，Shin Ho Lee，Samucl P Meyers. Antibacterial Activity of Chitosans and Chitosan Oligomers with Different Molecular Weights. International Journal of Food Microbiology，2002，(74)：65-72.

[27] 张伟等. 天然防腐剂——水溶性壳聚糖衍生物. 食品工业科技，1998，(6)：19-21.

[28] 陈忻. 氨基葡萄糖盐酸盐的防腐抗菌作用. 水产科学，2001，20 (5)：14-15.

[29] 于广利等. 不同聚合度甲壳胺对鲜鱼鲜猪肉保鲜作用. 中国海洋药物，1994，3：45-49.

[30] 于广利等. 新型虾保鲜剂（PPR-1）在对虾保鲜中的应用. 青岛海洋大学学报，1995，25 (2)：108-186.

[31] 吉川正吉. 生鲜食品の鲜度保持剂. JP. 昭 63-39567.

[32] 曾名勇等. OP-Ca 保鲜剂对鲅鱼的保鲜效果. 制冷学报，2001，(2)：37-39.

[33] 曾名勇等. OP-Ca 保鲜剂对鹰爪糙对虾的保鲜效果. 食品科学，2001，21 (1)：78-79.

[34] 小掘茂次. 活性カルッウムによる生鲜野菜の鲜度保持方法. 食品と开发，1997，34 (11)：64.

[35] 方承志等. 几种抗氧化剂对鱼油的抗氧化效果的研究. 食品科学，1998，19 (6)：6-8.

[36] 何碧烟. 冷藏温度及抗氧化剂对鲢鱼糜脂质氧化的影响研究. 集美大学学报，2000，5 (3)：64-68.

[37] 李燕芸等. 食品防腐保鲜剂的现状和发展. 北京石油化工学院学报，2003，11 (4)：18-22.

[38] 廖晓玲等. 茶多酚含量测定方法的研究. 中国油脂，2002，27 (1)：68-69.

[39] 黄惠莉. 茶多酚的提取及抗氧化性能研究. 华侨大学学报（自然科学版），1996，17 (4)：403-406.

[40] 汪兴平等. 茶多酚应用于鲜鱼保鲜效果研究. 湖北民族学院学报，1996，14 (2)：53-54.

[41] 周才琼等. 茶多酚在鱼糜保鲜中的应用研究. 西南农业大学学报，1997，19 (5)：482-484.
[42] 吴克刚等. 鱼油复合天然抗氧化剂. 无锡轻工业大学学报，2000，19 (6)：579-581.
[43] 吴燕燕等. 罗非鱼油的制取工艺及其氧化防止方法. 无锡轻工业大学学报，2003，22 (1)：86-89.
[44] 蒋兰宏等. 茶多酚作为抗氧化剂在鱼肉中的应用. 河北师范大学学报，2003，27 (6)：606-607.
[45] 沈月新. 水产食品学. 北京：中国农业出版社，2001.
[46] 章银良，夏文水. 海鳗盐渍过程中的渗透脱水规律研究. 食品研究与开发，2006，27 (11)：93-99.
[47] 谭汝成，赵思明，熊善柏. 白鲢腌制过程中鱼肉与盐卤成分的变化. 华中农业大学学报，2005，24 (3)：300-303.
[48] Schubring R. Differential Scanning Calorimetric investigations on pyloric caeca during ripening of salted herring products. Journal of Thermal Analysis and Calorimetry，1999，57：283-291.
[49] Diaz O，Fernandez M，，et al. Proteolysis in dry fermented sausages：the effect of selected exogenous proteases. Meat Science，1997，46 (1)：115-128.
[50] Shinmura Y，Yamada J，Fujii S，et al. Changes of water holding capacity，Residual NO_2 level，color forming ratio，and amount of nitrite and nitrate of cured pork loins during curing period. Nippon Shokuhin Kogyo Gakkaishi，1981，28：554-561.
[51] Shenderyuk V I，Bykowski P J . in Seafood：resources，nutritional composition，and preservation. CRC，Boca Raton，1990：147.
[52] Molly K，Demeyer D，Johansson G M，et al. The importance of meat enzymes in ripening and flavour generation in dry fermented sausages. First results of a European project. Food Chemistry，1997，59：539-545.
[53] Demeyer D I，Verplaetse A，Gistelinck M . Fermentation of meat：an integrated process. In proceedings of the 32nd meeting of european meat research workers. Ghent，Belgium，1986：241-247.
[54] Johansson G，Berdagué J L，Larsson M，et al. Lipolysis，proteolysis and formation of volatiles components during ripening of fermented sausage with *Pediococcus pentosaceus* and *Staphylococcus xylosus* as starter cultures. Meat Science，1994，38 (2)：203-218.
[55] Toldrá F. Proteolysis and lipolysis in flavour development of dry-cured meat products. Meat Science，1998，49：101-110.
[56] Toldrá F，Miralles M C，Flores J. Protein extractability in dry-cured ham. Food Chemistry，1992，44 (5)：391-394.